石油教材出版基金资助项目

高等院校特色规划教材

# 事故调查理论方法与案例

Theoretical Methods & Cases of Accident Investigation

付建民 编著

石油工业出版社

## 内 容 提 要

本书内容和知识点新颖，系统全面介绍了国内外主流和先进的事故调查理论和技术方法，并配合生动丰富的案例进行说明，主要内容包括事故机理与致因理论、人为因素事故机理、事故的管理系统原因，以及报告和调查未遂事故、设计和构建事故调查系统、组建和领导事故调查团队、收集与分析证据、事故根本原因分析、提出调查建议、撰写事故调查报告等。

本书可作为高校安全工程及相关专业研究生、本科生教材，也可供企业和组织从事安全管理和事故调查的专业技术人员参考使用。

**图书在版编目（CIP）数据**

事故调查理论方法与案例/付建民编著．—北京：石油工业出版社，2023.4

高等院校特色规划教材

ISBN 978－7－5183－5922－6

Ⅰ.①事… Ⅱ.①付… Ⅲ.①事故分析—高等学校—教材 Ⅳ.①X928

中国国家版本馆 CIP 数据核字（2023）第 032635 号

---

出版发行：石油工业出版社

（北京市朝阳区安华里2区1号楼　100011）

网　　址：www.petropub.com

编辑部：（010）64256990

图书营销中心：（010）64523633　（010）64523731

经　　销：全国新华书店

排　　版：北京密东文创科技有限公司

印　　刷：北京中石油彩色印刷有限责任公司

2023年4月第1版　2023年4月第1次印刷

787毫米×1092毫米　开本：1/16　印张：18

字数：436千字

定价：49.00元

（如发现印装质量问题，我社图书营销中心负责调换）

版权所有，翻印必究

# 前　言

"安全事件(事故)的调查与管理"简称"事故调查",是重要的安全管理要素。目前,我国大部分企业和组织尚没有真正构建起自己的事故调查管理系统,并开展深入的事故调查活动。多习惯于被动接收其他机构发布的"事故调查报告"信息,轻视各种低损失事故和未遂事故调查,意味着企业失去了一次次改进自身安全管理的宝贵机会:准确消除已经暴露的各种事故直接原因、间接原因和系统管理缺陷。事故调查活动使企业有机会精确地查找安全问题,显著提升安全生产水平。目前事故调查在我国存在几个明显和普遍的认知误区:

(1)简单认为事故调查的目的是追究人员责任和警示社会,对事故调查报告的原因、安全问题和建议缺乏研究和思考。而实际上,事故调查的目的和功能是查清事故可能原因并做系统性消除,以预防相同和类似事故再次发生。

(2)错误地以为事故调查主要由政府完成。而实际上,事故调查的主体应该是企业。如果有一天,我国大部分企业能通过认真构建和运行事故调查管理系统查找和纠正管理系统缺陷,我国的安全生产就会达到先进水平。

(3)政府和企业管理人员没有认识到政府层面事故调查理念和方法与企业层面事故调查理念存在非常大的差别。例如:我国政府事故调查因为涉及人员伤亡或重大财产损失或环境破坏,要执行"四不放过"中人员责任追究,而实际上我国企业层面事故调查通常是对轻伤害事故或未遂事故开展调查,依照国际事故调查技术潮流通常都不建议进行人员责任追究,而是分析和查找事故发生的根本原因并消除,对人员责任追究会导致企业层面的事故调查系统坍塌。

(4)我国发布的事故调查报告在事故调查技术专业性和技术水平方面与安全生产先进国家仍有明显差距。差强人意的事故调查报告间接损害了事故调查机构的权威性和报告可信性,也无益于预防类似事故发生。

鉴于上述原因,非常有必要编著能反映我国企业和组织目前事故调查理论和技术需求的专门书籍。另外,中国石油大学(华东)自1999年开设国内首个石油行业特色安全工程专业以来,已形成"泛油气安全"为特色的全新人才培养模式,但目前适合石油、化工等过程安全事故调查理论和技术方法的书籍也较少。根据中国石油大学(华东)安全工程国家级特色专业建设和安全科学与工程一级学科建设要求,结合本人在安全工程方面的教学、科研经历和参与政府及企业事故调查经验,并借鉴国内外事故调查和安全管理相关书籍和资料,编著成书。

从本书计划立项开始撰写,到成书用时三年。在此,向中国石油大学(华东)海洋油气装备与安全技术研究中心陈国明教授,徐长航、孔得朋、郑晓云、刘康、朱渊等几位教授、老师的支持表示感谢!也要感谢中国石油大学(华东)安全环保与节能技术研究中心的赵东风教授、刘义教授和孟亦飞老师的帮助和支持!同时,感谢本人课题组李宏浩、任虹蔚、王婷睿、王志国等研究生的协助。在本书编著过程中参考了许多资料,在此向所有参考文献的作者表示衷心的感谢!

受本人能力和水平限制,错误和不足之处在所难免,恳请各位读者能提出宝贵意见(宝贵意见请发送至 fujianmin@upc.edu.cn),以便有机会再版时完善。本人将不断努力,继续为我国安全工程专业高等教育和安全生产事业贡献微薄力量。

付建民

2022 年 12 月　山东青岛　唐岛湾

扫码学习本领域更多知识

# 目 录

## 第1章 绪论 ··· 1
1.1 事件、事故与事故调查 ··· 1
1.2 事故调查的意义 ··· 3
1.3 政府与企业事故调查的差异 ··· 4
思考题 ··· 9

## 第2章 事故机理与致因理论 ··· 10
2.1 事故发展阶段 ··· 10
2.2 事故因果理论 ··· 13
思考题 ··· 21

## 第3章 人为因素事故机理 ··· 22
3.1 人员事故行为影响因素 ··· 22
3.2 人因事故调查的组织影响 ··· 28
3.3 人因事故的演变 ··· 31
3.4 人因失误检查表 ··· 33
思考题 ··· 34

## 第4章 事故的管理系统原因 ··· 35
4.1 过程安全信息管理不良 ··· 36
4.2 过程危害分析质量与风险管理不佳 ··· 43
4.3 操作程序管理漏洞 ··· 51
4.4 变更管理等审计程序失效 ··· 59
4.5 设备完好性管理漏洞 ··· 63
4.6 培训不佳 ··· 69
4.7 应急准备与响应管理不佳 ··· 74
4.8 领导力和组织安全文化欠缺 ··· 82
思考题 ··· 84

## 第5章 报告和调查未遂事故 ··· 85
5.1 未遂事故 ··· 85
5.2 报告未遂事故的障碍和解决办法 ··· 87
5.3 报告未遂事故的法律问题 ··· 93
思考题 ··· 93

# 第6章 设计和构建事故调查系统 ... 94
## 6.1 事故调查制度和组织准备 ... 94
## 6.2 事故调查管理系统构建应考虑的问题 ... 95
## 6.3 事故调查管理系统的基本要素 ... 100
## 6.4 构建事故调查管理系统 ... 107
思考题 ... 109

# 第7章 组建和领导事故调查团队 ... 110
## 7.1 团队形式及其优势 ... 110
## 7.2 事故调查组领导者 ... 111
## 7.3 事故调查组成员 ... 112
## 7.4 培训潜在的调查团队成员或支持人员 ... 113
## 7.5 组建调查组团队应对具体事故 ... 114
## 7.6 制定详细的调查计划 ... 115
## 7.7 事故调查团队运行 ... 116
## 7.8 事故调查工作的优先顺序 ... 117
思考题 ... 119

# 第8章 收集与分析证据 ... 120
## 8.1 重大事故的调查环境 ... 121
## 8.2 证据类型 ... 122
## 8.3 收集证据 ... 125
## 8.4 证据分析 ... 138
## 8.5 证据收集卡 ... 149
思考题 ... 153

# 第9章 事故根本原因分析 ... 154
## 9.1 根本原因分析的效益 ... 154
## 9.2 根本原因分析过程 ... 156
## 9.3 RCA第1步:构建事件时间线和因果关系图 ... 157
## 9.4 RCA第2步:确定焦点事件(或关键因素) ... 167
## 9.5 RCA第3步:根本原因分析 ... 169
## 9.6 帮助RCA的技术方法 ... 201
思考题 ... 212

## 第 10 章　提出调查建议·················································213
### 10.1　调查建议提出流程·················································213
### 10.2　如何提出"好建议"·················································214
### 10.3　建议的类型·························································217
### 10.4　建议步骤程序·······················································222
### 10.5　报告和交流···························································226
### 思考题········································································226

## 第 11 章　撰写事故调查报告·········································227
### 11.1　中期报告·······························································228
### 11.2　撰写正式调查报告·················································229
### 11.3　报告结构·······························································230
### 11.4　评估事故调查报告质量···········································259
### 11.5　持续改进事故调查系统···········································260
### 思考题········································································262

## 附录 1　事故调查准备快速检查表·································263
## 附录 2　事故调查常用表格············································267
### 附录 2.1　事故调查启动审批表········································267
### 附录 2.2　证人访谈计划表···············································268
### 附录 2.3　证人访谈记录表···············································269
### 附录 2.4　证据调用申请表···············································269
### 附录 2.5　证据收集卡······················································270
### 附录 2.6　证据信息登记表···············································273
### 附录 2.7　事故调查初步整改建议反馈表··························274
## 附录 3　无法确定确切原因的调查示例·························275

## 参考文献····································································280

# 第 1 章 绪论

## 1.1 事件、事故与事故调查

"事件"和"事故"有多种不同理解和解释,在目前事故调查等安全工作中比较公认的理解为:

事件(Event,Incident): 对特定人群或对象能产生一定影响的事情。

事故(Accident):造成意外伤害、各种损失或环境影响等意外特殊事件或情况。事故是一种造成有感影响的、特殊的事件。

因此,事件概念内涵范围更广,包含事故,而事故则特指由于错误或偶然发生的有损失或影响的特殊事件。

事故又可分为:

(1)未遂事故(Near Miss,Near Accident):未产生明显不良后果的非正常事件,但已经完全具备了人员伤亡或财产损失条件,只是由于偶然因素没有造成伤害或损失。如图1.1所示,未遂事故发生时人员就站在砖头落地范围内,只是"幸运"地没有受到伤害而形成事故。如果砖头落地时,人员并不在下方,很多人可能会将该"事件"错误地忽略。

(a)事故隐患　　(b)事件　　(c)未遂事故　　(d)事故
图 1.1 事件与事故演变

(2)损失事故(Loss Accident):产生明显不良后果的非正常事件,对应财产损失事故、伤害事故、环境污染事故等。通常情况下人们说的"事故"一般就是指"损失事故"。

(3)灾难性事故(Catastrophic Accident):在较大范围内,导致特别重大不良后果的事件,后果包括人员伤亡、财产损失、环境破坏、声誉损害等。

通常所说的"事故调查"应包括上述三种事故形式,甚至有的机构将事件也纳入调查范围,"事故调查"演变为"事件/事故调查",目的是在各类事件出现时就启动调查程序,进而避免后续未遂事故和事故发生。如图1.1所示,事故隐患的消除属于企业日常安全管理(风险分级管控和隐患排查)内容,但发生了砖头落下的事件就应该启动事故调查,事件发生说明企业在该位置或环节已经具备了事故条件,只是触发条件(促成原因)暂时缺失或偶然因素关系"幸运"地没有发生事故而已。事件数量>未遂事故数量>事故数量,因此事件发生后开始事故调查就有极大可能避免类似事故再次发生。另外,各种异常事件或事故发生后能立即调查并消除根本原因,企业的初期调查活动或工作量看起来显著增加,但是会快速下降并维持一个较低的水平。

根据《企业职工伤亡事故分类》(GB 6441—1986),事故按致因因素划分为物体打击、车辆伤害、机械伤害、起重伤害、触电、淹溺、灼烫、火灾、高处坠落、坍塌、冒顶片帮、透水、放炮、火药爆炸、瓦斯爆炸、锅炉爆炸、容器爆炸、其他爆炸、中毒和窒息、其他伤害等20类。

事故的基本特性包括:

(1)因果性。事故是许多因素互为因果连续发生的结果,事故的因果性又决定了当事故条件关系具备时,事故一定会发生,即事故的必然性。

(2)随机性和偶然性。随机性仅表现在何时、何地、何原因会因意外事件触发而产生事故。

正常情况下发生事故是小概率事件,有一定的偶然性。找到事故发生的原因可减少事故发生的概率,但不能保证以后绝对不发生事故,理论上没有绝对安全,只有相对可接受的安全状态,且事故后果大小存在偶然性。反复发生同一事故,其后果可能不同,即事故严重度有偶然性。事故的偶然性使人们产生侥幸心理,即通常人们都会乐观地认为事故离自己很远,不会发生在自己身上。当事人不重视造成事故危害的风险(通常表述为"缺乏安全意识"),是很多事故的主要原因。

(3)必然性和规律性。导致事故发生的条件具备时,事故必然会发生,只是机会因素和时间问题,这就是事故的必然性。事故调查活动是否成功的关键指标就是是否能揭示事故发生的可能原因和条件,明确事故发生的必然性,提出改进措施,消除必要条件。

同时,事故的必然性中包含规律性。一般会从因果关系深入调查,发现事故规律。事故虽然存在偶然性特性,但通过事故大数据统计分析可发现事故会呈现明显的规律性,例如:作业安全事故夏季明显高于冬季;午后发生事故高于上午刚上班时;新员工发生事故高于老员工;人的失误概率在不带声光提示时显著高于带声光提示时;单人操作失误率高于双人确认操作等。

事故调查活动的目的之一就是认知事故发生的规律性,从而变不安全条件为安全条件,把事故消除在萌芽状态。

(4)潜在性、再现性。事故发生前潜在危害和隐患已经存在,具备触发条件即发生事故。当危险有害因素存在,而当事人又没有辨识到危害或严重低估危害的严重性时,事故便表现出潜在性。体现在事故调查结论中的典型例子是企业对以往发生的类似未遂事故或轻伤害事故没有重视,事故危害没有消除,长期潜伏。

当事故危害没有被消除,而事故触发条件又比较充分,事故就会重复出现,表现出再现性。在事故调查活动中典型的结论是:当事企业没有有效的事故调查系统,消除曾发生的类似轻伤害事故或未遂事故,从而导致更严重的事故再次发生。

(5) 可测性、复杂性。掌握事故的规律性及发生原因或条件后,根据现状可以科学预测事故的发生和发展趋势。

事故的复杂性,体现在事故调查结论通常比较复杂,大多数事故发生并不是由单一简单原因造成的,受当事人自身因素、物、环境和组织关系影响,可能具有极强的复杂性。如案例1.1所示,事故的发生通常是多方面的原因共同交叉作用的结果,具有很强的复杂性,只有通过科学高效的事故调查活动,才能系统化、正确认知事故发生原因,进而有效控制类似事故发生。

**案例1.1**
2006年5月29日15时30分左右,某石油化工公司有机厂7万吨/年苯胺装置废酸提浓单元在检修过程中发生一起苯蒸气爆燃引起的火灾事故,造成4人死亡、4人重伤、7人轻伤,直接经济损失241万元。经过事故调查,该事故发生的原因主要有:操作人员不知道罐内有苯,没有进行风险识别和风险评估;没有制订检修作业方案;没有向施工单位进行明确安全交底,作业现场的安全监督管理缺位;化工生产装置没有按规定进行倒空、置换和清洗;动火作业监护人监护责任不到位;机动部门没有对装置停车进行严格验收,生产运行部门没有对装置的检修方案进行审批;同一作业区间进行高空、拆除设备和动火等交叉作业无人协调;检修计划的编制缺陷等。

## 1.2 事故调查的意义

美国化学工程师协会化工过程安全中心(CCPS)对"事故调查"的定义就是检查和评估事故原因的系统化过程,目的是避免事故的再次发生。美国职业安全与健康管理局(OSHA)在《非强制性操作指南》中指出,"事故调查"的目的是找到事故发生的潜在原因,并采取相应措施防止类似事故再次发生。

表面上看,事故调查是对事故的管理,实质上是一种重要的事故预防途径,是完善企业和组织的安全管理系统和预防类似事故重复发生的重要机制。

有效的事故调查能做什么?如案例1.2所示,人们容易忽略事故调查的作用,如果开展了事故调查并在后续工作中消除产生事故的各类原因,那么类似的事故就不会再发生,进而实现事故预防,否则相似事故迟早会再次发生。

**案例1.2**
2019年3月31日15时,虞城县田庙乡万亩梨园突遇尘卷风袭击,导致一运行中的游乐蹦蹦床被刮飞。据报道该事故造成2名儿童死亡,1名儿童重伤,17名儿童和2名成年人轻伤。
如今大多数人已经忘记了该事故,仅简单解读为天灾或运气不好,是否想过以后极可能还会发生类似事故?但是如果启动事故调查会有什么样的意义和作用?以下是模拟事故调查的结论:
直接原因:(1)异常天气是造成事故的直接客观原因;(2)人的不安全行为——商家和游人在大风天气或异常天气情况仍使用蹦蹦床;(3)物的不安全状态——游乐蹦蹦床未有效固定。

> 间接原因:(1)游乐场运营商对大风或异常气象条件下经营的危害缺乏认知和相关安全防护措施不到位;(2)家长对大风可能带来的游乐设施危害缺乏自我保护意识;(3)游乐蹦蹦床的固定没有明确的技术标准和管理要求。
>
> 建议:(1)技术上,户外使用的固定蹦蹦床等气体填充设施应有能防止大风刮飞的固定设计和使用说明。(2)企业管理上,出台蹦蹦床固定相关技术标准和管理、运营要求,明确大风和异常天气禁止使用蹦蹦床等气体填充设施的规定。(3)监管上,政府相关监管部门应对该地区类似的通常认为"低风险"的设施进行有效监督检查。
>
> 本案例中没有对家长提出任何建议,因为消费者和顾客人群存在极大不确定性,也没有责任和能力对游乐设施安全水平提升做出可行的显著贡献,而提出提高家长安全意识等建议暂时没有可操作性。

可见,对各类事故或关注事件进行事故调查,明确事故发生的可能原因和这些原因的层次关系,并提出有效建议非常重要,只要落实相关措施和建议,就可以有效避免类似事故再次发生,具有重要的经济、社会意义。

## 1.3　政府与企业事故调查的差异

中国相关法规对事故调查工作已有一些要求,还在逐步完善中,例如《中华人民共和国安全生产法》(简称《安全生产法》)第八十六条规定:事故调查处理应当按照科学严谨、依法依规、实事求是、注重实效的原则,及时、准确地查清事故原因,查明事故性质和责任,评估应急处置工作,总结事故教训,提出整改措施,并对事故责任单位和人员提出处理建议。事故调查报告应当依法及时向社会公布……

《生产安全事故报告和调查处理条例》第四条规定:事故调查处理应当坚持实事求是、尊重科学的原则……

然而,国家相关法规目前并没有明确区分"企业事故调查"和"政府事故调查",但实际上两种调查差异显著,在事故调查出发点、调查法规、技术要求、原因分析和事故处理方面差异较大。将二者混为一谈,机械照搬政府事故调查相关法规和做法于企业,将影响企业未遂事故、伤害事故调查工作开展,有可能使"事故调查"这一重要的安全管理要素在企业成为"禁区",不利于企业安全生产水平提升。笔者经常见到有政府和企业管理人员混淆政府和企业事故调查活动,这实际上严重妨碍了企业自主开展事故调查工作,使大量企业层级事故调查不敢开展、不好开展。政府和企业事故调查的差异主要包括以下几方面。

差异一:政府和企业开展事故调查的主体和对象不同。

政府开展事故调查活动是法律赋予政府相关部门权责,对事故企业发生的伤害事故、重大影响事故开展调查活动,目的是避免类似事故在该级政府辖区再次发生、警示社会、对事故相关人员进行责任追究。

企业事故调查通常是企业自发的,对日常的一般事故以下等级事故、未遂事故或异常事件开展事故调查活动,目的是不让类似事故在本企业再次发生。

《生产安全事故报告和调查处理条例》规定了重伤害及死亡以上由政府部门作为调查主体的事故调查要求,如图1.2所示。其第三条对事故规定如下:

| 特别重大事故 | 重大事故 | 较大事故 | 一般事故 |
|---|---|---|---|
| 1.30人以上死亡；<br>2.或者100人以上重伤(包括急性工业中毒)；<br>3.或1亿元以上直接经济损失 | 1.10人以上30人以下死亡；<br>2.或者50人以上100人以下重伤；<br>3.或者5000万元以上1亿元以下直接经济损失 | 1.3人以上10人以下死亡；<br>2.或者10人以上50人以下重伤；<br>3.或者1000万元以上5000万元以下直接经济损失 | 1.3人以下死亡；<br>2.或者10人以下重伤；<br>3.或者1000万元以下直接经济损失 |
| 国务院或其授权的部门 | 省级人民政府 | 设区的市级人民政府 | 县级人民政府 |

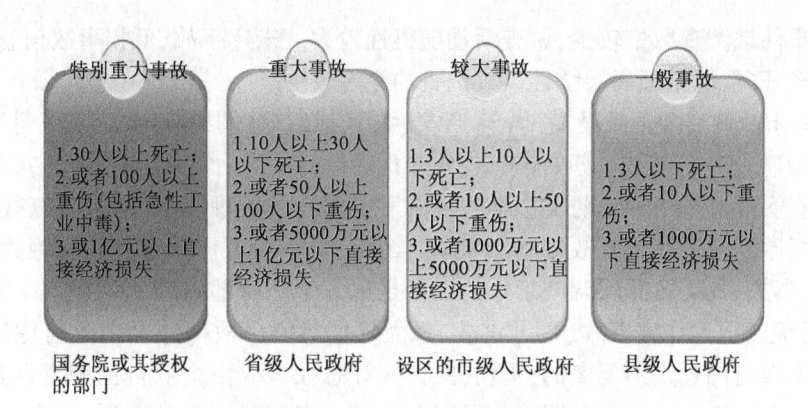

图 1.2　事故等级划分与不同政府调查层级

（1）特别重大事故：是指造成 30 人以上死亡，或者 100 人以上重伤（包括急性工业中毒，下同），或者 1 亿元以上直接经济损失的事故；

（2）重大事故：是指造成 10 人以上 30 人以下死亡，或者 50 人以上 100 人以下重伤，或者 5000 万元以上 1 亿元以下直接经济损失的事故；

（3）较大事故：是指造成 3 人以上 10 人以下死亡，或者 10 人以上 50 人以下重伤，或者 1000 万元以上 5000 万元以下直接经济损失的事故；

（4）一般事故：是指造成 3 人以下死亡，或者 10 人以下重伤，或者 1000 万元以下直接经济损失的事故。

其中，未造成人员伤亡的一般事故，县级人民政府也可以委托事故发生单位组织事故调查组进行调查。可见政府相关部门作为事故调查主体必须调查监管范围企业发生的一般及以上等级事故，并严格执行《安全生产法》《生产安全事故报告和调查处理条例》等相关法律法规。而企业只有权利自主调查一般事故以下等级事故，一般事故等级的事故必须上报，由政府相关部门作为事故调查主体。当企业发生轻伤害事故、未遂事故、一般财产损失、停工事故等应该由企业自主进行调查，不需由县级及以上政府部门进行调查。

差异二：事故调查组的成员构成不同。

我国政府事故调查坚持"政府统一领导、分级负责"的原则，在各级人民政府的统一领导下，按照事故等级大小分级负责。同时，兼顾煤矿、民航、铁路、交通等行业的特殊性及其现行做法。

政府事故调查组的组成需要遵循精简、效能的原则，法规要求的调查组构成如下：

（1）由有关人民政府、安全监管部门、负有安全生产监督管理职责的有关部门、监察机关、公安机关以及工会派人组成，并应当邀请人民检察院派人参加。

（2）可以聘请有关专家参与调查。

企业事故调查人员组成，没有明确的法规要求，从企业事故调查要求来说通常包括：

（1）熟悉相关工艺和生产过程的专家；

（2）有事故调查与分析相关知识与经验的人员；

（3）如果事故涉及承包商，事故调查组成员需有一名承包商的员工。

差异三：企业事故调查的数量应远高于政府事故调查。

政府调查一般事故等级以上的事故，我国法规目前并没有强制条文要求企业调查每起一般事故等级以下事故，大部分企业也尚未具备自主、有效的事故调查活动机制，包括大量未遂事故和异常事件被调查数量较少,调查活动随机性较大。未遂事故、低损事故信息上报工作在很多企业已经开展,但是开展系统性事故调查的企业较少。

国际权威事故调查理论或很多安全生产发达国家或组织(例如OSHA、CCPS等)大都明确要求:企业应该调查每一件造成(或可能造成)灾难性后果的危险化学品泄漏事故(或未遂事故)。

事故调查实际上是一种预防类似事故再次发生的预防管理活动,通过调查找到事故发生的确切或可能原因并消除或有效控制。如图1.3所示,企业工作日常面临的绝大部分为未遂事故、轻伤害事故,其需要开展调查工作的数量是远大于政府部门的。只有企业出现"一般事故"及以上等级的重大伤害事故、亡人事故、重大环境污染事故等才会由政府主导进行调查。所有事故都由政府调查是不现实的,重伤害、亡人等恶性事故由企业自主调查也是不合理的,因此政府和企业事故调查必须有明确的界限和分工。应明确二者的区别,混为一谈会导致将政府事故调查要求强加于企业,导致企业无法开展和推进事故调查活动。

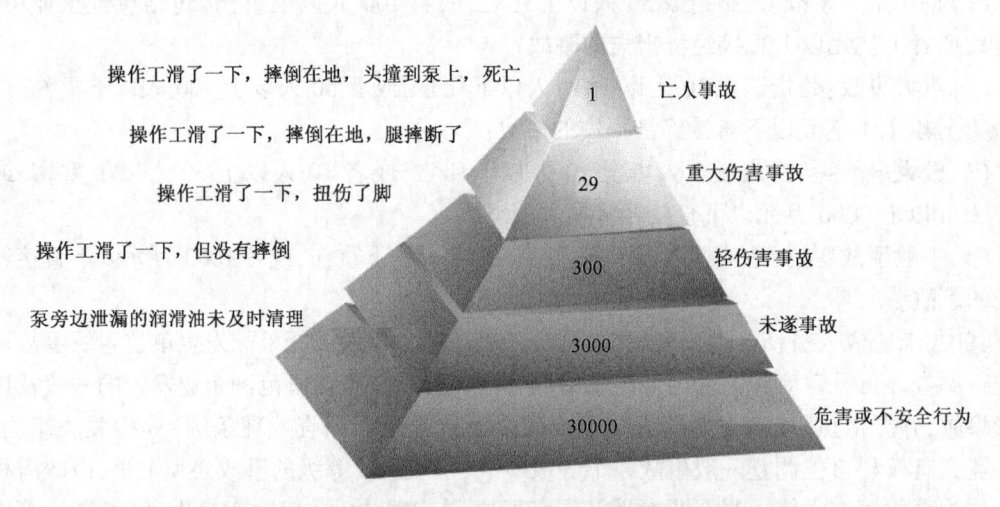

图1.3 海因里希(H. W. Heinrich)事故金字塔原理及举例

差异四:"四不放过"的原则是政府调查要求,并不完全适合企业调查。

表1.1给出了目前我国法律和法规中的"四不放过"在政府事故调查与企业事故调查中的差异(注意很多人认为企业不遵守"四不放过"是违规的,这与本书所述的相关事故调查理论相矛盾)。

表1.1 政府事故调查"四不放过"与企业事故调查对比

| "四不放过" | 事故原因未查清不放过 | 责任人员未处理不放过 | 整改措施未落实不放过 | 有关人员未受到教育不放过 |
|---|---|---|---|---|
| 政府事故调查 | √ | √ | √ | √ |
| 企业事故调查 | 确切或可能原因 | 非必要 | √ | √ |

需要注意的是,"查清原因"不一定是查清楚"确切原因",而是包括"可能原因",因为存在一些损毁性较强的事故会影响证据收集,导致无法调查出确切原因,这并不代表事故调查的失败,而是要体现事故调查组的实事求是、科学客观精神。如案例1.3所示,事故调查的客观和技术条件可能无法确定确切原因,应本着客观和实事求是的精神,推测可能原因,而不是在没有确切可信证据情况下得到所谓的"确切原因",这种调查是没有意义的,只会丧失调查组织者的公信力和权威性。

**案例1.3**

对于事故现场已经遭受严重破坏的火灾爆炸事故,现场当时的人员、点火源等物证都已经严重损毁或消失了,要准确查明事故确切原因十分困难,甚至不可能,只能通过事故调查收集到的有限证据进行可能原因分析。本书附录3给出了一起居民家中液化石油泄漏爆炸燃烧事故调查报告案例,现场和物证因火灾损毁严重,由政府组织的调查组根据现有条件进行证据收集分析和处理,分析罗列可能的事故原因,进行排除,分析得到可能的事故原因。无法获得确切原因,正是对事故调查科学、客观要求的体现。

确切原因结论应科学、严谨,在法律上不应以可能原因对相关人员进行责任追究。

对于企业事故调查,受调查成本影响可能会考虑成本效益,有时根据现场条件和情况做原因推断,会将原因扩大化,即关注于所有可能原因的查找。如案例1.4,企业事故调查的目的一方面是发现所有可能的事故原因,进而有效控制事故;另一方面是节约事故调查成本。

**案例1.4**

某企业发生一起火灾后很快就被扑灭,并没有人员伤亡和明显财产损失。企业事故调查启动后,在综合调查了现场情况后研判出电气设备、人员操作、监管等存在漏洞,都可能是事故原因,进而提出消除这些漏洞措施,并没有再像政府级调查那样深入精确查找原因。这在企业事故调查也是可以接受的,因为认为改进措施已经能处理可能原因带来的安全问题了。企业如精确调查事故可能要承担过高的成本,经济上不可行,也无必要,而这种情况在日常安全管理上是允许的。

政府事故调查通常对责任人追责,往往由事故调查组给出追责建议,该建议受法律、社会舆论和政治因素影响。而企业级事故调查则不一定需要追责。如前所述,企业事故调查主体、对象和数量均与政府差别显著,企业事故除非是人员主观恶意造成,其背后基本都有间接的管理原因,企业事故调查追责可能导致事故调查制度在企业无法有效推行,真正的事故根本原因无法有效消除。为此,包括CCPS、美国化学品安全和危害调查委员会(CSB)等国际上较著名的事故调查机构都强烈不建议企业事故调查进行追责,认为这会导致事故调查活动受到一线人员的抵制而无法开展。

差异五:事故调查的工作绩效或成果不同。

表1.2给出了政府事故调查与企业事故调查成果差异对比情况。

表1.2 政府与企业事故调查成果差异对比(各企业有差异)

| 事故调查工作绩效与成果 | 政府 | 企业 |
| --- | --- | --- |
| 根据事故调查所确认的事实,确定事故性质 | √ | 非必须 |
| 分析事故调查确认的事实,确定直接原因和间接原因 | √ | √或根据成本 |
| 根据直接原因和间接原因,确定事故责任单位和责任人员 | √ | 非必须 |
| 根据事故后果和事故责任者应负的责任,提出处理意见 | √ | 非必须 |
| 发布事故调查报告,并对社会公开 | √ | 非必须 |
| 反馈社会关注,平息事故负面影响 | √ | 非必须 |

对于企业事故调查更多的目的是找到事故或未遂事故发生的系统原因。比如一起管道泄漏事故发生,政府和企业的工作绩效会有非常大的差别,和前面说过的一样,首先这起泄漏事故的严重程度决定了政府是否介入调查,确定是自然事故、技术事故,还是责任事故,因为这决

— 7 —

定了事故的追责。如果仅是未遂事故或轻伤害事故企业就应该启动事故调查,因为事故发生的原因是多方面的,企业更关注的是如何避免类似事故再次发生。有时因事故调查成本较高,企业为有效预防事故会将可能的事故原因扩大化(调查出真正确切原因的时间和经济成本非常昂贵,但是基本可以推断事故可能原因)。

对于企业事故调查,如果具体真实原因调查花费时间和经济成本较高,企业可以把可能原因扩大化,即将事故的所有可能原因都进行罗列和管控,而不一定要耗费较高成本去明确具体原因。打个比方:可以确定某个篮子里面有坏鸡蛋,如果技术甄别具体是哪个鸡蛋坏了可能成本过高,可对篮子里的鸡蛋按都可能是坏鸡蛋进行预防处理;事故预防要求该部分鸡蛋在打到碗里前必须先打到一个单独的碗里,目视和鼻嗅没有问题后再使用,而不是将所有鸡蛋都直接打到一个碗里面。案例1.5为某企业发生一起事故,无法准确查明具体原因,无法明确具体责任人员,所以采取扩大化预防措施来预防事故。

> **案例1.5**
> 因企业事故调查是轻伤害事故或未遂事故,某企业为了有效开展事故调查工作采用非恶意违章事故不追责原则,事故报告也不是必须对社会公开。事故是由一个装置内通道的阀门被人误关导致停车造成的,但是无法证实是企业内部员工还是承包商人员所为,是故意还是失误,如要调查清楚可能耗费大量人力物力,为此企业调查后将内部员工和承包商员工都作为直接原因,即人为误操作的相关人员。两方人员都进行安全教育培训,在通道增设监控摄像头,并对类似易误开关阀门进行锁定管理等。

需要特别注意的是:《安全生产法》中事故调查"注重实效"原则主要指注重事故调查能带来的教训和整改措施可以杜绝或显著改善类似事故发生,不要混淆为"注重时效",理解为事故调查必须尽快调查出结果,以早日对社会发布或对上级部门交代,这可能会导致匆忙调查的事故结论缺乏客观性和科学性,违反事故调查"实事求是、尊重科学"的原则。有的调查组机械理解有关事故调查期限法规条款,例如《生产安全事故报告和调查处理条例》中"事故调查组应当自事故发生之日起60日内提交事故调查报告;特殊情况下,经负责事故调查的人民政府批准,提交事故调查报告的期限可以适当延长,但延长的期限最长不超过60日。"该法规条文出发点是要求调查组织必须及时调查,但是不能违背"实事求是、尊重科学"的原则。调查组不能为了调查而调查,而使事故原因的调查存在不确定性,科学性和客观性受到质疑。一些复杂事故的调查需要开展大量证据收集、分析和研究工作,需要在科学、客观的原则下进行调查。例如空难、复杂的大型机械电子系统、受到严重损毁的过程生产装置等,事故调查的复杂程度和调查技术及人员的现实条件可能使事故调查周期延长。

每起事故调查周期是由事故证据收集、分析条件和事故复杂程度决定的,有的事故可能耗时较长,例如案例1.6。

我国目前仍存在要求事故调查组在规定时间内完成事故调查的新闻报道,但是应注意避免为了在规定时间内得到事故调查结论而无法保证事故调查的科学性和客观性问题,避免事故调查的目的甚至只为追究相关责任人员,以便尽快给社会大众交代,平息舆论。一些过于匆忙的事故调查结论也极可能引起较大的社会质疑或争议,影响事故调查组和调查机构的权威性和科学性,并不利于发现真正的事故原因和有效控制类似事故再发生。

**案例 1.6**

美国化学品安全和危害调查委员会(CSB)是美国的一个独立联邦级机构(主要负责调查工业化学品事故),历经4年多才正式发布杜邦工厂重大事故最终报告。2014年11月15日午夜,杜邦在得克萨斯州的La Porte工厂发生甲硫醇泄漏事故,造成2.4万磅(约10.886t)甲硫醇泄漏,2名工人死亡。2019年6月25日CSB才发布了最终事故调查报告,包括与应急响应、过程安全管理体系和过程安全文化相关的重要经验教训。虽然发布过事故调查中期报告,但是正式的最终事故调查持续时间仍长达4年多,这主要是由于该事故调查难度较高、证据匮乏、事故原因分析困难等。事故调查结论有的也只是可能原因,但这并不意味着该事故调查失败,相反,CSB的调查客观性和科学性受到了国际事故调查和安全工程领域的认可。

## 思考题

(1)事故有哪些基本特性?事故调查工作最主要的是查清事故的什么特性?

(2)如何理解"事件调查或事故调查是预防事故的直接且有效的手段"?

(3)很多企业或组织不愿意调查事故,分享事故经验,对该企业和社会、国家有什么样的影响?

(4)事故调查的主体应该是企业还是政府?企业事故调查和政府事故调查有哪些异同点?

(5)我国目前很多企业事故调查也和政府事故调查一样进行人员责任追究的利弊是什么?

# 第2章 事故机理与致因理论

极少有事故是由单一原因造成的,事故通常是多个原因共同复杂作用的结果。为了理解这些原因是什么,以及它们是如何相互影响的,事故调查者必须进行系统研究,明确事故发生的系统原因(事故发生是管理系统缺陷造成的)。事故调查中使用系统研究方法的益处主要有两个方面:

(1)实施和持续建设过程安全管理系统,修补企业或组织安全管理漏洞;

(2)应用一致的、精确的事故调查方法,准确找出事故发生直接原因、间接原因或根本原因,有效避免类似事故再发生。

在最近20年的工业系统中,事故调查实践已经发生了显著变化。要取得良好的事故调查成果,确定正确的事故调查方向,事故调查人员应掌握基本的事故机理与致因理论。通过对事故进行调查,基于事故机理和致因理论,可以帮助调查人员构建事故因素关联性框架,再结合事故证据收集分析技术和根本原因分析技术完成事故调查。该过程与其说是一门科学,倒不如说是一门艺术。

在实际应用中,存在几种事故因果理论,每一种事故因果理论都对应着相关的调查技术。根据事故调查的规模和复杂程度,有经验的调查者往往都在事故模型与致因理论基础上形成判断,研判事故调查证据收集和原因分析方向。这种判断能力对于高效开展事故调查活动非常重要。

本章主要讨论的事故因果理论有以下几种:(1)多米诺骨牌因果理论;(2)系统理论;(3)多重起因理论;(4)危险—屏障—目标理论;(5)双重预防机制。

## 2.1 事故发展阶段

调查者对以往事故数据进行分析,从中吸取经验教训,并建立事故模型,这使得调查者能够使用概念性框架,构建一个模型,实现对事故过程的剖析。

案例2.1有助于我们理解事故因果理论。

**案例2.1**

如图2.1所示,来自上游供料管道的正己烷进入缓冲罐,正己烷缓冲罐液位受液位控制回路(LIC-90)控制,LIC-90检测储罐液位,通过调节液位阀(LV-90)控制液位。正己烷输往下游工艺使用。LIC回路包括提醒操作人员的高液位报警(LAH-90)。储罐总容量为30t,通常盛装一半的容量。储罐位于防火堤内,该防火堤能够容纳45t正己烷。

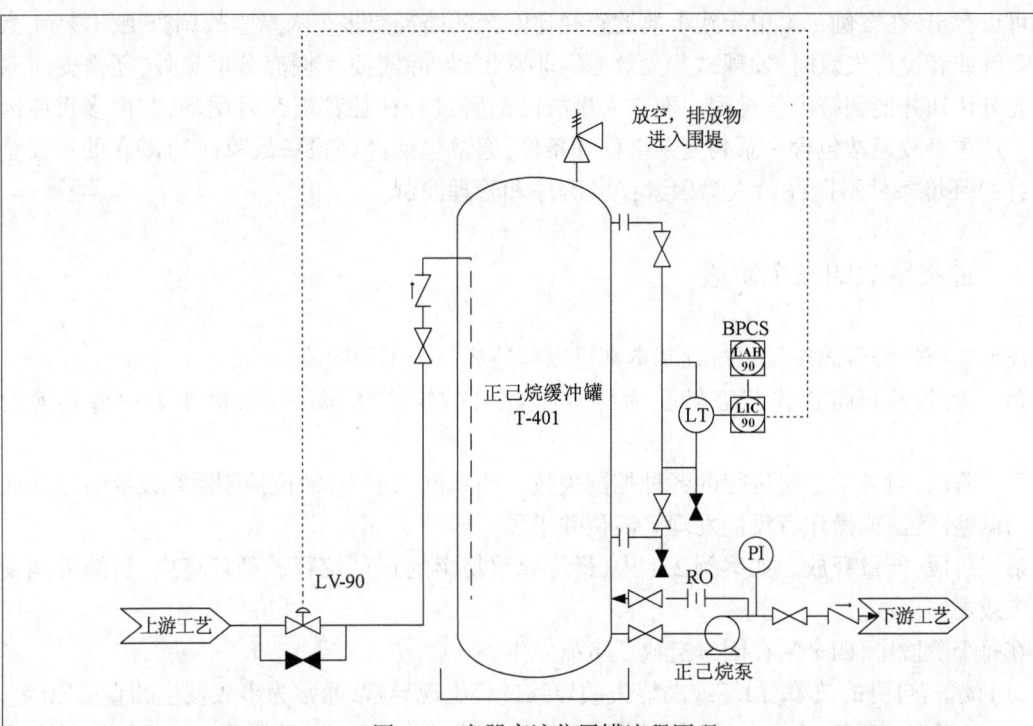

图 2.1 容器高液位冒罐流程原理

表2.1 用事件树(ETA)描述了正己烷缓冲罐出现高液位失控冒罐的事故路径,发生事故可能的场景有:冒罐后的物料通过放空阀进入围堤、放空阀失效冒罐超压破裂产生泄漏等。一共有两个探测系统和两次反应机会。这些事件组合产生了3条无事故的路径和4条有事故的路径(结果都是冒罐溢流),事故调查就是通过证据收集和分析明确事故发生的确切或可能路径,进而发现实际的事故原因,避免再次从该路径上发生事故。

表2.1 事件树分析容器冒罐事故路径

| 进料量过大致容器液位过高 | 监测到高液位 | 液位控制系统及时降低液位 | 中控室操作人员发现高液位 | 操作人员反应及时并控制 | 结果 | 路径代号 |
| --- | --- | --- | --- | --- | --- | --- |
| | | 是 | | | 无事故 | 1 |
| 是 | 是 | | 是 | 是 | 无事故 | 2 |
| | | 否 | | 否 | 冒罐溢流事故 | 3 |
| | 否 | | | | 冒罐溢流事故 | 4 |
| | | | 是 | 是 | 无事故 | 5 |
| 否 | | | | 否 | 冒罐溢流事故 | 6 |
| | | | 否 | | 冒罐溢流事故 | 7 |

— 11 —

可以看出，在案例2.1中导致事故的路径比安全的路径要多。大量事故调查工作显示，当一个系统或者过程失效时，发现这些失效原因非常困难，除需要掌握充分信息外，还需要对系统有充分认知并能剖解事故过程。而重大事故的剖解过程往往都复杂且困难，并由多重原因造成。严重事故通常包含一系列复杂事件和条件，通常包括：(1)设备故障；(2)潜在的不安全状态；(3)环境条件不良；(4)人为因素；(5)程序和管理漏洞。

### 2.1.1 过程事故的三个阶段

任何生产过程事故按发生过程基本都可以描述成三个不同阶段：

第一阶段，从正常操作状态转变为异常(紊乱)的操作状态。如案例2.1中容器液位过高。

第二阶段，对异常工况进行的各种控制失败。如案例2.1中，液位控制系统没能恰当地通过阀门调整液位，或操作者没能发现高液位并干预。

第三阶段，能量释放。如案例2.1中，最终导致易燃的正己烷释放到环境中，后续可能发生火灾或爆炸事故。

在每个阶段中，四个潜在因素造成了事故发生。

(1)设备：自身的故障、损坏或功能失效导致过程出现异常，通常为事故发生的直接原因。

(2)过程控制系统：包括全自动的基本工艺控制系统(BPCS，通常采用DCS形式)或安全仪表系统(SIS)，也包括半自动或全人工的控制系统，以使系统恢复至要求状态，通常为防止事故发生的安全屏障。有效屏障功能就是独立保护层(Independent Protection Layer, IPL)，比如紧急停切断阀或防护系统、控制程序或安全仪表系统等。当这些安全屏障失效时，初始事件会从不受欢迎的事件转变为未遂事故，如果所有安全屏障都失效，事件最终会继续转变成轻微事故或重大事故，或者生产过程中断。过程控制系统失效通常为事故发生的间接原因。

(3)行为人：需要人员进行感知、决策和执行的过程或环节。事故中行为人可能为事故直接肇事者或受害者，也可能为事件发展成为事故环节上进行干预的人员。

(4)组织：生产单位或团队形成的质量技术控制要求、规章制度、管理手段等缺陷，从而导致设备、过程控制系统和行为人成为事故发生因素。组织的管理缺陷通常为事故发生的根本原因。

过程安全事故的潜在后果严重程度通常与下列五个因素呈函数关系：

(1)危险物质的库存量：物质种类和数量；

(2)能量因素：化学反应或物质泄漏后能释放的能量；

(3)时间因素：泄漏速率、泄漏持续时间和报警反应时间；

(4)不同距离上的能量强度关系：危险发生后存在会造成伤害的安全距离；

(5)暴露因素：人员或受影响设施在后果的影响空间和时间上出现的机会。

### 2.1.2 潜在失效的重要性

潜在失效(Potential Failure)，也称为潜伏失效，在事故因果要素中扮演重要角色。术语"潜在失效"暗示着系统或设备失效状态是暂时休眠的或隐藏着的。潜在失误(Potential Error)，是指人员在正常情况下不会出现，但是由于心理或生理原因及外部干扰条件下可能出现的错误操作或行为。对于人机复合系统事故,可将人失误看作一种特殊失效,潜在失效包括潜在失误。

通过对过程中的典型操作步骤进行试验或审查,是有可能在事故之前发现潜在失效的。图2.2展示了潜在失效的构成。

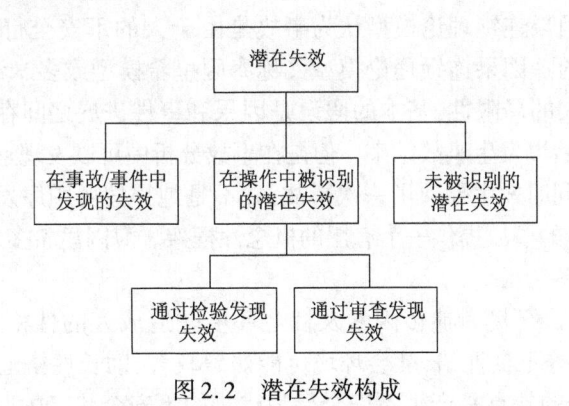

图 2.2 潜在失效构成

然而,即使在被检验期间,潜在失效也有可能处于隐藏状态,以下说明为什么潜在失效较难被发现:

(1)检验需要的条件与失效出现的条件之间存在差异,因此存在潜在失效在检验活动中不被发现和处理。

(2)检验技术本身存在问题,或者失效无法以正确方式检验,导致无法发现失效或故障,甚至得出错误结果。例如对于容器氢渗透腐蚀采用超声技术进行检测,该技术发现不了这种类型的潜在失效,却得出容器合格的结论。又如一般的安全检查发现场地环境卫生维护较好,便得出员工遵章守纪的结论,而实际上组织对员工主要是纪律管理,大量的生产操作并没有书面程序,习惯性违章和人为失误却比较严重。

(3)检验环节本身造成了一些原本没有的失效,并在未来的运行过程中使不良后果暴露出来。例如对容器开孔检测腐蚀情况,却导致开孔处容易发生泄漏。又如安全培训考核与实际生产活动脱节,但却能通过考试取证,员工会逐渐形成做事形式化和应付安全管理的文化氛围。

(4)存在的失效和缺陷没有被系统、全面地指出,也不能被充分处置。例如从来没有对系统所有单元或元件潜在失效或故障开展FMEA分析或评估,或不舍得投入,期望用简单或单一手段发现失效。

元件潜在失效、人为失误,以及一些相关联的不安全行为和错误都是管理系统缺陷或薄弱环节导致的结果。这也是术语"根本原因"和"管理系统缺陷"被交叉使用的原因。

## 2.2 事故因果理论

除了本章提到的因果理论外,还有其他事故因果理论。本章主要讨论的事故因果理论按类型划分为:(1)多米诺骨牌因果理论;(2)系统理论;(3)多重起因理论;(4)危险—屏障—目标理论;(5)双重预防机制。

这些理论已经在风险分析、事故案例分析和事故调查方面得到了广泛应用,能为事故调查提供理论方向指导。

### 2.2.1 多米诺骨牌因果理论

海因里希提出的因果连锁理论模型认为事故是由于人的不安全行为、人的缺点和人的成长环境出身背景引起的。因果连锁理论模型又称海因里希模型或多米诺骨牌因果理论。多米诺骨牌因果理论有很大的局限性，基本的假设是因果和事件进展之间存在线性关系，事件是一个接着一个发生的，最后以发生事故结束。但是在事故分析中可以发现这种假设并不总是正确。通常情况下，几个事件同时发生导致了一次事故，并不是纯粹按照顺序发生的。然而，多米诺骨牌因果理论能够为简单的事故提供一个有用的概念性框架。海因里希多米诺骨牌因果理论见图2.3。

(1) 遗传因素及社会环境。遗传因素及社会环境是造成人的性格上缺点的原因，遗传因素可能造成鲁莽、固执等不良性格，社会环境可能妨碍教育，助长性格上的缺点。

(2) 人的缺点。人的缺点是产生不安全行为或物的不安全状态的原因。

(3) 人的不安全行为或物的不安全状态。那些曾经引起过事故，或可能引起事故的行为，或物质的状态是造成事故的直接原因。

(4) 事故。事故是使人员受到伤害或可能受到伤害的、意料之外的、失去控制的事件。

(5) 伤亡。由于事故而直接产生的人身伤害。

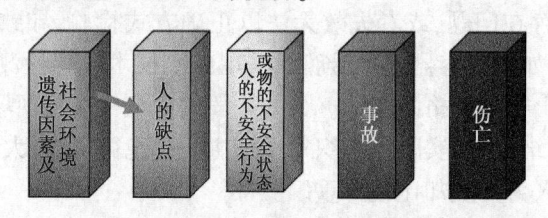

图2.3 海因里希多米诺骨牌因果理论

海因里希多米诺骨牌因果理论对实际的事故调查产生了深远的影响，但是其认为人员先天的遗传、成长环境导致人的缺点被认为存在很大缺陷。后来的研究者对海因里希多米诺骨牌因果理论进行了很多的改进，形成了现代因果连锁理论，如图2.4所示。现代因果连锁理论认为，管理失误是该事故因果连锁中最重要的因素。安全管理是企业管理的一个部分，在计划、组织、指导、协调和控制等管理机能中，控制是安全管理的核心。它从对间接原因的控制入手，通过对人的不安全行为和物的不安全状态的控制，达到防止伤亡事故发生的目的。所谓管理失误，主要是指在控制机能方面的缺欠，使得最终能够导致事故的个人原因及工作条件方向原因得以存在。按此理论，加强企业安全管理是防止伤亡事故的重要途径。

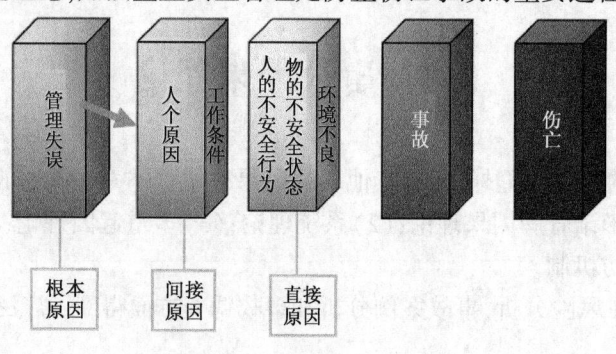

图2.4 现代因果连锁理论

根据现代因果连锁理论,生产事故通常由多重原因造成:

(1)直接原因(人的不安全行为、物的不安全状态、环境不良)——可暂时纠正,但不能预防类似事故;

(2)间接/使动原因(个人生理或心理原因、不能维护和保持工作条件)——纠正能减少类似事故发生,但不能永久性地解决问题;

(3)根本原因(简称"根原因",通常是指直接和间接原因背后的管理原因,也指能导致事物发生变化的根源或者导致事物发生变化的最本质的原因,或能引起事物发展变化的诸多原因中起关键作用、决定作用的最重要的原因)——辨识和纠正能消除或大量减少相同和类似事故发生。

特别说明:我国很多官方事故调查报告中常将事故原因仅归为直接原因和间接原因两大类,将根本原因也归为间接原因。这主要是由于根本原因分析需要掌握较高的事故调查分析理论知识,一般事故调查者对根本原因的理解并不一致,甚至存在主观性,随着事故调查理论和技术的普及,事故根本原因分析将引起越来越多的重视。

## 2.2.2 系统理论

目前被普遍接受和不断发展的典型事故理论如雷希特(REcht)提出的"系统理论"。根据该理论,一起事故被看作是技术或管理系统所产生的异常影响或结果。系统理论对物理系统中的元件和它们之间的相关关系进行分析,系统化剖解系统的组成和存在状态。物理系统可被看作一个技术系统或人为因素系统。系统理论提出下面内容:(1)分析系统要求和约束条件的框架;(2)对元件过程的详细描述;(3)对操作顺序和任务事项顺序的详细描述,包括环境条件。系统理论考虑到了复杂工程系统模型和管理结构模型的发展。这些模型能够用来分析个体元素和整个系统功能之间的内在联系。

如图2.5所示,可将一个企业视作一个安全系统,该系统由人、物、能量和信息构成,人员能力和素质是否适合系统赋予的职责,物(设施)是否能保持完好性,能量是否能被有效控制和隔离,以及人、物和能量的动态过程信息能否被收集、处理和分析,这些构成安全系统的要素和环节如果出现错误或缺陷,将在触发条件出现的情况下演变为事故,日常的隐患排查和事故调查就是通过对暴露出的问题进行根本原因分析,找出系统缺陷。

系统理论可以应用于事故调查、可靠性分析、质量审核和其他业务损失分析等。系统理论在事故调查活动中得到了广泛的认可和应用,其中一个原因是它直接建立在现行的、经验证过的过程安全原则上。在过程安全中,尽管有其他的系统可以控制风险,但是它们都至少有三个基本关键点(图2.6):

(1)系统辨识危害和理解风险,并做出决策。为了预测事故,需要系统全面辨识危害,并理解与过程或系统有关危害的风险。在过程安全中,预测风险首先要识别潜在的危害事故或损失场景,然后预测事故发生的规模和概率。这都是过程风险评价或变更风险评估管理中经常要做的事情。结果就是对具体屏障(或保护层)有效性和失效水平(需求时的失效率)的理解,进而做出决策,决定采取哪些措施能将危害的风险控制到一个可接受的水平。

(2)实施各种控制措施去管理风险,构成企业或组织的管理系统。相应的管理系统必须处于工作状态,确保屏障完整。各种防护设施维护、检测技术实施和人因管理等构成了安全生产活动的主要内容,包括书面的操作和维修保养程序、有效的培训,对最新过程安全信息的控

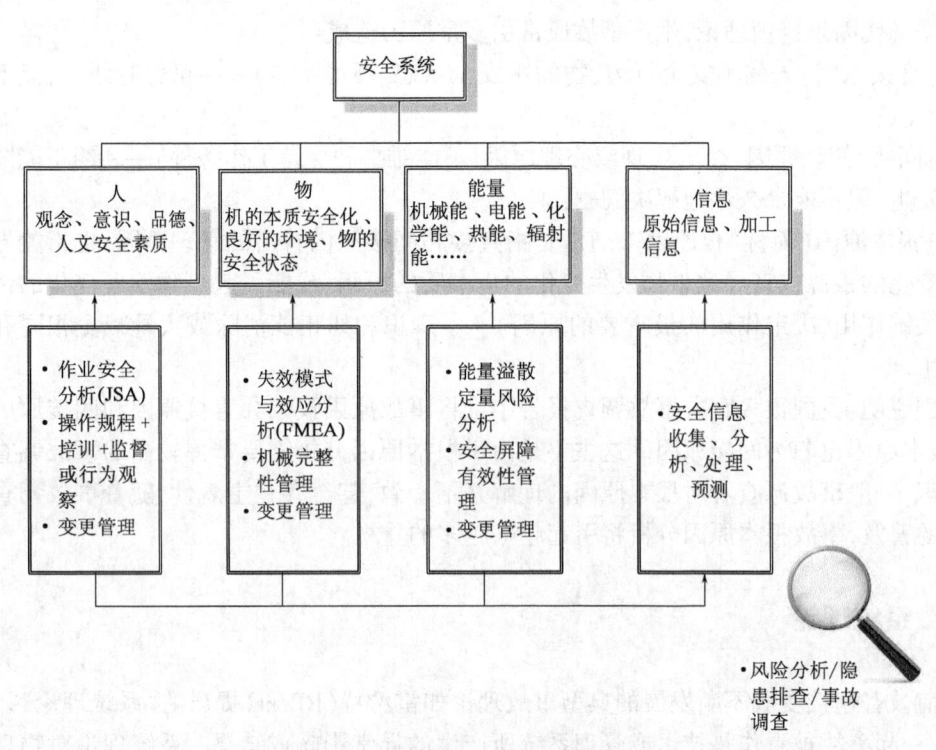

图 2.5　事故调查查找安全系统漏洞

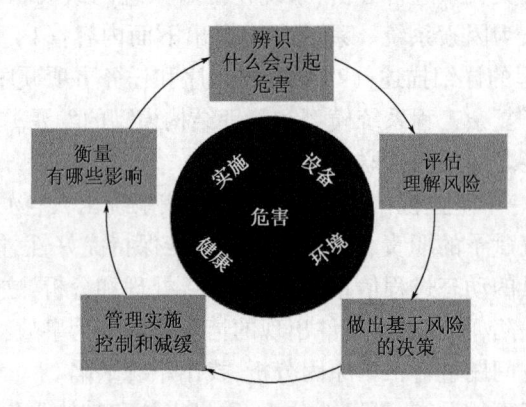

图 2.6　控制风险的一般概念

制,变更协议的管理,绩效衡量,审查以及其他活动等。

(3)不断分析系统薄弱环节并进行改进。为了从事故中有所学,要认识到事故预测和管理系统都不是完美的。企业和组织需要将事故或错误中学到的经验用于实践,并不断地对管理系统进行改进,这都是非常有必要的。这些实践就是事故报告和调查过程。

## 2.2.3　多重起因理论

理论上,有多少系统元件就可能有对应数量或比例关系的事故原因,在事故调查中,人们更多使用美国著名安全专家丹·彼得森(Dan Peterson)提出的"多重起因理论",而不是系统理论。多重起因理论认为事故的发生通常不止一个原因,极少由单一行为或某一个状态因素所导致,而是由许多行为、许多状况及许多类型的原因所致。该理论拓展了多米诺骨牌因果理论和不安全行为与状态概念的内涵和外延。案例2.2给出多重起因理论分析挖掘原因的效果对比。

---

**案例2.2**

库房一名员工使用有缺陷的梯子更换损坏的照明灯泡,结果从上面摔下来并造成胳膊骨折。

(1)应用传统的事故模型进行事故调查与分析:
①不安全行为:一名员工使用有缺陷的梯子。
②不安全状态:梯子有缺陷。
③整改方案:停止使用有缺陷的梯子(尽管这确实是必要的行动措施,但是没有强调调查更深层次的系统原因)。

(2)应用多重起因理论调查事故,会对下列问题进行深度挖掘:
①员工为什么使用有故障的梯子?
②梯子为什么有故障?
③是否进行了维护或检查?
④为什么检查时没有发现梯子有故障?
⑤是否对员工进行过识别设备缺陷的培训?
⑥为什么这名员工未受过培训?
⑦工作中是否履行了工作安全分析?
⑧监督是否了解到该项工作和设备是否安全?
⑨是否有如何停止使用设备要求?
⑩员工是否了解如果设备出现故障,他或她有权停止工作?

这些问题可以引导找出事故的多重原因,包括直接原因、间接原因和管理上的系统原因。

---

多重起因理论和国外许多事故调查专业机构使用的事故致因理论相一致,如美国能源部"管理疏忽和风险树根源分析"中提到:"在分析事故或事件发生的原因时,应该考虑事故的多重起因。很少事故是由单独的原因造成或导致的。大多数情况是,事故的发生涉及从管理层到工作流程的最低层次的一连串的原因。通常具体的整改行动只是整改了公司基层末端的状态,只有改正系统缺陷才更有可能控制所有涉及从管理层到公司底层的一系列起因。"

找出导致事故的所有原因是解决存在问题和预防更多事故发生的关键。如果事故调查人员只分析"行为和状态",可能会漏掉很多较深层次的问题。丹·彼得森认为:"今天,我们了解到在每个事故发生的背后隐藏着许多因素、主要原因和次要原因。事故的多重起因理论认为这些因素以多种方式结合在一起,引发事故的发生。因此,事故调查人员应该尽可能找出所有的原因,不应仅限于一个行为或状态。"

在丹·彼得森"十大安全原理"中,还有相关理论描述:

原理1:系统根源。员工不安全行为、工作环境中不安全状态和事故的发生,都是安全管理系统存在缺陷的表现或征兆,即管理系统缺陷是事故的根源。

原理6:起因控制。物的不安全状态和人的不安全行为的起因是可以识别和进行分类的;许多分类涉及工作压力(如工作量超负荷或人员能力与工作不匹配)、诱导或判断错误;所有起因都是可以控制的。

原理7：环境与行为。大多数情况下，不安全行为是人们的习惯行为，是人们对环境产生的反应。安全管理的工作就是要改善导致不安全行为的环境，从而减少或消除不安全的行为。

### 2.2.4 危险—屏障—目标理论

危害—屏障—目标理论（Hazard-Barrier-Target，HBT）最早由斯基巴（Skiba）提出，原理如图2.7所示，危害通过失效的屏障（或安全保护层）对受害目标对象造成影响，成为事故。在HBT中，调查者首先要意识到一个工艺过程中存在一个或多个固有危害（Hazard），危害是过程的一种潜在具备造成损害的性质，比如化学物品的毒性、储存的能量（存储压力比周围环境过高或过低）、高压电气设备等都可能带来相应事故后果影响，从而构成危害。"目标"可以是人、设施、环境或社会舆论影响等，也有学者将"目标"解释为各种损失影响，例如"目标"可能为产品质量变差。屏障实际上就是各种安全保护层，能预防危害对目标产生消极的影响。在HBT中强调了一个重要的观点，即所有的屏障都可能有缺陷或存在失效概率（不存在绝对100%可靠的安全屏障或保护层），因此，每一个屏障都有可能不能按照设计要求发挥作用。

图2.7 危害—屏障—目标概念

事故调查人员应认识到所有保护层都十分依赖于管理系统的支持才能建设完成或实现各种安全屏障，需要确保达到一个合理的失效概率。表2.2给出了化工行业典型的独立保护层（具备独立性、有效性、可审查性的安全屏障）的要求的失效概率（Probability of Failure on Demand，PFD，系统要求独立保护层起作用时，独立保护层发生失效，不能完成一个具体功能的概率）。由该表可知，应该追求降低安全屏障失效概率和设置多重安全保护屏障才能有效管控事故风险。

表2.2 化工行业典型独立保护层要求的失效概率

| 独立保护层 | | 说明（假设具有完善的设计基础、充足的检测和维护程序、良好的培训） | 要求的失效概率PFD取值参考 |
|---|---|---|---|
| 本质安全设计 | | 如果正确执行，将大大地降低相关场景后果的频率 | $(1 \times 10^{-1}) \sim (1 \times 10^{-6})$ |
| BPCS | | 如果与IE无关，BPCS可作为一种IPL | $(1 \times 10^{-1}) \sim (1 \times 10^{-2})$ |
| 关键报警和人员响应 | 人员行动，有10min的响应时间 | 行动应具有单一性和可操作性 | $1.0 \sim (1 \times 10^{-1})$ |
| | 人员对BPCS指示或报警的响应，有40min的响应时间 | | $1 \times 10^{-1}$ |
| | 人员行动，有40min的响应时间 | | $(1 \times 10^{-1}) \sim (1 \times 10^{-2})$ |

续表

| 独立保护层 | | 说明<br>(假设具有完善的设计基础、充足的检测和维护程序、良好的培训) | 要求的失效概率 PFD 取值参考 |
|---|---|---|---|
| 安全仪表功能 | 安全仪表功能 SIL 1 | 见 GB/T 21109 | $(\geq 1 \times 10^{-2}) \sim (< 1 \times 10^{-1})$ |
| | 安全仪表功能 SIL 2 | | $(\geq 1 \times 10^{-3}) \sim (< 1 \times 10^{-2})$ |
| | 安全仪表功能 SIL 3 | | $(\geq 1 \times 10^{-4}) \sim (< 1 \times 10^{-3})$ |
| 物理保护 | 安全阀 | 此类系统有效性对服役的条件比较敏感 | $(1 \times 10^{-1}) \sim (1 \times 10^{-5})$ |
| | 爆破片 | | $(1 \times 10^{-1}) \sim (1 \times 10^{-5})$ |
| 释放后保护措施 | 防火堤 | 降低由于储罐溢流、断裂、泄漏等造成严重后果的频率 | $(1 \times 10^{-2}) \sim (1 \times 10^{-3})$ |
| | 地下排污系统 | 降低由于储罐溢流、断裂、泄漏等造成严重后果的频率 | $(1 \times 10^{-2}) \sim (1 \times 10^{-3})$ |
| | 开式通风口 | 防止超压 | $(1 \times 10^{-2}) \sim (1 \times 10^{-3})$ |
| | 耐火涂层 | 减少热输入率,为降压、消防等提供额外的响应时间 | $(1 \times 10^{-2}) \sim (1 \times 10^{-3})$ |
| | 防爆墙/舱 | 限制冲击波,保护设备、建筑物等,降低爆炸重大后果的频率 | $(1 \times 10^{-2}) \sim (1 \times 10^{-3})$ |
| | 阻火器或防爆器 | 如果安装和维护合适,这些设备能够防止通过管道系统或进入容器和储罐内的潜在回火 | $(1 \times 10^{-1}) \sim (1 \times 10^{-3})$ |
| | 遥控式紧急切断阀 | | $(1 \times 10^{-1}) \sim (1 \times 10^{-2})$ |

一个危险因素必须透过所有安全保护屏障的漏洞才能产生消极事故影响,从理论上说是可能的,只是概率高低问题。因此,当所有的屏障没能阻止住危害时,事故就发生了,或者当其中一个或多个屏障失效时,未遂事故就会发生。对于理解事故机理,描述事故的概率性质,甚至是保护系统,HBT 是一个很好的工具。起初,调查者将 HBT 发展为调查技术。然而,经过多次实验之后,发现 HBT 作为调查技术使用并不完全适合,但是,在事故调查结束后,它却是一个非常适用于描述事故发生的模型。这是因为 HBT 无法提供方法指引或规则去帮助调查人员判定一系列的积极和消极的事件,需要调查人员对过程和安全屏障的安全功能和有效性有基本了解才可能有效利用。

本书重点在于从事故中学习经验教训,降低未来重大事故的风险,并学习经证明有效的结构化方法技术应用于事故调查,使读者更加容易地对事故形成一致的理解,高效率地交流事故见解和调查结果。

## 2.2.5 双重预防机制(体系)

目前我国安全生产形势虽然稳定向好,但重特大事故仍时有发生,严重影响人民群众的安全感、认同度。同时,非传统高危行业(领域)事故频发。近年大量事故案例表明我国企业或组织仍存在三个方面的主要问题:

(1)认不清:依赖传统和经验管理。
(2)想不到:没有系统辨识危害,没有风险意识。
(3)管不好:没有针对性措施。

习近平总书记曾在不同会议上指出:坚决遏制重特大事故频发势头。对典型事故不要处理完就过去了,要深入研究其规律和特点。对易发重特大事故的行业领域,要采取风险分级管控、隐患排查治理双重预防性工作机制,推动安全生产关口前移。

在这样的背景之下,我国提出了中国特色的双重预防机制理论。该理论认为构建双重预防机制就是要准确把握安全生产的特点和规律,以风险为核心,坚持超前防范、关口前移,从风险辨识入手,以风险管控为手段,把风险控制在隐患形成之前;排查治理隐患,提升安全生产整体预控能力,有效防范事故,夯实遏制重特大事故的坚实基础。如图 2.8 所示,该理论对于事故调查者也具有较好的启发和参考价值,即事故是由以下原因造成的:

(1)第一道风险分级管控防火墙失效。没有对危害进行有效的辨识和分级管控,管控措施存在漏洞,此时各种潜在危害演变为隐患;第一道防火墙有效是不会形成隐患的,具有隐患说明第一道防火墙存在漏洞。

(2)第二道隐患排查治理防火墙失效。由于没有及时消除隐患,隐患就会演变为事故,事故调查查明事故发生前的征兆就是典型的隐患。

(3)早期应急处置失效,使小事故演变为大事故。如果企业现场处置人员有能力和时间机会在事故早期进行干预,事故后果可能较轻微;如果早期应急处置失败,事故后果会扩大化。比较典型的如案例 2.3。

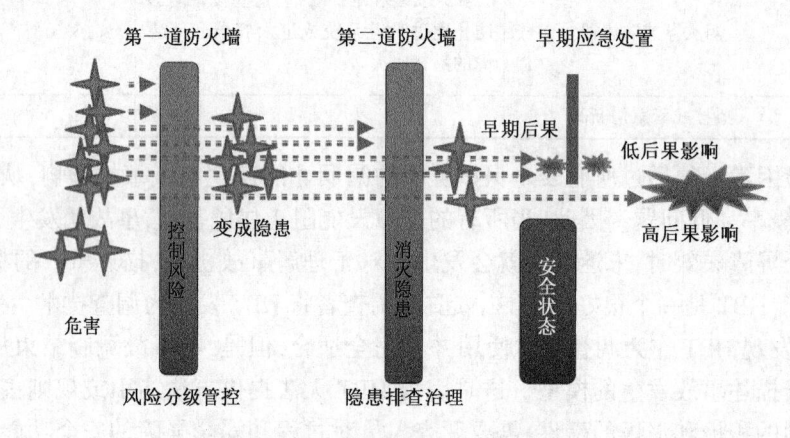

图 2.8 中国双重预防机制(体系)

**案例 2.3**

2017 年 6 月 5 日凌晨 1 时左右,某石化有限公司储运部装卸区的一辆液化石油气运输罐车在卸车作业过程中发生液化气泄漏,引起重大爆炸着火事故,造成 10 人死亡,9 人受伤,直接经济损失 4468 万元。罐车接头 LPG(液化气)泄漏时的监控场景如图 2.9 所示。

在液化气泄漏时未能在第一时间有效处置,导致事故扩大。从泄漏到爆炸 2min10s,完全有时间关闭阀门阻止继续泄漏,或组织人员有序撤离;在应急初期的处置与救援看不到组织指挥,反映出缺乏日常专业培训演练,应急处置能力低下。罐车装卸作业由罐车司机执行,罐车装卸长期违反操作规程。在液化气发生泄漏后,员工有的毫无反应、有的不知逃生路线跪地爬行、有的进入罐车驾驶室躲避,甚至还有人启动摩托车和电动车撤离,在大难面前无知无畏,看不到任何基本的安全能力。

从双重预防机制模型分析该事故可知:LPG卸车接头泄漏的安全屏障过于单一,第一道防火墙存在明显的漏洞。平时员工的操作技能、安全培训和应急演练管理水平较低,缺乏有效和客观评估,第二道防火墙失去作用。事故早期处置完全失效。

图2.9 某石化有限公司爆炸事故监控泄漏场景

思考题

(1)生产过程事故的发生一般经历几个阶段?主要有哪些潜在因素?

(2)为什么发现设备的潜在失效或人的潜在失误有很大困难?应该如何解决这些困难?

(3)将企业视为一个"安全系统"开展事故调查和将企业视为"事故系统"进行调查会有哪些区别?

(4)试比较"双重预防机制"和"危险—屏障—目标理论"的异同点。

(5)如何理解"绝大部分事故都是多个原因共同作用造成的?但其中有的起关键作用,有的起次要作用"。

# 第3章 人为因素事故机理

研究表明,大量重大事故几乎都包含人为失误(Human Error)或人为因素(Human Factor,可理解为"导致人员出现事故行为的影响因素")问题,事故调查应避免简单地将人为因素作为事故主要原因,而忽略人异常行为背后的人机工程原因或管理原因(见本书第4章)。为了预防事故再次发生,必须识别和纠正那些难以预防的人为失误(例如人机工程设计不良、环境不佳)和组织管理漏洞。事故调查人员和事故系统管理人员应学习事故的人为因素分析方法和调查理论,应有能力辨识和解决可能导致事故的人为因素或行为安全问题。

现场的设备操作员或维修工会出现人为失误,企业管理的各方面和不同角落也会发生人为失误。事故调查如果能发现企业人为因素问题并改进,将带来巨大回报,包括显著降低人因事故发生率、提高员工士气、提高生产效率、促进安全文化提升等。

实施一个有效的人为因素改进计划或将人为因素问题纳入现有的事件/事故调查系统需要企业决策管理层的承诺。例如在人机工程学应用较深入的航空和精密加工行业,质量事故或伤害事故如果是由人为因素引起的,企业管理层通常会给予高度重视,全力提供人员和资金予以解决,因为人为因素问题不解决将意味着会持续发生类似的质量或安全事故。

## 3.1 人员事故行为影响因素

人员每天都要和技术、环境和组织因素发生相互作用。有时人的行为看起来是个人问题,但更多的时候,人的行为是技术、环境或组织因素共同作用于人的结果。例如:

(1)技术:不符合人机工程学设计的设备、操作流程会使人做出不安全行为。例如一件设备,设计的数据输入键盘又小又紧凑,无法用戴着手套的手去操作,员工经常输入错误。

(2)环境:人体在适合的温度范围内会表现正常。但在超过正常的温度范围时,人的正常行为能力会下降,在极端的温度下人的行为会失控。

(3)组织:组织管理架构与管理要求、培训等都会影响到工作量,影响到员工能否安全和高效率地工作,组织中的奖励和惩罚制度也会影响到员工的行为。

图3.1说明了人是如何受到技术、环境和组织因素共同作用和影响的。

当设备、环境不适合人的行为时,人就会出现异常行为,甚至导致安全问题。大量案例表明,管理者可能会试图威胁或利诱(惩罚或奖励)人员不要犯错误,好像具备符合组织或管理者要求的意识、动机就能够克服有设计缺陷的设备、有缺陷的管理系统和人类天生的局限。实际上,管理层人员期待一线生产人员完全适应生产系统而不出现安全问题是很难达到的,相对

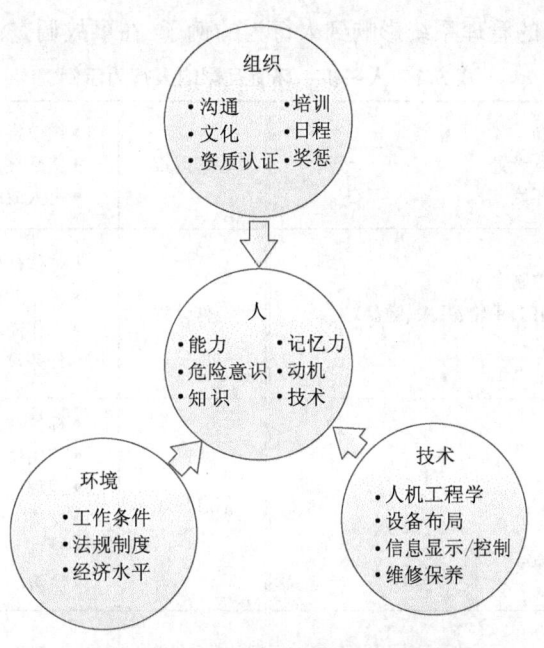

图 3.1 人受环境、技术和组织影响

能做到的应该是让生产系统的技术、环境和组织管理适应一线生产人员。因此,当事故涉及人的行为时,建议措施必须清晰地说明企业或组织管理系统问题,因为管理系统允许了缺陷存在于技术环节、设备、环境和组织当中。事故调查人员理解了环境、设备与组织对人员安全行为可能造成的影响,将在事故证据收集和原因分析时具有正确、清晰的思路和高的效率。

下面说明组织、环境和技术是如何影响人员行为安全的。

环境对人员行为安全产生的影响:
(1)身体机能(极端温度、烦躁的工作环境或照明不足可能会造成人的行为问题);
(2)心理影响(长时间的封闭、枯燥的环境,工作生活场所易导致疲劳或不舒适的气候条件,随之会引起人的行为问题);
(3)决策(工作环境中存在不良条件,员工为了尽早逃离,可能会采取冒险行动)。

设备或技术对人员行为安全产生的影响:
(1)决策和故障排查能力(控制室内出现大量报警声,不一致的信息或仪表);
(2)认知和理解(跟文化规范有冲突的设计,比如红色却意味着前进,绿色意味着停止);
(3)延展、力量、敏感度(比如未考虑人体测量学、平均尺寸的设计,使个别人员难以达到要求的操作阈值);
(4)安全和性能(设备性能无法完成工作需要,需要员工采用非正常的方式工作,比如工人通过连续敲击以抖落设备内部黏附的物料)。

组织和管理对人员行为安全产生的影响:
(1)工作实践(不良的管理程序、工艺操作流程和工作计划直接影响工作行为);
(2)知识和技术(缺乏针对性的安全技能培训或交叉培训,或仅开展安全意识而非安全操作技能培训,使人员在面临非正常条件时,表现出不安全的行为);
(3)团队合作(在组织内的地位和沟通方式直接影响到员工彼此合作和沟通);
(4)故障、隐患排查能力和决策(由于组织的能力和内在安全文化条件,漠视或拖延故障和隐患消除工作,导致员工们对不安全状态习以为常,并采取冒险行为)。

表 3.1 列举了常见的管理系统影响到人行为的例子，在事故调查活动中应予以考虑。

表 3.1　人—机—环交互影响人行为示例

| 工作场所设计 | ● 设备布局<br>● 工作地点设置<br>● 无障碍环境 | 管理因素 | ● 绩效指标(KPI)<br>● 奖励/惩罚<br>● 个人或组织目标工作优先级 |
|---|---|---|---|
| 设备设计 | ● 显示和控制面板<br>● 控制(阀门、手轮、开关、键盘)<br>● 手动工具 | 工作计划 | ● 工作计划<br>● 工作载荷<br>● 工作需求与能力匹配度<br>● 任务设计 |
| 工作环境 | ● 噪声<br>● 震动<br>● 灯光<br>● 温度<br>● 化学品侵蚀 | 信息传递 | ● 标签/标志<br>● 使用说明<br>● 规程<br>● 交流<br>● 培训<br>● 决策 |
| 身体活动 | ● 力量<br>● 重复<br>● 姿势 | 个人因素 | ● 性格<br>● 心理压力<br>● 年龄<br>● 文化程度<br>● 健康<br>● 疲劳<br>● 情绪<br>● 动机<br>● 身高<br>● 力量 |
| 团队合作 | ● 角色定位<br>● 组织的支持<br>● 沟通与协调<br>● 角色与能力匹配 | | |

人为失误会表现出不同的方式。要想发现人为失误的原因，关键在于能否正确理解生产活动中的人员如果出现人为失误是否会带来显著后果。根据人的主观性可将人为失误分为四类：

(1)非自愿或非故意行为。例如，一个操作员背靠着开关，不小心触碰了开关。

(2)自发的或应激的行为。例如，置换程序新近发生变化，尽管所有人员已经接受了培训，知道新程序要求置换前要保持压缩机运行一段时间，但是之前的置换时立即停压缩机的操作已经形成记忆和习惯，以至于操作者在置换前直接将压缩机关停。

(3)非故意行为(滑倒或失误)。例如，一个操作者企图启动 1 号泵，当他接触到泵的开关时，操作者无意间触到了 2 号泵开关，启动了 2 号泵。

(4)故意但错误的行为。例如，操作工被指示去关闭阀门 A，但是其个人工作经验认为关闭阀门 B 的效果跟关闭阀门 A 的效果一样，并且关闭阀门 B 比较快，所以操作工关闭了阀门 B。

图 3.2 展示了人为失误主观性分类是如何跟工作任务联系在一起的。

除了上述根据人员主观性分的 4 个类别之外，按人为失误表现形式也可分为：(1)疏忽错误；(2)工作错误；(3)顺序错误；(4)时间误差。

"疏忽错误"定义为未能完成一个要求的、必须的或适当的任务。有很多可以解释疏忽错

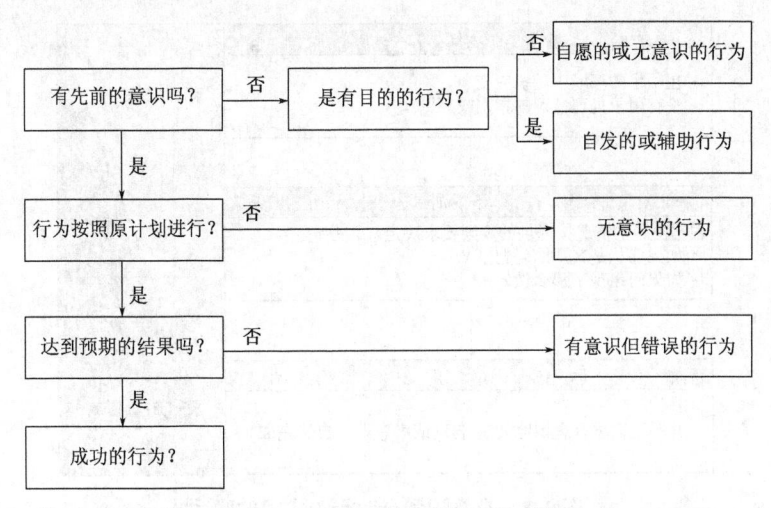

图 3.2 判定人为失误类型的方法

误的原因——缺少知识或培训、缺少预期的提示、身体反应能力差、其他紧迫的任务等。例如,一个操作者被要求去关闭阀门 A、B、C,但是只关闭了阀门 A 和 B。

"工作错误"属于未能正确地执行工作任务,做了错误的事情,包括在错误的系统内做正确的事情,或使用错误的方法试图去做正确的事情。此外,还有很多原因可以解释工作错误,不仅是"犯错误"或"没注意到"。这些原因可能是缺乏知识、不恰当的培训、接收到不正确的提示、不恰当的指示、遵循过去经验、没能正确评估后果等。例如,操作者错误地启动了原料加料泵,导致原料比正常多很多。

"顺序错误"是没有按正确次序要求完成任务。有人是因为没有思考造成顺序错误,也有人是由于不恰当的培训、错误的顺序提示、未理解顺序重要性等造成错误。

"时间错误"是指未能在恰当的时间段内执行任务,比如做事情太快或者太慢。时间错误通常发生在人员匆忙状态下,但是并不在规定时间段内。也有很多事故原因仅仅是人员不理解时间计划安排的重要性,随意操作。例如,操作程序要求人员必须将温度慢慢升高,但是有人认为没有必要,不断试错,直到一次操作中将温度以 5℃/min 的速度提升,结果导致了系统故障和事故。

除了上述人为失误的分类,在调查根本原因时,也要根据实际情况考虑到其他可能的分类和原因。

## 3.1.1 技能—规则—知识模型

如图 3.3 所示,技能—规则—知识(S-R-K)模型将人员作业时的脑力过程分为 3 个行为层次。

基于技能:位于最底层,包括常规观察能力、手眼协调能力和控制能力。技能还包括模式识别和动手能力,由于在工作活动中经常使用和锻炼技能,因此人员通常不需要过多考虑或分析诊断就可以执行工作。例如,叉车司机操作叉车是基于其技能,司机可以较容易完成货物卸载任务,但是对于其他不会开叉车的人员而言,完成卸货是十分困难的工作。基于技能的人为失误主要与错误或失误有关。例如,叉车司机在控制叉车时可能会注意力不集中,或因司机经验水平局限而错误判断进行冒险操作。

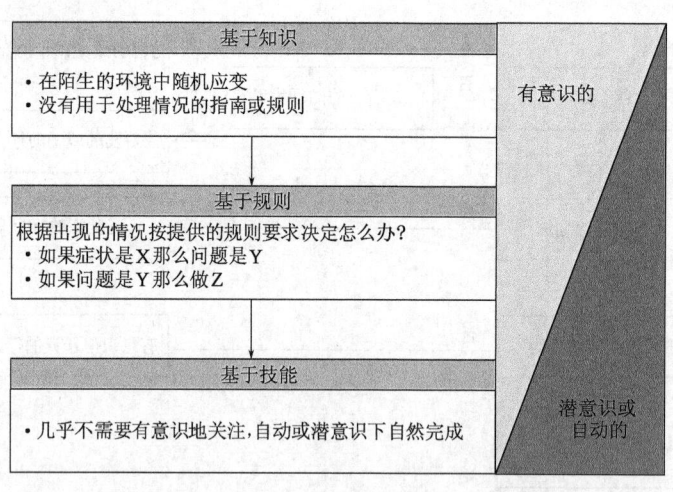

```
┌─────────────────────────────────┐
│          基于知识                │╲
│ • 在陌生的环境中随机应变          │ ╲  有意识的
│ • 没有用于处理情况的指南或规则    │  ╲
├─────────────────────────────────┤   ╲
│          基于规则                │    ╲
│ 根据出现的情况按提供的规则要求决定怎么办?│    ╲
│ • 如果症状是X那么问题是Y         │     ╲
│ • 如果问题是Y那么做Z             │      ╲
├─────────────────────────────────┤       ╲ 潜意识或
│          基于技能                │        ╲ 自动的
│ • 几乎不需要有意识地关注,自动或潜意识下自然完成│
└─────────────────────────────────┘
```

图 3.3　有意识和自动行为之间的联系

基于规则:在中间层,通过培训和程序管理使同一组织(或车间)人员按照同一的要求完成工作。通过制定程序文件、开展培训和监督才能形成规则意识,例如没有程序文件或程序文件错误,后面就不可能开展培训和有效监督,正式书面程序中遗漏了步骤,就会导致没人愿意遵守这个程序,因为大家都认为程序是错的。再比如,没有了监督,即使程序制定并培训也会有大量人员不遵守程序要求,因为不执行程序也不会被发现。

基于知识:位于最顶层,比如诊断、决策和计划。表现在人员已掌握的环境、设施和工艺过程知识,以及是否具备在需要时能进行演绎、归纳、计算分析和决策的能力。遇见外部干扰时所犯的错误,都可能和掌握的知识和运用能力有关。例如,在高速公路开车属于技能,但是突然出现爆胎,是否造成严重后果可能和司机是否具备相关知识和处理能力有关,司机如果利用所学安全知识冷静处理,不急打方向,握紧方向盘,间断踩刹车至停车就可以化险为夷,相反,就可能造成严重事故。

图 3.4 展示了技能—规则—知识模型是如何与人为失误联系在一起的。

分析出人为失误背后基于技能、规则和知识相关的潜在原因,就可以将人为失误作为"直接原因",并和"根本原因"进行关联,人失误相关的根本原因通常和组织缺陷或人机工程缺陷有关系。组织缺陷即事故的安全管理原因将在本书第 4 章进行说明,造成人为失误的原因也有可能是设计方面的错误,如果生产过程中存在未被发现或纠正的设计缺陷,那么缺陷导致工艺出现紊乱时,员工不太可能正确地诊断出设备的状态。设计性错误可能是组织管理错误的直接结果。

## 3.1.2　人员的事故行为

进行事故调查的企业和机构容易忽略人员行为的影响因素。事故中"物"的安全问题相对于人能较容易地被辨识(例如运转设备失灵、容器缺陷或传动结构断裂等)。然而,在事故调查过程中,真正的难题是"为什么这些缺陷会存在?",答案通常和人的行为有关。例如,传动轴断裂可能是因为企业管理者的决策导致维护保养频率减少,或购买了价格更低但易断轴的设备,或选择聘用缺乏使用经验的工程师等。传动轴的断裂也可能是由于缺乏正确操作或维修保养,或没有维保质量的监督,或在维修过程中出现错误,或在安全操作范围之外使用设备(超正常转速或功率使用)。应调查清楚每一个潜在的因素"为什么会发生?"(公司是为了

| 抽象程度 | 低 | | 高 |
|---|---|---|---|
| 大体时间 | 秒 | 分 | 时 |
| 操作形式 | 重复活动　　程序控制　　设计/重新设计<br>数据输入　　　　　　　软件设计<br>　　　　故障排除/诊断<br>人工控制 | | |
| 决策者人数 | 个体 | | 小团体 |
| 错误类型 | 基于能力 | 基于规则 | 基于知识 |
| 预防/缓解措施 | 显示反馈　　　　　　　　态势感知<br>群体专门要求（例如对实习和正式<br>　　员工的不同规定）<br>防错　　去偏<br>映射<br>程序<br>独立验证　　局外人审查<br>人机工程学　　　思维模式<br>联锁防护　　　　信息管理<br>　　　使用点的信息<br>警告　传统奖励/激励<br>培训/人员筛选<br>管理系统 | | |

图 3.4　人为失误的范围

省钱才减少维修保养？操作者缺乏经验？还是故意在安全范围之外操作设备？）只有当调查者理解了真实的潜在原因之后，才能找到真正意义上的解决方案。

事故调查组在进行调查过程中，应尝试去确定企业或组织是否对管理系统做了改进，是否纠正了特定的人员行为问题。调查组如果过度错误地简化人为失误，会造成人为事故的根本原因无法被调查出来。实际上人为失误背后根本原因通常都比较复杂，不是简单假设就能得到，比如操作者没能遵守操作规程、系统故障、设计缺陷或培训不足都可能成为人为失误的基础。良好的根本原因辨识过程能让调查组辨识出人为失误背后的潜在原因。

飞行器的设计者和制造商经常使用"安全性能范围"的概念总结产品预期的性能指标，认为如果超出了安全性能的阈值范围，则不能预测其性能稳定性。同样的道理，人员只有在最适合的工作条件下，才能达到最佳的工作效率。人员的安全性能范围包括：(1)温度、湿度等工作环境及气候条件；(2)光线照明；(3)身体或体力极限；(4)经最大努力能达到的工作极限；(5)数据输入负担极限(能产出或上报的最大数据量)；(6)觉察或指令压力极限；(7)人员被培训的内容；(8)人员过去的经验；(9)人员的个人习惯、经验和信仰。

超过了这些极限将会导致不可预测的行为，会导致人员能发挥的工作效能显著降低，人员失误率上升。事故调查者和管理系统设计者应该时刻对是否应改进管理系统保持一定敏感性，通过优化人机交互，提高系统可靠性等方式，使系统不易出错，且具有容错性。案例 3.1 给出了一些常见的人员事故行为。

> **案例3.1**
> 　　下面是常见的人员事故行为：
> 　　（1）导致元部件无法使用的错误行为。例如，设备未恢复到完整的可操作性就对其进行保养、测试和检查；阀门关闭，驱动系统或保护系统未被连通。
> 　　（2）维护错误，导致元部件处于故障率增加状态中。例如，螺栓松懈，传动轴错位，垫圈不密封，内部间隙不恰当，不相关的材料被遗留在系统元件中，或轴承未润滑。
> 　　（3）操作者错误，由于管线上阀门错误导致工艺过程紊乱。例如，关闭正确的阀门，在错误的时间打开旁通阀；或打开所有阀门，允许泵从错误的容器内出料或向错误的容器进料。

## 3.2　人因事故调查的组织影响

### 3.2.1　调查人员的免责

　　人因事故调查具有较强的复杂性，深入挖掘人因事故根本原因需要事故调查人员具备人因事故的调查挖掘能力，同时，事故企业或组织对人因事故复杂性的认知和事故调查容错意识也很重要。美国化学工程师协会化工过程安全中心（CCPS）《调查化学过程事故的指南》中指出：要成功调查事故，在已经构建事故调查管理系统的企业或组织内培养一种对事故调查人员免责罚、开放的文化非常重要。高水平的事故调查必须专注于理解以下问题：（1）究竟发生了什么？（2）事故是怎样发生的？（3）事故为什么会发生？（4）采取什么措施能预防事故再次发生？（5）如何才能有效降低风险？

　　对事故调查人员"责备和羞辱"的做法，对防止类似事故的发生无济于事。讳疾忌医的企业，类似事故还会发生，安全也不可能搞好。有必要营造一个开放和信任的环境，让大家可以自由地讨论事故是如何演变而来，而不必担心遭到打击和报复。如果没有这样的支持环境，相关调查人员或员工通常都不愿全面配合调查工作，事故调查可能草草结束，根本原因也不会被发现和处理。

　　例如，未能遵守操作程序不属于根本原因。在人为因素调查过程中，事故原因写到"未能遵守已有程序"就结束了。在很多情况下，调查人员只发现了员工未能遵守已有程序的事实，却没能尝试深入调查和确定这种行为背后潜在的原因。员工"未能遵守已有程序"并不是根本原因，反而是潜在根本原因的一个表现症状。本书第9章将说明根本原因分析方法。

　　几乎在所有情况下，"员工未能遵守已有程序"都有着潜在的原因。调查人员有责任去发现并确定这些潜在的根本原因。下面是一些能够导致"员工未能遵守已有程序"的潜在原因的典型症状和潜在管理系统缺陷问题：

　　（1）由于过期的书面程序，或缺失过程安全信息，或操作程序管理系统存在缺陷，导致书面程序不能反映当前工作或设备设施的状况，导致员工认为程序"不好用"或"错误"，于是就干脆不再遵守和使用程序。

　　（2）员工认为自己的操作方式更加高效或省力，由于从来没有评估过员工操作方式的合理性，监督也一直没发现员工不按程序操作。

(3)员工曾因偏离书面程序工作而得到奖励,因为比起产品质量和安全,领导认为产量和速度提升更应该受到奖励,这是企业质量管理系统存在缺陷。

(4)员工为学习管理人员所树立的榜样而不再遵守程序,这是因为建立和维持监督绩效标准(KPI)的系统有缺陷。例如某快递企业根据送货量和准点率决定快递员工资和奖金,却没有安全考核要求,这导致了快递员普遍不遵守交通安全规则,事故较多,尽管该快递企业在公司制度中标榜员工遵纪守法和健康安全有多么重要,但是其绩效考核标准却没有实质体现。

(5)存在双重或多重标准,由于监督或审计管理系统的缺陷,有多种公认的做法(例如工作日与周末的做法和监督标准不同)。

(6)由于企业调度或任务分配系统的缺陷,或由于过度裁员和人员变更,员工的工作任务超负荷。

(7)员工身体、精神或情感原因导致其偏离既定程序,企业或组织管理系统存在缺陷,没有将那些不适合岗位和工作任务的员工进行调整。

(8)员工认为使用了正确版本的程序,但实际上由于文件管理系统的缺陷,使用的是过期版本。

(9)培训制度的缺陷使员工得不到恰当的培训,员工只能靠自己的理解去执行程序。

案例3.2给出了一个试图通过加强安全培训避免人员事故的案例。

**案例3.2**

为什么事故调查报告最常见的建议是加强安全培训?请看下面事故案例:

2020年5月23日21时10分许,湖南某污水处理厂发生一起淹溺事故,造成一名工人死亡。事故过程是维修班长蔡某带4名辅助作业员工对管道内壁进行打磨时,堵在出水管与配水池连接处管口的安全气囊突然破裂,配水井中的水瞬间沿管道开口喷出,涌入正在检修的工作面地坑内,并将现场作业坑迅速淹没。蔡某因小腿以下部位被卡在作业开口而无法脱身。现场辅助作业人员包某和从办公室赶来的侯某在保证自身安全的情况下下水施救(图3.5),同时,公司办公室员工刘某第一时间报消防队和120急救中心请求援助施救,并迅速关停提升泵、关断其他二沉池进水阀门、放空V形滤池等,尽一切办法切断进水。现场施救因作业坑瞬间全部被淹,且配水井的水仍不断从开口处喷出,强大的水压和水流导致施救人员数次施救无果,加上蔡某已经被卡在管道开口处,现场施救人员最终没能把蔡某拉上来(图3.6)。

图3.5 事故发生后救援　　　　　　图3.6 事发管道情况

该事故调查报告建议除了要求提高政治站位,牢固树立安全发展理念,严格落实企业安全生产主体责任,提高安全管理水平,各监管部门加强日常安全监管执法力度外(特别说明:这3个建议也存在问题,见本书第10章),还提出"为加强企业员工安全意识教育培训,园区各类企业要经常性开展对施工人员及管理人员、特种作业人员的上岗前安全教育及培训和对管理人员、特种作业人员的资质、资格的全面检查,防止无证经营或无证上岗。"

请思考上述事故调查报告中关于安全培训的建议是否合理?

实际上未能遵循既定程序可能是由于知识不足,也可能是由于本节所述9个典型症状和潜在系统缺陷问题。如果症状是知识不足,常见建议是提供培训(或进修培训),以确保该人员理解遵守程序的必要性和知道如何使用程序。与此错误相关的常见建议示例是"与员工一起学习和审查程序,以确保员工理解正确的操作"。培训活动可能对接受培训的员工有用,但在大多数情况下,培训并不能识别和解决"知识/能力系统缺陷"才是导致员工不遵守程序的根本原因。在许多情况下,其他员工仍处于培训不足的状态,之所以提出培训的建议,是因为事故调查人员简单地认为员工不知道或不理解正确的操作程序,而忽略了其他典型症状和系统缺陷问题。

## 3.2.2 重视技术原因带来的人因安全问题

企业应警惕由于系统设计、人员认知和行为能力不匹配而导致的人因事故。有时,生产过程系统的设计者并没有考虑合理的人类能力极限阈值和习惯模式,或者使用环境和条件发生了根本性变化,但是人员仍按照以往经验进行作业。各种技术原因导致的人员行为安全问题很难通过严格管理和培训进行事故预防,也不能显著阻止人员出错。

另外,在考虑人员行为时,时间会成为敌人。随着生产设施的老化,微小的改变和变更都可能导致个人或集体出现行为安全问题。

案例3.3给出了几个人机工程缺陷或人因习惯未被考虑而造成的事故。

**案例3.3**

场地中有四台泵,按照字母顺序ABCD从左向右排列。然而,在控制室内,相应的开关排列可能是DABC顺序,因为在控制面板上,C开关后没有空间安装D开关,但是在A开关前面有空间。在紧急情况下,当操作者急需按动A开关时,很有可能错误地按成D开关。随着时间的过去,人机工程和设计问题开始显现,安装人员和企业管理者未能考虑到操作者的习惯、趋势和正常的行为而进行了变更。

几乎所有5年以上的工厂中,检查都可能会发现一系列以不合逻辑顺序排列的控制面板,企业通常认为只是细微的变化而已。解决方案就是按人机工程原理重新排列控制开关,就可以降低人为失误。

为在特定环境中遵循特定的惯例,设计者必须知道惯例是什么。一些惯例会随着国家的不同而变化。例如,在美国,开灯的开关向上推才是开,但是在欧洲,向下推才是开。彩色编码方案会因工厂不同而不同。最好的办法是询问最终的用户,询问他们对设备操作所期望的是哪种方案。

人们习惯热水的水龙头在左侧,冷水的水龙头在右侧。当不是这样的时候,人会感到迷惑,并会犯错误。

人们习惯于顺时针转动阀门是关闭,逆时针是打开。当情况不是这样的时候,就得重新进行心理建设,否则就会在身处压力或紧急情况下犯错。偏离正常的惯例、预期行动或已养成的习惯都可能成为人员行为问题的潜在原因。

在多数的正常操作环境下,人员能够处理好额外增加的心理负担,但是在紧急情况或其他高压力情况下,每一个额外的心理压力都可能成为人失误的原因。遵循某些预期的惯例,满足正常的行为方式和习惯都能改善人的行为。事故调查组应该对偏离正常惯例的设计或状态保持敏感,这些偏离往往会成为人员行为问题的潜在原因。

## 3.3 人因事故的演变

人员行为问题导致的事故(人因事故)是在多个不同原因和不同人员共同作用下发生的。James Reason 提出类似本书第 2 章中危害—屏障—目标理论(HBT)的"瑞士奶酪模型",揭示多种因素是如何结合起来并导致人因事故发生的。企业应通过构建安全保护层提高系统安全性,预防灾难性事故,如图 3.7 所描绘的"奶酪片",该模型认识到每个防御层都有弱点或漏洞。因此要进行"系统防御",构建多个保护防御层才能避免事故发生,整个企业的最高管理层、一线主管和员工都需要参与与安全相关的决策和活动。

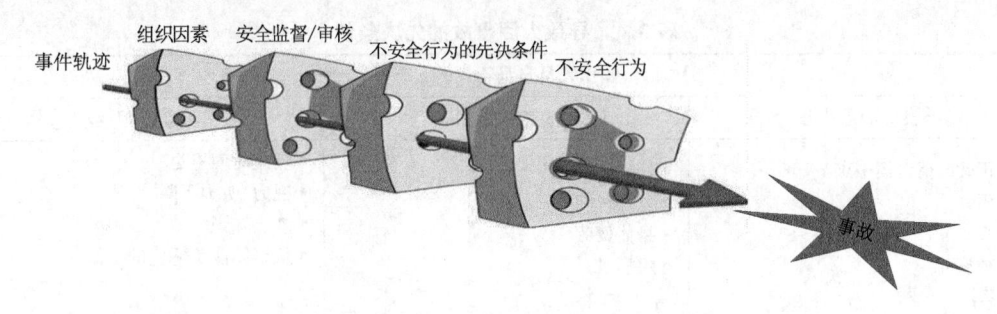

图 3.7 人因事故的形成过程

下面分析与图 3.7 中各保护层或安全屏障相关的人因事故问题(因果关系或缺陷)。

### 3.3.1 组织因素

组织因素层(切片)代表最高管理层实施的防御措施。这种级别的系统防御包括将安全放在首位的公司文化,出台各种促进安全的管理决策(例如开展提升员工素质的培训和采购本质安全设计的设备等)。导致人因事故的典型组织因素缺陷如表 3.2 所示。

表 3.2 导致人因事故的典型组织因素缺陷

| 资源管理 | 组织氛围 | 组织过程 |
| --- | --- | --- |
| • 人力资源缺乏管理<br>• 资金资源缺乏管理<br>• 设施缺乏人机设计和维护 | • 不完善的组织结构<br>• 不完善的组织政策<br>• 不完善的安全文化<br>• 不恰当的奖励或惩罚 | • 提供的工作条件不良<br>• 既定程序不足<br>• 监督不足 |

### 3.3.2 安全监督/审核

第二个保护层是"监管"层。如表 3.3 所示,一线管理层或监管者,以及通过其监督、管理和决策行为所展示出来的组织因素问题或缺陷会导致出现人的不安全行为。

表 3.3 导致人因事故的典型监管因素

| 监督审核不足 | 计划中的不当操作 | 未能纠正已知问题 | 监管违规 |
| --- | --- | --- | --- |
| • 未提供指导<br>• 未提供说明书<br>• 未监督或审核<br>• 未提供培训<br>• 未审核资质<br>• 未跟踪绩效 | • 未提供正确的数据<br>• 未提供充足的简报时间<br>• 未配给合适的员工<br>• 未提供充分的操作程序或计划<br>• 未给充足的休息时间 | • 未能更正错误的文件<br>• 未能识别危险行为<br>• 未能启动纠正措施<br>• 未能报告不安全的趋势 | • 批准不必要的冒险作业<br>• 未能强力推行规章制度<br>• 委任不合格的工人 |

### 3.3.3 不安全行为的先决条件

某些不合标准的先决条件会助长事故发生。这些先决条件主要包括操作人员自身状态条件、实践经验,工作条件或环境等(表 3.4)。

表 3.4 导致人因事故的先决条件

| 操作人员自身不良的状态 |||
| --- | --- | --- |
| 不良的心理状态 | 不良的生理状态 | 生理/心理极限 |
| • 不正确的精力集中点<br>• 自满<br>• 分心<br>• 精神疲劳<br>• 草率<br>• 丧失处境意识<br>• 错误的动机<br>• 工作过于饱和 | • 伤残<br>• 生理失能<br>• 身体疲劳<br>• 疾病 | • 反应时间不足<br>• 视力、听力下降<br>• 缺乏知识<br>• 从事体能不适应的工作 |
| 操作者不良或不当的行为 |||
| 值班或交接班管理 || 个人工作准备 |
| • 语言差异导致沟通障碍<br>• 人际冲突或矛盾<br>• 未能使用所有可用资源<br>• 对工作交接和任务要求误解<br>• 未能进行充分的简报<br>• 由于文化差异导致沟通障碍/冲突 |||
| 不良的工作界面 |||
| 设计问题 || 维护问题 |
| • 模糊的仪器<br>• 布局或空间不足<br>• 不良的照明<br>• 不佳的通信设备<br>• 不合格的工作设备 || • 维护不善的设备<br>• 维护不善的工作环境<br>• 维护不善的通信设备 |

续表

| 不良的环境 |
|---|
| • 低能见度<br>• 暴风雨<br>• 极端温度(过冷或过热)<br>• 大风 |

### 3.3.4 不安全行为

如表 3.5 所示,可将不安全行为原因类型分为技能错误、感知错误、决策错误(注意:此处分类不同于本章 3.1.2 节描述的技能—规则—知识模型),每一种类型的错误都可能导致不安全行为。

表 3.5 导致人因事故的先决条件

| 技能错误 | 感知错误 | 决策错误(基于知识的) |
|---|---|---|
| • 未能优先关注<br>• 错误地使用控制器<br>• 在程序中遗忘步骤或步骤顺序错误<br>• 遗漏清单项目或已完成清单项目顺序错误 | • 误判距离、速度、时间<br>• 误读刻度盘或指示器<br>• 未能看到、听到、感觉到等 | • 采用不当的程序或操作<br>• 误判紧急情况<br>• 对紧急情况反应错误<br>• 错误的决定 |

## 3.4 人因失误检查表

要想成功发现所有事故原因,事故调查组必须考虑人员行为和人为因素是否匹配问题。典型的方法是在初步勘察事故现场后就建立专门的检查表或流程图,帮助调查人员明确可能的人员行为问题和潜在原因,明确调查方向,并通过调查证据分析明确原因。例如,可以编制类似表 3.6 的事故人为因素调查检查表,表格内列出人因事故检查重点关注项目。要完成调查工作,虽然没有必须要求调查人员一定是心理学家或人因可靠性分析方面专家,但是,检查表通常是根据经验构建的,因此,让与调查对象相关的、知识经验丰富的人员参与检查表制订非常重要。

表 3.6 事故人为因素检查表示例

| 事故是否涉及人失误? |
|---|
| □ 无意的操作<br>　□ 电力开关或控制装置<br>　　□ 不容易接触<br>　　□ 太容易接触到,易造成意外的启动<br>　　□ 未明确标记<br>　　□ 安装错乱,易造成失误 |

续表

| 事故是否涉及人失误？ |
|---|

- □ 执行程序时的失误
  - □ 书面程序不恰当
    - □ 程序不实用
    - □ 系统的物理改变未能融合到程序中
    - □ 新方法或程序不可用
    - □ 程序忽略了危险
    - □ 程序忽略了预防措施
    - □ 程序不完整,忽略了步骤
    - □ 程序未清晰地说明
    - □ 安全偏差的结果未包括其中
    - □ 任务的责任不清晰
  - □ 书面程序未被理解
    - □ 最初的程序残缺或未经验证理解
    - □ 没有再培训
    - □ 书面程序已经不符合现场的实际情况
    - □ 书面程序不符合物理设备或控制理念
    - □ 书面程序不符合口头指示或公司现在的理念
  - □ 程序正确,但是此时不适用
    - □ 不一致的实施措施
    - □ 工人故意不按照标准作业程序执行
      - □ 着急
      - □ 认为自己的操作过程比书本上的安全程序更恰当
      - □ 暂时的情绪
      - □ 暂时的身体状况
      - □ 对来自同事压力的回应
      - □ 对感知的监管或管理期待做出的回应
      - □ 听从监管者的指示
- □ 通信中断

包括逻辑树和检查表在内的事故调查工具方法应将人为失误原因的理论模型转化为容易理解的工程术语,以便事故调查组可以在清晰的调查方向和事故调查语言环境下工作。

## 思考题

(1) 人员事故行为影响因素有哪些？单纯依靠严格组织管理是否能有效控制事故发生？
(2) 为什么要对事故调查人员的调查工作设立免责机制？否则会有哪些影响？
(3) 技术原因导致的人因事故是否可以通过组织管理工作消除？
(4) 导致人因事故的典型组织因素缺陷有哪些？
(5) 通过事故调查工作查清楚"不安全行为的先决条件"有哪些意义和作用？

# 第 4 章 事故的管理系统原因

事故发生原因是复杂和多方面的,事故调查对各事故证据收集和分析明确直接原因(人不安全行为、物的不安全状态、环境不良等直接导致事故的因素),再深入对间接原因或根本原因分析后都会追踪到管理系统原因(组织因素造成,并长期存在),找到并消除这些管理原因才能真正消除事故潜在根源。能够理解各类安全管理要素失效(管理原因)是如何造成事故,并能用统一的安全工程语言进行事故分析和描述是事故调查者开展事故交流,明确调查方向的重要基础能力素养。

如图 4.1 所示,首先存在一个危害,当触发条件具备时就可能使危害演变成事故,如果管理活动能保证开展有效的危害辨识工作,能发现危害,并能正确评估其发生可能性和后果严重度(风险),就会采取正确的安全措施,构建安全屏障。各种安全管理原因会使安全屏障缺失或存在漏洞,这样当危害有触发条件发生时,危害就可能转化为未遂事故或损失事故。此时,如果应急管理有漏洞也可能使事故后果扩大。可见,安全管理原因是事故发生的间接原因或根本原因。

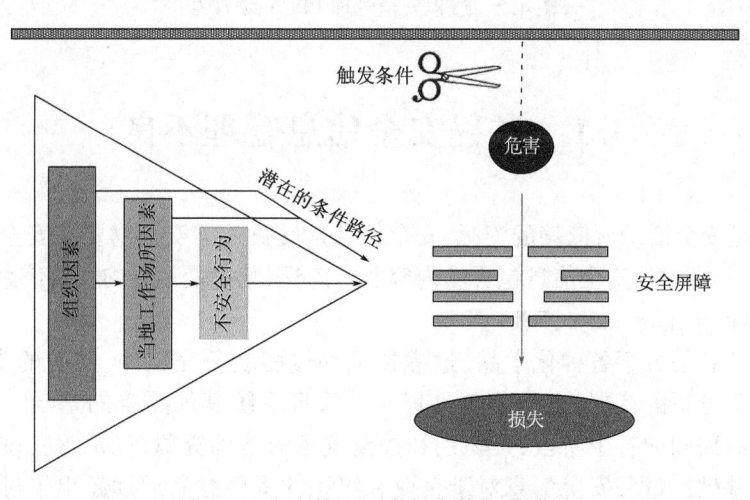

图 4.1 安全管理因素与事故发生关系

为系统全面描述企业安全管理工作内容,过程安全管理(Process Safety Management,PSM)理念和要素被提出,例如美国化学工程师协会化工过程安全中心(CCPS)、美国职业安全健康局(OSHA)等都提出不同过程安全管理要素体系。我国也提出《化工企业工艺安全管理实施导则》(AQ/T 3034—2010),后修订为《化工过程安全管理导则》(AQ/T 3034—2022)。

过程安全管理 PDCA 动力图如图 4.2 所示。过程安全管理要素可为事故调查根本原因分析提供有益参考,学习和理解事故的不同安全管理要素失效原因,有助于调查人员明确事故调查根本原因分析方向,有效开展事故调查交流。

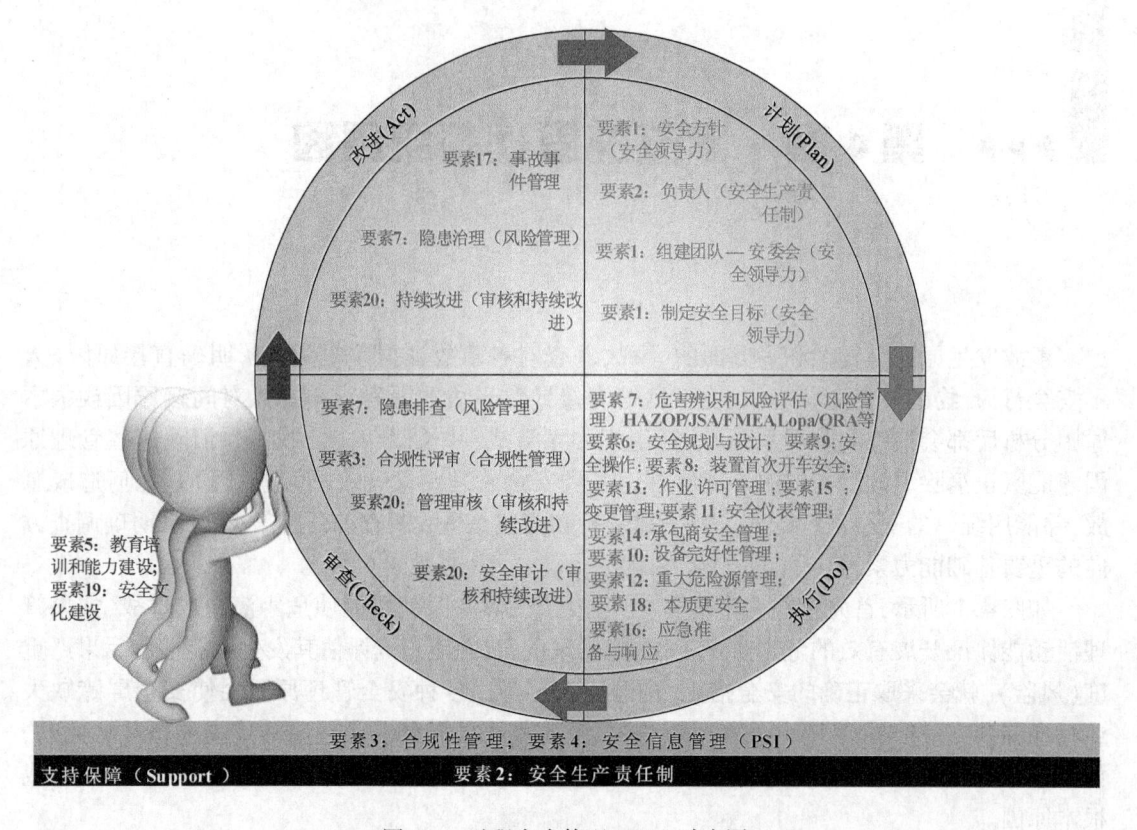

图4.2 过程安全管理PDCA动力图

## 4.1 过程安全信息管理不良

  安全信息是安全活动所依赖的资源,安全信息是反映人类安全物资和安全活动之间的差异及其变化的一种形式,安全信息包含的内容非常广泛,其中最重要的安全信息就是过程安全信息(Process Safety Information,PSI)。

  过程安全信息是关于各种化学品、过程技术和过程装备完整的、准确的书面信息资料,是开展过程危害分析的依据,也是落实过程安全管理系统其他要素的基础。过程安全信息产生于工厂生命周期的各个阶段,是识别和控制危害的基础资源,也是落实过程安全管理系统其他要素的基础。过程安全信息对于企业和组织的重要意义远远超出了过程安全管理的范畴。

  我们经常听到这一句话:"事故是可以避免和预防的。"这句话是站在上帝视角,"马后炮"地认为信息预先可知可预防。实际上,当过程安全信息缺失或错误时,事故对于当事企业和人员可能是不可避免的。例如案例4.1,当事企业和人员因为缺乏必要的设备结构安全信息,凭经验自然地认为不会有残留的水聚集,从而事故不可避免地发生了。

**案例 4.1**

如图 4.3 所示,一台设备出口管线在圆锥形底部形成盲端,大部分人从外观判断这种锥形容器不可能有水聚集。设备建设和投产时见过该设备内部的领班知道这一情况和可能后果,他认为只要保持循环泵运行,水就不会滞留在盲端。然而他被调走了,其他人却都不知道这一要求,也没有任何资料记录和说明这一情况,导致后面几轮风险分析和操作程序编写都没有考虑这个盲端可能带来危害。直到有一天事故不可避免地发生了:生产时,水在盲端聚积,当油被加热时,水也逐渐升温,当温度达到100℃时,水剧烈蒸发,设备爆裂,泄漏出的油被引燃,最终造成5人死亡。

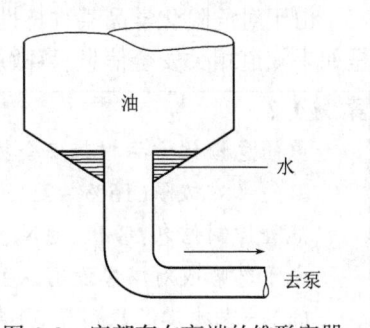

图 4.3 底部存在盲端的锥形容器

事故调查和大量事故案例表明:过程安全信息管理不良是造成事故重要的间接原因或根本原因,因为人们会被错误的信息或想当然的信息误导,进而做出错误决策而发生事故,也容易将该类原因错误地归为危害分析或风险分析不佳、安全意识薄弱等,需要引起高度重视。过程安全信息管理不良原因导致事故主要有以下几类,在事故调查与案例分析中需要予以考虑。

## 4.1.1 过程安全信息缺失

企业必须对生产过程安全相关的物料、设备、人员和环境等构建完整准确的过程安全信息管理系统,当存在这方面漏洞时就可能产生以下安全问题,进而导致事故发生,调查者应当予以高度重视:

(1)缺乏或错误的 PSI 无法开展工艺系统的危害分析或得到错误的结论;
(2)不完备的 PSI,无法审查对工艺系统的变更,使变更审核形式化,导致事故发生;
(3)没有高质量的 PSI 支撑,无法编制出合格操作程序和培训操作人员的材料;
(4)PSI 残缺无法高质量执行投产前安全检查;
(5)给事故调查证据收集和根本原因分析带来困难;
(6)无法全面测试生产设备、不知采用合适的手段检测设备,最终无法保障设备完好性;
(7)编写的应急预案和程序内容空洞、形式化、可用性差;
(8)无法帮助承包商认识工艺过程中潜在的危害,承包商管理出现漏洞。

典型的过程安全信息应该包括化学品的危害相关信息、过程技术相关信息、工艺设备信息。

### 4.1.1.1 化学品的危害相关信息

典型的化学品危害相关的信息主要有:
(1)毒性,对健康的短期或永久的影响;
(2)允许暴露极限浓度;
(3)物性数据,如沸点、蒸气压、密度、溶解度、闪点以及变更管理的基础;
(4)反应特性,如分解反应、聚合反应或与水之间的反应;
(5)腐蚀性数据,腐蚀性以及与施工材质的不相容性;

(6)热稳定性及化学稳定性,以及与其他物质混合时的不良后果。

由于对危险化学品某种特性一无所知,在想当然的情况下事故可能不可避免地发生。但是如果知道相关安全信息,事故就可以轻易避免,例如案例4.2。

> **案例4.2**
>
> 氨的危险化学品材料安全技术说明书中有关氨燃爆的物质危险信息:
>
> 氨的爆炸极限(16%~25%),自燃温度高(650℃)。
>
> 危险控制信息:替代、通风、氨气与火源检测。
>
> 由于忽略或对燃爆没有认知,发生了一系列事故:
>
> (1)一家冰淇淋厂用了50年的制冷系统发生氨气泄漏,引燃后爆炸。
>
> (2)一家巴西氨水罐焊接工作,罐倒空,但氨气发生爆炸,导致人员终身残疾。
>
> (3)2012年6月3日吉林某禽业有限公司液氨爆炸事故,共造成121人死亡、76人受伤,17234m² 主厂房及主厂房内生产设备损毁,直接经济损失1.82亿元。企业管理和监管部门未认识到氨燃爆特性,主厂房内大量使用的聚氨酯泡沫保温材料和聚苯乙烯夹芯板(聚氨酯泡沫燃点低、燃烧速度极快,聚苯乙烯夹芯板燃烧的滴落物具有引燃性)发生火灾后,火势蔓延到氨设备和氨管道区域,高温导致氨设备和氨管道发生物理爆炸,氨气泄漏,介入燃烧,加上企业逃生通道不畅导致人员伤亡严重。企业和监管部门长时间仅重视氨的中毒风险管控,如果能认知氨可能发生爆炸的危险特性,则有可能明确防火防爆措施和应急措施。
>
> 其他类似的事故:
>
> 对 $CO_2$ 静电性能一无所知,反而用作易燃环境的惰化气体。1966年,石油轮 ALVA CAPA 号,因碰撞发生泄漏,大量石脑油溢出,应急人员将剩余油用泵打到另一艘救援船上。泄漏船的船舱清空后进行惰化作业,至第3个舱时,发生爆炸,4人死亡。1967年在法国,试验喷气燃料罐灭火系统时,向罐里注入 $CO_2$ 发生爆炸,造成站在罐顶的18人死亡。

应高度重视化学品的标签和材料安全技术说明书(Material Safety Data Sheet,MSDS)的编写、补充和分享工作,保障相关内容能够在危害分析、操作程序编写或安全培训时及时获取和正确使用。MSDS 至少包含表4.1所列的16项内容。

表4.1 危险化学品安全技术说明书(MSDS)信息要求

| 化学品及企业标识 | 成分/组成信息 | 危险性概述 |
|---|---|---|
| 急救措施 | 消防措施 | 泄漏应急处理 |
| 操作处理与储存 | 接触控制/个人防护 | 理化特性 |
| 稳定性与反应性 | 毒理学资料 | 生态学资料 |
| 废弃处理 | 运输信息 | 法规信息 |
| 其他信息 | | |

当化学品的危害相关信息缺失或错误时,开展过程危害分析时可能发生严重遗漏,不会考虑或想不到危害信息相关风险,例如缺乏对某种材料腐蚀特性研究和数据的支撑,很多组织会习惯性地错误采用"危险检出思维",即认为没有听说过会出现问题(新的恶性事故以往没有出现过),所以这种危害在这里不会存在,进而不会采取任何安全控制措施、编写控制程序或培训,事故则会较容易发生。对于新型化学品和材料产品较多的今天,开展基础的危害相关信息研究并能保障及时分享和使用至关重要。正确的思维是"安全确认思维",即对可能的危害是否存在,只有经过有效确认才进行排除,否则就应认为其是危险的,而不是仅根据经验

或想当然认为"没事"。案例 4.3 的东黄复线"11·22"原油管道泄漏爆炸事故就是一个典型案例。

**案例 4.3**

发生于 2013 年 11 月 22 日,山东省青岛市黄岛区的中石化东黄输油管道泄漏爆炸特别重大事故共造成 62 人死亡、136 人受伤,直接经济损失 7.5 亿元。该事故直接原因是原油管道泄漏在封闭空间,在抢修时被破拆机火花引爆发生爆炸,如图 4.4 所示。企业平时未构建管道输送原油 MSDS 等安全信息,监管部门也不掌握管道原油安全信息。相关维抢修人员的管理人员虽然知道破拆属于动火作业,但是管道以往发生过多起泄漏但均没有燃烧和爆炸,让他们错误地认为当天泄漏的原油也不会发生燃爆,实际上该管道泄漏原油为中东进口轻质原油,在封闭空间极易达到爆炸浓度条件。

抢修人员和监管处置部门没有对封闭空间开展破拆作业前进行可燃气检测,在不明确封闭空间燃爆信息条件下,现场人员围观破拆作业,也未进行隔离疏散,最终酿成严重后果。

如果该企业平时能在管道油品发生变化后及时完善安全信息,或泄漏后及时检测并确认安全信息,则事故是有可能避免的。

图 4.4 东黄复线管道泄漏"11·22"事故

### 4.1.1.2 过程技术相关信息

过程技术相关的过程安全信息通常包含在技术手册、操作规程、操作法、培训材料或其他类似文件中。当这些资料也没有相关过程技术信息,则将使企业面临"盲操作"。目前有一些事故调查报告,错误地将缺乏安全操作范围要求或偏离正常工况后果评估等技术资料原因导致的事故,怪罪于操作人员操作失误或安全意识差是不正确的。这类事故原因实际上是设计单位、设备供应商或企业并未给操作人员提供明确的安全操作范围信息,操作人员仅能依赖所谓的经验,使操作范围由量变到质变,最终导致事故。

而明确的过程技术信息可以明确安全操作的界限,进而在操作程序中予以明确,避免事故的发生。例如:

(1)工艺过程流程简图(Process Flow Diagram,PFD)。

(2)工艺化学原理资料。

(3)设计的物料最大存储量。当缺失最大存量信息或错误时,容易发生误操作事故,在操作程序中也无法明确物料存储量等参数的操作极限,进而发生事故。

(4)安全操作范围(温度、压力、流量、液位或组分等);由于设计单位没有提供,或没有开展相关模拟分析工作缺失相关安全操作范围信息,会使操作程序缺乏相关要求,操作人员对安全操作认识缺乏,操作界限由量变到质变,导致发生事故。

(5)偏离正常工况后果的评估,包括对员工的安全和健康的影响。缺乏该方面信息主要影响操作人员对后果严重度判断和早期应急处置,也不会编写对应应急程序。例如,对反应器温度持续升高后果的认知(可能升高数值、升高到不同温度会产生的后果)。

### 4.1.1.3 工艺设备信息

当工艺设备信息缺失或错误时,直接影响相关工艺过程和设备的风险分析工作质量,相关人员会得出错误结论,甚至误认为工艺过程、设备是在安全使用条件、操作范围内运行,或认为已具备有效的安全保护屏障,最终出现安全屏障漏洞造成事故。典型的工艺设备信息包括:

(1)材质。材质信息缺失或错误时可能导致材料特性没有被考虑,或材料被错误使用发生事故,例如案例4.4。

**案例4.4**

乙炔与铜、银、汞等金属或其盐类长期接触时,会生成乙炔铜($Cu_2C_2$)和乙炔银($Ag_2C_2$)等爆炸性混合物,当受到摩擦、冲击时会发生爆炸。因此,凡供乙炔使用的器材都不能用银和含铜量70%以上的铜合金制造。但是某企业对设备、阀门缺乏信息管理和确认程序,如图4.5所示,维修人员领料时将外观涂有银粉的铜质阀门误认为铁质阀门,并安装到乙炔线路上,结果发生一起爆炸事故,所幸没有人员伤亡。

图4.5 外表涂有银粉的铜质阀门

(2)管道仪表流程图(Piping and Instrumentation Diagram,P&ID图)。当该信息缺失时是无法进行HAZOP、FMEA分析等过程风险分析活动的,而信息错误更是会使风险分析活动得出错误结论。注意,事故调查者应区分是风险分析方法和质量问题,还是相关人员提供了已经发生变更却未更新的错误安全信息。

(3)电气设备危险等级区域划分图。

(4)泄压系统设计和设计基础。泄压系统设计的基础不明确,例如安全阀尺寸是根据工艺过程超压还是根据外部火灾影响确定的,认为可以满足安全泄放,但实际上不能对可能的超压危害场景进行有效保护(不能起跳或起跳泄放量无法满足要求)。

(5)通风系统的设计图。

(6)设计标准或规范。

(7)物料平衡表、能量平衡表。这些信息缺失可能造成操作人员缺乏工艺过程异常判断能力。

(8)计量控制系统。计量控制系统计量的依据和基础及使用条件,例如某液位计需要根据密度变化标定示值,而操作人员却误以为是根据液位计浮子位置计量与密度无关,导致储罐更换一种低密度物料后发生冒罐溢流事故。

(9)安全系统。对安全系统(如安全仪表系统、监测或抑制系统)设定的动作条件信息不清楚,错误地认为安全系统能够起保护作用,结果造成事故。

### 4.1.2 信息沟通或表达传递问题

企业或组织具有相关安全信息,但是以商业机密或查找困难等理由,安全信息无法被有效分享或正常获取,从而导致相关人员在没有最新信息或使用未经变更的旧信息情况下开展风险分析、变更审核或作业票开具等工作,进而出现漏洞造成事故。也有安全信息虽然提供但是表达或标识不清楚、不方便读取造成事故。例如案例4.5,是由于信息传递和理解出现偏差导致事故。

**案例4.5**

如图4.6所示,两辆油罐车靠得很近,停在装油站台上,它们的标识不一致,但是相关人员只是觉得别扭,没有意识到可能的安全问题。调度说:"8号加油完毕",实际意思是8号罐已满;但是8号车(4号罐)的司机却认为是自己已经加满,就开走了,而这时4号罐仍在加油,结果造成一起泄漏事故。

图4.6 编号标识不一致的罐车

如案例4.6,虽然有资料和信息,但是信息获取或确认困难,人员出于省力心理"想当然"地处置,结果发生事故。

**案例4.6**

缺乏标识或标识不方便确认,"想当然"发生的事故:

(1)一工厂有四台设备,其中三台旧的,一台新安装的(图4.7)。一名工人按要求修理设备A。当他工作时,发现其中两台设备标有B和C,而另外两台没标识。他错误地认为A设备应是一台旧的没标识的结晶器,并开始了修理工作。实际上,A设备是新的。旧的三台设备编号分别是B、C和D。A设备的位置是当时为增加设备预留的。

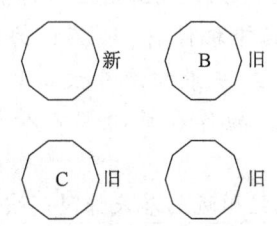

图4.7 信息管理混乱的四台设备

(2)排成一列的泵做了标识,但是标识的位置比较低,需要蹲下仔细观察才能确认(图4.8),一名技工按要求修理第7号泵,他顺理成章地认为该泵应当是最右边上的那台。当他拆开泵时,热油从泵中流出造成一起伤害和泄漏事故。

类似事故预防措施制定时,除了现场应消除这种异常排序外,也应将安全信息标识设置清楚以便于确认。

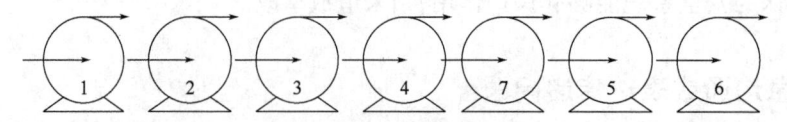

图4.8 突然出现的异常排序

### 4.1.3 安全信息可用性差或依赖单一信息

带控制系统的生产装置虽然能提供安全信息,但是信息的可用性较差,而企业或组织却自信地认为控制系统能提供安全信息,并帮助操作人员避免事故,没有对信息的可用性和依赖程度开展分析(认识单一来源信息失效时可能带来的安全问题和安全保护措施)。

(1)没有充分的反应时间理解或处置信息。案例4.7给出了同类相似案例。

**案例4.7**
(1)不带声光提示的报警信息,操作人员主要关注日常生产的主要参数,异常状态初期的无提示报警信息极容易被忽略。
(2)设备提供了一个超温声光报警信息,接收到该信息的操作人员即使能立即做出正确反应(开大冷却系统流量),但是仍来不及控制温度升高造成的事故。应该将报警阈值设定得更合理,让操作人员有充分的反应时间。
(3)汽车的碰撞预警和自动刹车系统没能合理配置。预警过于延迟导致即使司机能做出正确反应也会发生碰撞,或者预警刹车过于灵敏导致后面车辆容易发生追尾。

(2)提供了过多的安全信息,导致重要的信息被忽略或"淹没",从而无法采取正确的措施。比较典型的是报警淹没事故,如案例4.8。

**案例4.8**
三里岛(Three Mile Island-2)事故,简称TMI-2核事故。1979年3月28日凌晨4时,在美国宾夕法尼亚州的三里岛核电站第2组反应堆的操作室,几分钟内,有超过100个报警响起,红灯闪亮,汽笛报警,涡轮机停转,堆芯压力和温度骤然升高,操作员无法集中精力处理重大报警导致事故失控,从最初清洗设备的工作人员的过失开始,到反应堆彻底毁坏,整个过程只用了120s。操作人员向调查人员反映,报警灯像圣诞树一样亮起来。

事故发生后,全美国震惊,核电站附近的居民惊恐不安,约20万人撤出该地区。

(3)重要安全信息渠道单一,出现故障后即失去该安全信息功能,例如案例4.9。

> **案例 4.9**
> 共用一个传感器,当传感器出现故障时,指示值出现错误,同时也会导致控制系统故障。
> 一台加热炉温度指示故障,出现"假低",连续显示和记录一个较低温度(实际温度并不低),控制系统随即向加热炉里供应了最大流量的燃料气并长达1h,由于仅有一个已经发生故障的温度指示仪表,加热炉被严重破坏。

## 4.2 过程危害分析质量与风险管理不佳

过程危害分析(Process Hazards Analysis,PHA)是过程安全管理的核心要素,PHA强调运用系统的方法对危害进行辨识,并采取必要的措施消除和减少危害,或减轻危害可能导致的事故后果。大量事故案例表明,危害或风险分析质量不佳占事故原因的比例一半以上。大量事故发生正是由于没有系统辨识、评估危害,导致对一些高风险危害认不清、想不到、管不了,使事故不可避免地发生。

### 4.2.1 未系统有效开展危害分析

过程工艺基础选择不佳、设计不良、安装施工质量问题、操作失误、变更及维护不良等问题都可能产生危害,最终导致事故发生。这些危害产生于生产装置全寿命周期的各个阶段,如图4.9所示,为了保障系统安全,从项目立项开始直至生产设备报废都需要开展危害分析和风险评价活动。

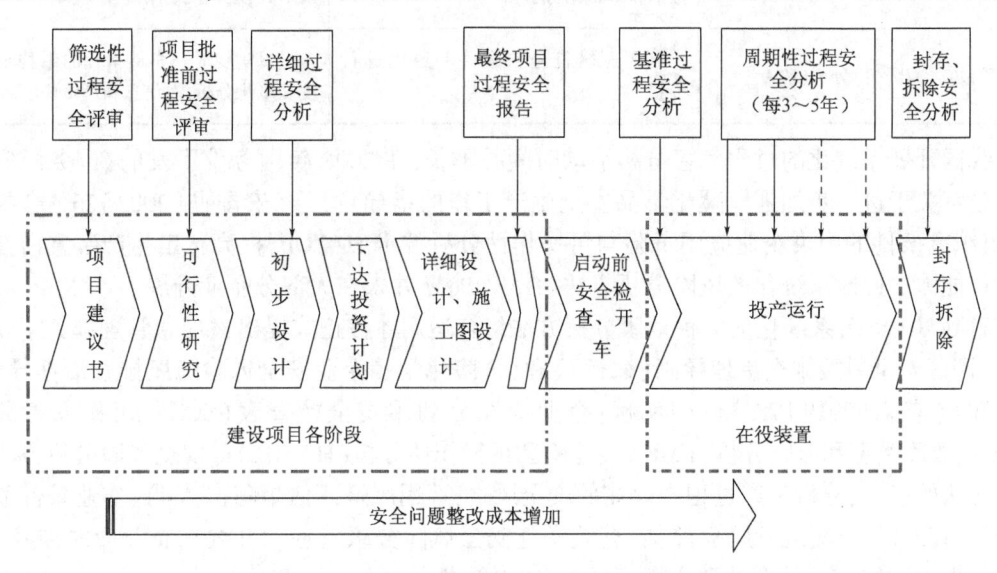

图 4.9 全生命周期各阶段需开展的安全风险分析活动

企业和组织应有计划地开展日常安全、危害分析活动,并选择适合的分析技术方法,应认识到每种方法的优势和局限,合理使用,典型过程危害分析(PHA)方法如表4.2所示。这里注意区别过程危害分析(Process Hazards Analysis,PHA)与预先危险性分析(Preliminary Hazard Analysis,PHA),预先危险性分析属于过程危害分析的一种方法。安全工程师说的PHA通常指"过程危害分析"。

表 4.2 典型过程危害分析(PHA)方法

| 名称 | 基本原理 | 优缺点 |
| --- | --- | --- |
| 安全检查(Safety Check) | 组织相关现场查勘或资料调研,发现和提出安全问题 | 受检查人员经验和时间限制,发现的问题并不系统,易流于表面 |
| 安全检查表(Checklist) | 利用标准或经验编制表格,比对辨识危害 | 可以保证规定或通用内容核查,新的或没有标准、经验时不适用 |
| 故障假设(What-if) | 头脑风暴式提问"如果……会怎么样?" | 缺乏分析规则和导向性,系统性难以保障 |
| 危险与可操作性研究(HAZOP) | 从过程参数偏离分析原因、后果和安全措施 | 适合过程危害分析,较系统,需要多专业共同完成,耗时 |
| 事件树分析(ETA) | 从初始事件由安全屏障是否作用确定输出状态 | 可计算后果概率,单一事件开始,分析效率较低 |
| 失效模式与影响分析(FMEA) | 由系统或元件失效模式分析原因、后果和安全措施 | 适合设备完好性分析,较系统,需要多专业协作,耗时 |
| 作业安全(危害)分析[JSA(JHA)] | 将作业步骤分解,进行危害和安全措施分析 | 容易完成,但分析质量受分析人员独立保护层知识水平影响差异较大 |
| 预先危险性分析(PHA) | 对系统存在危险类别、出现条件、事故后果等概略分析 | 缺乏分析原则,不系统,仅有风险分析形式,不建议使用 |
| 事故树(故障树)分析(FTA) | 利用逻辑符号将事件和原因进行连接 | 可以实现对顶事件量化的结构重要度和量化分析,对信息和逻辑要求高 |

我国开展系统化的过程危害分析活动时间并不长,在 2008 年国务院下发的《国务院安委会办公室关于进一步加强危险化学品安全生产工作的指导意见》(安委办〔2008〕26 号)中要求:组织有条件的中央企业应用危险与可操作性分析技术 HAZOP,提高化工生产装置潜在风险辨识能力。此时系统化的风险分析方法(HAZOP)还并未在大部分企业开展。

直到 2019 年,系统化的多种危害分析方法组合运用才被正式提出,《应急管理部关于印发〈化工园区安全风险排查治理导则(试行)〉和〈危险化学品企业安全风险隐患排查治理导则〉的通知》(应急〔2019〕78 号)中明确:企业应充分利用安全检查表(SCL)、工作危害分析(JHA)、故障类型和影响分析(FMEA)、危险和可操作性分析(HAZOP)等安全风险分析方法或多种方法的组合,分析生产过程中存在的安全风险;选用风险评估矩阵(RAM)、作业条件危险性分析(LEC)等方法进行风险评估,有效实施安全风险分级管控。并要求企业应对涉及"两重点一重大"的生产、储存装置定期开展 HAZOP 分析。

事故调查者应调查所有可能的事故原因,当事企业或组织需要使用哪些方法才能有效辨识和评估危害,并深知未开展有效的安全、危害分析活动,使用方法不全面或分析质量差是大多数事故的主要原因。案例 4.10 给出了一起仅开展 HAZOP,未开展 FMEA,事故几乎很难避免的案例。

**案例 4.10**

某管道长距离输送高压天然气企业的天然气压气站首站,已经对大型压缩机组开展过质量合格的 HAZOP 分析,其中有关润滑油泵的 HAZOP 分析节点描述为:合成油罐内的常压合成油,经润滑油供给阀 ZSL131,经齿轮泵 PL-1 升压,进入过滤器 FL1-1/FL1-2(200kPa,45℃)过滤后,一路进入燃气涡轮 PGT25,另一路经液压泵 PH-1 升压过滤后经可调进口导叶伺服系统调节回流至齿轮泵 PL-1 出口。

HAZOP 分析结论认为润滑油系统的流量、压力、温度、组分等偏差风险均在允许范围内。于是企业也认为润滑油系统设计已经可以保障安全,仅安排例行巡检(目视检查)。

如图 4.10 所示,尽管有专家建议应计划开展 FMECA 分析[在 FMEA 的基础上增加考虑了危害度(Criticality)],但是在企业还没开展该工作前,更换没多久的润滑油泵轴承损坏,导致电动机传动轴与泵盖干磨,在小的封闭空间内产生高温并引燃润滑油,发生火灾。幸运的是,巡检人员及时发现火灾并扑灭,否则该火灾事故可能造成造价 1 亿多元人民币的涡轮压缩机系统损坏,并且导致整条输气线路停输,影响多个城市供气。

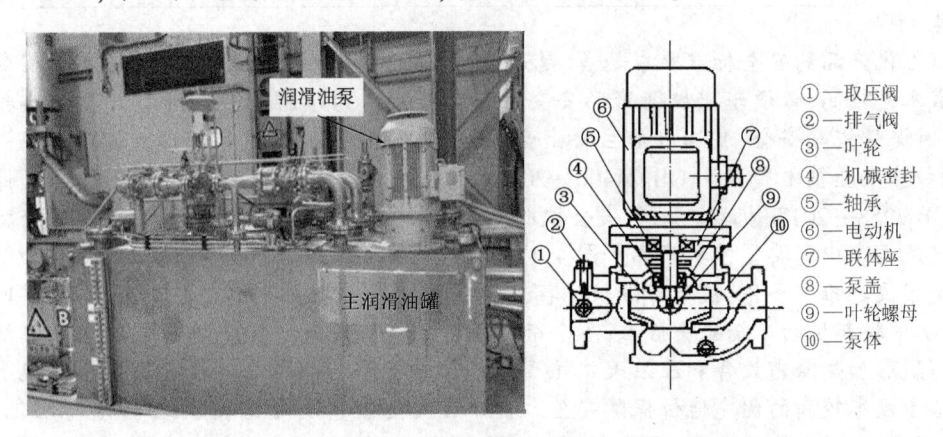

图 4.10 大型涡轮压缩机润滑系统润滑油泵及结构原理

从表 4.3 可知,开展 FMECA 分析可分析出轴承断裂会产生严重后果,却无有效安全措施,根据 FEMCA 第 5 版可以评价为 H 高优先级(风险不可接受,需立即行动),如果企业开展了该分析,事故是可以避免的。

表 4.3 润滑油泵轴承断裂的 FMECA 分析

| 元素/部件 | 失效形式 | 潜在失效后果 | 潜在失效原因/机理 | 现有检测手段与安全保护措施 | 严重度(S) | 频率等级(O) | 检测度(D) | 优先级(AP) | 建议措施 |
|---|---|---|---|---|---|---|---|---|---|
| 轴承 | 轴承断裂 | 传动轴落底干磨,产生高温,严重时导致润滑油被引燃,火灾 | 轴承质量问题 | 出厂合格证(无效) | 10 | 5 | 10 | H | 1. 增设轴承震动监测;<br>2. 轴承端盖开孔避免形成封闭空间;<br>3. 轴承检查及测温 |

对效能不彰的危害辨识方法过于依赖,会产生错误的安全感,产生安全自满情绪。效果不彰的方法主要指不能系统辨识或正确评估风险的方法,例如:

(1)"预先危险性分析",该方法缺乏分析规则和系统性,在一些中介机构安全评价报告中经常象征性罗列一些常见危害,并不能保障对危害系统性的分析,却得出装置安全的结论,目前我国较多事故的安全评价单位被事故调查追责的主要原因就是中介机构未能有效识别和预警危害风险。

(2)再比如,利用安全检查表法为主完成标准化评审,仅能解决法规和标准罗列的安全基本条件和通用性要求的符合情况,无法对企业特殊危害开展细致全面分析。这主要是由于开展标准化评审和我国在分析对象技术标准数量和安全要求相关,当我国在一些产品或装置上安全标准尚未构建基础上的安全标准化评估并不代表着安全,例如案例4.11。比较典型的是河南省煤气(集团)有限责任公司义马气化厂,该企业是2019年首批河南省安全生产风险隐患双重预防体系建设标杆企业,全国安全文化示范企业,安全生产标准化一级企业,并获得中国化学品安全协会全国2018年度危险化学品安全生产标准化建设突出贡献奖,是河南省唯一一家获此殊荣的单位。但是该企业安全管理和过程危害分析主要使用安全检查、安全检查表(企业开展安全标准化评审)、中介机构的安全评价,虽然获得各种安全生产荣誉,实际上企业大量危害并没有被系统分析过,大量隐患并没有被及时消除。

**案例4.11**

标准化产品的安全标准要求越多、越严格,产品的安全水平越高,但是带来的产品制造和维护成本也较高,必须合理权衡产品安全性和经济性。为了解决我国学龄儿童校车推广问题,同时保障校车安全,我国目前主要出台了GB 24315—2009《校车标识》、GB 24407—2012《专用校车安全技术条件》、GB 24406—2012《专业校车学生座椅系统及其车辆固定件的强度》、GB 7258—2017《机动车运行安全技术条件》等十几个专门和相关标准,校车安全标准建设任重道远。中国典型校车产品如图4.11所示。

美国校车推广多年,校车标准较完善,美国境内不同管理机构仅在1966—2000年间就颁布了37项联邦机动车辆安全标准,各个标准涵盖了诸如刹车、转向、灯光照明、燃油系统整体安全、视镜、加热除霜设备和压缩天然气压力容器等各个部件标准。在交通安全法规上美国更是给予校车较高的优先地位保障安全。如开展安全检查或检查表分析,开展标准化评审。我国的校车也属合格产品,但是校车安全水平和美国相比还存在差距。在我国安全技术标准正在逐步建设和完善的今天,符合标准并不意味着安全,需要综合开展风险分析和管控才能保障安全。美国一起校车追尾事故如图4.12所示。

图4.11 中国典型校车产品　　　　图4.12 美国一起校车追尾事故

大量作业、施工安全事故案例和事故调查结论表明:大部分作业施工事故都是由于未开展作业危害分析(JHA)或分析质量漏洞造成的。具有危险性的工作开始前,存在经验主义或侥幸心理,没有开展正规的JHA工作导致危害不能被识别,安全措施无法提出,图4.13给出了

JHA/JSA 活动流程。案例 4.12 给出了一起没有开展 JHA 分析工作的事故,如果当事人稍微重视 JHA 工作,事故是完全可以避免的。

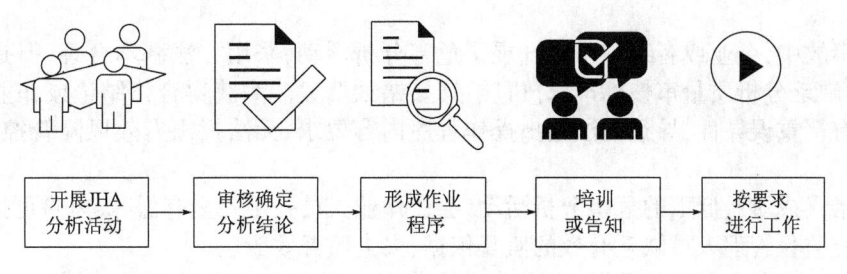

图 4.13　JHA/JSA 活动流程

## 案例 4.12

2012 年某高校一名材料专业女研究生,在不锈钢热浸镀铝实验前,导师未组织开展该高危实验的 JHA 活动,实验过程中该研究生也未穿戴防护面具、防护服等,当她把高温铝液(约 750 ℃)倒入定做的模具时,铝液喷溅,导致眼睛、面部烫伤,一只眼睛几乎失明,重伤 5 级。在后来的司法诉讼过程中,校方导师和伤者就是否尽到安全义务进行了较困难的举证。最后尽管该研究生获得了赔偿,但是仍然无法挽回她本该拥有的幸福生活。实际上只需开展简单的 JHA 活动就可以识别实验过程危害。

如表 4.4 所示,事故调查模拟的 JHA 表明,该实验 5 个步骤都有潜在的高温铝水外溢伤人风险,有效预防措施都指向应该佩戴高温面罩和防火服等,应制订实验操作程序并培训实施。校方导师虽然配备了护目镜,但并不能有效保护学生,且没有 JHA 分析记录等证据证明导师和校方尽到了安全义务。

表 4.4　不锈钢热浸镀铝作业危害分析

| 基本工作步骤 | 潜在的危害 | 预防措施 |
| --- | --- | --- |
| 1.模具完好性检查 | 1.模具破损,无法实验,严重铝水外溢,人员伤害 | 1.1 模具符合实验要求,外观完整性检查;如模具损坏,严禁实验操作;<br>1.2 人员须穿戴耐高温面罩、防火服 |
| 2.模具烘干 | 1.烘干时间不够,铝水注入时喷溅造成人员伤害 | 1.1 严格规定和控制最低烘干时间;<br>1.2 人员须穿戴耐高温面罩、防火服 |
| 3.铝粉烘干 | 1.有水进入铝粉,熔融时高温熔融时喷溅造成人员伤害;<br>2.含水铝粉烘干时间不够,高温熔融时喷溅造成人员伤害 | 1.1 实验时段严格控制实验室水源,空气湿度低于 10%;<br>2.1 严格规定和控制最低烘干时间;<br>2.2 人员须穿戴耐高温面罩、防火服 |
| 4.铝粉高温热熔 | 1.熔融过程中铝水喷溅,造成人员伤害 | 1.1 熔融开始应锁关加热炉;<br>1.2 避免正面操作 |
| 5.铝水罐模具 | 1.模具翻倒,铝水落地可能造成人员伤害;<br>2.人员取铝水操作失误,铝水外溢,造成人员伤害 | 1.1 模具灌装前需检查固定;<br>1.2 地面应保持干燥,铺设防护垫;<br>1.3 穿戴防火耐高温鞋、面罩、防火服。<br>2.1 专用取铝水工具;<br>2.2 模拟操作训练,保证熟练方可操作 |

## 4.2.2 危害分析错误或质量低下

一些事故中,企业或者组织虽然开展了危害分析活动,采用方法基本合理,但是分析活动流于形式,缺乏分析质量审核标准,分析质量差、错误明显。为获得合格结论或作业许可的危害分析具有严重误导性,导致无法输出操作程序内容要求、无法提出有效风险管控措施,终将发生事故。

分析错误或质量低下的危害分析活动,会让作业人员处于安全有保障、风险可接受的错觉中。同时使监督管理人员缺乏有效的监督依据,失去监督效能。

JHA/JSA 方法看起来较简单,各企业应构建 JHA 分析质量审核标准,目前大部分作业安全事故几乎都与 JHA 分析质量有关。

例如:2018 年 5 月上海某石化公司一苯罐进行检维修作业时发生闪爆事故,检维修作业承包商(上海某工程建设服务有限公司)6 名现场作业人员死亡。事故主要原因之一为作业 JHA 分析形式化走流程,未能分析出作业过程中潜在危害,作业过程中浮箱内残余苯流出、挥发形成爆炸性混合气体,施工人员违规使用非防爆电动工具、铁质撬棍,作业过程中产生的火花引爆了可燃气体。该公司曾经作为安全管理先进经验输出企业,却因为在作业前 JHA 分析形式化、缺乏质量审核的原因被拉下先进位置。目前 JHA/JSA 分析主要问题有:

(1)作业步骤分析不全,危害原因不能和后果一一对应;

(2)不能区分有效安全措施(类似独立保护层)和无效安全措施,例如安全培训通常不算有效安全措施(对于有的人做 10 次培训也无法改变其习惯性违章),而"操作规程+安全培训+监督"可以算作一个有效安全措施,在风险矩阵评估(Risk Matrix Analysis,RAM)时可以降低一个等级;

(3)风险矩阵评估(RMA)过于乐观,应采用"安全确认思维(只要不能确认危害是否存在,都认为危害会存在)"而非"危险检出思维(仅在危害被发现时认为其存在,未发现就认为其不会发生)",调查者发现很多作业安全事故都有作业人员经验主义的影子,想当然地认为危害不会发生,但是又没有进行检测或安全确认。

案例 4.13 给出了一个有 JSA 质量审核要求的分析成果,分析团队采用了安全确认思维,严格分析对应危害安全措施的有效性,虽然罗列了现有安全措施,但是对风险降低甚至采用保守思维进行风险矩阵评估。

案例 4.14 给出某中介机构的 HAZOP 分析报告,节选的第一行内容,该报告分析质量较差,仅从看起来像的 HAZOP 形式,分析的建议措施都是"定期检验设备,做好培训和严格操作"这种不开展分析也能知道"废话"结论,会严重误导企业,失去发现的技术和管理缺陷的机会。

## 4.2.3 不落实危害分析建议措施或应付

存在大量这样的事故:现场安全检查或危害分析活动已经指出存在的安全问题,并建议立即或有计划整改。但是企业或组织由于各种原因未将建议措施及时落实,事故不可避免地发生。此时,主要有三方面原因导致建议措施不能及时落实,事故调查者应注意区分:

(1)给出的 PHA 建议质量不高,可操作性不强,难以实施。如表 4.6 所示,好建议通常有几个明显的属性:①具有明确安全功能,能有效降低危害风险等级(风险矩阵分析中降低一个频率或后果等级);②明确可实施,具备可操作性;③具有一定经济性,决策者较容易推动实施。

本书第 10 章将说明如何提出"好建议"。

## 案例 4.13

### 表 4.5 合格的储罐检修（清罐作业）JHA 分析（节选步骤 10）

| 项目单位 | 一期车区储罐大修 | 作业负责人（JHA组长） | 刘某 | 分析人员 | 李某、崔某、刘某、陈某、潘某、王某 |
|---|---|---|---|---|---|
| 作业名称 | 清罐作业 | 使用的工具/设备/材料 | 成套清罐设备、高压水枪、防爆工具、防爆风机、汽车吊、四合一气体检测仪等 |||
| 作业地点/位置 | 石油储罐 | 提交日期 | 2022 年 3 月 15 日 ||||

工作任务简述：开展储罐机械清洗、人工清罐及二次密封拆除

| 工作任务 | □新工作任务 | □已做过工作任务 | □交又作业 | □承包商作业 | □许可证 | □相关规程 | □特种作业人员资质证明 |

| 序号 | 工作步骤 | 危害因素描述（原因+后果） | 现有措施（1：表示有效控制措施；0：表示不完全有效控制措施） | 风险评价 |||| 建议措施 |
|---|---|---|---|---|---|---|---|---|
| | | | | 可能性 | 严重程度 | 风险值 | 风险等级 | |
| 10 | 常温油清洗和原油移送 | 1. 油气自动检测装置失效导致火灾爆炸 | 落实监护人员运用手提式检测仪对油气进行定时检测并记录；（监护人）1<br>2. 对自动检测装置及时修复（现场负责人）0 | 2(1) | 3 | 6(3) | Ⅳ级 | |
| | | 1. 制氮装置失效导致人员中毒 | 1. 失效后立即停工检修；（现场负责人）0<br>2. 时刻检查罐内氧含量；（监护人）1<br>3. 平时加强对制氮设备的保养（现场负责人）0 | 2(1) | 3 | 6(3) | Ⅳ级 | |
| | | 2. 制氮装置失效导致火灾 | 1. 清除罐周围的易燃易爆物品；（监护人）0<br>2. 时刻检查罐内氧含量，发现异常立即停止作业（监护人）1 | 2(1) | 3 | 6(3) | Ⅳ级 | |

## 案例 4.14

图 4.14 是一个质量不合格的 HAZOP 分析记录第一行节选，事故调查组调查该企业一起超压泄漏事故时，发现 HAZOP 报告虽然委托了一家中介机构完成，但是分析质量堪忧，存在较多问题，没能有效分析出超压风险和危害发生的主要原因，主要包括以下问题：①分析点划分没有明确完成，可能导致分析部分过程设备，遗漏部分设备边界，可能导致分析部分过程和设备。②废话建议：加强培训或严格操作没有具体所指。③偏差原因罗列在一起，不能与事故后果和安全措施一一对应，分析有的原因不具体和明确，无法评估可能性和对应措施。④分析的逻辑错混乱，如安全阀阀起跳与安全保护动作不足后果，与原因安全阀失灵，后果安全阀起跳相矛盾，如果是安全阀失灵，后果是安全阀起跳会造成压力低。⑤没有考虑实际原因下的操作条件，如提及压力高报警，把手动放空作为操作条件。⑥风险定级矩阵（RMA）仅有一行，不同原因的频率和后果等级是不同的，各危害没有风险判定，分析失去意义。⑦对工艺并常后果理解不全面，对可能造成并联设备逆向流动问题没有分析。

— 49 —

××天然气处理站 HAZOP 分析记录表　　NO: 01

| 节点序号 | 节点描述 | 设计意图 |
| --- | --- | --- |
| 1 | 段塞流捕集器：天然气经 $DN200$ 闸阀进断塞流捕集器，气相出口去生产分离器、液相出口去一级闪蒸分离器，安全阀及其附件，排污管线 | 对原料气进行气液两相分离处理，防止集气管线在输送过程中形成的断塞流对生产分离器的冲击 |

| 图号 | 会议日期 | 参加人员 |
| --- | --- | --- |
| K-1 | | |

| 序号 | 参数/引导词 | 偏差 | 后果 | 原因 | 设计及管理中已采取的安全保护措施 | 风险分析：严重性 | 风险分析：可能性 | 风险分析：风险等级 | 建议措施 | 备注 |
| --- | --- | --- | --- | --- | --- | --- | --- | --- | --- | --- |
| 1 | 压力/高、低 | 压力高 | 安全阀起跳，阀门、法兰泄漏，捕集器爆裂，发生火灾爆炸事故 | 1. 集气站来料增大；2. 安全阀失灵；3. 捕集器气相出口不畅；4. 捕集器液相出口不畅；5. 员工误操作，造成憋压；6. 后续工艺管线冻堵 | 1. 设有安全阀；2. 设有手动放空；3. 设有现场压力表、压力远传；4. 管线保温；5. 岗位操作规程 | 3 | 2 | Ⅱ | 1. 定期校验、检查、检修设备；2. 做好员工培训工作，完善岗位操作规程，严格按操作规程操作 | 1. 降低设备在使用过程中安全风险，提高可靠性；2. 员工不熟悉流程误操作 |
| | | 压力低 | 无影响 | | | | | | | |
| 2 | 液位/高、低 | 液位高 | 气相带液，造成下游装置生产不正常、设备损坏 | 1. 集气站来料量增大；2. 液控阀失效；3. 后续流程不畅；4. 误操作关闭液控阀 | 1. 设有液控和紧急泄放阀；2. 现场设有液位指示、液位远传、高报警；3. 现场液位计设有保温；4. 液控设有旁通，有紧急泄放系统，排污设双阀；5. 管道设有保温；6. 岗位操作规程 | 2 | 3 | Ⅱ | 同压力高 | 同压力高 |

付建民
节点划分要有明确的设备边界！否则可能遗漏设备。

付建民
HAZOP 分析不要提这样加强培训严格操作的建议，都适合，要具体明确在操作程序修改、增加哪一项。

付建民
错误！会造成压力低。

付建民
看下资料再说，20cm 气相管道，不可能出现堵塞，不可信原因！

付建民
安全阀起跳不是后果，是保护状态下的现象，如果这现象出现了后果很轻了！

付建民
手动放空是用于检修的，超压时手动放空时间人员经验无法保障，风险降低因子少于 10，不能算是安全措施。

付建民
你的保护措施 IPL 和原因都不对应，这个风险怎么得来？降低了报告可读性和科学性。

付建民
措施仅针对第 6 个原因（如在本节点内），对其他原因不算措施。

付建民
全部自控阀，无误操作，可统一分析手阀锁定管理。

付建民
操作程序有规定当工艺设备压力超高高采取手动放空吗？

付建民
有可能，但后续管线是否在节点内，不在节点内不用说，否则分析重复。

图4.14　事故调查组审核发现不合格的HAZOP分析记录表

表 4.6　PHA 不好建议与好建议对比示例

| 不好建议 | 好建议 |
| --- | --- |
| 增加压力表 | 在储罐 V-101 北侧增加一个就地压力表供操作人员监控 |
| 确认安全阀的尺寸 | 确认是否根据周围着火条件计算储罐 V-102 上安全阀 PSV-11 的尺寸 |
| 检查溢流罐的液位 | 修改操作程序 X-123,要求每天确认溢流罐 T-105 的液位在 25% 以内 |
| 增加对工艺单元的维修 | 修改维修计划 Q-50,将引擎 QM350A/B 的润滑油更换周期从两个月一次改为每月一次 |
| 检查确认该阀门为"故障关" | 现场确认掉电后 ESD 阀门 V-5 是否处于关闭状态 |

(2)决策者由于安全领导力欠缺,或不舍得为安全建议措施投入人力和财力导致 PHA 建议无法落实。存在较多这样的事故案例,决策者虽然收到了各种安全问题建议,但迟迟未予落实安全措施,终于发生事故。案例 4.15 为两起没有及时落实安全建议而发生事故的案例。

> **案例 4.15**
>
> 安全问题不立即整改,随时可能发生事故。
>
> 2019 年 3 月 21 日上午,扬州经济技术开发区某电缆工程项目监理人员李某现场安全检查发现 101a 号交联立塔附着式升降脚手架存在安全隐患,按《建设工程安全生产管理条例》以及现行法律法规的要求向当地主管部门汇报了现场存在重大隐患,建议立即整改,但是主管领导未及时赶到现场制止,也未及时向上级领导汇报。13 时 10 分左右,101a 号交联立塔东北角 16.5~19 层处附着式升降脚手架下降作业时发生坠落,坠落过程中与交联立塔底部的落地式脚手架相撞,造成 7 人死亡、4 人受伤。
>
> 还有更快的事故!整改意见提出到事发不到 1h。2021 年 1 月 3 日 15 时许,乙方承包商江门某公司谭某与班组人员 4 人从地面通过安全爬梯到某大桥 3# 桥墩桥面,然后通过梯子下至桥墩下横梁平台做桥底泄水管的管撑安装前准备工作(下横梁面距离底部水泥承台面高度为 29.8m)。在下横梁平台靠近北侧塔柱位置与桥检车之间搭设了一条临时简易通道。16 时许,甲方公司安全员钱某到 3# 桥墩下横梁平台巡查时发现此临时简易通道(已搭建成型),当场口头制止四人继续搭设,并下发《安全隐患整改通知单》要求谭某等人于 1 月 4 日前拆除该通道。17 时 16 分许,谭某从此简易通道上坠落死亡。

(3)执行部门或人员对建议措施没能有效落实,安全建议没有转化为 PHA 建议的理想安全功能。执行部门未尽安全责任和义务,对安全建议形式化应付处理或部分执行。

## 4.3　操作程序管理漏洞

当操作步骤较多或复杂时,人的能力无法保障不出现错误,例如:桌面上放置 10 张不同位置的纸牌,记住顺序和位置,收起来后再过段时间复原,绝大部分人是无法正确完成的。而实际的生产过程元素更多,更加复杂和危险。操作错误或过失造成事故,在事故调查中通常被归为"人为原因",预防最有效的措施就是操作程序(操作规程、操作法等)。完整、准确的书面操作程序是安全、高效操作工艺系统的指导性文件。图 4.15 表明操作程序来源于基础资料和过程危害分析(PHA),应能保障生产目标实现的同时融合安全须知。

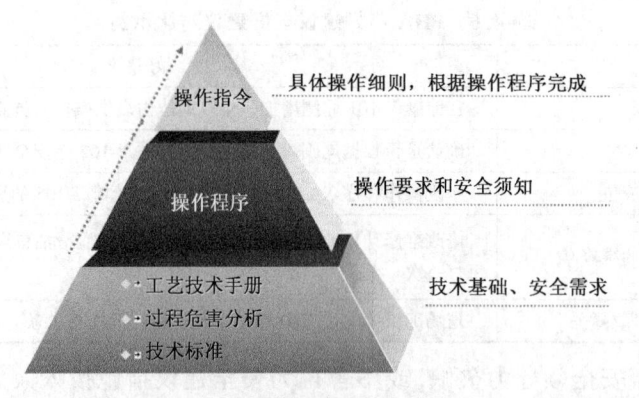

图4.15 操作程序的来源与输出

大量事故案例和研究已经证明,如果操作人员能按照经过批准的、准确和统一的标准来完成所有的操作,接受操作程序培训,安全管理人员以操作程序作为监督依据,绝大部分人因事故是可能避免的。事故调查者应理解操作程序在事件、事故发生发展中的作用:

(1)良好操作程序提供正确操作指导,并作为培训材料和监督依据,可以有效降低人因事故,保障生产安全。40%的工艺安全事故与操作错误(不同于操作人员失误)有关,良好的操作程序能提供操作指导,并作为安全培训材料和监督依据,预防事故发生。

(2)减少非正常停车等意外事件和事故损失,提高经济效益。

(3)确保产品品质,工艺控制在期望范围内,避免品质波动。

(4)积累安全生产经验。一些人认为工龄长员工数量多的企业安全生产经验丰富,实际上书面操作程序是才是积累经验的载体,如果没有形成操作程序并不断积累更新,随着人员变动,口头经验是无法积累的。例如某企业生产装置运行40余年,装置不断出现非计划停车和事故,主要原因就是退休老员工没有将经验形成操作程序,接班的年轻人仅凭几年的跟班学习经验无法固化。

(5)明确生产人员的分工与职责。事故调查活动中,操作程序中指定的作业分工和职责是事故原因分析和责任划分的重要依据。

(6)符合法规要求。制定操作程序符合《中华人民共和国安全生产法》规定,满足ISO 9002认证要求,也是各国过程安全管理(PSM)的核心要素之一。

### 4.3.1 未制定操作程序或内容缺失

在事故调查中,操作是否存在人员过失、是否遵守操作程序都是重要调查核实内容。企业和组织应该系统全面编制操作程序,并根据变更或危害分析要求不断修订操作程序。

目前很多事故调查出现明显错误,需要特别注意:事故调查发现人员操作错误导致的事故,且缺少对应操作程序,则事故原因不能归为安全培训不到位(没有操作程序无法开展针对性培训),不能归为人员违章操作(没有操作规程可依,企业或组织一般的安全管理制度没有对具体操作进行指导和要求),主要原因在于企业没有制定相应操作程序。

企业或组织制定的操作程序,应至少包括以下几种:

(1)首次或大修重启开车程序。首次开车是开展投产前安全检查PSSR(Pre-Start-up Safety Review)的重要基础资料,操作程序明确指导将开车时的非正常状态转换成正常生产状态。

(2)正常操作程序。指导正常生产时如何操作,以保障产品质量和安全。

(3)临时操作相关程序。临时操作程序主要来自对临时操作的过程危害分析结论要求,是对临时操作内容和可能出现安全问题的指导和要求。案例4.16给出了一个临时作业程序缺失的案例,作业人员在没有任何程序指导和监督下,较容易地出现了操作错误,造成事故。

**案例4.16**

1998年3月4日,在美国路易斯安那州的一家天然气分离工厂,发生了一起灾难性的容器破裂与火灾事故,导致了4名工人死亡。

系统A的置换作业(图4.16)分成两步完成:

(1)用来自油气井(22-1)的液体置换系统A的工艺设备;

(2)用油气井(24-1)来的液体置换上述长度为3.2km的输送管道。

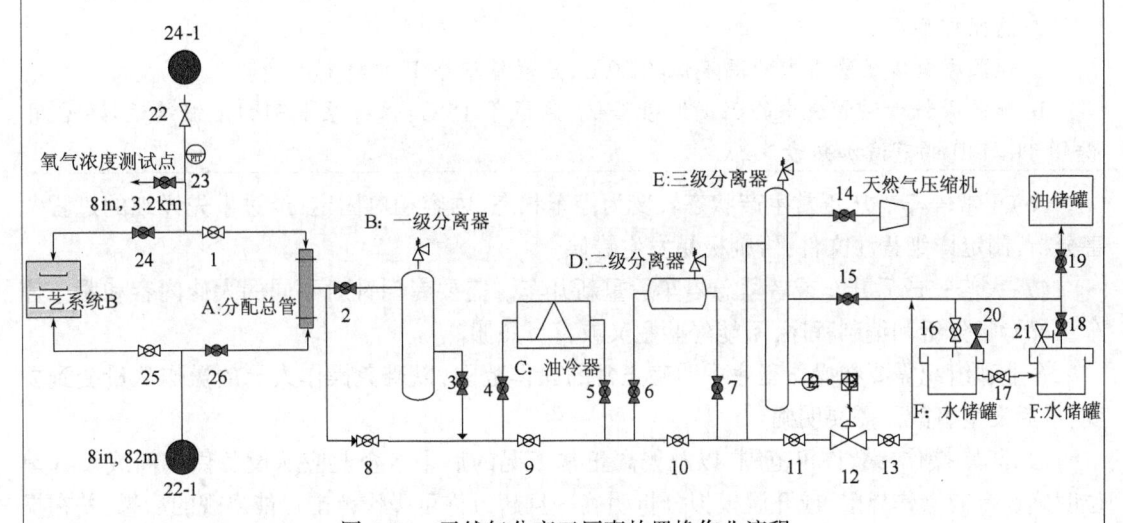

图4.16 天然气分离工厂事故置换作业流程

正确的操作要求是形成正确的置换通路流程:

(1)从油气井(24-1)到系统A的分配总管:打开阀门22#;关闭阀门23#、24#和26#。

(2)绕过分离器和冷却器,从系统A的分配总管到储罐F。打开阀门8#、9#、10#、11#、12#、13#和16#;关闭阀门2#、3#、4#、5#、6#、7#、14#和15#。

(3)气体通过水储罐后从其顶部的手孔排出:打开阀门17#、手孔21;关闭阀门18#、19#和手孔20。

然而,在当天的操作过程中,阀门11#、13#不是正常设想的开启状态,高压窜入E:三级分离器(常压设计,进料线上无阀门)。

当事公司并未组织编制开车程序、置换程序和分离器的操作程序。作业人员只是口头指导操作,操作方法和要求口头传授;也未开展培训,实际存在不安全、不完整的操作。作业人员的错误操作是造成事故的直接主要原因。如果有程序指导并执行,事故是完全可以避免的。

其他方面原因主要有:无书面管道仪表流程图(P&ID),未进行有效的过程危害分析;三级分离器无压力报警并且未进行能量隔离,泄压能力达不到要求等。

(4)紧急停车程序。说明在什么情况下需要紧急停车,并指定合格的操作人员负责紧急停车工作,确保安全、及时地实现紧急停车。缺乏紧急停车程序会导致出现异常情况时不能及时停车止损保障安全,使故障演变为事故。

(5)应急操作程序。应急操作程序是应急预案的重要组成部分。企业需要针对可能的紧急情形编制相关的应急操作程序。在应急情况下,操作人员压力较大,操作程序需要简单明了地说明应急操作的前提条件及应对措施。案例4.17给出了两个应急操作程序案例,可帮助操作人员在紧急情况下采取事先经过研究的措施,进而有极大可能避免事故。

**案例4.17**

应急操作程序1:

a. 如果被吊装塔倾斜角度大于5°,应立即增加辅助导引绳牵引回正;

b. 如果牵引回正不明显,且作业时间已超过30min,风力条件大于3级,应停止作业,立即取消吊装作业。

应急操作程序2:

a. 如果原料输送管道中的温度低于20℃:启动输送泵P-1141A。

b. 如果原料输送管道中的温度继续降低,且低于15℃:保持泵P-1141A继续运转;启用储罐TK-l140的蒸汽加热盘管。

(6)正常停车。从正常生产状态转变为停车状态,内容相对固定,经过事先详细的过程危害分析,制定详细程序文件,否则极易发生错误。

(7)大修完成后开车或者紧急停车后重新开车。需要专门针对不同的大修内容和紧急停车工况专门分析和编制程序,不能经验主义或盲目照搬。

企业和组织需要在操作程序中明确正常的操作范围,以避免操作人员的操作从量变到质变,最后发生事故。需要明确:

(1)正常操作参数许可范围,以及偏离正常工况的后果。企业应从设备供应商或设计单位明确运行的操作界限,或开展模拟分析明确一旦超过许可操作范围可能出现的后果,并在操作规程中予以明确。大量事故案例表明,员工不知道操作界限是容易失控和危险的。

(2)纠正或防止偏离正常工况的步骤,应进行专门调研和分析,提供给操作者一旦发生偏离应如何纠正的步骤,一些生产质量事故转变为安全事故案例表明,缺乏相关步骤的程序和培训是最主要原因。

在编写操作程序的过程中,必须对工艺过程进行仔细分析,有利于加深对工艺系统的理解和认识,使生产操作和维修更加安全与合理。目前操作程序和安全操作程序一体化的安全操作程序已经成为趋势,必须将操作程序生产操作和安全操作及须知融为一体,明确各操作步骤的安全和健康相关的注意事项,以提醒相关人员注意,可有效避免事故发生,在事故调查时,是判断企业是否尽到安全告知义务的重要依据。主要包括:

(1)工艺系统使用或储存的化学品的物性与危害。

(2)防止暴露的必要措施,包括工程控制、行政管理和个人防护设备。

(3)发生身体接触或暴露后的对策。

(4)原料质量控制和危险化学品的储存量控制。

(5)任何特殊的或特有的危害。

(6)安全系统及其功能,明确操作过程中具有安全保障和事故预防功能的仪表、设备。例如:用于过程超压保护的安全仪表系统,用于泄漏发生时的紧急停车系统等。

案例4.18给出了带安全告知、提醒的操作程序案例。

**案例 4.18**

某企业在操作程序明确声明"警告""提示"或"说明"提醒相关操作人员安全要求,并进行了培训和记录。人因事故可以被显著控制,且一般事故调查可认为企业或组织已经尽到安全提醒和培训义务。例如,下面程序:

程序 1:

差的:

> ①选择正确的取样瓶并完成标识。
> ②检查罐内的温度 AI-220,确定温度合适安全后取样。
> ③轻轻开启取样阀门 AI-220,等待 30s,然后取样。

好的:

> ①选择正确的取样瓶并完成标识。
> 警告
> 阀门 AI-220 出来的工艺物料温度较高,容易烫伤。
> ②检查罐内的温度 AI-220,确定温度低于 60℃ 后才取样。
> ③轻轻开启取样阀门 AI-220,等待 30s,然后取样。

程序 2:

差的:

> ①打开阀门 XV-600A。
> ②启动反应器的进料泵 P-600A。警告:注意检查喂料罐固含率。

好的:

> ①打开阀门 XV-600A。
> 警告
> 启动反应器进料泵前,应该检查喂料罐 D-600 内的物料固含率,确保不超出 45%,否则可能损坏反应器中的催化剂。
> ②启动反应器的进料泵 P-600A。警告:注意检查喂料罐固含率。

### 4.3.2 操作程序形式化,编写质量差

企业和组织出于应付法规和管理要求的目的时,编写的操作程序往往质量很差,管理者没有操作程序审核概念,照搬照抄。事故调查者应注意区分事故原因是缺乏操作程序,还是操作程序错误、未能有效提供指导,还是有合格程序但是安全培训不到位。

常见的操作程序质量问题,背后可能反映出企业或组织安全管理方面的各种欠缺。

(1)不重视针对性操作程序编写,不舍得时间和人员投入,照搬照抄(案例 4.19)。

**案例 4.19**

(1)操作程序的标题不清晰。

差的:《槽车卸硫酸》。

好的:《槽车往储罐 TK-310 卸硫酸》。

差的程序极可能是照搬抄袭来的,因为不同编号(位号)卸载流程差异较大,具有特殊性。

(2)不及时更新操作程序,企业缺乏操作经验积累或形成变更管理漏洞。

案例4.20给出了通过操作程序信息明确更新操作程序的示例。

| 案例4.20 |
| --- |
| 最好在操作程序每一页的页眉/页脚上记录操作程序的基本信息。<br>页眉示例:<br>装置名称　　　　程序名称　　　　编号　　　　版本号<br>页脚示例:<br>批准日期: 年 月 日　生效日期: 年 月 日　下次更新日期: 年 月 日 |

(3)操作程序的用途不明确,缺乏可操作性或让人费解,导致操作人员弃用,安全培训无效。在操作程序开始就应明确用途,使用户明确是否使用该操作规程。案例4.21对比3对不同质量的操作程序,读者可以阅读并理解好的操作程序带来的事故预防功能。

| 案例4.21 |
| --- |
| 事故调查发现不明确使用条件的程序,工人是无法使用和培训的,事故主要原因在于程序管理还是工人?工厂的程序并未告知工人应该如何操作,更谈不上提供有效培训,出事故了责任都归因于工人?<br>程序1:<br>差的:本操作程序说明如何重新启动设备。<br>好的:本操作程序说明在工厂大修完成后,如何重新启动设备B-1100。<br>好的:本操作程序说明在作为冷备用条件下,如何启动设备B-1100。<br>没有考虑到实际差异和现场条件,程序语焉不详,无法确定究竟如何操作。例如应尽量利用设备、阀门或仪表的位号来明确相关的操作对象。例如:<br>程序2:<br>差的:<br>　　关闭进入分离器A的阀门、进入分离器B的阀门和进入分离器C的阀门(实际可能好几个,无法确定关哪个,也无法进行确认和监管,事故案例较多)。<br><br>　　好的:<br>　　关闭下列阀门:<br>　　①进入分离器A的阀门V-1110;<br>　　②进入分离器B的阀门V-121;<br>　　③进入分离器C的阀门V-131A和V-131B。<br>如果操作程序中的工作需要由两人或多人同时完成,最好明确各自的职责。事故调查时不明确的程序会将责任扩大化,相关人都可能对事故发生负有责任,而明确职责的操作程序可增强责任意识,降低事故发生可能性。例如:<br>程序3:<br>差的:<br>　　①打开储罐D-210入口阀V-210A,并通知中控室DCS操作员。<br>　　②检查液位LIC-210,达到35%时,通知现场操作员启动泵P-210。<br>　　③得到控制室操作人员确认后,打开泵P-210的入口阀V-210A,并启动该泵。 |

> 好的：
> ①现场操作员：打开储罐 D-210 入口阀 V-210A，并通知中控室分散控制系统(DCS)操作员。
> ②中控室分散控制系统(DCS)操作员：检查液位 LIC-210，达到35%时，通知现场操作员启动泵 P-210。
> ③现场操作员：得到控制室操作人员确认后，打开泵 P-210 的入口阀 V-210A，并启动该泵。

（4）操作程序中通常包含操作参数的范围，需要清晰、明确并且定量地说明具体的范围，使用数字表达时，应该直接易懂，避免含糊不清，并且尽量减少操作人员的计算工作。案例4.22 给出了几个对比程序。

> **案例4.22**
> 程序1：
> 差的：正常操作期间，将反应器 R-230 的压力控制在大约 1MPa。
> 好的：正常操作期间，将反应器 R-230 的压力控制在 0.8~1.2MPa 范围内。
> 程序2：
> 差的：往储罐内进料之前，先计算储罐内所剩余的有效容积，计算时，需要用高液位(85%)对应的体积减去当前液位的体积。
> 好的：往储罐内进料之前，先按照下列公式计算储罐内剩余的有效容积：有效容积 = $32 \times (85\% - x\%)$，$x\%$ 为当前液位（或提供曲线表格供快速查询确认）。
> 程序3：
> 差的：结晶器 D-510 的出料（进入过滤机）的速度要适当。
> 好的：结晶器 D-510 的出料（进入过滤机）的速度要适当，正常情况下应该在 $45~55m^3/h$ 之间。

（5）对于关键的操作程序或操作步骤，如果需要操作人员在操作动作完成后进行确认，可以在操作程序中预留签名处，如案例4.23。

> **案例4.23**
> 试想如果案例4.16的操作人员能对每个关系到过程安全的阀门开关动作制定合格程序，进行一人操作，一人负责确认和复核，保障 11#、13# 阀门的开启，事故完全可以避免。
> ①关闭 6# 阀门。操作人签名：＿＿＿ 监督确认人签名：＿＿＿
> ②关闭 7# 阀门。操作人签名：＿＿＿ 监督确认人签名：＿＿＿
> ③打开 11# 阀门。操作人签名：＿＿＿ 监督确认人签名：＿＿＿
> ④打开 13# 阀门。操作人签名：＿＿＿ 监督确认人签名：＿＿＿

### 4.3.3 操作程序的管理漏洞导致事故

企业和组织编写了操作程序，但是由于操作程序管理漏洞，也会发生事故，相关事故背后的管理原因主要有以下几种，事故调查者应深入分析可能的根本原因。

（1）操作程序的审查形式化。对程序的审查主要集中在形式，而非内容，没有对应的专业专家对程序内容进行审查。编写的操作程序内容存在大量错误，而使操作人员厌烦，或程序执行存在可操作性问题,程序也没有作为企业培训核心的内容来使用等。

(2)操作程序的获取、使用和共享存在困难,操作程序管理处于失控状态。一些事故表明,由于工人无法方便地获取操作程序,凭感觉和经验作业导致事故发生;工人全程不使用操作程序也能通过监督确认。

(3)不能持续改进操作程序。由于第一版合格的操作程序需要花费较多时间和人力成本,后续操作程序通常会根据需要在第一版基础上不断改进,同类工艺装置,需要认真对比差异,差别较大时单独编制操作程序。

案例4.24给出一个操作程序管理漏洞引发的史上最昂贵空难事故。

**案例 4.24**

航空史上最昂贵的空难事故,造成超24亿美元的损失。2008年2月23日,一架驻守关岛空军基地的B-2"AV-12"(89-0127)堪萨斯精神号,机上携带几十吨燃油,在飞机刚离开地面就发生故障,虽然飞行员极力挽救,但却并没有成功(图4.17)。

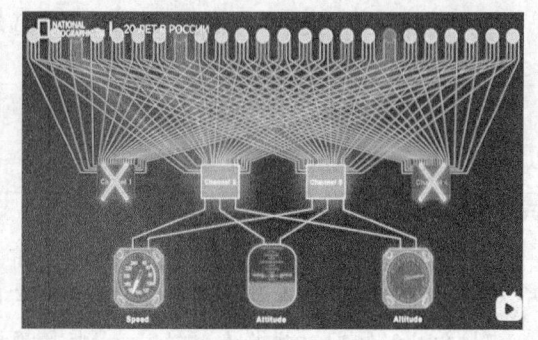

图4.17 B-2轰炸机坠毁事故

事故的直接原因是机体表面的大气数据传感器在淋了一夜暴雨后受潮,传感器中的湿气导致机载计算机做出错误指令,而维修人员强制校正使飞机控制系统认为传感器恢复正常,控制系统就会选择24个传感器产生的4组数据流,其中计算机会选择其中2组进行飞行控制处理(正好包含错误的那组),最终导致B-2在起飞过程中发生偏航和低头俯冲坠毁。

实际上,早在2006年关岛空军基地维护人员就发现同样问题,工程师给出了正确操作程序:飞机不需人工校正,只需要打开空速管加热将水蒸发即可。但是该操作程序和要求没有得到重视,加上美军内部沟通不畅,地面维修人员和飞行员没能获知该情况处理的程序和要求。操作程序管理漏洞是造成该事故的重要根本原因,之后修改了B-2的维修和操作程序,类似事故没有再次发生。

## 4.4 变更管理等审计程序失效

系统正常运行后,如果不存在变化通常不会有安全问题,但是随着设备老化、设施升级等原因,企业不可避免地需要进行技术改造、设备设施更换维修或人员变动等。大量事故案例表明企业的变更管理漏洞是事故发生的根本原因。

OSHA(美国职业安全与健康管理局)认为,对过程系统进行变更时,应该全面评估所提议的变更对于员工安全和健康的影响,并明确需要对操作程序进行哪些修改,在执行变更时,应考虑以下几个方面:

(1)所提议的变更的技术基础。技术基础不存在或不清楚的变更是高度危险的,例如发生在1976年,造成28人死亡的英国Nypro公司泄漏爆炸事故:企业开展了一项工艺变更,将6级反应器中的第5级更换(出现裂纹渗漏)成膨胀节连接的管道,但是并没有对管道和膨胀节进行试压和安全性分析,变更并不具备可靠的安全技术基础,最终在膨胀节发生了泄漏,导致爆炸。

(2)变更对于安全与健康的影响。对变更带来的过程安全和职业安全影响开展评估,变更后风险不可接受不允许变更。

(3)对操作程序和过程安全信息的修改。变更不能带来新的安全问题,变更应及时对操作程序和安全信息进行修改和培训。

(4)所提议变更的批准审核。变更的可行性和安全性能否被有效审核,是变更管理最后一道屏障,正确的变更批准和审核流程应先由技术专家组审核通过后再经领导批准。大量事故案例表明,变更管理形式化未能阻止事故,提出的变更方案直接被不懂变更对象技术和安全的领导直接审核批准并实施。

### 4.4.1 缺乏变更管理制度

变更管理(Management of Change,MOC)是OSHA工艺安全管理系统的一个重要因素,我国目前大部分安全管理标准化达标和认证企业基本上都引进了变更管理制度。变更管理制度实质上是对企业可能带来安全问题的改变开展过程危害分析(PHA)、过程安全信息(PSI)管理、安全培训等工作的制度化系统性综合管理。企业变更通常可以分为四类:

(1)工艺技术变更。主要涉及过程工艺和流程的改变。

(2)作业程序变更。主要是操作人员或维修人员更改操作程序、维修程序或其他安全作业指导书。

(3)工厂设施变更。主要是对工厂现场物理条件的改变,包括临时或永久替换设备设施。

(4)组织机构变更。主要是工厂生产、维修和安全等相关人员和岗位的改变,包括人员更替、职位增减、管理机构和管理范围变化等。

变更管理制度应包括:

(1)变更识别。工厂应该有书面的文件对"变更"进行清晰的定义,以便识别哪些"改变"属于"变更"。

(2)管理变更办法。公司的变更管理程序需要明确规定完成变更的工作流程,包括如何提出变更、对变更方案进行审查、批准(或否决)变更、跟踪完成变更以及相关人员的职责等。

(3)培训要求。使相关的员工了解变更管理的相关政策和工作程序。

(4)审计。变更项目是否遵守了相关的审计和批准规定、是否保留了完整的书面文件、在哪些方面需要进一步改进。

图 4.18 给出了执行变更的步骤。

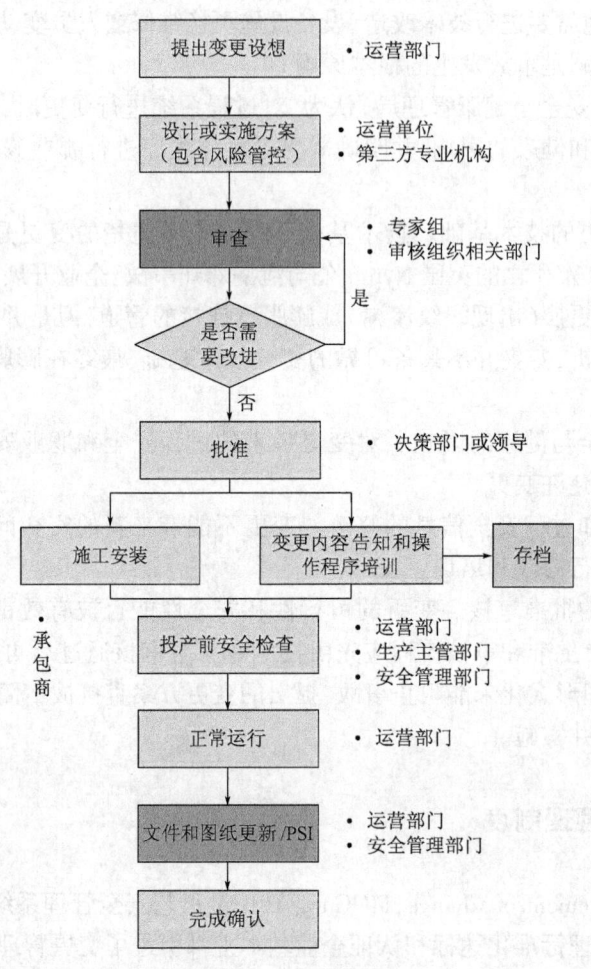

```
提出变更设想 · 运营部门

设计或实施方案    · 运营单位
(包含风险管控)   · 第三方专业机构

审查            · 专家组
               · 审核组织相关部门
                  ↑是
是否需要改进
    ↓否
批准            · 决策部门或领导

施工安装    变更内容告知和操作程序培训    存档

投产前安全检查    · 运营部门
                · 生产主管部门
· 承包商          · 安全管理部门

正常运行    · 运营部门

文件和图纸更新/PSI    · 运营部门
                    · 安全管理部门

完成确认
```

图 4.18　变更管理流程

(1)提出变更设想。往往是出于生产需要或经济环保等目的改变原来认为不合理的工艺过程、设备或组织人员。对于这种改变后明显增加安全风险或有安全疑虑的变更,应予以高度重视,保证变更管理流程执行。

(2)形成设计和变更方案。无论是企业运营部门,还是委托第三方形成的变更方案均应对变更进行危害分析,保障变更实施的技术方案合理可行,同时对变更带来的新危害进行说明,并说明配套的危害风险管控措施。

(3)审查及批准。运营部门可能急于变更或经验不足,隐瞒或未列举变更潜在风险,涉及专业技术问题应由具备相关专业人员进行审查,以有效阻挡不符合变更管理安全要求的设计和方案实施。大量事故案例表明,较多企业缺乏实质化的变更安全审核环节。

(4)施工安装。施工安装应保障按照变更审批后的设计方案和技术要求完成,并有监督确认。

(5)培训或告知。需要对变更进行及时沟通,进行培训和告知,按变更后的要求进行操作和管理。

(6)投产前安全检查。可以单独作为 PSM 管理要素,审核生产装置投产前具备的安全条件。

(7)正常运行。

(8)更新并保存相关的图纸和文件。确认变更可行,及时更新安全信息,避免由于变更带来过程安全信息漏洞酿成事故。

(9)变更完成通知。

如案例 4.25 所述的印度博帕尔事故,多个重大变更导致风险显著增加,而企业和相关组织却没有对增加的风险保持足够的敏感性,没有采取风险降低的补偿措施,从而使事故更容易发生或造成更严重的后果。

**案例 4.25**

1984 年 12 月 3 日凌晨,美国联合碳化物公司在印度博帕尔的农药厂因一条连接异氰酸甲酯(MIC)储罐的阀门内漏造成水窜入,MIC 与水发生剧烈反应使储罐压力上升导致超压,由于安全阀泄放后端的碱性洗涤塔停用,MIC 从破裂的安全阀直接排入大气,事故很快造成 4000 人当即死亡,随后又有 16000 多人死亡,大约 200000 人遭受长期损伤。美国联合碳化物公司的经济损失为 5 亿美元(诉讼后)。事故场景和过程原理见图 4.19。

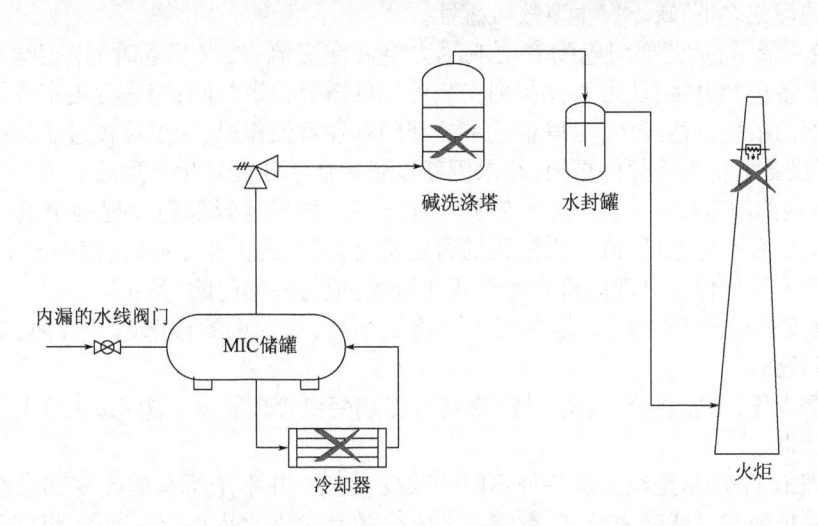

图 4.19 印度博帕尔事故场景和过程原理

正常情况下如 MIC 发生超压介质将从起跳安全阀泄放进入碱性洗涤塔吸附部分 MIC，然后经火炬水封罐进入火炬被引燃后烧掉，生成基本无危害性的废气排掉。但是该公司没有建立有效的变更管理制度，一系列重大变更导致该重大事故发生。如表4.7所示，这些变更看起来降低了企业生产成本，但是却都显著增加了风险，而且企业对变更后增加的风险缺乏风险降低的安全设计或控制措施。

表4.7 印度博帕尔事故主要变更内容

| 变更前 | 变更后 | 变更类型/安全影响 |
| --- | --- | --- |
| 1名班长，3名领班，12名操作工，2名维修工 | 1名班长，6名操作工 | 人员或组织机构变更。应对事故经验和能力显著下降 |
| 培训时间6个月 | 培训时间15天 | 培训变更。时间短到无法理解和执行应急程序 |
| 投产时按美国本土公司维护标准维护设备 | 事故发生时设备维护频率已经大幅减小 | 程序变更。维修质量下降，事故发生频率增加 |
| 设计有 MIC 储罐超压保护系统，通过冷却器和安全泄放系统降低超压风险 | 冷却器被停用；洗涤塔和火炬无法使用，使安全泄放系统失效 | 工艺技术变更。该工艺变更使得超压风险防控失去了2个独立保护层 IPL，风险被显著增加 |
| 投产时，厂区周边几乎没有居民 | 事故发生时，周边已经形成了几万人口的小镇 | 人员或组织机构变更。变更后使得工厂周边社区的个人风险和社会风险都显著飙升 |

## 4.4.2 变更管理形式化

一些企业看似建立起了变更管理制度，事故案例表明，形式化的变更管理制度使企业容易处于风险可控的假象之下，缺乏发生事故敏感性。

(1)变更效率低下，运营部门隐瞒变更或尽力绕开变更流程，以节省时间。例如：看起来是一个简单的设备更换升级，从采购设备到安装可能仅需要很短时间，但是变更审查需要更长的时间。运营部门根据以往经历，觉得企业审核部门存在官僚作风、变更审核过于拖拉影响生产，因此将变更设备上报为零部件更换，结果因新设备控制不匹配发生了事故。

(2)变更审核部门审核能力差，缺乏专家人员支持。如果运营部门发现提出的变更方案审核部门不能提供有益的意见，或令人信服的否定意见，甚至提供非专业的、错误的审核意见，标志着变更管理沦为应付上级部门检查的形式化流程，成为各部门的"负担"。

(3)变更制度虽然已经建立，但是变更培训质量不高，对变更的理解趋于表面，造成管理漏洞。典型的问题有：

①顾及安全责任，不能区分"变更"与"改变"，影响变更管理效率。图4.20给出了某企业的改变和变更比例。

鉴于各种理由，工厂总是经历着各种不同的改变，但是，并不是所有的改变都会影响系统的安全性。通常把那些可能带来危害、影响工艺安全的针对化学品、技术、设备、设施和操作程序的改变才称为"变更"。而"同类替换"不属于变更，如图4.21所示。相同规格的设备、仪表或管道替换现有的设备、仪表或管道，不必因为这项改变而修改书面的设计规格文件。在设计范围内进行的日常操作和维护工作也不属于变更范畴，不受变更管理程序的约束。

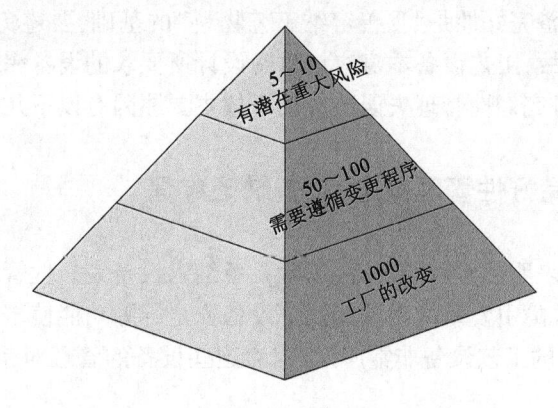

图 4.20　变更与改变数量对比示例

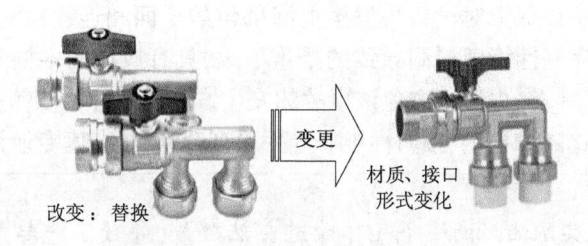

图 4.21　同类替换与材质型号变更

②认为临时变更时间短,随后可恢复的可不走变更程序。临时变更也可能导致灾难性事故。尽管一般不需要像永久变更那样更新图纸和文件,但是仍然应该按照正常变更的步骤进行审查、批准、施工安装、投产前检查等。

③认为因应急处置需要进行工艺系统或设施变更,避免事故后果扩大时,不需要走变更程序。实际上,在经过应急事件,工艺系统恢复到正常状况后,应急变更的负责人需要及时按照正常的变更管理程序,重新组织人员对紧急变更的内容进行审查,并更新相关的文件资料,应急变更需要"补作业",以避免因变更带来后续安全问题。

（4）事故调查发现,变更管理漏洞根本原因通常与管理层的支持有关。如果管理层不支持变更管理工作,不能确保有足够的资源落实变更管理制度,将不可避免地造成管理漏洞。例如:认为变更管理和危害分析工作一样,必须让多专业人员,或相关部门参与才能保证质量,否则不批准变更;愿意拨付经费聘请企业内外的专家对变更内容进行审查。

## 4.5　设备完好性管理漏洞

对于自动化设备或工艺过程,除了人为原因,只要设备不出现故障、容器不发生泄漏,自然就不会发生事故。实际上存在大量这样的事故,由于设备发生故障直接导致事故,外部人员的严格管理、安全培训等活动做得再好也很难阻止事故发生。事故案例表明,对设备故障进行及时管控非常重要,企业和组织应避免过于关注人的职业安全而忽略设备失效预防和管理。

为此,工艺设备的设备完好性(Mechanical Integrity,MI)概念已经被提出:在设备首次安装起直到其使用寿命终止的时间内,保持工艺设备处于可满足其特定服务功能的状态,是保证设备完好的重要手段。设备完好性是"妥善容纳工艺物料"的基础,要避免因工艺物料泄漏而导致灾难性的工艺安全事故,工艺设备本身应该具有设计所要求的设备完好性。

事故案例表明,设备完好性管理失误造成的事故主要原因有以下几个方面:

## 4.5.1 未构建设备完好性管理制度,设备缺乏维保

以往大量事故案例表明,企业没有将高风险设备纳入设备完好性管理,使设备缺乏必要的检测、维护。设备出现故障引发事故或没能发挥设备安全屏障功能使事故直接发生。

"设备完好性"包含的工艺设备非常广泛,因为这些设备的管理对系统安全都存在直接影响,主要包括:

(1)管道、压力容器和储罐(包括阀门等管件)。这类设备只要不出现损坏,就不会发生泄漏,有效的完好性管理可以保障对设备易发生泄漏部位的全面和连续检测,可以预防泄漏发生。案例4.26给出了一起完好性管理漏洞导致的严重事故,具有典型的木桶效应特征,即企业其他的所谓安全管理工作再完美,也无法避免该事故的发生。设备完好性依赖企业的设备检测活动、数据收集和分析、缺陷诊断和预测、预防性维修等一系列活动,是高度专业性和技术性的工作。

> **案例 4.26**
>
> 2001年4月英国某炼油厂的一条气体管道突然破裂,导致了一起严重的爆炸与火灾事故(图4.22)。本次事故没有导致人员伤亡,但它给工厂造成了重大的财产损失,炼油厂被迫停车数周。
>
> 图4.22 注水点附近弯头破裂事故示意
>
> 在破裂弯头上游670mm处是往工艺管道中注水的位置,弯头及附近管段曾遭受冲刷和腐蚀,管壁厚度明显减薄,从最初约8mm变成了约0.3mm,不能再承受管道内部压力而破裂。
>
> 事故调查发现,企业没有构建设备完好性管理制度是事故发生的重要根本原因。安装在管道注水处的脚手架已被拆除,企业曾有人提出进行检测,因无法靠近该注水点而作罢,导致在泄漏发生的前几年破裂的弯头从未接受过检测。企业也未将本次事故的管道纳入检查项目数据库内,无法实施有效的跟踪检查,也没有全面的腐蚀控制计划,因此难以预防类似管道破裂的事故。

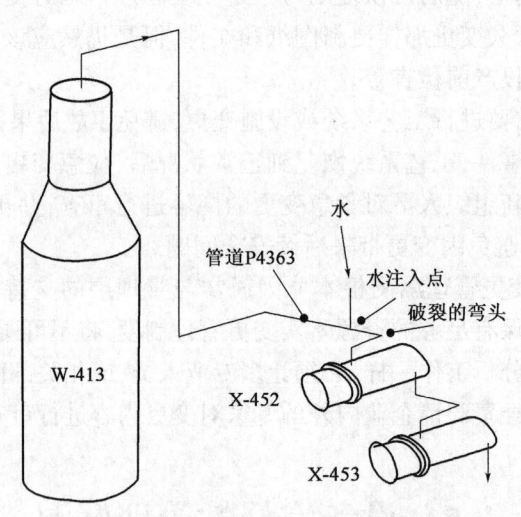

另外,企业也没有遵守变更管理程序,设计和安装管道上的注水装置没有遵守"变更管理"制度,没有进行危害分析。"连续注水"是影响腐蚀程度的一个重要因素,工厂没有合理区分该注水装置的"连续使用"和"临时使用",在切换两种操作方式时,没有把它们作为"变更"来对待。

(2)安全设施:安全仪表系统(SIS,包括紧急停车系统 ESD)、安全阀、放空系统及装置。当这些安全设施得不到正确的测试和维护时,意味着它们原本的安全功能可能已经丧失。有事故案例表明,如果这些安全设施能够得到正确的维保,发挥作用,事故原本是可能不发生的,事故调查组为了确定安全设施失效通常需要调阅与事故相关安全设施的维护、保养记录,甚至进行测试实验。一些企业因为这些安全设施平时没有紧急情况几乎不会动作,不影响正常生产而忽略了对它们的完好性管理。应急管理部要求企业要在风险分析的基础上,确定安全仪表功能(SIF)及其相应的功能安全要求或安全完整性等级(SIL)。企业要按照《过程工业领域安全仪表系统的功能安全》(GB/T 21109)和《石油化工安全仪表系统设计规范》的要求,设计、安装、管理和维护安全仪表系统。

(3)控制系统(监控设备、传感器、报警、控制阀等执行机构)。控制系统的假信号、误动作也是造成一些事故的直接原因,设备校准、维护等环节出现问题导致事故。

案例 4.27 是著名的 bp 炼油厂事故,该事故的直接原因为液位指示和控制系统故障。

**案例 4.27**

2005 年 3 月 23 日 13 时 20 分,bp 公司的得克萨斯炼油厂发生爆炸火灾事故,造成 15 人死亡,180 人受伤,经济损失超过 15 亿美元。

图 4.23  bp 炼油厂抽余液分馏塔底液位计

图 4.24  bp 炼油厂爆炸事故放空罐溢流

> 事故发生在异构化装置的抽余液分馏塔开车过程中,事故直接原因是分馏塔液位计(图4.23)设计和维护不良,液位指示出现故障。当日凌晨3:09液位接近8ft时,触发了高液位报警,但稍微高一些的高高液位报警却没有被触发,到凌晨3:30液位计显示液位达到了9ft并停止上升(实际液位可能达到13ft,但操作员无法知道)。未正确校准的液位指示计指示给后续新接班操作人员液位为8.4ft,而且在逐渐下降。加上中控室操作界面和人员没有物料平衡核算能力,没有发现液位进料异常,最终导致分馏塔液位超高溢流。溢流的液相易燃物料从安全泄放阀进入异构化装置另一端的放空罐,但放空罐的高液位报警也发生故障,没有持续报警,直到物料从放空烟囱顶部像喷泉一样喷出被引爆(图4.24)。
>
> 事故原因是多方面的,但是两个液位指示和报警系统的设计、校准、维护和保养如果正确的话,操作人员是有可能避免事故发生的。虽然有程序和沟通方面原因,但是在缺少仪表正确指示情况下,希望操作人员能采取正确操作行为是十分困难的。

(4)压缩机、泵等动力设备。动力设备一旦发生故障将造成系统动力丧失,全厂突发性停产,进而引发事故。以压缩机为例,国外大型化肥厂运行经验表明,因蒸汽透平与压缩机组故障而导致整个工厂停产约占所有停产事故的25%,其中设计不合理占10%~25%,维护和检修不良占40%~55%。

## 4.5.2 不区分设备检测、维护优先级

因为企业的资源是有限的(人力和财力资源),当企业设备随时间老化或需要维修保养时,良好的维修策略至关重要。如果不区分优先级,则极可能造成高风险设备在事故发生前也得不到维护。企业应针对设备失效和故障开展系统的过程危害分析活动,例如在开展基于风险的检测(Risk-Based Inspection,RBI)活动或FMECA基础上对设备失效和故障风险进行分析,明确高风险设备和检验优先级。

目前大部分企业已经能够根据国家法律法规进行特种设备检验检测,但是通常情况下特种设备检测是"抽检"模式,通常是由企业决定当年哪些设备需要进行法定检验。事故案例表明,一些企业没有区分设备检测优先级,以法检取证为目的,或认为只要进行法检活动就可以实现设备安全完好性。而一套生产装置的设备和管道数量可达到成千上万,随机抽检或不加以区分检测,很可能在寿命周期内仍有设备和管道得不到检测。

研究表明,高风险都是集中在少数设备或管道上面,企业必须区分这些高风险对象,并保障它们能够定期得到有效检测和维护。合肥通用机械研究院曾经对一些生产装置风险进行统计,如图4.25所示,高风险集中在少数管道和设备上,检测和维修活动必须保障这些设备能被全面覆盖。

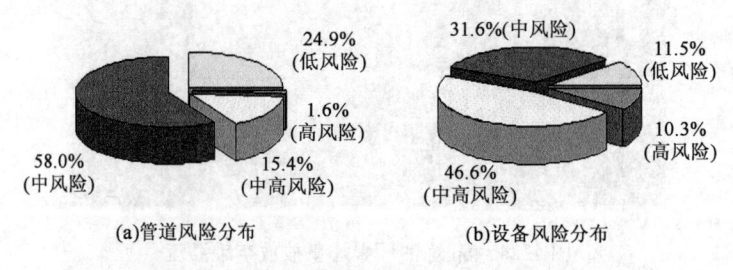

图4.25 某企业催化裂化装置管道和设备风险分布统计

### 4.5.3 检测和维护培训不到位及程序执行质量缺乏监督

企业安全完好性管理工作应作为企业核心安全工作要求,是需要多部门协同深入参与的系统工作。企业应制定完备可行的完好性管理程序,保障全员参与和培训。大量设备事故案例表明企业检测和维护培训、监督不到位是造成事故的主要原因。完好性管理培训内容主要包括:

(1)完好性管理制度和程序适用范围。让员工明确完好性管理边界和要求,企业责任分工,以避免由于沟通不良导致完好性管理出现漏洞。

(2)完好性管理书面程序和维修活动开展要求相关培训。企业需要对每一个从事工艺设备维修的雇员进行培训,培训内容应包括工艺系统的概述、工艺系统存在的危害和相关的作业程序,以确保员工安全地完成作业任务。

(3)检验和测试技术培训和实操。需要对工艺设备检验和测试技术进行培训和考核,保证作业人员能够按照普遍认可的良好的工程实践经验完成检验和测试程序;工艺设备的检验和测试频率要符合制造商的建议和良好的工程实践经验;培训如何以文件的形式,保存所有工艺设备的检验或测试记录等。

(4)质量保证要求培训。在建造新的工艺装置和设备时,企业应该确保工艺设备满足工艺的要求。通过正确有效的检查和检验,确保按照设计规格和制造商提供的指南正确安装设备。企业还需要确保使用的维修材料、备品备件以及设备符合工艺要求。

(5)全生命周期完好性管理培训。实现设备完好性的工作贯穿设备的整个生命周期,并且确保工艺设备的设备完好性是一项系统工作,需要不同专业的部门共同来完成。企业应了解工艺设备本身经历着设计、制造、安装、操作、维修和报废等阶段,相应地,实现设备完好性的工作也应该贯穿这些阶段,即设备的整个生命周期。确保工艺设备的设备完好性是一项系统工作,需要由工程设计、施工、生产和维修等不同专业的部门共同来完成。

(6)完好性管理相关过程安全信息管理培训。实现工艺设备完好性的前提是了解设备在设计安装和维修等方面的要求,它们通常包含在设备相关的书面规格文件和相关的图纸中。因此,文件的编制、审阅和控制也是实现设备完好性的一个重要方面。

案例4.28是一个维护保养程序执行表面化,无法达到维保质量,同时又缺少质量监督审核造成的灾难性事故案例。

---

**案例4.28**

2000年1月31日下午,一架MD-83飞机(S22E05阿拉斯加航空261号班机)从墨西哥巴亚尔塔港国际机场起飞,巡航阶段水平尾翼失控,进入使飞机机头向下的位置,迫使飞机俯冲,急速下坠,最终飞机坠毁于加利福尼亚州安那卡帕岛以北4.3公里的太平洋里。飞机上的2名飞行员,3名乘务员以及83位乘客(包括3名儿童)全部遇难。

美国NTSB事故调查发现,缺乏对飞机水平安定面调节用丝杠螺杆的润滑保养,致其失效是造成事故的直接原因。而一系列设备完好性管理漏洞是造成事故的重要根本原因(间接原因)。

(1)打捞到的用于水平安定面调节传动的丝杠螺杆缺乏润滑,完全找不到油渍。分析检查顶部螺母大约90%的螺纹已经磨损掉,最终整个螺母完全脱落。

(2)工具使用不当:阿拉斯加航空所用的装配式端隙检查工具并不符合制造商的要求。维修工时不足:该项润滑维护耗时约1h,远小于飞机制造商预计的4h工作时间。

(3)降低维修标准:没有等到更换或修复零件,维修主管就要求将飞机投入运营。

(4)伪造维修工作记录,许多未完成的工作被主管要求篡改为已完成。

(5)大幅延长检查的间隔时间:阿拉斯加航空将伸缩螺杆的检查时间延长了4倍之久。失事的 MD-83 飞机及安定面、安全杆见图4.26。

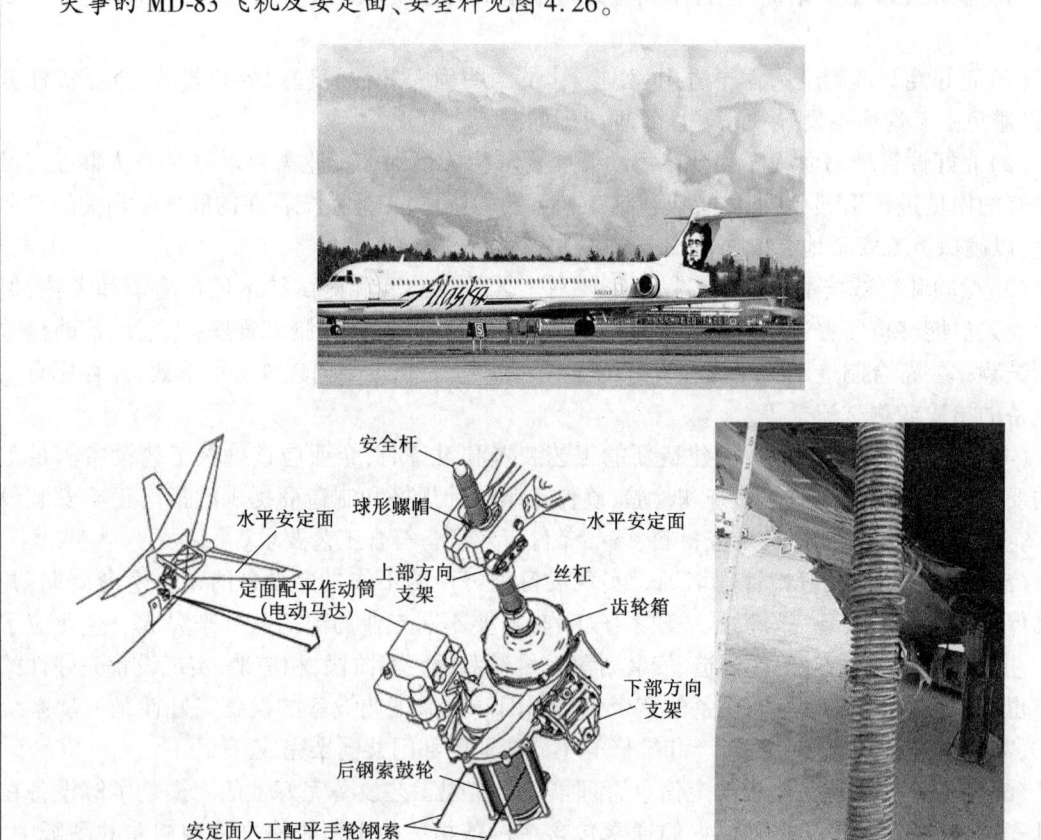

图4.26 失事的 MD-83 飞机及安定面、安全杆

### 4.5.4 检测或保养技术不良,未采用良好的工程实践

企业碍于自身技术经验和检测能力欠缺,往往习惯采用自认为适合的方法开展检测和保养作业。没有采用良好工程实践开展检测或维保活动,对各种检测方法效能没有清晰认知,将使设备安全可靠性水平无法维持,直至发生事故。

例如案例4.3青岛东黄复线"11·22"事故中,发生泄漏的东黄复线管道因存在打孔盗油和腐蚀破损,维修方式没有考虑到未来检测需要,受损部位被打入堵漏的楔子,使管道无法进行智能清管器内部检测(图4.27),仅能用局部开挖对部分管道进行外部检测(而事故泄漏管段又在水泥预制板下方,也无法开挖进行外部检测),实际上直到该泄漏事故发生前,手掌大小的减薄破裂部位从来没有被检测过。腐蚀破裂泄漏是造成事故的直接原因,管道企业设备完好性管理漏洞是造成事故的重要根本原因。

图 4.27　管道智能清管器

表4.8 给出了不同检测技术效能对比。在新工艺新材料快速发展的今天,需要不断研究和应用新的完好性检测技术方法,以有效应对未来新材料腐蚀破裂、维保需要等设备完好性管理问题。

表 4.8　压力容器失效检验技术有效性对比

| 检验技术 | 减薄 | 焊缝表面开裂 | 近表面开裂 | 微裂纹/微孔形成 | 金相变化 | 尺寸变化 | 鼓泡 |
|---|---|---|---|---|---|---|---|
| 目视检查 | 1~3 | 2~3 | × | × | × | 1~3 | 1~3 |
| 超声纵波 | 1~3 | 3~× | 3~× | 2~3 | × | × | 1~2 |
| 超声横波 | × | 1~2 | 1~2 | 2~3 | × | × | × |
| 荧光磁粉 | × | 1~2 | 3~× | x | × | × | × |
| 着色渗透 | × | 1~3 | × | × | × | × | × |
| 声发射 | × | 1~3 | 1~3 | 3~× | × | × | 3~× |
| 涡流 | 1~2 | 1~2 | 1~2 | 3~× | × | × | × |
| 漏磁 | 1~2 | × | × | × | × | × | × |
| 射线检查 | 1~3 | 3~× | 3~× | × | × | 1~2 | × |
| 尺寸测量 | 1~3 | × | × | × | × | 1~2 | × |
| 金相 | × | 2~3 | 2~3 | 2~3 | 1~2 | × | × |

注:1=高度有效,2=通常有效,3=适当有效,×=不常用。

## 4.6　培训不佳

培训是实现工艺设施安全生产运营的一个不可忽视的方面。有效的培训可以帮助员工认识工艺系统存在的危害和危害可能导致的后果,并且掌握正确的方法降低事故发生概率或减轻事故后果。

### 4.6.1　未开展需求的安全培训

在某些事故发生之前,操作人员未及时发觉事故初期的端倪,或者虽然发现了问题,但不知如何应对或者采取了错误的应对措施。出现这些情况的一个重要原因,是他们事先没有获得必要的培训,对工艺技术、工艺设备以及自己的职责缺乏必要的认知。事故案例表明,企业无科学培训规划,运动式培训不仅不能达到效果,反而会形成安全培训形式化的不良企业文化,认为企业做安全就是走形式、应付即可。事故案例表明,目前仅有少数先进企业能针对企业不同人员和层次制定科学的安全教育培训计划和内容,是企业事故在安全培训方面的常见原因。

企业应根据不同管理层级和岗位需求开展针对性培训,表4.9给出了企业不同人员安全培训需求和差异。

表4.9 企业不同人员安全培训需求和差异

| 项目 | 决策层 | 管理层 | 专职安全管理员 | 普通员工 |
|---|---|---|---|---|
| 影响 | 深入 广泛 | 安全影响范围和深度 | | 可见 具体 |
| 知识体系 | 懂得安全法规、标准及方针政策;安全管理能力培养;树立正确的安全思想;建立应有的安全道德;形成求实的安全工作作风 | 多学科的安全技术知识;推动安全工作前进的方法;国家的安全生产法规、规章制度体系;安全系统理论 | 安全科学知识;安全工程学知识;专业安全知识;本行业的生产工艺、生产流程;计算机方面的知识 | 方针政策教育;安全法规教育;一般生产技术知识教育;操作程序和技能;一般安全生产技术、技能和意识、事故案例教育 |
| 目标 | "安全第一"的哲学观;尊重人的情感观;安全就是效益的经济观;预防为主的科学观 | 有关心职工安全健康的仁爱之心;有高度的安全责任感;有适应安全工作需要的能力 | 广博安全知识和技能;敬业精神 | 较高的个人安全需求(安全生产意识、安全知识方面);熟练的安全操作技能;基本应急技能 |
| 教育方法 | 定期安全培训,持证上岗;通过学习认识安全生产的知识;体验和经历事故的教训,采用研讨法和发现法来达到教育的目的 | 岗位资格认证安全教育;定期的安全再教育;研讨法;发现法 | 提升安全工程素养,积极吸收安全科学新事物、新知识;抓培训学习、充实基本功;勇于实践、善于总结,使新科技服务于安全;积极开展交流活动 | 厂级、车间、班组教育;转岗、变换工种和"四新"安全教育;复训教育;特殊工种教育;复训教育;全员安全教育;企业日常性教育及其他教育 |

## 4.6.2 培训形式化,无法让操作人员获取必要能力

事故调查也会发现,企业有相关培训记录,但还是发生事故,调查者应注意深入调查培训形式和手段及培训效果能否满足操作人员安全操作需求。例如对于高危复杂操作,企业或者组织是否存在以下问题:

(1)培训内容是否基于良好的安全信息基础和过程危害分析工作。如果企业有关操作对象的培训内容材料是缺失不全甚至是错误的,培训效果较差,无法实现员工安全目的。

(2)培训效果无法测量和改进,培训手段落后。目前仍有很多企业培训走过场,效果考核限于笔试答题,缺乏对员工实际安全操作能力、应急处置能力的模拟评估,缺乏对员工实际生产和安全能力的有效考核评估手段。

如图 4.28 所示,企业安全培训需要有多方面材料为基础,基于正确的风险分析、有效的操作程序的培训才有意义。只有在安全信息和操作程序都具备且正确的情况下,员工需求的安全培训缺失时,事故原因才应归为安全培训(图 4.28)。需要注意的是,一些事故调查人员容易将安全培训需要的过程危害分析,隐患排查管理,操作程序编写等问题归因于安全培训,只有安全培训有基础却没有开展安全培训或安全培训质量较差时才属于安全培训的原因,如案例 4.29 所示。

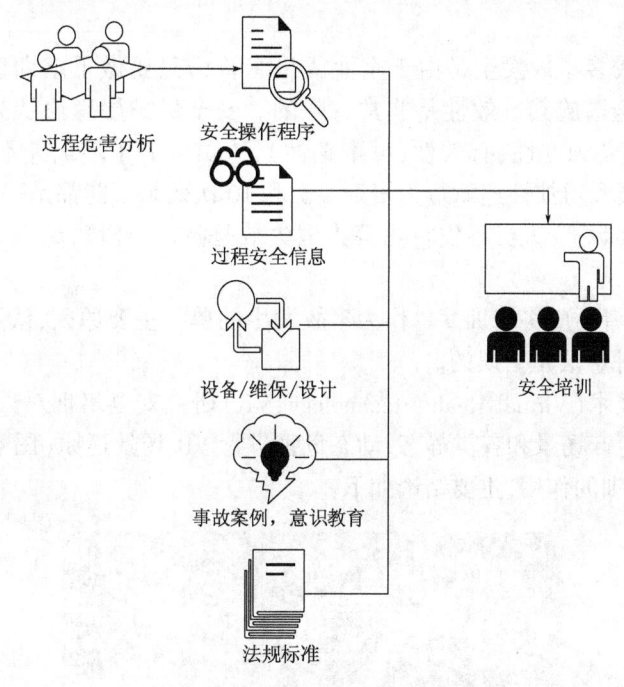

图 4.28 安全培训内容来源

---

**案例 4.29**

2020 年 9 月 28 日 14 时 07 分 48 秒,湖北省一工业园区某生物科技有限公司发生一起爆炸事故,造成 6 人死亡、1 人受伤,直接经济损失 542.5 万元。

事故的直接原因是:该公司在使用压滤试验机对二硝基蒽醌滤料进行压滤作业时,滤料在压力作用下流动,与聚丙烯纤维滤布摩擦产生静电,能量积聚达到滤料的静电爆发临界值后,引发滤料起火分解,压滤试验机内温度和压力急剧升高,从而导致压滤试验机内的二硝基蒽醌爆炸。

事故调查报告:发现未建立生产安全事故隐患排查治理制度,未组织开展安全隐患排查治理,企业安全意识淡薄,未对更换板框压滤机是否存在潜在安全风险进行分析评估,未对发生事故的压滤机现场试验制定技术方案和操作规程,未针对板框压滤机单机试验制定应急预案和安全预防措施,未在有较大危险因素的生产经营场所和有关设备上设置明显安全警示标志等,……未对技术人员进行安全培训教育和现场安全交底。

上述事故调查是根据调查分析企业事故发生前状态,但是事故原因分析时不宜将安全培训教育归为事故主要原因,因为如将安全培训作为主要原因则企业负责安全培训和教育的人员和部门将被追责,但是实际上企业并未开展危害分析、未制定技术方案和操作程序,负责安全培训的部门或人员在缺乏材料的情况下是无法开展相关安全培训工作的(负责培训的人员为免责会在司法诉讼中举证企业未要求培训相关内容或未提供相关培训材料)。因此,该事故主要原因不应包括安全培训,事故调查者应注意区分。

> 相反,如果企业已经正确开展了过程危害分析,并针对性制定操作程序,那么后续的问题就在于企业是否组织培训部门和人员开展培训。如果有培训材料却没有开展安全培训,那么事故主要原因将包括企业安全培训问题。

### 4.6.3 过于依赖培训,缺乏其他的有效风险管控措施

事故案例表明较多事故发生是由于企业或组织认为只要做了培训事故就可以避免,而忽略了培训作为安全措施其有效性是非常有限的。安全保护层理论认为,培训并非事故预防的独立保护层(具备独立性、有效性、可审查性),人员开展了培训并不意味着事故就可以避免。对于部分人员和习惯性违章行为培训 1 次和 10 次效果可能都是一样的,仍然无法消除人员不安全行为。实际上,人员不安全行为等人因失效是技术、环境、组织共同作用的结果(见本书第 3 章)。

总之,事故调查者不应将培训简单作为事故发生的单一主要原因,认为"如果做了培训事故就不会发生",这种想法是错误的。

利用虚拟现实技术(Virtual Reality technology, VR)研究安全培训对人员隐患的认知能力影响,对图 4.29 中生产场景和各类静态、动态危害进行 VR 场景还原(图 4.30)。通过模拟测试,量化说明安全培训的作用,主要结论如下:

图 4.29 生产场景和各类静态、动态危害

图 4.30 VR 场景还原

(1)安全培训有用,经过培训的人员比未经过培训的人员危害认知能力提升显著。

A组中人员未经过培训,对 B组人员进行了图4.29中显示的隐患知识和案例认知培训。培训前后两组在 VR 场景中的隐患认知数量对比如图 4.31 所示。培训后的人员危害认知水平明显高于培训前。从数据中可以得出,培训前,VR 场景中隐患识别数量175,人均识别数量5.47,培训后 VR 场景隐患识别总数量807,人均识别数量25.22,虽然各组内成员风险认知水平差异增大,水平分布不均,但是经过培训后隐患识别数量明显增多,安全意识水平明显提高。

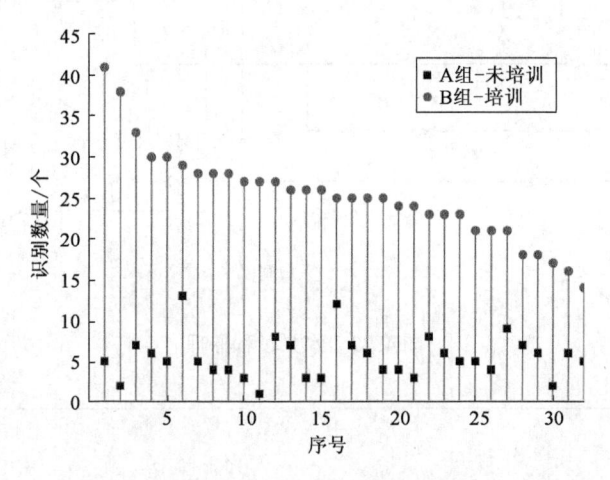

图 4.31　培训前后 VR 场景隐患识别数量对比

(2)安全培训作用有限。经过安全培训后平均隐患识别率由 A 组的 8.97% 提高到 B 组的 41.34%,说明培训对于成员的识别水平有促进作用。但是从整体来看,即使是培训后,也仅有三人的识别率超过 50%,可见培训对于危害识别的作用有限,并不能完全起到预防的作用,要降低事故发生率还需要采取其他措施。

如案例 4.30 所示,企业在针对某项危害管控上仅进行了安全培训,显然是无法控制事故的。

**案例 4.30**

如图 4.32 所示,某火电厂 8 号给水泵在备用时出现反转,负责人怀疑泵出口止逆阀有泄漏,决定将 8 号给水泵退出备用,并要求进行检查。当日 9:00,汽机运行人员按照工作票要求做完安全隔离措施,将 8 号给水泵停电并泄压至零。15:20,检修人员 A 将出口逆止阀法兰拆下后,检修人员 B 在取逆止阀阀芯时,突然从出口管冒出一股高温水,将其左下肢烫伤。

事故调查组发现:

(1)汽机检修分公司在签发工作票时,制定安全措施仅列有"安全培训""严格操作",并未考虑到给水泵出口可能内漏,导致高温给水在出口管道内积聚并从出口管喷出。

(2)严重违反《电业安全工作规程》中"管道检修工作前,检修管段的疏水阀门必须打开,以防止阀门不严密时泄漏的水或蒸汽积聚在检修的管道内"的规定。实际上该规程内容是企业的重要培训内容之一,但员工并未真正掌握或执行该要求。

(3)虽然经过培训,但是工作许可人和工作负责人并未按《电业安全工作规程》规定在开工前共同到现场检查安全措施执行情况,未查看出口管道的疏水排放情况。

该事故只要在未打开疏水阀门条件下开启管道设备就会出现高温流体外溢伤害,企业却将安全培训和不明所云的"严格操作"作为安全措施,显然无法避免事故发生,事故预防缺乏有效的独立保护层,只要触发条件具备就直接发生了。

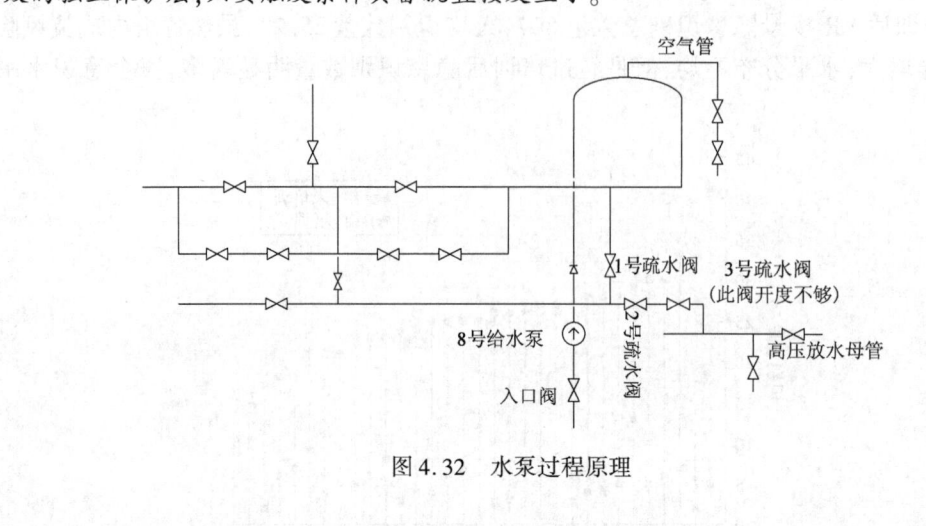

图 4.32 水泵过程原理

## 4.7 应急准备与响应管理不佳

事故应急处置可用"黑板后怪兽"模型进行描述,如图 4.33 所示,事故发生后(早期事故)将事故看作怪兽,要想避免怪兽继续伤害人群,需要有相关人员分工协作。角色包括了信息专家(对怪兽的危害、后续行为发展和应对措施进行研判)并提供给应急指挥部(决策与资源调度者)。指挥部决定采取主动措施则安排怪兽消除者消除怪兽,如怪兽消除者无法应对怪兽,则指挥部会指令怪兽隔离者构建物理或空间隔离屏障,并指挥组织和人员撤离。

可见,要成功处置怪兽是存在难度的,包括信息专家的研判准确性(获取怪兽信息的能力,对怪兽后续行为研判,有效地消除或隔离方法等)、决策与资源调动者的决心和资源调动能力(例如:如果提前疏散了大批群众,但是怪兽却被成功消灭,群众生活受到影响而抱怨怎么办?如果不疏散群众,一旦怪兽消除者和隔离者任务失败了怎么办?如何决策都面临巨大压力考验)。怪兽消除者和隔离者自身安全和完成任务能力也同样面临巨大挑战。类似地,如果将新冠疫情看作一场应急处置活动,我们也可以理解事故应急处置的"黑板后怪兽"模型和应急管理难度。

事故发生后影响后果是动态变化的,由应急处置原因导致事故后果扩大的,应在事故调查中进行调查分析,并在事故报告中进行说明,以总结经验教训,根据调查原因,提高相关应急能力、升级应急资源,避免类似问题再次发生。对应急管理失误进行调查目的并不是追究应急决策、管理人员的责任。目前存在这样的误区:仅对企业应急处置和管理进行事故调查分析,但是不对政府部门事故应急管理失误问题进行调查分析,也不在事故调查报告中体现政府部门事故处置应急管理问题。这里面原因有两方面:一是担心政府部门应急管理失误问题一旦被写进事故调查可能面临追责问题;二是认为应急人员作为救援者,其伤亡或无法处置等后果扩大是难以避免的,是事故最终的后果,而不是造成事故的原因。这种现象并不利于我国应急管理健康发展,该问题的解决需要从法律法规上进行明确和保护,从观念上进行转变。

怪兽(早期事故)

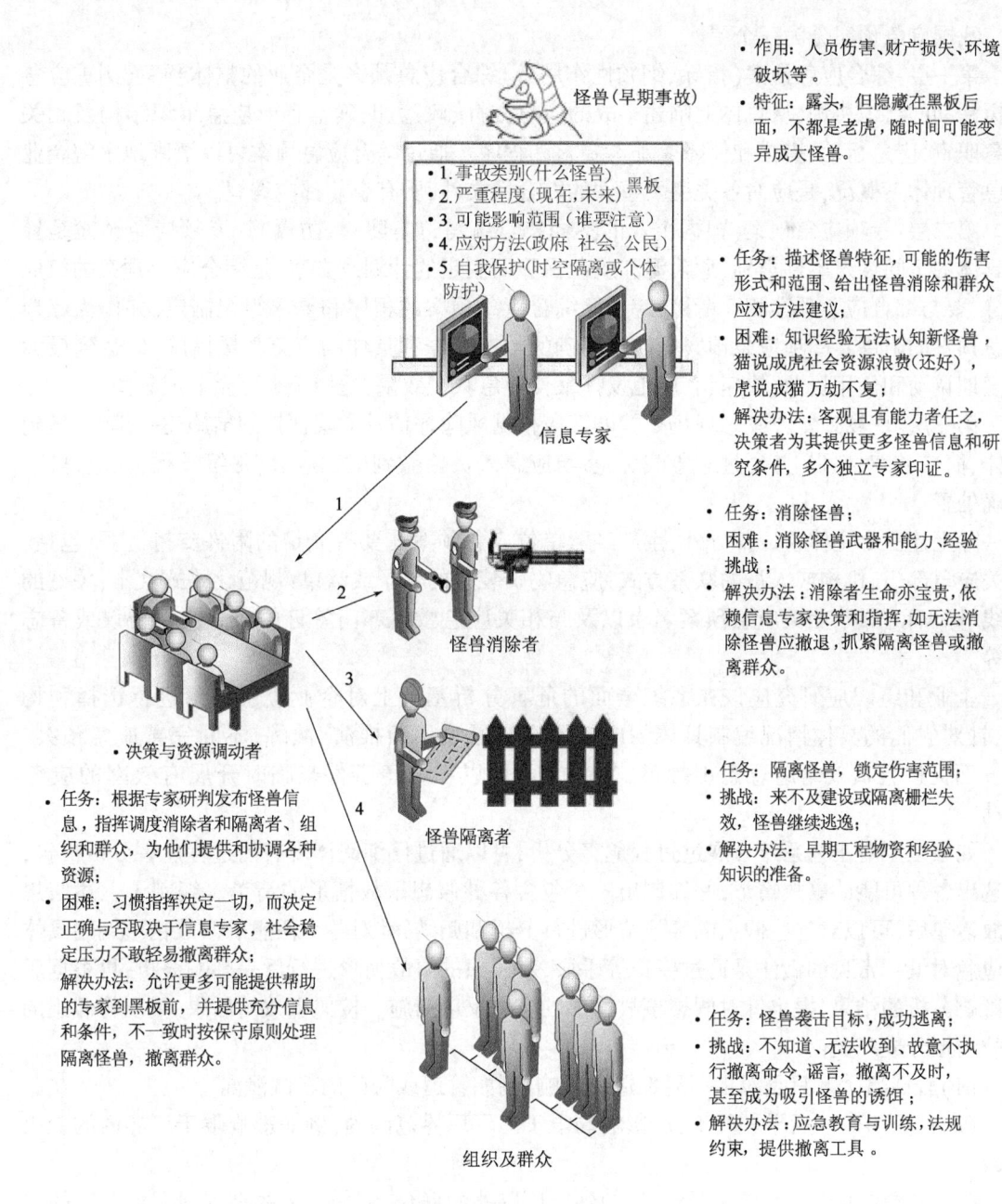

黑板内容：
- 1. 事故类别(什么怪兽)
- 2. 严重程度(现在,未来)
- 3. 可能影响范围(谁要注意)
- 4. 应对方法(政府、社会、公民)
- 5. 自我保护(时空隔离或个体防护)

黑板

- 作用：人员伤害、财产损失、环境破坏等。
- 特征：露头，但隐藏在黑板后面，不都是老虎，随时间可能变异成大怪兽。

信息专家
- 任务：描述怪兽特征，可能的伤害形式和范围，给出怪兽消除和群众应对方法建议；
- 困难：知识经验无法认知新怪兽，猫说成虎社会资源浪费(还好)，虎说成猫万劫不复；
- 解决办法：客观且有能力者任之，决策者为其提供更多怪兽信息和研究条件，多个独立专家印证。

决策与资源调动者
- 任务：根据专家研判发布怪兽信息，指挥调度消除者和隔离者、组织和群众，为他们提供和协调各种资源；
- 困难：习惯指挥决定一切，而决定正确与否取决于信息专家，社会稳定压力不敢轻易撤离群众；
- 解决办法：允许更多可能提供帮助的专家到黑板前，并提供充分信息和条件，不一时按保守原则处理隔离怪兽，撤离群众。

怪兽消除者
- 任务：消除怪兽；
- 困难：消除怪兽武器和能力、经验挑战；
- 解决办法：消除者生命亦宝贵，依赖信息专家决策和指挥，如无法消除怪兽应撤退，抓紧隔离怪兽或撤离群众。

怪兽隔离者
- 任务：隔离怪兽，锁定伤害范围；
- 挑战：来不及建设或隔离栅栏失效，怪兽继续逃逸；
- 解决办法：早期工程物资和经验、知识的准备。

组织及群众
- 任务：怪兽袭击目标，成功逃离；
- 挑战：不知道、无法收到、故意不执行撤离命令，谣言，撤离不及时，甚至成为吸引怪兽的诱饵；
- 解决办法：应急教育与训练，法规约束，提供撤离工具。

图4.33 事故应急处置的"黑板后怪兽"模型

事故调查中与应急管理失误相关的原因主要有以下几种。

## 4.7.1 缺乏应急预案与应急管理

原则上根据《中华人民共和国安全生产法》等法律和《突发事件应急预案管理办法》等，所有企业和组织都需要编制应急预案。事故案例表明，企业表面上似乎都编有应急预案，但是往往发生事故时应急预案却是缺失的。当缺乏对具体事故场景的应急预案和应急管理时，意味着事故发生后，后果影响将不受人员限制，自由发展，直到其影响自然消减。

我国应急预案分为三个层次：

第一层：综合应急预案（指导、纲领性作用）。综合应急预案是企业的整体预案，侧重应急救援活动的组织协调，从总体上阐述事故的应急方针、政策，明确本企业应急组织结构及相关应急职责，应急行动、措施和保障等基本要求和程序。通过综合应急预案可以清晰地了解企业应急管理体系概况，是应对各类突发事件的综合性文件，所有企业都应编写。

第二层：专项应急预案（根据企业的不同特点编写，如：防火、防爆）。专项应急预案是针对具体的不同突发事件类别、危险源和应急保障而制定的计划或方案，是综合应急预案的组成部分，要与综合应急预案相互衔接，应按照综合应急预案的程序和要求组织制定，并作为综合应急预案的附件。专项应急预案应制定明确的救援程序和具体的应急救援措施，以达到最大限度地调动和使用资源，快速、有序地发挥最佳应急救援效果，适用于大型企业或集团。

第三层：现场处置方案。现场处置方案应根据风险评估及危险性控制措施逐一编制，做到具体、简单、针对性强，并通过应急演练，参与应急人员要做到应知应会，熟练掌握，反应迅速，正确处置。

除上述三个主体组成部分外，生产经营单位应急预案需要有充足的附件支持，主要包括：有关应急部门、机构或人员的联系方式；应急物资装备的名录或清单；规范化格式文本；关键的路线、标识和图纸；相关应急预案名录以及与相关应急救援部门签订的应急支援协议或备忘录等。

企业和组织应研究应该在系统全面的危害分析基础上对企业应急场景进行选择和构建，针对它们的具体情况编制具体的应急预案。通过不断推演、演练，不断完善应急预案，一方面促进全员安全应急意识提高，另一方面可以在应急事件来临时开展有效率的应急活动。

如果工厂对工艺系统开展过过程危害分析，可以通过仔细阅读现有的过程危害分析报告，挑选出各种可能的事故情形，并编制出一个包含各种假想事故情形的清单。编制了上述假想事故清单后，可以对这些假想的事故情形进行分析和归纳，针对各个假想的事故情形编制具体的应急对策。常见的做法是通过模拟等手段，对假想的事故情形进行后果影响分析，再根据后果影响分析的结果，提出针对假想事故情形的应急反应措施。按照事故的后果，可以将假想的事故情形分成三类：

（1）轻微事故。只是对工厂局部造成影响，例如管道或阀门的轻微泄漏。

（2）严重事故。后果较严重，但影响局限于工厂厂界范围内，例如影响限于厂界内的着火事故。

（3）灾难性事故。后果很严重，影响到工厂以外的群众，例如重大的毒气泄漏或严重的爆炸与火灾事故。通常需要针对假想的灾难性事故编制应急预案，尤其需要关注那些发生可能性较大的灾难性事故。

案例4.31为"渤海2号"钻井平台事故，说明了应急预案编制与准备的重要性，缺乏应急预案将使事故后果演变处于完全失控状态。

**案例4.31**

1979年11月25日发生了世界海洋石油勘探历史上少见的，当时石油系统最重大的"渤海2号"钻井平台事故，造成72人死亡，直接经济损失3700万元。

如图4.34所示,钻井平台自原井位迁移至新井位。凌晨2点10分,"渤海2号"通风筒被打断,海水大量涌进浮舱,虽全力抢救,终因险情严重,抢堵无效,船体很快失去平衡,于3点35分在东经119°37′8″、北纬38°41′5″处海面倾倒沉没。

钻井平台翻沉后,282号拖轮没有按照航海规章立即发出国际呼救信号并测定沉船船位,迟迟报不出沉船准确位置。船上救生艇、救生筏也均未投放救人。

图4.34 "渤海2号"钻井平台拖船示意图

平台翻覆原因:

(1)未排出压载水。后果:总载荷从7700t增至11047t,吃水增加4.7m,应3m以上的干舷,仅达到1m。

(2)平台与沉垫舱没有贴紧,有1m间距。后果:因未打捞落在沉垫舱上的潜水泵,无法使平台与沉垫紧靠,重心提高,易翻覆。

(3)没有卸载,违反拖船安全要求。后果:负有可变载荷751t,超过规定1倍。

(4)拖船违章、航速不合规定。后果:加剧了钻井平台的不稳定性。

事故后果扩大原因:

从性质上讲,翻船属于严重违章造成的重大责任事故,而造成72人死亡,同缺乏应急预案、应急救援不力有关。如果应急救援没有失误,放在今天,相同事故条件下,以中海油集团的应急救援管理和救援能力,可能一个人都不会死亡,在应急救援方面的失误造成"渤海2号"由平台沉没事故升级为72人死亡事故。

(1)缺乏应急场景构建和应急预案。没有设想浮舱可能进水的事故场景和对应处置方案;局里收到呼救信号40min后,首条抢救船才出发,到达现场已经过了七八个小时,起不到救生作用;没有应急救援预案,值班人员集合领导和相关人员开会后才明确救援方案,耽误宝贵时间。

(2)缺乏应急训练。拖船备有救生艇和救生筏,但直到彻底沉没,也没人投放救人。

(3)缺乏应急资源建设。"渤海2号"临危后,用内部频率发出求救信号,港监、海上行船无法收到。局里收到后也未指示拖船发,而拖船一直没发求救信号。平台设有直升机甲板,但是没有直升机能够提供支援。

## 4.7.2 指挥和应急能力欠缺

事故具有突发性,即使企业和政府部门制定应急预案也极可能无法及时处置突发事故。

"黑板后怪兽"模型中应急指挥部是应急处置和救援的大脑,汇总事故、应急人员、应急资源信息,并进行研判和决策,由于事故对象信息缺乏,并且事故是动态演化的,碍于现有事故现场有用信息获取能力、事故演变推演和仿真计算水平,应急指挥部能及时快速做出完全准确合理的研判和决策非常困难。

案例4.32介绍了天津港"8·12"特大火灾爆炸事故,说明事故应急决策指挥存在以下困难:

(1)应急决策指挥部快速组建及运行。即使有综合应急预案,应急指挥部成立、人员到位、指挥决策命令发出都需要一定时间,是和不断发展的事故进行的赛跑。

(2)事故现场信息收集能力。企业和组织平时应加强信息化建设,并能及时共享至政府管理部门,以便发生事故时应急部门可以不通过事故企业直接获取事故企业和现场基本信息,进行快速研判。另外,应急救援现场应积极利用、引进吸收最新的快速检测技术、无人机侦察技术等快速收集事故现场信息。试想如果技术上救援部门能通过现场爆炸气云浓度范围、火场侦察图像等得出救援人员止入、撤离结论就可以大幅降低应急人员伤亡。

(3)动态后果预测分析,事故动态演变预测能力。受现有仿真能力和计算速度影响,计算机还无法实时准确计算和预测结构物坍塌、泄漏扩散、火灾发展、爆炸影响等,需要不断发展快速建模技术和提升计算机速度。

### 案例4.32

2015年8月12日23:30左右,位于天津市滨海新区天津港的瑞海公司危险品仓库发生火灾爆炸事故,本次事故中爆炸总能量约为450t TNT当量,造成165人遇难(其中,参与救援处置的公安现役消防人员24人,天津港消防人员75人,公安民警11人,事故企业、周边企业员工和居民55人)、8人失踪(其中,天津消防人员5人,周边企业员工、天津港消防人员家属3人)、798人受伤(伤情重及较重的伤员58人,轻伤员740人),304幢建筑物、12428辆商品汽车、7533个集装箱受损(见图4.35)。截至2015年12月10日,依据《企业职工伤亡事故经济损失统计标准》等规定统计,已核定的直接经济损失68.66亿元。事故救援人员死亡达110人。

事故调查组认定事故是由于集装箱内的硝化棉分解放热,积热自燃引起相邻集装箱内的硝化棉和其他危险化学品长时间大面积燃烧,导致堆放于送抵区的硝酸铵等危险化学品发生爆炸。起火和爆炸时间为:

22:51:46,瑞海公司危险品仓库最先起火。

22:52,天津市公安局110指挥中心接到瑞海公司火灾报警,立即转警给天津港公安局消防支队;天津港公安局消防四大队首先到场。

23:34:06,发生第一次爆炸,相当于15t TNT,发生爆炸的是集装箱内的易燃易爆物品。现场火光冲天,在强烈爆炸后,高数十米的灰白色蘑菇云瞬间腾起。随后爆炸点上空被火光染红,现场附近火焰四溅。

23:34:37,发生第二次更剧烈的爆炸,相当于430t TNT。

此时,人们甚至希望消防救援人员晚一点到达甚至不出现在事故救援现场!

应急处置人员从接警反应到发生第一次爆炸时间间隔为43min内,应急指挥部即使能迅速成立(实际可能来不及成立及运行),由于现场条件和企业安全管理问题很难及时获取发生火灾企业和危险品信息,来不及研判超高的爆炸风险,并发出"停止进入"或"立即撤离"命令。而消防战士和救援人员受使命赋予,奋勇奔赴火灾现场。

图4.35　天津港"8·12"特大火灾爆炸事故场景

类似的救援人员伤亡事故包括:2019年3月30日18时许,四川省凉山州木里县雅砻江镇立尔村发生森林火灾,着火点在海拔3800m左右,地形复杂、坡陡谷深,交通、通信不便。这次森林火灾已确认遇难31人,其中包括27名凉山森林消防支队指战员。

我们应该总结经验教训,思考如何避免类似后果扩大、救援人员伤亡事故再次发生。

## 4.7.3　多变事故下的预案缺乏灵活性

应急是对动态发展的未知事故进行后果管控,难度和不确定性极高。事故案例表明,应急决策指挥部即使能及时赶到现场进行指挥处置,也可能由于应急预案可操作性存在问题,因处置中各种漏洞和缺陷导致应急失败,典型的应急漏洞包括:

(1)信息不畅,预警机制不健全,缺乏协调。应急处置过程现场信息是不确定的,可能不断出现新的事故情景和意外情况,一旦出现信息失灵,将会出现事故反应迟钝、错误和应急协调困难,如案例4.33中的事件。

**案例4.33**

2001年9月11日上午发生的"9·11"事件,两架被恐怖分子劫持的民航客机分别撞向美国纽约世界贸易中心一号楼和世界贸易中心二号楼(图4.36),两座建筑在遭到撞击后相继倒塌,世界贸易中心其余5座建筑物也受震而坍塌损毁;9时许,另一架被劫持的客机撞向位于美国华盛顿的美国国防部五角大楼,五角大楼局部结构损坏并坍塌。事件中成功疏散了44000多人,但是也遇难2996人(含19名恐怖分子),其中有343位消防队员。

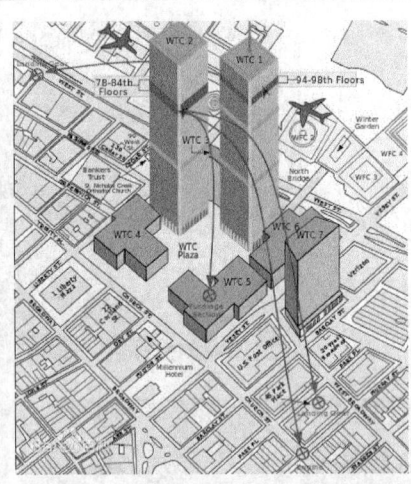

图4.36　被撞击的世贸中心一号楼和二号楼

当1号塔楼大厅充满碎石和残骸时,在1号大厅指挥部的第一大队指挥员迅速通过移动无线通信下达了撤退命令,但是因为通信不畅,导致很多消防队员并没有听到这道命令。

世贸中心1号、2号大厅中的指挥员们也不知道塔楼外面发生了什么。他们没有可靠的消息来源,也没有关于事故区域全面形势的外部信息、塔楼的情形和火灾的发展情况。例如,他们无法收到电视报道和来自盘旋在塔楼上空的纽约警察局直升机的报告。信息的缺乏限制了他们对全面形势的估计能力。

当消防和紧急医疗服务的指挥员在周围的建筑物中寻找避身处时,世贸中心2号塔楼的倒塌摧毁了西街对面的事故救援指挥部,削弱了指挥和控制机构。消防局长和其他指挥员在上午10时29分1号塔楼的倒塌中丧生,使事故救援临时处于无指挥状态。另外,倒塌发生后,许多紧急医疗服务人员不知道谁在代理紧急医疗服务指挥官,上午11时,计划部门的一位高级官员,接替紧急医疗服务指挥官,但是在接下来的近半个小时里,整个事故救援指挥仍不十分清楚。在这段时间里,一些高级消防指挥官都主动重建指挥部,有时导致了多重指挥。上午11时28分,4C城市值班指挥员接替消防局长担任事故现场救援指挥官,才全面恢复了现场指挥。

（2）救援实施要求不明确,目标不量化。特别是现场处置预案,应在过程危害分析和应急场景建设评估基础上对可能的具体救援细节进行提前分析、研究,完成具体处置办法、人员和技术准备,以期有效应对事故。典型的例子如:

①某企业应急处置预案中:"发生小规模泄漏应进行堵漏作业……,发生大规模泄漏应将装置停车……",事故条件下没有明确大小泄漏判据,极可能造成执行错误。

②"当设备内作业人员出现昏迷时,应立即进行抢救,进行输氧。"预案应考虑到场景特点,进行抢救也应在保证救援人员穿戴空气呼吸器情况下进行,输氧可以在昏迷人员拖出设备后进行。

（3）应急处置硬件功能不良、处置与指挥软能力欠缺。

案例4.34 为重庆开县井喷事故,说明当应急装备功能缺陷,应急指挥、处置人员无法适任角色时,应急救援可能转变为"人祸",使事故后果扩大。

**案例 4.34**

2003 年重庆市开县(今开州区)高桥镇罗家寨发生特大井喷事故,富含硫化氢的天然气猛烈喷射 30 多米高,失控的有毒气体随空气迅速向四周弥漫,距离气井较近的重庆市开县 4 个乡镇 6 万多灾民需要紧急疏散转移。事故导致 243 人因硫化氢中毒死亡、2142 人因硫化氢中毒住院治疗、65000 人被紧急疏散安置(参考图 4.37)。

事故直接原因是操作人员违反操作程序"每起出 3 柱钻杆必须灌满钻井液"规定,每起出 6 柱钻杆才灌注一次钻井液,致使井下液柱压力下降。并且防止井喷的回压阀也被违规卸下(为省工减少压灌作业次数)。12 月 23 日 21 时 50 分许,当时井深 4049.68m,起钻至 195.31m,罗家 16H 井发现溢流,值班人员抢接回压阀和顶驱都没成功,关防喷器(防止井喷关键设备)也没能控制,最终造成井喷失控。

井喷后如果在第一时间能处置事故成功,是不会造成如此严重后果的,最多是所钻井报废和少量环境影响,不至于造成大量人员伤亡。

钻井 12 队队长率领部下三次试图冲上井台,关住阀门,但均未成功,无法阻挡含有高浓度硫化氢的天然气喷涌而出。

有关单位负责人对硫化氢气体弥漫的危害没有准确认知,抢险救灾指令不明确;未按规定安排专人在安全防护措施下监视井口喷势,未及时采取放喷管线点火措施。井喷事故发生后两小时黄金救援时间,被浪费在逐层报告、信息沟通上;没有在第一时间采取有力抢险救援措施,也没有提前组织周边居民针对硫化氢泄漏问题进行紧急撤离演习(钻井队在村内施工五年,许多村民甚至不清楚喷出的硫化氢可以致命)。没有第一时间安排专业人员监视井喷口获取信息用于指挥研判。请示应急指挥中心主任点火时,以现场情况不明为由不同意点火(点火将使钻井井架彻底报废),但又不及时督促或指派人员查明现场情况。在接到"可能有人死亡"的汇报后,仍违反规定未安排专人对井场进行踏勘。再加上几次点火没成功(作为应急关键处置设备的点火设备点不着火,消防员冒生命危险近距离火把点火成功),直到 15 时 55 分左右放喷管线点火成功,险情才得到控制。至此,未燃烧的含硫化氢天然气已持续喷出了约 18h,含有硫化氢气体在周边持续弥漫,造成大量人员伤亡。

图 4.37 重庆开县井喷事故新闻照片

## 4.8 领导力和组织安全文化欠缺

当领导力与组织文化不能与危害复杂程度和风险相适应时,可能造成一系列影响,在事故调查中几乎所有事故都可以追溯到领导力和组织安全文化,为避免事故调查在根本原因分析时虚化领导力和组织安全文化,应将事故发生直接原因、间接原因(包括根本原因)之间的因果或影响关系调查清楚,明确说明是否存在领导力和组织安全文化显著影响,导致不可避免发生事故。

领导力是指企业决策层能够坚持推动更高、更具挑战的安全目标实现,具备制定计划和组织资源、保障各部门有效率实施的工作态度、方法和威信。

企业或组织安全文化是指企业或组织集体意识愿意为保障安全或追求安全目标付出一定经济、时间代价和各种不便,认识维持企业和组织安全管理体系重要性,并在出现不能保障和追求更好安全状态时有焦虑感,并乐于积极改进。

领导力和组织安全文化影响到企业方方面面,图4.38给出了领导力与安全文化对风险管控的影响,好的领导力和组织安全文化能将风险管控各环节进行有效联动和驱动,形成一致的工作目标和较高的工作效率,员工之间、员工与管理层和决策层之间能互相认知和理解,实现有效沟通和反馈。不好的领导力和组织文化下,各项工作执行、反馈和改进的驱动力较弱,安全成为工作负担、互相不信任和抱怨,管理漏洞长期被忽视,直到重大事故发生才可能产生驱动力去改变自身领导力和文化,或直接使企业或组织解散。

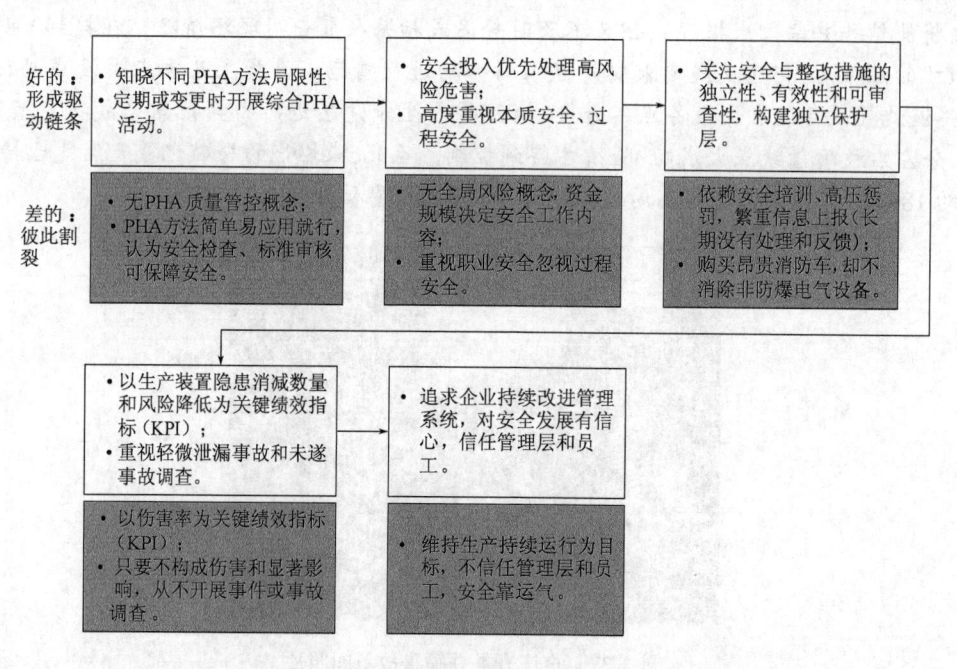

图 4.38 领导力与安全文化对风险管控影响

案例4.35列举了bp德州炼油厂爆炸事故调查报告中关于企业领导力和安全文化方面的问题。

**案例 4.35**

事故案例 4.27 中，bp 炼油厂爆炸事故调查组在调查报告中明确指出了企业领导力和安全文化方面存在问题，包括：

商业因素方面，决策层缺乏对炼油厂商业发展优先的定义和充分理解。调查组不能确定炼油厂在主要生产过程中具有安全优先的观念，也不能确定其长远规划。炼油厂重视环境保护和人身安全，不重视生产工艺过程安全；整个组织机构缺乏对生产工艺安全管理的理解；没有优先考虑员工的个人发展，对其培训不充分；员工们认为没有前途。造成整个炼油厂内部缺乏工作动力，监督、管理工作的目标不明确，没有清晰的奖励机制，员工和承包商之间、员工和管理者之间缺乏信任，思想狭隘，不愿意接受外部的先进事物。

安全优先未落实。安全是通过良好的生产操作来实现，并通过正确的安全文化和价值观得以加强。很多受访者指出安全问题似乎并没有被优先考虑，特别是和成本管理相比，如曾考虑对放空烟囱 F-20 进行改进，将其连入火炬系统，但由于更为关注的是环境达标问题而被取消。尽管领导层强调"安全第一"，但事实并不表明如此，很多员工也并不相信，领导很少出现在工作场所。很多物料失控事故和生产过程的严重偏离没有报告和调查。对操作人员和管理人员的培训和发展计划非常少，甚至没有。

机构复杂，沟通不畅。炼油厂规模大，布局复杂，为了管理这么一个大厂，整个组织机构内部层次多、界面多，且频繁变动，横向和纵向责任不清，信息交流不畅，各种各样委员会使工作环境变得更加混乱。大量事例显示出各部门之间责任的不明确性，当问到谁负责异构化装置和 NDU 装置之间拖车的停放工作时，得到的答案五花八门。没有证据表明分馏塔开车时和邻近的装置进行了沟通。交接班负责人会议是非强制参加的会议，被压缩到大约 15min 内。培训实践方面投入不足，导致领导个人水平低下。

危险预见能力差，从而能够容忍很大的风险。这在很大程度上是管理人员和员工缺乏风险辨识能力所致，再加之对生产工艺安全缺乏了解。没有任何正在施行的、面向操作人员和监督、管理人员的关于生产过程风险辨识的培训计划，以前的培训也没有得到有效的更新。没有制定出有效的计划来系统性地降低炼油厂中存在的风险。厂区内大量停放机动车辆，员工对事故习以为常，生产过程中出现异常时缺乏报告，不按照程序开车，关键环节监管人员不到现场等，都表明了对高风险的容忍，也就无法预见生产过程中可能出现的危险。

缺乏预警。各项安全措施中首要关注的是职业安全措施，例如可记录的工伤和损失工时的工伤。对人身安全的关注使人们觉得工厂中的安全度在提升。没有显著地关注工艺安全的措施，例如对失控事故的后续指标、烃反应引发的火灾以及工艺过程失常等。未能对失控事故和生产过程中的事故引起足够的重视，甚至对其中的很多事故没有报告或进行调查，从而无法提出改进措施。调查组复查了大量的审计报告，发现这些审计只是例行公事。这些审计关注的多是程序文件。除编号为"Big4"的安全工作制度审查之外，没有任何审查程序文件落实情况。

事故调查时往往会有多项证据数据指向企业和组织的领导力和文化，多重印证企业在该方面存在安全问题。美国化学工程师协会化工过程安全中心（CCPS）列举了与领导力和文化有关的预警信号（表 4.10），这些都可能是领导力和组织文化方面的缺陷而导致事故的原因。

表 4.10　领导力和文化有关的预警信号

| | |
|---|---|
| • 在安全操作范围之外运行是可接受的；<br>• 工作职位和职责定义不明、令人迷惑，或有歧义；<br>• 外部抱怨投诉；<br>• 员工疲劳的抱怨；<br>• 频繁的组织和人员变更；<br>• 生产目标与安全目标冲突；<br>• 削减过程安全预算；<br>• 管理层与工人存在沟通问题；<br>• 过程安全措施落实出现延迟；<br>• 管理层对过程安全的顾虑反应迟钝；<br>• 有舆论认为领导层就是充耳不闻；<br>• 员工或领导缺乏对现场管理人员的信任；<br>• 员工调查问卷显示出负面信息较相似；<br>• 领导层的行为暗示着公司声誉比过程安全更重要；<br>• 工作重点发生冲突 | • 每个人都过于忙碌，有的事务不得不应付；<br>• 频繁改变工作重点；<br>• 员工与管理层就工作条件发生争执；<br>• 与"追求结果"的行为相比，领导者显然更看重"忙于作业"的行为；<br>• 管理人员经常性的行为不当；<br>• 主管和领导者没有为在管理岗位任职做好正式准备；<br>• 指令传递规则定义不清；<br>• 员工不知道有工作标准或故意不遵守标准；<br>• 组织内存在偏袒个别部门或人员；<br>• 高缺勤率；<br>• 存在不胜任岗位的人员流动问题；<br>• 不同班组的操作实践和方案各不相同；<br>• 经常性的管理权变更 |

## 思考题

（1）谈谈你对"过程安全信息缺失或错误的情况下，事故可能不可避免"这句话的理解。

（2）变更管理和过程危害分析管理有什么相似和共同之处？

（3）事故调查组没有调查操作规程质量，但是发现了企业没有进行对应的安全培训，是否可以将事故原因归为安全培训？

（4）设备完好性管理漏洞是否可以通过加强安全培训和增加应急准备工作进行解决？

（5）很多事故调查都会说企业或组织"安全文化"漏洞，思考如何能把"虚化"的安全文化落实，有效预防事故发生？

（6）学习过程安全管理（PSM）要素，如《化工过程工艺安全管理导则》（AQ/T 3034—2022）对于挖掘事故管理系统原因（根本原因），明确事故可能调查方向有哪些好处？

# 第5章 报告和调查未遂事故

大量重大安全事故案例表明,在事故发生之前的数小时、数天或数月内,多重警告或异常事件会提前表现出来,这些异常事件被称为事故的"先兆事件"。这些先兆事件有时也被称为"未遂事故",因为并未造成实际损失,只是带来一定的干扰或相关人员侥幸逃过了伤害,很多企业常以繁忙为由,并没有认识到未遂事故给企业或组织时间和机会去避免伤害或损失事故,报告和调查未遂事故帮助人们预防未来事故。

如图1.1所示,在生产经营活动中存在危害(Hazard),当危害没有被识别和管控就会变成隐患,这些隐患可能演变为各种事件(广义上包括非事故事件、未遂事故、事故,狭义单指非事故事件)、未遂事故和事故。需要注意的是,不同组织对未遂事故范围的界定存在差别,如有的组织将砖头意外落下差点砸到下方的人的事件算作未遂事故。而有的组织将砖头落下,即使旁边没有人也算作未遂事故(认为只是恰巧下方没有人而已,距离事故仅一步之遥)。

本章描述未遂事故,讨论其重要性,并介绍最新的报告和调查未遂事故的方法。

## 5.1 未遂事故

未遂事故是一个事件,在这个事件中,如果情况略有不同,一场事故(也就是说,财产损失、环境破坏或人员伤亡)或操作中断将会发生。

在重大的事故发生之前往往已经发生"意外事件""轻微事故""未遂事故"。在未遂事故阶段就开始调查与造成严重后果进行调查哪个更有意义?案例5.1给出了未遂事故调查的重要性示例。但是很遗憾,目前仍有大量企业不重视对未遂事故的报告和调查。

**案例5.1**

如图5.1所示,一名工人经过一处施工点,突然一块砖头从头顶落下,砸到旁边,他被吓了一跳。但是他本人和安全监督员因为觉得没有受伤,此事就过去了。后来又发生两次砖头掉落事件,都没有砸到工人。于是工人和安全监督员和一些员工就产生了砖头会掉落,但一般砸不到人的错误印象,形成了无所谓的安全氛围。直到第四次,砖头真的落在工人头上,造成重伤送医。此时政府部门介入调查,并提出了以下疑问:为什么工人会不戴安全帽,经常出现在施工点下方?之前是否也发生过类似事件?调查组最终给出了事故发生原因和整改建议,如图5.2,主要包括:(1)砖垒放操作标准和程序要求;(2)员工安全培训和监督责任落实;(3)安装高空防坠落护栏;(4)危险区域隔离;(5)安全警告标识和告知。

图5.1 3个未遂事故与1个事故　　图5.2 对未遂事故的整改

很显然,这些建议在图5.1中前3个场景出现后,开展未遂事故调查就能得出,而不必等到第4个伤害场景发生了才得出。如果企业构建了未遂事故报告和调查机制,前3个场景事故调查将由企业主导进行,相当于给企业提供了3次避免伤害事故的机会。而不必等到第4个场景出现后由政府部门主导事故调查,此时伤害已经造成,企业也将面临责任追究和处罚。

实际上企业决策层应认识到事故成本远大于未遂事故报告和调查成本。未遂事故应该被报告,以便对它们进行调查。调查过程能够获得有用的信息,有助于预防未来的未遂事故、操作中断和损失事故。首先是报告未遂事故,然后调查它,确定原因以及潜在的原因。一个彻底的调查能够帮助调查者辨识管理系统的缺陷,这些缺陷能够导致未遂事故和损失事故。调查未遂事故是一个高价值的活动。从未遂事故中学习所付出的代价比从事故中学习要少得多。

生产过程系统的未遂事故例子包括:
(1)工艺参数发生偏离,超过预先设定的临界控制点;
(2)某物质超出临界量的释放;
(3)保护层,如安全阀、联锁机构、防爆膜、放空系统、蒸汽释放报警、固定水喷雾系统动作;
(4)紧急停车系统突然启动;
(5)管道、容器或密封发生泄漏。

未遂事故有助于理解两个术语"诱因(Causal Factor)"和"根本原因(Root Cause)",理解这两个术语可以明确事故和事件序列的层次结构。

诱因也称为"关键原因"或"关键起因",是事故的最主要贡献者,如果诱因被消除,人们便能预防事故发生,或降低严重度、频率。

过程安全事件通常具有多个关键起因(诱因)。"直接原因"与"关键起因"经常交替使用,容易造成混淆,因为直接原因也用于指事件序列中的最后一个关键起因。

根本原因是指事件发生根本的、潜在的、与系统相关的原因,可识别管理系统中可纠正的缺陷。过程安全事件通常都有多个根本原因。

当人为失误(人的行为问题)和设备故障数量较多时,未遂事故就开始出现,当诱因存在时就会发生事故。图5.3说明了事故、未遂事故与失误或故障状态之间的大概比例关系(不同行业、企业差别较大)。比例关系还主要取决于未遂事故的定义和损失的类型。例如,跟质量相关的事故,每一次生产中断,通常存在很少的未遂事故和人为失误或故障状况,这是由于跟质量相关的事故主要源于工艺参数的偏移,这种偏移比起人员安全或过程安全事件要轻得多。

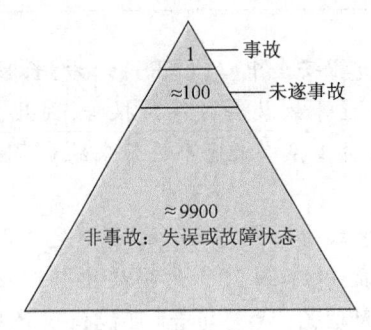

图5.3　事故、未遂事故与潜在失误或故障数量金字塔关系

很多人认为随着过程变得更简单(例如操作条件更接近于环境,常温常压,只需要很少的保护层),发生伤害的路径会变得更短,未遂事故和故障就更少。如果两个过程处理相同的材料,则更简单的过程通常本质上更安全。然而,更简单的过程也可能产生更多的未遂事故。

## 5.2　报告未遂事故的障碍和解决办法

很多石油、化工企业在每起事故发生前几乎没报告或仅报告了几起未遂事故。为什么只有少数的未遂事故被报告?这是由于企业或组织存在一些阻碍阻挠了未遂事故的报告。下面介绍一些障碍,这些障碍是从调查活动和调查者的经验中获得的。比较重要的阻碍被列在了前面,但是,那些排名在后的阻碍仍可能使得未遂事故的报告率很低。每一个阻碍都有相应的解决方案,因企业安全文化和特性差异,实施效果会有差别。

### 5.2.1　担心被惩罚

如果表面上鼓励人员报告未遂事故,但结果如果是负面的或受到处罚,人性会本能地趋利避害。如果他们认为领导或管理者会拿着未遂事故去处罚他们(例如典型的心理活动是:为啥失误?为啥故障?为啥差点出事?是不是因为你们不用心?不遵守公司规定?还敢上报?!就应该处罚你们!),绝大多数人才不会去报告未遂事故。如果这个阻碍不被克服,那么未遂事故不会被及时报告。这一点已经被大量的调查案例和研究项目所证实。

克服这个阻碍需要管理者做好两件事情:

(1)决策和管理层要认识到所有事故,包括未遂事故,都是管理系统缺陷导致的结果。发现人们犯错误的原因,这些原因有助于辨识管理系统的缺陷。当这些管理缺陷被改进后,其他的人才不容易犯同样错误。

(2)构建政策制度:不会因员工失误导致未遂事故或事故而处罚个人(当然,除了玩忽职守或恶意行为,比如打架和故意破坏行为)。

管理者应该改变传统管理方式,强化责任感,使员工认识到报告未遂事故不会对其产生负面影响，其目的是消除管理缺陷，帮助企业持续发展和保障员工安全工作。案例5.2给出了CCPS评价所谓"通过培训能提高未遂事故报告率"和"处罚未遂事故相关人员来预防事故"的两个谬论。

> **案例5.2**
>
> 美国化学工程师协会化工过程安全中心(CCPS)认为，长时间存在一个谬论："如果企业对调查者进行足够多的培训，未遂事故就会被及时报告，因此，没有必要建立免责体制。"大量事实已经证明：如果没有消除员工报告未遂事故带来的责罚或负面影响，即使培训再多，也不会让员工愿意报告未遂事故。
>
> 另一个跟担心因报告未遂事故受到惩罚有关的谬论是："严厉惩罚或开除跟事故有关的员工能预防未来的事故。"研究表明，不到20%的事故才会涉及"重复者"，"事故倾向"理论被认为是一个有问题的事故致因理论。"重复者"可能仅仅是因为并不擅长隐瞒事故，或更坦率而已。

当一系列的人员失误和设备故障发展到未遂事故水平时，足够多的先兆事件暗示着管理系统出现了问题。此时的问题不能归咎于个人，管理者应及时发现管理系统的缺陷，并在下一个未遂事故或事故发生前，修复这些缺陷。因此，在克服企业责罚文化障碍时，一个重要步骤是：发现每一个事故原因的根本原因（管理系统的缺陷），并提出建议，解决根本原因，而不是起因或直接原因。起因可能是某人员行为失误，但是，发现导致其失误的原因更重要，比起通过处罚失误人员，发现并消除失误原因更能预防事件发生。重点是发现根本原因，确保提出合适的整改建议。当然也没有必要去责备管理者，企业和组织应努力修复管理系统的缺陷，并使管理者对未遂事故的报告负有责任。

一旦未遂事故免责政策被实施，管理者必须强化"报告未遂事故而无责罚"的政策。政策一旦被强化，可能需要数月或数年的时间来观察结果。当管理者证明他们不会因为事故而摊分责任时，大量的未遂事故就会被报告，进而才能发现各种根本原因，消除管理系统缺陷，实现企业安全向好。建立信任关系是关键！

当然，对于犯罪，不称职或玩忽职守，纪律责罚仍然必要，包括故意破坏活动，恶作剧，打架和其他主观恶意目的的行为。纪律责罚应该通过公司制度、政策说明，而不是事故调查。

下面是一些能够加强未遂事故报告的解决方法：

(1)让员工帮助调查跟同事有关的事故。因为目的是查找根本原因，不担心同事会受到负面影响，员工就会乐于配合。

(2)使员工成为事故报告和调查系统的运行参与者。员工理解到调查事故，解决管理系统缺陷，可以使自己和企业变得更加安全。

(3)明确告诉员工，新的制度政策不会分摊责任，让员工因为事故受到负面影响，并让管理者对这一承诺负责。

(4)建立一个匿名的事故报告系统。

### 5.2.2 担心尴尬

如果员工的专业能力或工作水平能被同事或领导认可，他(她)就会对工作有较高的满意度。一些员工不愿意报告未遂事故或异常事件，很可能是因为担心同事的怀疑态度甚至嘲讽，不想被看做"异类"或被怀疑能力有问题。例如，在某些企业，高级操作员会用损坏设备操作工的名字命名该设备(就是上次张三弄坏的那台),没有人想要这种尴尬的荣誉。如果安全氛围宽松,只觉得幽默没有尴尬尚可。然而,大多数情况下,人的本能会让员工尽量避免让其他同事发现他(她)犯了什么错误,免得尴尬或被人嘲笑,这一障碍可能是最难克服的。解决这一障碍的方法包括:

(1)确保所有员工理解报告未遂事故的重要性;

(2)通过报告未遂事故预防未来事故的经验和教训的反馈,展示报告未遂事故的重要性。

### 5.2.3 对未遂事故和非事故缺乏了解

经常有人对未遂事故概念的理解不全面,相同的案例大家看法都可能不一样。例如:设备发生了超压,安全阀按照设计要求起跳了,这算不算事故?

第一组人员认为这不是事故,因为安全阀就是按设计要求正常工作。然而,第二组人员则认为安全阀的起跳是未遂事故(或可能在其他设施中发生了事故或操作中断,只是安全阀启动保护动作)。哪一组是正确的?第二组的逻辑基于这样的假设,即如果阀门没有打开,可能会发生灾难性的事故损失。

要想提高未遂事故报告数量和比例,企业或组织必须建立事故调查管理系统(见本书第6章),并清楚地定义(带有适当的示例列表)未遂事故清单,决策和管理层还要向所有员工表达努力报告未遂事故,修补管理漏洞,保障企业安全发展的迫切期望。

事故调查系统构建后,如果员工能毫无顾忌报告未遂事故,就会有大量未遂事故和事故需要调查,企业有时需要先确定哪些未遂事故需优先调查,以便将那些可能导致高风险事故的管理缺陷尽早消除。为此,需要明确哪些事件有更迫切的调查需求或较高的调查分析价值。事故和未遂事故都是具有高调查研究价值的事件。更进一步,一些安全管理先进的公司已经鼓励报告所有负面事件(包括事故、未遂事故、故障、过程异常等非正常事件),然后决定调查哪些事件,如果所有事件都输入数据库,则可以分析非事故集合,查看哪些是长期存在的,并调查这些事件。图5.4说明了报告所有事件然后决定哪些事件具有调查分析价值并应立即调查的概念。

对未遂事故缺乏理解和不清楚是否报告未遂事故问题,有以下一些解决方法:

方法一:编写报告未遂事故的案例清单列表,列举具有高调查价值的事故案例,尤其是未遂事故。

列表应根据企业或组织各负责专业部门分工进行描述归类。各部门根据紧急报告、工艺偏差、操作日志中的故障报告等信息填写表格。该表格可以用作工艺管理培训材料,让员工知晓出现了负面的非事故事件应如何处理。建议表格采用两列格式列出,其中一列列出事故(含未遂事故)示例,另一列列出非事故示例。示例应尽可能平行,以便大家可以清楚地看到差异,如表5.1所示。超过工艺安全指标或发生显著工艺偏差属于重要的未遂事故,应报告。

企业列举这种事故分级或是否上报分类十分重要,举个例子,如果没有类似的表格明确是否上报,员工可能不知道达到高压报警值或达到爆破片设定压力实际上已经构成了险情。员工通常会在检查了泄放系统后确认爆破片没有泄压损坏,认为不需更换后重新使工艺系统压力恢复正常,然后继续运行。员工会认为看起来没有任何实质影响,而选择不上报。但是,这个没上报的未遂事故也许是重大过程安全事故的先兆事件。

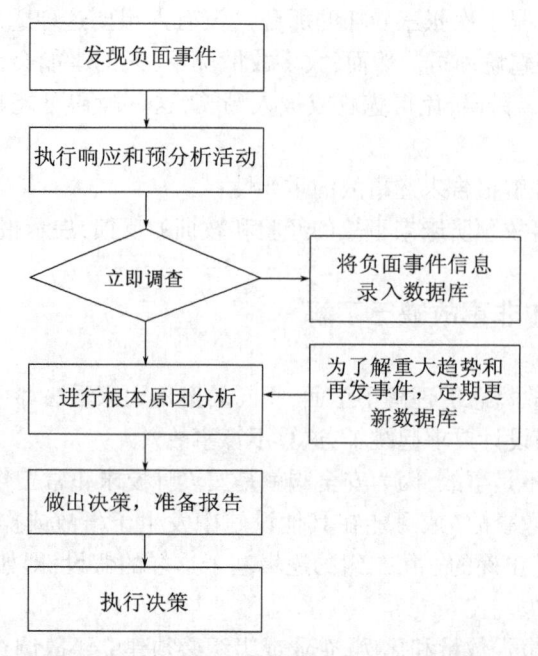

```
          发现负面事件
               │
               ▼
         执行响应和预分析活动
               │
               ▼
            立即调查 ──────→ 将负面事件信息录入数据库
               │
               ▼
                       为了解重大趋势和
         进行根本原因分析  ←── 再发事件,定期更
                       新数据库
               │
               ▼
         做出决策,准备报告
               │
               ▼
            执行决策
```

图 5.4 基于高低经验价值概念的事故调查程序

表 5.1 报告未遂事故案例清单(示例)——事故和非事故之间的区别

| 事故(将动用资源及时调查) | 非事故(报告,但不立刻调查;或根据后续趋势再调查) |
| --- | --- |
| • 安全泄放设备开启<br>• 压力达到了安全阀设定的起跳值,但是安全阀看上去并没有开启<br>• 高高压力联锁动作切断压力源<br>• 区域内的有毒/可燃气体探测器报警<br>• 在悬挂载荷的起重机吊臂下方行走<br>• 吊车悬挂的重物意外掉落 | • 在例行检查时发现安全释放设备校准存在误差<br>• 工艺发生压力偏差,但仍保持在过程安全限制范围内<br>• 出现高压警报(可能影响质量)<br>• 在例行检查/测试中发现有毒气体检测仪有缺陷<br>• 在指定区域不戴安全帽<br>• 起重前安全检查时发现起重机钢丝绳有缺陷 |

注意,表 5.1 仅是举例,要结合具体的生产过程进行分析制表,当不能确定是否属于表中左列应上报的事故清单时,可以通过自问以下问题后再确定:

(1)如果情况稍微有所不同,后果将会是怎么样的?
(2)在它演变成事故之前,未遂事故被发现的可能性有多大?
(3)生产过程或操作有多么复杂?有多少独立的保护层在预防事故?
(4)未遂事故距离灾难事故是一步之遥吗?正在挑战着最后一道防线吗?
(5)未遂事故距离灾难事故是两步之遥吗?对于高危险或高复杂性系统来说,这可能就是未遂事故。
(6)跟潜在事故有关的风险能被很好地理解吗?
(7)未遂事故有很高的调查分析价值吗?

方法二:用案例培训和教育员工,解释企业对"未遂事故"概念的理解。随着时间发展,一些原本预料不到的事件也可能发生,需要对前述方法一中的案例清单不断完善改进。

方法三:区分未遂事故和基于行为观察管理。很多企业已经执行了基于行为安全观察

(STOP)制度,要求领导或员工观察同事,并尝试使用指导或其他方法去纠正同事的行为。行为观察制度应列在图5.3中金字塔的非事故部分,要想明确未遂事故和基于行为观察的区别,可将案例包括在方法一中,列入表5.1右侧非事故序列中。

方法四:利用安全会议发现并交流那些以前未被识别的未遂事故,使得每个员工对未遂事故保持高的敏感度,也将不断地促使他们理解未遂事故的含义。安排人员专门记录会议成果,并及时更新方法一的案例清单。

## 5.2.4 缺乏管理层承诺和后续跟进

当员工发现未遂事故报告只是口号,实际上却看不到领导支持,员工自然就丧失报告未遂事故的动力。解决办法就是管理层必须对报告未遂事故和事故做出支持承诺,而是否提供资金和人力支持是衡量承诺是否兑现的标准。包括以下方法:

(1)管理层必须为调查人员提供深层次的培训,让所有操作、维修人员都接受事故调查管理要求培训,认识到开展未遂事故和事故调查的意义,学习如何认识和报告未遂事故。

选出合适数量的操作维修工接受更进一步的事故调查技术培训(将来可培养成为企业事故调查的骨干和推动者),学习一致的调查方法,包括原因和根本原因的确定,如何检查调查结果的质量,如何制作表格,如何查询数据分析系统趋势等,并应该给这些员工留出足够多的时间去调查事故和完成报告。

(2)管理层应该向所有受影响的员工和其他部门(经验教训对他们来说很重要)传播事故和相关的经验教训。管理者应该表现出对未遂事故调查结果的兴趣,督促跟进工作和记录整改建议。

(3)定期举行安全会议,讨论未遂事故报告的益处和所遇到的问题,表扬报告未遂事故的员工。向员工强调,花费时间调查未遂事故的重要性和必要性。

(4)管理者要承担因未遂事故未被报告而变成现实事故的责任,只要这样管理者才能真正重视未遂事故的调查和处理,查找根本原因并消除事故。

## 5.2.5 报告和调查未遂事故的辛苦

报告和调查未遂事故显然需要付出更多辛苦,管理层和员工可能觉得在日常繁忙的工作基础上又增加了很多工作量。实际上,员工和企业管理者应该认识到如果报告未遂事故并能查找根本原因并消除管理缺陷,将会有效保障企业和员工持续的安全发展,持续坚持之下,未遂事故会逐步减少。报告和调查未遂事故带来的额外工作量的时间和经济成本远远小于事故!

报告和调查未遂事故带来的效益并不容易罗列清楚,通过报告未遂事故预防事故的真实数量也可能永远无法得知。然而,大量安全研究证明:未遂事故报告急剧增加的企业事故损失也会急剧减少。

企业应确保将未遂事故数据录入到数据库并定期查询,并将查询分析的结果与员工分享,以便员工能看到报告未遂事故的价值。企业应跟踪报告未遂事故带来的效益,并将未遂事故报告率与未遂事故率进行分析对比。另外,企业应提供报告未遂事故的工具,例如电子表格模板、软件或数据库应用程序等,以减轻记录、报告和交流分享未遂事故案例的工作负担。案例5.3给出某企业通过未遂事故报告数据开展高风险事故预防的案例。

> **案例5.3**
>
> 某家大型建设企业,构建完成事件/事故调查系统,实行报告未遂事故制度后的短短一年时间内,未遂事故报告率从1%增加到了约80%。该企业将所有的数据录入到本企业开发的简单数据库中,并定期查询这些数据,发现频率最高的未遂事故是悬浮塔吊载荷的意外滑落。其次是员工在悬浮塔吊载荷下面行走。基于这些数据很显然看出:如果不积极采取安全措施,相关事故很可能就要发生了。管理者跟员工们分享了这些发现的信息,并让员工自己得出结论。以后再没有人在悬浮塔吊载荷下行走,因为他们意识到塔吊载荷可能掉落砸到自己的概率在增加。
>
> 员工看到了报告未遂事故带来的直接效益,并为能报告未遂事故,体现自身安全责任而感到骄傲。而不会像很多企业,报告未遂事故后感觉似乎是在出卖别人,并有道德负罪感。

### 5.2.6 安全绩效考核和安全文化的缺陷

对于那些不理解生产过程的决策和管理层,要持续维持企业安全绩效考核成绩或追求所谓零事故目标,可能会消极地看待未遂事故报告,认为企业突然间上升的未遂事故报告率,好像意味着管理绩效下降了,可能会大为光火。实际上实行未遂事故报告制度只是将未遂事故体现的症状进行诊断分析,然后医治,消除了管理系统的缺陷,排斥未遂事故报告和调查属于典型的讳疾忌医。

很遗憾,这种现象在我国仍比较普遍,并已经成为报告未遂事故的重大障碍,造成员工不愿意报告未遂事故。案例5.4给出了一个推行未遂事故报告遇到典型问题的案例。

> **案例5.4**
>
> 厂区管理者在执行了类似本章中提出的鼓励报告未遂事故的建议措施之后,该厂区管理者被上级领导叫到公司总部去问话,要他解释为什么(未遂)事故率会突然间上升。该领导没能理解的是,执行高效的未遂事故报告系统正是人们所期望的积极结果。而该公司企业文化关注于推行标准和安全绩效结果考核,以往也都是通过惩罚肇事相关员工进行事故和违章管理。该企业内的很多员工,仍然不相信当未遂事故或事故发生时,企业不会惩罚员工。
>
> 厂区领导需要时间构建"安全威信",让上级领导相信:伴随未遂事故的处理和根原因消除,未来事故率会显著下降。让员工相信:报告未遂事故不会受到惩罚而是奖励,企业能真正积极消除产生未遂事故的原因。

当企业或组织的安全管理绩效考核目标和低事故率联系在一起时,就明显不利于报告未遂事故,解决方法主要为:

确保影响奖励分配、激励的目标不与较低的整体事故报告率挂钩。这会阻碍未遂事故的报告。决策和管理层应理解暴露事故,找到根本原因,并消除之,才能真正提升企业安全生产水平。否则只是掩盖真相而已,未消除的管理缺陷都会导致事故。

当与生产过程或泄漏相关的未遂事故与降低产品质量和生产力的事故具有相同的根本原因时,报告和调查未遂事故将提高企业整体业务绩效,因为消除了共同的根本原因后将不再发生事故停产或出现产品质量问题,进而可很容易地收回未遂事故调查成本。管理者应能直观地理解预防事故的投资回报。

## 5.3 报告未遂事故的法律问题

企业或组织通常会有类似的担心,未遂事故报告可能会被用来对付企业和领导。比如:
(1)外部会因公司报告未遂事故,产生其长时间内容忍不安全状况存在、安全管理不作为的印象,因此面临压力。
(2)会有人认为未遂事故报告表明了公司知道某个地点可能发生特定事故,但未能采取有效措施防止事故在所有地方都不发生,监管部门也可能因此处罚企业,或因未遂事故报告措辞不准确而受到指责。
(3)企业的未遂事故调查报告可能会因为相关事件被引用(例如员工伤害法律纠纷),被他人用来控告企业。
(4)公司的竞争者也能利用未遂事故报告来影响公众舆论。

上述问题的解决方法包括:
(1)对调查结果进行适当修改,以限制未来的责任;
(2)对事故调查人员进行培训和开展专门报告审核,避免调查人员做出笼统的结论,并确保最终报告中使用的语言是恰当的;
(3)让法律顾问参与处理重大未遂事故和责任可能很高的事故,以确保在律师帮助下尽可能保护调查成果。

尽管可能存在法律责任,但是很多安全先进的企业会正确认识到,跟阻止未遂事故报告和记录保存比起来,通过报告和调查未遂事故预防事故是完全值得的。解决法律问题担心需要确保技术、业务管理者能够理解以下内容:
(1)对法律责任的担心不应该阻止对未遂事故的报告和调查。
(2)对未遂事故采取恰当的调查和记录,表明企业正在负责任地学习经验教训,继续改进风险管理。
(3)跟进未遂事故的建议措施,应该与其他事故建议措施享受相同的优先级别。对事故和未遂事故的调查和跟进表明了企业发现和纠正生产和管理系统问题的决心。

### 思考题

(1)如何理解"发生未遂事故是企业的幸运,是给企业明示当前迫切的安全改进机会"?
(2)报告未遂事故的障碍有哪些?如何克服?
(3)企业或组织担忧报告未遂事故的法律问题有哪些?如何克服?
(4)为什么很多企业口头上鼓励报告未遂事故,但是员工仍然不肯报告未遂事故?

# 第6章 设计和构建事故调查系统

事故或事件调查活动的主要目标是通过应用知识和经验查明事故或关注事件发生的原因并消除它们,以防止类似事件再次发生。该目标需要通过构建事故调查管理系统来实现,该系统有助于实现以下4个目的,这4个目的也是优良事故调查系统应具备的特征。

(1)鼓励员工报告所有的事故和异常事件,包括未遂事故;

(2)确保调查和识别出根本原因,而不是竭力找寻相关人员过失;

(3)确保调查和提出用于减少事故复发概率或减轻潜在后果的预防性的(区分于"善后性的")、有效的建议措施;

(4)确保后续事故建议落实跟进,最终解决或消除原来存在的事故根本原因。

企业或组织决策管理层应对发现未遂事故(尚未构成实际损失事故)的报告高度重视,认识到已经出现的先兆事件为避免重大事故保留了时间和整改机会,赋予相关部门和人员优先管理和监控权,以尽量使事故消失在萌芽状态(见本书第5章)。

事故调查管理系统应该用书面形式(包括纸质、电子文件、网页管理系统等)描述,书面文件中要明确任务、责任、赋权协议和调查人员开展调查时可能的具体活动。

本章重点强调如何构建事故调查管理系统,明确调查活动职责、领导力的重要性,说明事故调查管理系统内容以及实现事故调查管理的有效方法。

## 6.1 事故调查制度和组织准备

企业和组织决策层领导首先应能深切理解企业事故调查的作用和重要意义,同时了解科学高效的事故调查制度和系统应如何正确运作。如图6.1所示,企业能对有效运行事故调查程序进行相关的制度[能够有效提供人力、物力支持,并有事故调查工作优先权(相对于其他企业日常工作)]和组织准备(提供人力和组织部门支持),以保障事故调查系统能够在接到调查任务后启动并有效运行。

在思想上要进行事故调查意识和观念培训,并建立相关的事故调查执行制度,及时解决事故调查所发现的问题,并落实提出的改进措施。

企业应制定系统性的事故调查管理要求、程序或指南,以便在意外事故发生时,能立即着手调查。系统的事故调查管理要求主要有:

(1)事故调查书面要求:关于事故报告程序、事故调查目的和事故调查程序的方针、政策或指南。

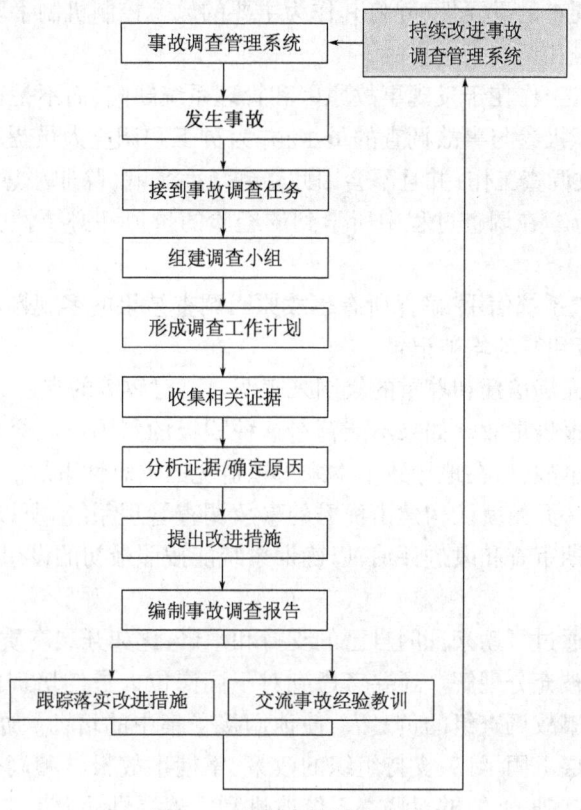

```
            事故调查管理系统  →  持续改进事故
                    ↓              调查管理系统
               发生事故                  ↑
                    ↓                   │
             接到事故调查任务             │
                    ↓                   │
              组建调查小组               │
                    ↓                   │
             形成调查工作计划             │
                    ↓                   │
              收集相关证据               │
                    ↓                   │
            分析证据/确定原因             │
                    ↓                   │
              提出改进措施               │
                    ↓                   │
            编制事故调查报告             │
                ↓        ↓              │
        跟踪落实改进措施  交流事故经验教训 ┘
```

图 6.1 典型事故调查流程

（2）应急响应计划与培训：所有的生产厂区或设施都应制定应急响应计划，并提供必要的应急响应培训，为应急响应工作做准备，以防止事故损失的进一步扩大。

（3）事故调查程序和培训：对所有员工进行报告事故和险情的培训。参与事故调查的成员和监督管理人员应该接受事故调查与根本原因分析的技术培训。

（4）事故调查工具包：配备事故调查工具包，为调查人员开展调查提供工具和设备。它的组成可以从一个简单的表格和一部相机到全面的工具和设备配置。事故调查工具包可以让调查人员能够在发生事故时，就能利用全部工具和设备立即着手调查。本书附录1列举了事故调查准备快速检查表。

## 6.2 事故调查管理系统构建应考虑的问题

### 6.2.1 组织职责

建立一个高质量事故调查管理系统需要决策层和管理层的支持、承诺和行动。为了证明管理层的支持，通常的惯例是编写一系列关于事故报告和调查的书面政策文件，并传达给所有员工，而且需要长时间不断维护改进事故调查政策，以期实现下列目标：

（1）传达管理层的承诺，通过确定根本原因，提出预防措施，并采取后续行动防止事故复发；

(2)认识到事故调查的重要性,并将其作为主要的风险控制机制手段之一;

(3)强烈支持报告和调查未遂事故;

(4)明确提出重点工作在于发现事故原因和管理系统缺陷,而不是追究责任;

(5)认可和鼓励积极参与事故调查的员工,并为员工和调查人员提供恰当的培训,使员工理解、支持和配合事故调查工作,并且不会因此受到负面影响(除非恶意违章);

(6)强调交流和分享在调查过程中所学到的经验的价值和必要性,使员工从中吸取经验和知识;

(7)维护事故调查系统信用,确保所有事故原因调查结果的客观性和科学性,并保障建议措施的落实,保证决策和行动均被记录。

管理层通过营造充满信任和尊重的氛围来表明自己对政策的支持。这样将鼓励整个企业或组织的员工真实地报告事故。如果不能营造这种积极的氛围可能会导致隐藏事故,或很少甚至没有人报告未遂事故,潜在地导致了本来可以避免的灾难性事故。

因为企业不可能一开始就能构建出优秀的事故调查管理系统,所以管理层应承诺对事故调查管理系统进行定期审查和改进评估,以确保系统能按照最初的设想发挥功能,并达到预期目标。

决策和管理层应通过行动来证明自己的支持和承诺,比如开展高质量的事故调查培训,确保事故调查管理系统被充分理解。还要考虑到对不同岗位人员的培训内容和目标差异,特别是需要重点培养多个事故调查组的负责人,使他们接受集中的培训。通过定期再培训和事故调查活动训练为管理层巩固承诺,支持组织的政策,掌握事故报告和调查中的哲学原理,在调查过程中所学经验的基础上,能够对调查系统改进和完善提供动力。

## 6.2.2 第一时间通知

事故调查管理系统构建后,不管是已遂事故、未遂事故还是操作中断,凡是经历过或了解事件的所有员工,包括承包商在内,都应该要求立刻向监管人员报告事件的详细情况。监管人员应负责发起进一步行动调查事故,并采取必要行动。第一时间通知也需要遵循企业或组织政策,向公司内外的特定人员或者组织报告详细的事故情形。事故情形和调查结果也应该通过公司的事故报告系统传送,并最终能在管理系统里面查询。

"通知"或"报告"事故在形式上有几种理解。有时,"通知"或"报告"指的是一种最初的口头通知或交流,使企业或组织意识到发生了一场事故或未遂事故,也可以指最终的正式书面事故调查报告。我国目前在企业层级事故调查和报告方面还没有统一的详细标准规定和要求。在政府监管上,一般要求企业开展企业层级的事故调查后,向政府部门进行备案即可。对于政府级别事故调查(见本书第1章)则有明确的报告程序要求,需要先向当地应急管理安全监管部门进行报告。本章重点介绍企业级别事故调查管理系统应如何运作。

表6.1给出了事故发生后企业对内部和外部第一时间需要采取的行动内容对比。

所有外部事故通知的格式和时间要求应在事故发生前确定并纳入事故调查管理系统政策要求,以便在事故发生时,可以快速准确地发出通知。

内部通知,有时称为警报或快速报告,是启动事故调查管理系统特定部分和决策制定的触发机制。显然,如果在事故早期阶段,存在关于可用资源使用的冲突时,伤员的救治和事故现场的安全保障一直都是优先于事故调查活动的。

表6.1 事故发生后企业对内部和外部优先工作

| 内部 | 外部 |
| --- | --- |
| • 召集装置区内的应急处置和救援人员;<br>• 启动事发现场应急响应程序;<br>• 上报到公司总部和行政部门;<br>• 企业事故管理和调查程序启动 | • 联络协议互助的应急资源(应急互助的企业或机构);<br>• 政府应急管理部门(根据事故是属于企业层级还是政府层级调查);<br>• 涉事人员的家人或亲属;<br>• 周边配套设施(120急救、消防等);<br>• 适当的新闻媒体;<br>• 保险公司;<br>• 邻近社区 |

当现场出现可能具有高潜在严重事故后果的未遂事故时(例如出现可能导致严重伤害或疾病、泄漏或泄漏后可能造成火灾爆炸或人员中毒的未遂事故),就应该进行通知和警报,启动事故调查管理系统。

第一时间通知作为企业或组织应急预案的一部分,应该包括以下内容:

在事故发生后能否及时进行初步通知可能面临各种挑战。事故调查管理系统应解决如何与第一时间通知以及如何与设施应急响应计划相协调的问题。首先是提供应急响应、保护生命安全、弄清到底发生什么事情,以便采取有效措施防止事故损失扩大。可以建立一份清单,内容包括预设的名字、标题、电话号码,并且持续更新,以备使用。

案例6.1给出了一起因第一时间内外部通知延误而造成事故后果扩大的案例。

**案例6.1**

2007年12月5日山西省临汾市洪洞县某煤矿发生爆炸事故。这起矿难夺走了105个矿工的生命。事故发生在23时15分矿工交接班时,至第二天早上5时有关部门才接到报告。

事故发生后,惊慌失措的矿方负责人在事故现场不具备通风条件、一氧化碳浓度严重超标的情况下,错误决策,违章指挥,盲目组织37名矿工下井救援,结果又使15名矿工失去了宝贵的生命。

"他们不具备专业技术,在高度紧张中呼吸加快,在高浓度的有害气体中自救器很快失灵,悲剧就这样发生了。"参加救援的汾西煤业救护大队二中队战训科科长分析说。

事后调查得知,矿方负责人并没有及时向当地政府部门报告事故,而是先后让矿工分成数批几进几出盲目自救,致使整个事故迟报了5个多小时,贻误了最佳的抢救时机,加重了事故的伤亡。

如果企业能构建事故调查管理系统,并和应急预案进行有效衔接,提前构建预设事故清单和处置方式,是极有可能显著降低事故死亡人数的。

## 6.2.3 管理层承诺

决策管理层对事故调查系统的承诺主要指管理层能高度认可和支持事故调查工作和事故调查系统运行,能给予必要的组织、政策、资金支持。事故调查系统获得管理层的承诺能带来的益处有:(1)越来越少的员工受伤或致病;(2)会逐步改善安全、环保问题;(3)提升投资资本回报率;(4)生产能力和员工工作效率得到提升;(5)产品质量得到改善;(6)成本下降;(7)提高管理层在员工、企业和公众眼中重视安全的形象。

这些益处只有在对事故调查管理系统坚持不懈的资源支持下才会实现。事故调查管理系统会在以下方面帮助管理层：（1）了解每一级组织在管理系统中的具体职责；（2）清楚地理解组织的承诺；（3）认可、接受并解决根本原因；（4）主动处理未遂事故；（5）持续的跟进建议，确保得到有效落实。

事故调查是过程安全管理（PSM）的众多要素之一，但是，它在识别整个管理系统中的缺陷方面扮演着必不可少的重要角色。一些高层管理者不能直观地理解调查系统的结构、功能、益处和多原因事故调查的要求。对高层管理者进行教育培训至关重要，管理者参与其中也有助于表明自己对调查系统支持，有助于将调查工作视为管理者或监督者的一份常规职责。人们容易感性地认为调查主要属于全职事故调查人员的工作领域，表明支持态度可以减少这种感性认识的趋势。例如，公司要求高级管理层（炼油厂或化工厂管理层）在事故调查技术专家支持下指挥伤害事故调查。所有的业务管理者都要接受至少8个小时的培训，学习调查的相关事项，使组织人员不再相信"事故调查是安全部门的职责"。

在任何情况下，事故调查管理系统开发者（通常是安全处或安全科等专职安全管理人员）都需要决策层和管理层领导的支持。应尽量使上级管理者参与到事故调查系统构建过程中，以便得到支持。开发者领导团队建立一个完整的事故调查管理系统，或对正在运行的系统进行升级改造，应明确事故调查原则和优先级，以便时刻做好调查准备，并能帮助管理层确定哪种调查方法更好地适用于组织特定的文化。

### 6.2.4　整合其他职能部门和团队

通常情况下，事故调查活动都会接触到组织内的其他职能部门。在事故调查管理系统开发阶段，需要与其他部门进行预先沟通，共同罗列可能的调查方向或调查知识储备范围。应利用好与其他部门整合和交流的机会，事故调查管理系统开发者应该审查其他现存的管理系统，例如：

安全、环保和质量管理系统：工程设计和风险评价（例如过程危害分析或变更管理）、特种作业审批（含动火管理）、应急响应、环境保护、员工职业安全、过程与设备安全、质量保证；

设备设施完好性管理系统：设备报修与维修管理；

计划和市场管理：法律标准合规性、企业法律政策和程序、外部媒体通信；

财务管理：员工与公司财产保险、会计和采购业务等。

一种方法是将所有调查和根本原因分析活动整合到一个管理系统下进行调查。这样的系统必须解决四个业务驱动因素：（1）过程和职业安全；（2）环境责任；（3）质量；（4）盈利能力。

这种方法效果很好，因为无论事件类型如何，用于数据收集、因果因素分析和根本原因分析的技术都可以相同。许多公司意识到质量或可靠性事件的根本原因可能成为未来安全或过程安全事件的根本原因，反之亦然。

这种方法还有助于避免在职责、权限或优先级分配方面的冗余。它还使报告事故变得更容易，因为报告者不需知道事件分类即可确定通知谁。

### 6.2.5　监管和法律问题

在本书第1章已经说明，发生严重伤害和死亡事故的调查主体为县级及以上人民政府。而企业日常面临的大部分是未遂事故、轻伤害事故，事故调查主体为企业自身，我国目前在企业级事故调查法规尚不健全，容易混淆企业层级与政府层级调查要求，造成企业对事故调查有所顾忌，影响了事故调查在企业层面的开展，这不利于有效遏制事故。当所有企业都能通过认真构建和运行事故调查管理系统查找和纠正管理系统缺陷时，企业安全生产水平就达到了先进水平。

在政府或官方层面事故调查上，各国国情不同，我国采用的是根据事故层级对应不同级别政府负责制下调查制度。在美国和一些欧洲国家，事故调查通常为独立机构。例如美国化学品安全和危害调查委员会(CSB)、美国国家运输安全委员会(NTSB)等分专业对各类事故进行调查，各委员由国会直接任命，各委员会主席由美国总统直接任命，四年一届，国会每年下拨专项经费用于开展事故调查工作。

事故调查管理系统应在监管和法律框架下运行，并能对事故调查管理系统进行监控，以不断改进调查系统，并适应不断变化的调查需求。在美国和欧洲，由于出台新的和修订了安全和环境法规，政府机构对工业事故的关注稳步增加，有些对报告、记录和调查有非常具体的要求。相比之下，随着我国法治建设不断发展，事故调查的重要性在《中华人民共和国安全生产法》等法规中的作用进一步凸显，各行业事故调查技术规则不断出台。

法律法规进程变化会影响过程安全事故调查的原因确定、建议措施落实、沟通和文件归档等。作为最低要求，在对所有重大事故进行调查的开始阶段和末尾阶段，企业都要咨询法律部门，明确是否落实事故调查建议措施的法律责任，企业若是认识不到法规问题重要性，将有可能导致严重的行政处罚和法律后果。

目前许多新能源、新材料和精细化工设施使用各种具有常见危害的非专有技术，这就需要在行业内，认真地分享工业事故调查结果。目前，公众对化工事故的防卫意识非常强，容忍度较低，对具体的化工危险和工艺特点的了解有限。因此，发生过影响公众安全感的事故，可能因为大众舆论而影响到整个行业和国家经济发展，例如案例6.2的厦门PX项目事件。

**案例6.2**

2007年福建省厦门市批准了海沧半岛计划兴建的对二甲苯(PX)项目。该项目由台资企业腾龙芳烃(厦门)有限公司投资，将在海沧区兴建计划年产80万吨对二甲苯(PX)的化工厂。该项目纳入中国"十一五"对二甲苯产业规划。由于担心化工厂建成后危及民众健康，该项目遭到百名政协委员联名反对，市民集体抵制，直到厦门市政府宣布暂停工程。直到厦门PX项目迁址漳州古雷后，据媒体报道，两年内连续发生两起特大爆炸事件：

2013年7月30日凌晨，一条尚未投用的加氢裂化管线在冲入氢气测试压力时发生焊缝开裂闪燃。所幸火势迅速得到扑灭，现场无人员伤亡，设备无重大损伤，无物料泄漏，现场周边未发现空气和水质污染。

2015年4月6日18时55分左右发生了一场安全生产责任爆炸事故。

由于上述PX项目系列事件导致常用于生产塑料、聚酯纤维和薄膜的PX项目在我国立项建设出现严重困难。

为了使其他人受益，很多学者或政府部门建议企业分享事故原因和经验，但是对于公司管理层来说，由于担心被起诉、泄密或引起其他麻烦，大都不愿意分享事故或调查细节。无法分享事故的深层技术问题和教训，其他同行企业和社会就不能真正学习事故预防知识和经验（一般事故案例学习仅能得到事故恐惧感和危机感），这需要整个社会安全文化观念的转变，企业决策和管理层首先应展示负责任企业形象，找到一个分享的方法可以展示出企业对公众福利关心和整个企业绩效的信心。

## 6.3 事故调查管理系统的基本要素

需要编写书面文件明确事故调查管理系统的基本特征,包括任务、责任、协议和调查人员进行事故调查时的具体活动范围等,并为调查活动提供行为要求框架,比如收集证据,访谈目击者,数据控制,通知、报告的标准形式和后续跟进等。下面内容总结了事故调查管理系统构成的典型要素。

### 6.3.1 事故分类

在开发一个事故调查管理系统时,定义常用术语和进行事故分类非常重要,否则会造成沟通问题和报告错误。其中事故分类主要有两个目的:
(1)确定事故的重要性和导致的后果。这些经常影响到团队的领导力、规模和组成。
(2)确定调查结果如何报告以及报告给谁。

对于每一个事故类别,管理系统必须说明激活调查团队和团队组成的具体机制,也应该说明如何按规定进行内部和外部通知。事故调查管理系统应该说明:①谁将发出通知;②谁会被通知到;③被通知的人如何收到通知。

如第1章所述,政府层级事故调查分类法规比较明确,但是企业层级事故调查分类将会依据公司和组织的不同而有差异,并没有通用的企业事故调查分类标准。传统上,人们习惯于按事故严重度进行事故分类,还可以根据事故性质和复杂性(不是严重度)进行分类,对应分派事故调查组长和组员。在实践中,每一个系统都存在灰色区域。在调查的起始阶段,随着调查的深入,中间不同的事故调查技术和观点可能会改变最初的事故分类方案。

国家和行业层面的事故分类更适合于政府层级的严重事故调查,例如《企业职工伤亡事故分类标准》(GB 6441)、《生产安全事故报告和调查处理条例》划分的事故分类标准过大,不适合企业层级的事故和未遂事故调查分类。我国对企业层级事故调查分类目前并没有更详细的指导意见,企业事故调查管理系统事故类别划分可根据企业自身实际情况合理进行,以便根据分类开展事故调查工作。表6.2列出事故分类方案。

从政府层级事故调查看,根据严重程度分类的系统是最常用分类方式,被用来确定由哪级行政部门负责调查事故,并牵头组成事故调查组。但是仅根据严重程度确定事故调查组成员也存在一个明显缺点,就是在事故发生后并没有办法立即确定事故的潜在损失究竟有多大,比如高潜在损失事故可能由较低层级部门进行调查,无法得到相对应的调查资源。

除此之外,根据事故复杂程度分类也应是调查团队组成的重要参考因素,越是复杂的系统越是需要一个强大的团队来开展事故调查,否则可能无法查找真正原因,调查面临的困难无法克服。

企业应该考虑开发一个分类方案,能够根据事故的复杂性、性质和严重程度组建一个合适的团队。一个分类方案应该具有以下特点:
(1)容易被理解;
(2)包含清晰的参考案例,较容易确定需要调查的事故分类;
(3)详细说明具体的机制使调查具有权威性,以及谁可以去做调查;

(4)有助于决定团队成员组成。

还有一种分类方案:只需要简单地说明首席调查员的事故调查经验范围和水平,然后把团队组成问题留给首席调查员。但这种方法依赖于首席调查员的事故调查经验和对调查系统的认知水平。

表6.2 事故分类方案(参考 CCPS 示例,可根据企业情况调整)

| 根据系统复杂度分类 | 根据事故类别分类 | 根据严重程度分类 | 根据适用法规分类 |
| --- | --- | --- | --- |
| • 高度<br>放射性材料<br>高压(如 $p>10\text{MPa}$)<br>高温(如 $T>500℃$)<br>放热反应<br>爆炸性环境<br>几种泄压装置<br>高度自动化设备<br>多人操作<br>• 中度<br>中压(如 $1.6\text{MPa} \leqslant p<10\text{MPa}$)<br>轻微反应<br>小概率爆炸<br>单一的泄压装置<br>1~3个操作人员<br>• 简单<br>环境条件<br>没有或少有反应<br>非爆炸性环境<br>一个或没有安全阀<br>1~2个操作人员 | • 事故<br>重大泄漏<br>一般泄漏<br>爆炸<br>火灾<br>个人伤害<br>高潜在后果事故<br>• 未遂事故<br>轻微泄漏<br>违反安全许可<br>重要防护措施失效<br>最后一道防护<br>严重的过程偏离<br>• 其他<br>过程异常<br>质量变化<br>故障停工 | • 多人死亡/严重受伤<br>死亡<br>• 受伤<br>住院治疗<br>损失工作日<br>做记录<br>急救护理<br>• 疏散<br>就地避难<br>• 可报告的事故<br>业务中断级别/产品损失<br>设备受损级别 | (1)《企业职工伤亡事故分类标准》:伤亡事故、损失工作日、暂时性失能伤害、永久性部分失能伤害、永久性全失能伤害,以及20类事故;<br>(2)《生产安全事故报告和调查处理条例》分为一般、较大、重大、特别重大事故,对企业级事故调查没有具体要求;<br>(3)其他不同行业如铁路、水上交通、火灾事故等不同分类标准 |

### 6.3.2 详细说明文件

事故调查管理系统应规定事故调查活动中哪些属于临时数据和结果信息,哪些属于正式的调查输出文件。需要明确以下文件:

(1)证人面谈记录和物证;

(2)调查组审议的会议记录;

(3)对外部机构的正式通知,跟踪团队要求、接收或发布的文件和证据的方法,以及最终报告。

注意:由于可能存在潜在的责任追究或诉讼问题,事故涉及的某些文件或证据可能需要特别注意保存。为此,调查相关的文件使用链条的相关记录非常重要。

### 6.3.3 调查团队组织和职责

事故调查管理系统要说明如何组建事故调查组,以及如何发挥调查团队功能的问题,以保障调查组有能力协调相关资源,机动灵活地调查清楚事故原因。事故调查管理系统要说明调查团队的基本目标和优先考虑事项。

考虑到调查组成员大多不是专职的,甚至达不到事故调查专业水平,可能仅参与过极少的事故调查工作,经常存在调查组成员对自己的责任并不明确。调查团队也要根据调查需要保持机动性,根据事故涉及过程的性质和技术复杂程度进行人员调整。

事故调查管理系统通常需要定义一些特定的团队职能和职责。下面列出了一些企业层级事故调查组成员职责的示例内容:

(1)选择和制定调查计划,确定调查范围;
(2)确定需要的支持和用品内容;
(3)制定证据处理程序;
(4)在公司内部和外部团体建立沟通渠道;
(5)进行证人面谈;
(6)在报告中总结发现和建议。

对所有建议的解决实施和相关后续行动是事故调查管理体系的重要组成部分。它应该具体解决后续责任的分配。很少有事故调查组会保留最终落实事故建议的责任和权力。在大多数情况下,事故最终建议落实的主要责任将转移给指定的管理人员,该管理人员不一定是事故调查组的成员。如果管理者反对或严重修改了事故调查组提供的建议,管理者有责任跟调查组的成员讨论这些问题,确定调查组是否需要澄清自己的立场。

如图 6.1 中的事故调查反馈和改进流程,企业和组织的事故管理系统应包含反馈过程来促进事故调查系统持续改进。为确保持续改进,团队应在每次调查后进行自我评估。调查系统的自我改进评估内容通常包括:

(1)事故调查是否系统和彻底;
(2)事故调查组运用调查技术、方法的效率、效果;
(3)调查人员是否胜任,下次如何选择人员;
(4)调查期间的调查工具和设备性能;
(5)后勤支援和质量。

### 6.3.4 培训要求

针对事故调查管理系统涉及的 4 个主要群体,系统应该说明最低限度的初始培训和继续培训要求。系统至少要提供一个简单说明,让相关人员参考具体的培训管理系统文件或课程。针对每个群体,以下列出了相应培训主题和内容。

(1)决策和管理层。该群体必须熟悉事故调查理念、政策、高级管理层的承诺,以及和事故调查有关的具体的责任分配。实践表明,没有经过培训的管理层人员往往对事故调查工作不理解,甚至成为事故调查的阻力。

(2)所有负责通知和报告未遂事故或已遂事故的员工。该群体包括操作人员、机修工、一线监管人员、辅助员工(比如技术工和工程师)和中层领导。让他们接受事故调查培训,掌握如何区分事故和非事故,以及一旦确定属于上报范围的事故或未遂事故,该如何采取措施进行处理和报告。

(3)事故调查组成员。为更好地发挥事故调查的功能,该群体需要接受额外的培训,尤其是如何高效率地收集数据。例如：小组成员应该接受关于如何保护证据，访谈目击者，制定证据样品测试计划和开发采样程序等的培训。根据他们在调查中的角色，一部分成员需要接受关于数据分析和特殊调查工具使用的相关培训。

(4) 调查组领导者(组长和副组长)。对于负责较高水平或较复杂事故调查的领导者，一些企业将这些培训分成多个级别，分别配有团队领导者，这些领导者接受过更多的培训。领导者学习如何确定恰当的调查方法，如何收集数据，如何分析因果因素的数据，如何确定因果因素的根本原因，以及如何制定有效的整改建议和报告。针对调查组长和副组长等调查领导者的培训需要特别关注，有些培训内容非常关键，甚至影响事故调查的成败和权威性，包括访谈目击者，解决冲突，适用的法律法规，调查者的权利和保密问题。实践表明，低水平的调查人员可能会将低复杂度事故处理成中等复杂事故。在开始阶段接受经验丰富的教练员的课堂培训，后面可以参与经验丰富的调查组长负责的事故调查，从实践中获益。

企业大部分事故都是低复杂度级别，其中很多是未遂事故。在一些企业已经有很好的实践经验，通过员工开展低级别(或低复杂度)的事故调查，而不是监管者。已经发现这种调查方式的好处，它可以使员工感受到对调查结果的知情权，可以减少由监管者组织事故调查时带来的畏惧感，有助于鼓励工人报告更多的未遂事故。

本书第7章详细介绍了如何培训、筛选和组织事故调查团队。

### 6.3.5 强调根本原因

分析原因是整个事故调查过程的主要目标，这应该在事故调查管理系统中详细说明。开始选择或预设的根本原因分析可能随着调查深入不断调整、校正，根原因过程需要特别注意多原因情况和深层次的系统原因，强调发现管理系统缺陷或故障，反对将错误归咎于个人(起码在企业层级事故调查应该是这样的)。

在制定整改建议的过程中，每个人都要理解事故通常是由多个根本原因引起的。分析和评估实用的整改建议是团队的主要任务。管理系统应该关注对整改建议的评估。例如：当整改建议具有实用性，具有成本效益，并在组织的控制下时，整改建议应该减少事故或未遂事故原因。无效的整改建议可能仅仅转移危险，甚至带来新的危险。事故调查管理系统需要一个内置的机制来实现对整改建议安全性的分析(不要让建议措施成为新的安全危害，例如为了监控超压风险，在反应容器上钻孔安装新的压力变送报警装置，结果带来更高的施工和泄漏风险)。案例6.3给出了一个事故调查整改建议评估必要性的例子。

**案例6.3**

1986年1月28日的挑战者号航天飞机事故是一个非常典型的例子。挑战者号航天飞机事故的直接原因是一个不起眼的密封圈橡胶件失效。发射时气温过低，固定右副燃料舱的密封圈硬化，使得火箭助推器内的高压高热气体泄漏，直接造成高速飞行的挑战者号在高空解体(图6.2)。

图 6.2 挑战者号航天飞机失事画面

该事故说明了对事故调查整改建议进行评估的必要性。在挑战者号事故发生之前,美国航空航天局(NASA)从以前的密封圈泄漏报告进行的未遂事故调查中,已经意识到环形密封圈系统的性能不佳。于是,工程人员试图提高密封圈耐压等级保障安全,在对密封环进行重新组装后,采取增压测试,压力从 6.8MPa 到 13.6MPa。实际上,通过增加测试压力反倒使密封腻子出现变形,降低了环形密封圈的完好性和可靠性,反而导致事故发生。

在设备事故调查管理系统和相应的设备变更程序之间应该存在相互联系。调查团队需要思考这些整改建议是否适用,是否能很好消除根本原因。在根据整改建议对设备或程序进行变更之前,现场管理应该确保这些变更的安全性得到有效评估。

### 6.3.6 免责政策

美国化学工程师协会化工过程安全中心(CCPS)和较多事故调查机构都重点强调事故调查时,纪律处分不属于调查过程的内容。由于国情不同,我国政府层面事故调查报告中常见到给予相关责任人和单位处罚建议,但在企业层面事故调查应该如何处理,很多人仍存在迷惑(见本书第 1 章)。为构建并持续改进事故调查管理系统,本书和国际上主流的事故调查理论一样,强烈建议不要将事故原因归为员工个人失误并追责,应认识到管理缺陷才是造成事故的根本原因。

相对地,如果恶意违章或故意犯罪被明确地识别为根本原因,纪律处分才有必要。例如:一项调查发现事故是因恶作剧、开玩笑、打闹嬉戏、打架,甚至恶意搞破坏活动等原因导致。这些事情本来不应该发生在工作场所,并且在企业会产生恶劣影响。对于企业来说,最有可能的做法就是在员工纪律手册、人事资源文件和劳动合同中提出这些问题。

同样,不能期望事故调查人员是万能的,能洞察所有事故原因,为此,调查系统应明确免责政策。免责政策能够排除对诚实错误的纪律处分,调查管理系统应该确保免责政策被清晰地阐述和执行。事故调查中的免责政策典型例子包括:

(1)事故调查受访人员根据经验或直觉的推断,后来被认为是错误。当事人作为受访者的谈话,可以为事故调查提供方向,即使没有证据证明推断是对的,受访人员也不会承担责任,或受到道德谴责,因为目的就是对调查可能的事故原因提供线索和支持,只有这样才能获得重要的线索。

(2)相关人员或部门因失误等非主观故意原因提供了错误的信息、证据或造成了证据损坏、消失。事故调查证据收集工作通常比较复杂，收集到错误的证据情况经常出现，或有时因为救援优先和事故恢复使事故证据受到意外破坏，相关人员不应当为此承担责任，除非他们是为了掩盖真实原因。

### 6.3.7 落实整改建议和后续行动

落实整改建议并跟进整改效果是事故调查管理系统重要的任务之一。要想减少企业类似事故发生的可能性，就必须真正将发现的事故根本原因消除，整改建议必须被执行并得到持续维护。为了保持持久效果，明智的做法就是定期审查所有应落实整改建议情况，确保能够持续地达到预期目的。

与监管和法律活动中的审查跟踪的概念相似，如果事故调查组的整改意见遭到反对或修改（有可能是建议未被正确理解，也有可能是建议本身的可操作性有问题，甚至是错误的），那么，反对或修改整改意见也必须被详细记录。采纳有益的反对或修改意见，可帮助调查管理系统提升改进。

管理系统应该表明整改建议的职责分配、验证方法和记录实施情况的重要性（优先顺序）。管理者应该敢于承认调查组在书面报告中阐述的发现和观察到的结果，并给予支持。

### 6.3.8 恢复正常操作和建立重启标准

如果事故导致了生产中断或过程关闭，鉴定被推荐的重新运行的标准的条件是否具备，确定何时可以重启是事故调查组需要面对重要关联问题。虽然实际的重启决定是一线管理者决定的，但是调查组有时需要在排查出事故原因基础上，负责分析和提出恢复操作的标准和条件。通常情况下，最好的办法就是推迟重启，直到事故调查组确定一线管理者的行为已满足重启的最低标准。已经有大量事故案例表明，在事故导致生产中断后，没有查明原因情况下重启生产，又导致再次发生事故。

案例 6.4 给出了事故后重启生产却没有系统消除原事故原因，而造成新事故的案例。

---

**案例 6.4**

2021 年 10 月 28 日，在上海某造船有限公司 1 号船坞 2 号生产线 H1524 散货船 8 号舱内发生一起爆炸事故，造成 1 人死亡。事故调查组认定：本起事故是一起生产安全责任事故。

事故调查组特别指出：该造船公司需深刻反思安全生产工作，认真剖析一年内接二连三发生事故的原因，与某徐州分公司、J 公司等单位共同反思事故带来的教训，切实树立起安全生产主体责任。

据不完全统计，该公司近两年来，已多次发生安全事故。比较典型的事故包括：

2021 年 2 月 17 日 8 时 40 分左右，在该公司 1 号船坞在建 H 型船舶发生一起机械伤害事故，导致 1 人死亡。

2021 年 5 月 5 日 14 时 45 分左右，在该公司 4 号码头新建的 180000t 散货船发生一起中毒和窒息事故，造成 2 人死亡。

企业在发生亡人事故后，现场生产中断，政府介入调查后企业很快恢复了生产。这些事故都有相似的管理原因：存在危害辨识、风险管控、人员培训和监管方面的管理缺陷。显然事故调查完成后应当保障这些管理缺陷被消除，否则并不具备重新生产的条件，由于企业并没有建立起事故后重启标准，事故原因没有消除，从而导致事故不断发生。

重启必须和其他团体协调一致。例如,事故调查组需要和启动前安全检查(PSSR)团队配合完成重启工作,有时需要与政府监管部门或企业内部管理和关联影响机构进行沟通协调。对大型事故来说,在事故调查团队详述重新运行的最低标准之前,通常不会考虑重新启动。信息传递和通知必须精确,保证清晰验证和确认。

当其他因果要素和根本原因已经确定,重启标准应该关注一个或多个因果要素在短期内的预防。较好的方法是让事故调查组快速评估工厂内其他地方潜在的类似根本原因。当设定了严厉的重启操作限制条件时,可能面临生产部门的压力,但重启限制条件的目的是使生产系统在最低事故风险的状态下再次运行。对公司来说,证明设施可以安全重启是他们的一份职责。对于监管者来说,如果发现存在重大缺陷的迹象,禁止设施重启也是他们的职责。

### 6.3.9 正式事故调查报告模板和软件管理程序

事故调查报告不同于大部分商业和技术报告,包括了一系列的人为因素、事件或事故描述、有缺陷的管理系统、财政问题和复杂的技术和安全文化问题等。事故调查管理系统的开发者在确定调查报告最终模板和写作规则前,建议先征求企业制度、文化和外部法律部门的评价意见。

事故调查报告中的根本原因和调查结果应该包含事故致因、后果影响、检测等支撑数据,并保存在计算机事故数据库中。企业领导者希望尽可能快地发现企业管理系统中潜在的缺陷或危害发展趋势,开发计算机事故管理程序或软件系统,跟踪和识别事故趋势就可以解决这个问题。事故调查软件管理程序可实现以下功能:(1)记录调查结果;(2)根据事故位置、材料和其他特点,对事件进行辅助分类;(3)跟踪整改建议;(4)对相关调查涉及的数据进行查询;(5)根据事件类型、类别和根本原因进行趋势分析。

### 6.3.10 事故调查管理系统审核与持续改进

事故调查系统应该由企业或组织各相关部门进行协同和执行。这些职能部门都需要参与到初始事故调查管理系统的设计开发过程,并给予培训,让他们理解开发事故调查管理系统的作用和意义。而持续的改进是一个成功管理系统不可缺少的过程。每一次调查或实施事故调查管理系统都为评估本单位的事故调查管理系统效能提供了良好的机会。通过得到的经验教训,强化和改善管理系统。对于非常成功的调查工作,认识并分享这些调查活动中积极的方面也是有价值的。

为了确保事故调查管理系统实现预期效果,定期审查和更新非常必要,说明了企业或组织的安全管理都处于动态发展和持续改进当中。为持续改进,提出并回答针对调查系统的典型批评性问题,举例有:

(1)调查是否严谨?
(2)调查技术是否被正确地使用?
(3)调查组能否发现导致事故的管理缺陷(也就是说,他们是否找到根本原因)?
(4)调查团队成员的能力是否胜任工作?是否具有合作精神并互相支持?
(5)是否正确使用调查技术方法?
(6)调查系统成立以来,未遂事故都被报告了吗?

(7)仪器适用吗?调查的技术资源(实验室,专业知识,样本)是否足够?
(8)下次调查要做哪些改变?

## 6.4 构建事故调查管理系统

在实施一个新的或升级版的事故调查管理系统之前,通常要根据员工、监管人员(安全员)和管理层在调查程序中的各自角色,对他们进行培训。同时,也要对事故数据管理系统进行开发和改进。数据管理系统能方便使用者生成格式和结构一致的报告,并能通过对事故数据查询发现企业系统性的安全趋势。

### 6.4.1 初步实施:培训

实施一个新的或修正过的事故调查管理系统通常首先要对四个群体进行培训:决策和管理层;所有负责通知和报告未遂事故或已遂事故的员工;事故调查组成员;调查组领导者(组长和副组长)。

对那些负责报告事故的管理者和员工来说,典型的培训计划可能比较简短,对于那些在事故调查过程中需要跟事故调查团队进行接触的员工或职能部门来说,他们要接受特殊的培训。这些特殊培训将包括:应急处置,消防,维修,安全措施,现场安全,现场工业卫生,公共关系,法律,环保等。表 6.3 描述了适用于各职能部门的培训内容和通用规则。

表 6.3 为实现高效率实施所建议的培训

| 高复杂度事故调查领导者培训 | 中度/简单事故调查领导者培训 | 事故和未遂事故报告/通知 | 意识培训 |
| --- | --- | --- | --- |
| 这些人将处理高度复杂的事故(占 10% 或更少的事故) | 这些人将处理低到中度/简单复杂事故(占 90% 或更多的事故) | • 所有运维人员<br>• 适当的采购、会计和其他人员<br>• 希望识别和报告所有事故(包括未遂事故)的人员<br>• 其中一些人可能成为团队领导或成员,或者可能在调查期间接受访谈 | • 全体员工<br>• 可能担任调查系统中任一角色的人员(作为事故调查培训的初始模块内容) |
| 培训议程 | 培训议程 | 培训议程 | 培训议程 |
| • 调查计划<br>• 数据保护<br>• 数据采集<br>• 因果关系确定<br>• 如何填补数据空白<br>• 根本原因识别<br>• 报告撰写建议<br>• 使用事件数据库<br>• 程序或方案问题,例如报告、沟通、法律问题 | • 数据采集<br>• 因果关系确定<br>• 根本原因识别<br>• 报告撰写建议<br>• 使用事件数据库 | • 未遂事故的定义和举例<br>• 事故的学习价值<br>• 管理系统缺陷是根本原因<br>• 事故报告系统 | • 处理事故的方式发生了哪些变化?<br>• 每个人可以做些什么来帮助事故调查系统运行?<br>• 对大多数工作的预期影响 |

## 6.4.2 初步实施：事件、事故数据管理系统

事故或事件数据管理系统将需要考虑以下4个项目：(1)调查方法；(2)根本原因定义表；(3)调查对数据输入和报告输出的需求；(4)数据趋势管理的需求。

美国化学工程师协会化工过程安全中心(CCPS)《化工过程事故调查指南》(GUIDELINES FOR Investigating Chemical Process Incidents)给出了一个过程安全管理体系(PSM)事故调查管理程序示例(案例6.5)。构建事故调查管理系统是 PSM 要素"事故调查"的具体体现，说明如何构建企业或组织的事故调查管理系统，并有效运行和改进，而不是说明开展过事故调查或如何应对政府层面事故调查。

---

**案例 6.5**

过程安全管理体系(PSM)事故调查管理程序示例：

标题：事故调查

1  目的

本节简要描述本管理体系文件所包含的事故调查目的相关内容。一些企业或组织将其事故调查政策声明放在此处。

2  参考文献

本节列出了用于开发事故调查管理系统的资源：公司指南、法规要求和其他参考资料。

3  定义

本节确定并定义了与生产设施相关，首选的事故调查方法和术语。

4  程序

本部分既可作为员工调查事故时使用，也可用作企业人员的培训，主要说明如何领导或参与事故调查组。

4.1  生产装置事故调查声明

说明生产现场或企业有事故调查的书面政策和声明。

4.2  事故发生后的处理

一旦确定出现任何事故(包括未遂事故)，各岗位权限、职责、信息流和要完成的具体任务。它描述了初始事故报告方式和完成履职的最低要求。

4.3  努力程度和团队选择指南

本节帮助负责事故管理的决策管理层确定要执行的事故调查类型，以及指导初始事故调查组人员组成和规模。

4.4  进行调查

本节介绍调查期间团队领导和团队成员的行为要求。根据需要尽可能详细，可包括事故调查报告如何撰写和提出整改建议等。

4.5  传达报告

本节描述了基于法规、公司规章制度和事故类型的内部和外部报告传达或交流要求。本节可能会描述如何将事故调查信息添加到公司事故数据库中。

### 4.6 跟进整改建议

本节描述将如何跟进事故整改建议。可包括建议跟踪的责任分配指南等信息，以帮助确保建议得到跟进解决。由于跟进整改会意味着发生变更，因此此处应说明如何与企业变更管理系统对接。

### 4.7 报告存档和文件控制

本节描述了最终事故报告版本的批准方法，以及最终报告和任何支持文件的存档或共享权限要求。

### 4.8 后续报告

一些公司选择发布后续报告，总结与某项事故调查相关整改措施实施状态。可以让管理人员及时了解已完成的工作，以及为防止再次发生类似事故还需要做哪些工作。

事故调查管理系统程序文档通常包括4个典型附件：

附件1：初始事故报告表。一种事故发生后需尽快填写的表格模板，用于捕获报告数据，并对事故进行分类和分配调查组成员。可以是供主管人员在线填写的电子模板。

附件2：初始事故报告发生流程图。可选附件。提供一种直观的方式来查看事故调查的主要步骤和决策点的流程。它可以作为管理的有用概述。

附件3：事故调查报告样本。一个样本报告或Word模板，给出事故调查报告参考结构和内容要求及撰写格式要求。

附件4：事故调查审查清单。可选附件。用于促进整个安全管理体系的持续改进。当需要审查事故调查活动质量或事故调查系统持续改进调研时，通常将该审查清单列表作为工具。

## 思考题

(1) 事故调查制度和组织的准备需要企业或组织提供哪些配套资源和权责？

(2) 如何理解：管理层对事故调查系统作用的认识、支持和承诺是事故调查工作能否开展的基础？

(3) 为什么事故调查工作应尽量整合和利用既有的其他部门和团队的人力和物力资源？

(4) 企业事故调查管理系统的基本要素有哪些？哪些属于核心要素？

(5) 为什么企业层级事故调查需要构建适合企业的分类标准？

# 第7章 组建和领导事故调查团队

能否周密又精确完成事故调查工作主要依赖于调查组团队的实力。在组建一个调查组团队时，各成员的专业技能及交流沟通能力都是重要考虑因素。本章讲述挑选合适的调查成员和组建调查团队的方法，以及发挥各成员人才优势和管理团队资源的技巧。

## 7.1 团队形式及其优势

事故调查管理系统通过调查团队的工作修补管理缺陷、积累经验，进而有效预防未来事故的发生。不论是大团队调查大事故，还是一个小团队调查一个人身安全小事故，团队对于事故调查方法的应用能力会直接对调查结果产生显著影响。一个企业或组织如果拥有一支有能力的事故调查团队，不仅能够在安全方面创造效益，并可使产品质量、产量和环保等方面的绩效得到提高。一个事故调查团队的构成应该取决于事故的类型和严重程度。

需要什么级别的专家取决于调查事故的复杂程度和重要程度。所有事故都征集一支由高级专家组成的团队，并不必要，也不现实。比如，在人力资源有限的条件下，一项简单工具使用伤害的小事故调查，就没有必要指派一位经验非常丰富的技术专家来完成。在人员数量方面，调查简单原因造成的灾难性事故，也并不需要像复杂多因素事故那样多的调查人员。

一两个人看起来也能完成事故调查，但是，由多专业人员组成的团队开展事故调查会有更多益处：

(1) 多种专业技术视角有助于调查效率。具有不同技能和观点的个人组成的调查团队，按照严谨的调查分析过程得出调查结论，能根据专业技术经验更快地确定调查方向，调查效率更高。

(2) 不同的技术专业角度的观点可增强调查的客观性。与单个调查员相比，一个团队不容易使其结论看起来主观或有偏见。团队的结论更有可能被组织接受。

(3) 团队内部讨论和评审可以提高调查质量。由于有共同团队经历基础，具有分析过程相关知识的团队成员可以更好地审查彼此的工作并提供建设性意见。

(4) 可获得额外资源。事故调查可能涉及大量工作，远超出一个人的能力范围，团队可以更好协调并获得更多资源，否则事故调查可能半途而废。

(5) 更容易满足调查计划日程安排要求。由管理层、外部各方或团队负责人设定的调查活动时间节点需要同时执行多项活动，只有依赖团队合作才可能完成。

(6) 满足监管机构要求。过程安全管理(PSM)审计、企业总部要求或政府监管部门都不会认可非团队形式完成的事故调查报告。

团队的组成和任务将根据具体事故而有所不同。在具有多个非常不同过程的大型企业或组织中,预先就选择一个团队来调查所有事故不切实际。应根据人员的特定技能、经验、可用性以及特定调查需求,在接到调查任务后确定团队角色,选择合适的人员参与调查。随着事故调查管理系统运行时间的推移,这种方法将产生一批训练有素、经验丰富、熟悉调查过程的员工。

## 7.2 事故调查组领导者

如第6章所述,成功的事故调查管理系统取决于几个因素。其中包括管理层的参与和支持、管理层的信誉、当地组织、企业文化、员工的参与意愿以及纠正问题的历史。归根结底,最重要的因素是调查组的成功表现。能否有效管理和领导事故调查团队,决定了事故根本原因调查和制定落实整改措施能否成功。

通常根据与事故相关的三个因素来选择调查组组长:
(1)事故看起来的规模和复杂性;
(2)对健康、安全、环境或业务中断的影响;
(3)预期调查的深度。

团队领导者(调查组长)应客观、独立,在行政和管理技能以及技术事故调查技能方面胜任,并具备良好的沟通协调能力。

通常,调查组组长的首要任务是系统地确定资源需求并推荐应该参与事故调查人员或组织。与管理层选择调查组长一样,调查组长将基于事故的规模和性质选择调查组成员。组长也可根据需要选择让某些方面的专家参与,这些专家可能是内部的,也可能是从外部聘请的。邀请外部专家等兼职调查成员参与调查是减少对正常运营的影响和限制成本常见而有效的做法。

调查组长应对机密信息有一定敏感性,谨慎处理外部过早要求发布调查结果的压力,具备与各色人等互动的人际交往沟通能力,尽量避免冲突影响事故调查。

调查组长必须努力指导团队成员避免无效任务、重复工作、遗漏和保证调查任务优先级。首次参与的调查组成员也可能对调查组长提出挑战,可能需要时间来适应自己的角色,可能对任何质疑他们技术、能力相关的话都很敏感。调查组成员独立性或个性过强,会给团队合作和协调带来挑战。

企业或组织的事故调查管理系统应明确调查组长(包括副组长)的职责和权限。企业决策和管理层应审查并同意所有分配给调查组长的职责。商定的职责应以正式文件写入事故调查管理系统文件。典型的领导职责可能包括:
(1)指导和管理事故调查组的调查并确保达到调查目的和进度;
(2)识别和控制因事故影响的受限访问区域;
(3)担任团队的主要发言人以及与其他组织的联络人;
(4)准备状态报告和其他中期报告,记录重要的调查活动、发现和关注点;
(5)组织调查组工作,包括日程、计划和会议;
(6)根据调查组成员的个人技能、知识、能力和经验为他们分配任务;
(7)设置调查工作优先级;

(8) 采购和管理调查所需的资源;

(9) 确保事故现场安全;

(10) 确保调查组的活动对生产设施带来的干扰最小;

(11) 及时让高层管理人员了解状态、进度和计划;

(12) 提出信息、证人访谈、实验室测试以及技术或行政支持的正式请求控制专有信息和其他敏感信息。

## 7.3 事故调查组成员

根据事故的性质、类型和规模,调查团队的组成差异较大。以石油、化工过程工业事故为例,典型的团队成员构成和职责分工的例子如表7.1所示。

表7.1 事故调查组成员和分工

| 调查组成员 | 任务 |
| --- | --- |
| 调查组长 | 领导事故调查组 |
| 调查副组长 | 辅助组长工作或分担部分组长工作 |
| 工艺操作人员 | 解释正常操作与可能的事故操作,至少一名来自经历事故的企业人员 |
| 工艺工程师 | 解释正常和异常的过程现象和事故特征 |
| 过程安全专家 | 分析可能的事故原因 |
| 仪器仪表技术人员、检验技术人员和维护技术人员 | 如事故涉及仪表、检测、维护等具体专业问题,则需要熟悉现场情况的对应专业技术人员(根据需要) |
| 承包商代表 | 如果事故涉及承包商及其人员,则承包商代表负责提供承包商方面的资料、信息和情况说明(根据需要) |

如果团队将应用一种特殊的调查方法,那么至少要有一位成员能熟练掌握这种方法,这个成员不一定非得是团队的领导者。

根据事件的性质,其他参与者可以全职参与或担任有限的咨询角色。重要的是要找到那些知道事故涉及领域实际发生了什么状况的人。应该选择能够经受员工、部门、工会代表、社区团体和法律等第三方审查的人员参与,以避免未来调查报告引起争议。需要考虑的参与专业人员示例如表7.2所示。

表7.2 事故调查组成员和分工(示例)

| 可能参与事故调查的专业人员 ||
| --- | --- |
| • 过程控制(电气/仪表)工程师<br>• HSE人员<br>• 维护工程师<br>• 材料工程师/冶金专家<br>• 心理学方面专家<br>• 具有相关知识、技能或经验的近期退休员工<br>• 环境科学专家<br>• 化学专家<br>• 质量保证专家<br>• 采购物质供应商代表 | • 建设部门相关人员<br>• 土木或结构工程师<br>• 人力资源管理人员<br>• 火灾专家——提供专业知识来帮助找到火灾案件的起因<br>• 原始设备制造商(OEM)代表——工厂或团队服务工程师<br>• 爆炸专家——在理解点火源和涉及爆炸方面提供专业知识<br>• 消防专家等应急响应人员<br>• 技术顾问或设备专家 |

事故调查成员还可以来自其他部门,例如经验丰富的老员工或临时工都可能会为调查带来一种没有偏见的、新颖的、客观的观点,并且他们知道一般的公司政策、程序和工作方式。

有些公司会避免选择企业管理者作为调查团队成员,因为管理者的加入可能会限制其他成员之间的意见交换,并且有可能使结论和建议带有偏见性。监管部门的涉入也会造成同样的影响。虽然高层管理者可能不是团队的参与者,但他们肯定会在调查团队的工作中起到作用。一个很好的惯例就是,让上层管理者在调查期间定期随意地审查和评论团队的工作成果和工作进展。调查组随时向上级管理者汇报情况,强调事故和调查结果这两个方面的意义。这也有助于将繁文缛节最小化,对团队的要求更快地做出回应。事故调查组组长可以与管理层负责审查的领导商定审查的方式。

调查组组长应该熟知每个团队成员的特殊能力和强项。同样,团队的成员应该有清晰正确的自我认知,知道自己擅长和不擅长的领域。团队成员不应该被贴上"专家"标签,也不应该期望调查组成员做出超出自己能力水平和经验水平的贡献。团队领导者必须灵活地制定任务分配计划并灵活调整工作任务。

团队的组织、规模、经历和技能应该和事故的规模及复杂程度相匹配。通常情况下,建议核心团队最少 2 人,最多 8 人,这样才是一个具有工作力的团体,但是大规模的或者复杂的事故发生时,团队可以有大量的临时参与者和外部援助人员。大型的调查团队往往更加难以管理,在确定根本原因和整改建议方面达成一致可能会更费力一些,讨论会需要更多的时间。

应尽量选择那些具备良好能力和品质的人员加入事故调查团队,避免不适合人员加入,表 7.3 给出了适合和不适合加入事故调查组人员品质特征。

表 7.3　适合和不适合加入事故调查组人员品质特征对比

| 应选择的调查人员 | 尽量不选择的调查人员 |
| --- | --- |
| • 开放,有逻辑的思想<br>• 追求严谨的态度<br>• 保持独立观点的能力<br>• 与人合作的能力<br>• 与事故或设备有关的专业技术和知识<br>• 排除技术故障的经验<br>• 数据分析能力<br>• 写作能力<br>• 访谈能力 | • 在重大问题上早已产生看法的人<br>• 在调查开始之前,就已经认定事故原因的人<br>• 与事故、设备密切相关的人,或是受到伤害可能涉及主观情绪而产生偏见的人<br>• 为与事故发生原因有关的团队效力的人<br>• 工作任务冲突或者有其他更重要工作的人<br>• 在外旅行或日程安排受限制,与调查的时间和地点产生冲突的人 |

# 7.4　培训潜在的调查团队成员或支持人员

对潜在事故调查参与人员和支持人员进行高质量培训有助于保障事故调查成功,主要包括三种人员:现场管理人员、调查支持人员和指定的调查组成员(包括小组负责人)。每种人员培训的内容主题建议如表 7.4 所示。对能力较强,未来可能成为事故调查领导者的人员可以按指定的调查组成员开展培训。

表 7.4  潜在调查人员先期培训要求

| 现场管理人员 | • 公司事故调查管理制度<br>• 事件/事故调查基本概念<br>• 与事件/事故调查相关的公司政策<br>• 决策层和管理层承诺<br>• 与事故调查相关的具体工作职责<br>• 媒体关系(根据需要) |
|---|---|
| 调查支持人员：运维人员、一线监督人员、技术人员、工程师、中层管理人员等辅助人员群体 | • 公司事故调查管理系统概述<br>• 现场的事件报告程序<br>• 事故调查基本概念<br>• 正式的调查协议<br>• 调查组合作<br>• 为什么以及如何保存证据 |
| 指定的调查组成员 | • 公司事故调查管理系统概述<br>• 事故调查概念<br>• 组织使用的特定调查技术<br>• 面试技巧<br>• 收集证据<br>• 撰写有效的建议<br>• 文件和报告要求<br>• 团队成员的角色<br>• 一般角色和责任<br>• 团队成员的具体任务,例如访谈、摄影和其他角色<br>• 证据保存和处理协议<br>• 证据存储地点<br>• 团队成员间的沟通<br>• 特定地点的事故调查计划 |

## 7.5 组建调查组团队应对具体事故

当企业或组织事故调查系统值班部门(例如企业的安全环保部)收到了事故或未遂事故报告,事故调查管理系统应该立即启动并组建一个调查团队,组建团队的依据包括以下的两个重要方面：

(1)组织的需求、规模和结构；

(2)事故的类型、规模、后果和性质。

许多公司认识到这一点,并建立了一个系统来将其资源与事故类型相匹配。对事故的性质进行分类是第一步。国家标准和法规给出的事故分类可能并不适合企业层级事故调查,比如死亡 1 人对于企业就属于灾难性事故了。除了本书 6.3.1 节事故分类外,以下是另一种事故分类方法的示例：

(1)轻微事故:这些事故或未遂事故的不频繁发生具有可接受的后果,但该事故如果反复发生则需要进行调查。

(2)有限影响事故:企业或组织利用就地资源就可以控制且没有持久影响的事故。

(3)重大事故:一旦发生,需要大量资源来减轻后果,或迫使公司停止运营的事故。

(4)高潜在后果事故：在不同情况下，一旦发生，可能容易导致巨大损失的事故。

(5)灾难性事故：会造成无法承担的长期影响的事故，通常会危及人的生命，造成严重厂区内外影响和舆论压力，并可能使企业公司面临倒闭。

灾难性事故和轻微事故是两个极端，最容易衡量调查团队的需要。一个小团队，能完成一项轻微事故调查，而涉及有伤亡或者大批设备损坏的灾难性事故时，则需要出动整个调查团队。当出现严重伤害或人员伤亡事故时，则需要根据事故严重程度由不同级别政府组织开展调查（见本书绪论1.3节）。

需要注意的是，即便侥幸脱险的未遂事故也是事故，并分析其可信的、最严重后果，考虑是否将其归类为高潜在后果事故，可据此来确定调查该项事故的团队组成和规模。

如果事故调查工作超出了团队的现有能力，就可能需要外部援助。这些援助可包括来自其他企业或组织机构的专家（如果事故很严重，调查组组长或副组长可能来自其他部门，因为领导者的独立性决定了调查的基调）。公司的决策和管理层应该与事故调查组组长进行协商，以确定是否需要外部援助。需要考虑的因素包括现场之外影响重大的后果，比如环境影响及产品质量。

## 7.6 制定详细的调查计划

事故调查组组长负责调查计划制定和领导团队工作。调查团队的具体计划应包括事故调查大概日程安排，调查计划，访谈范围，证据调查需求和范围，拟采用的根本原因分析方法等。调查计划的主要目标是：

(1)识别事故直接原因和关键起因；
(2)确定与过程安全管理（PSM）相关的多个根本原因（见本书第4章）；
(3)确定防止再次发生的建议。

图7.1提供了一个典型的事故调查计划检查表，本书附录1也列举了事故调查启动前的准备和快速检查清单，可在开展重大、复杂事故调查时，制定调查计划参考使用。低复杂性事故调查可能只需要一两个小时即可完成，所以一般并不需要正式调查计划。

美国化学工程师协会化工过程安全中心（CCPS）在《化工过程事故调查指南》（GUIDELINES FOR Investigating Chemical Process Incidents)中建议企业管理层对事故调查管理系统的章程必须包括管理层对准确调查和报告事故结果的期望，但不应该包括责任追究或建议纪律处分等内容。一个高绩效的团队将是独立和自主的，企业决策和管理层应该鼓励这种意识。它有助于向所有参与事故调查活动的相关方建立一个明确的信号，即调查过程将得到公正的实施。如果旁观者认为调查团队在某方面被外界影响力所胁迫，不管是否属实，调查团队所收集信息的质量、数量和调查结果可信度都可能受到影响，真实根本原因可能无法被发现，意味着未来还会发生类似事故。

在团队中拥有来自同一车间或相邻车间的临时工尤其有助于建立与更广泛员工队伍的信心。过去有一种倾向，选择专职工程师而忽略一线操作人员和技术人员。操作人员和技术人员通常比任何人都更了解真正发生的事情，他们的参与可以获得原本不了解的事实。

> ☐ 澄清和确认优先事项
>   ☐ 救援和医疗
>   ☐ 保障安全，以避免产生新的后果
>   ☐ 环境问题
>   ☐ 证据保存/保护现场
>   ☐ 证据收集(包括访谈证人)
> ☐ 证人访谈计划
> ☐ 设施修复和场地清理
> ☐ 生产设施重建/重启
> ☐ 调查组领导选拔
> ☐ 调查组成员的选择、培训和组织
> ☐ 初始调查方向
> ☐ 初始摄影
> ☐ 证据识别、保存和收集计划，包括需要抓紧时间收集处理的材料，例如查询生产装置自动控制系统日志(晚了数据有可能被覆盖)
> ☐ 计划文件
> ☐ 其他职能部门的协调和沟通计划
> ☐ 确定并计划采购调查组需要使用的物品和设备
> ☐ 调查组需要的任何特殊或进修培训的计划
> ☐ 建立调查点、时间表和进度计划

图 7.1　制定事故调查计划的清单

## 7.7　事故调查团队运行

如开展一项复杂或大型的事故调查，就需要大量人员协作才能完成。期望事故调查组领导者能和每个调查员都能有效沟通是不现实的。要想建立调查组有效沟通渠道，建议按职能分成多个小组，例如事故调查组分成取证分析小组和人员访谈小组，并随着调查进程发展机动调整，撤销或组建新的小组。每个职能小组都有指定的联系人直接向首席调查员(通常为调查组长或首席调查专家)报告。这样，首席调查员就可以直接获取各调查组的成果信息，而不需要详细了解调查过程信息，指定联系人可以最大限度地减少沟通中断、延迟和混乱。

事故调查管理工作包括与各工作小组进行沟通与协调、证据保护、安排人员访谈、证据分析以及事故初始信息矛盾和补充证据等众多工作。调查团队成员最初在可能原因范围、补救措施、中间事件发生顺序、调查活动范围以及工艺过程和技术理解上存在分歧是很常见的，也很正常。团队积极审议和公开交流意见、经验至关重要。随着调查的开展，通常会举行一系列定期小组会议，以便完成以下内容：

(1) 解决协调调查过程中出现的问题；
(2) 根据新信息增加或替换调查员(例如发现存在新的机械润滑方面的事故原因，召集一名熟悉相关设备的机械工程师加入)；
(3) 各职能小组报告子任务；
(4) 对事故原因和可能的补救措施进行初步分析，以明确下一步调查方向；
(5) 列举新的调查项目和问题以供解决；
(6) 制定短期行动计划。

如果团队成员较多，则可以将调查任务进行组合分配。例如，两名调查员进行证人访谈，

两名识别和保存物理证据及其相关的位置证据,两名收集电子和纸质数据等。在分配任务时,应考虑各调查员的技能和经验,使人尽其才,并让调查团队素质和能力更快进步。

随着调查团队使用结构化方法对根本原因进行分析(见本书第9章)并得出结论,这些会议的长度和严谨性将会增加,直到最后生成一份书面调查报告。

图7.2列出了事故调查组团队的职责。中间的大矩形中列出了需要所有成员共同来完成的工作。与之对应,周围的矩形框内列出了各职能小组调查人员要完成的工作。调查组组长非常关键的任务是合理地将任务分配给不同调查小组,明确各小组负责哪些活动和领域,并且分配的任务和责任可能会随着调查进程发生变化。事故调查组组长必须确保所有小组都清楚这些责任,以避免重复工作或遗漏关键活动。

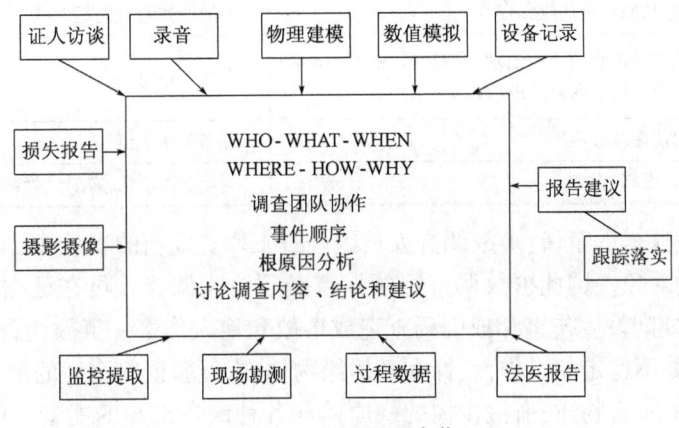

图 7.2 调查团队合作

事故调查组最后一阶段的工作是准备和陈述调查结果及建议书,通常是以书面报告形式完成。真正地履行并坚持建议书上的所有决议,也是事故安全调查管理体制的重要组成部分。在某些情况下,在做建议书上的决议时,事故调查团队(或指派的团队成员)可以持有一定的责任与权力;但不管怎样,最终责任都要移交给管理部门,而不再是调查团队。如果有需要,在后续审查整改建议履行程度时,可以再次把原事故调查团队召集起来。

## 7.8 事故调查工作的优先顺序

事故调查组有责任确定事故发生的根本原因,因此需要尽快访问事故现场和挖掘其他信息来源。事故调查组的职责与事故应急响应小组或搜救小组的职责有很大不同。下面列出的优先事项是针对整个事故现场管理,而不仅仅是调查组的职责。事实上,在下列一些问题得到解决之前,调查组不应该到现场。

在理论上和实践中,一旦事件序列结束,数据就会开始退化和变化。总体而言,优先级可参考表7.5进行排列。

**表 7.5 事故发生现场安全、应急与事故调查人员工作内容及分工**

| 优先级顺序 | 工作内容 | 责任分工 |
| --- | --- | --- |
| 1 | 拯救和医治所有伤员 | 应急救援团队 |
| 2 | 确定是否需要进一步的场内和场外人员疏散 | 应急救援团队 |

— 117 —

续表

| 优先级顺序 | 工作内容 | 责任分工 |
| --- | --- | --- |
| 3 | 完成伤亡人数统计 | 专门指派人员 |
| 4 | 处理环境污染问题(准确取得危险材料污染物的样本,比如石棉、多氯联苯和其他危险物) | 由多个团队,包括应急救援团队、工业卫生团队,有可能的话也包括事故调查组 |
| 5 | 现场整治,以减轻后发衍生灾害 | 应急救援人员,车间员工,事故调查组 |
| 6 | 向政府监管机构通报进展(事故第一时间已通知) | 现场工作小组 |
| 7 | 保护实体资料,避免被破坏和扰动 | 事故调查组及助理人员 |
| 8 | 摄像、拍照和现场收集资料 | 事故调查组及助理人员 |
| 9 | 初步的目击者访谈和记录,或者在目击者还能清晰回忆事故情节前对其进行访谈 | 事故调查组 |
| 10 | 整治清理事故现场 | 现场工作小组 |
| 11 | 修理/重启/重建 | 企业功能小组/政府监管部门 |

很难想象发生这样的事情:事故调查人员因调查工作造成新的事故或伤害,结果调查人员反倒成为被调查的对象。因此事故调查组领导者必须防止调查人员在证据(事故相关资料、数据等)收集活动期间发生伤害和或因调查造成事故和他人伤害。事故调查人员可能会面临一些现场危险,例如不稳定的工作面、锋利的边缘物体、未经验证安全性的部分倒塌结构、不明的化学物质、残留的有害物质、血液传播的病原体和各种潜在未知的能量。例如:即使在所有已知电源都切断,调查人员也会在所谓的断电电路中发现杂散电流和高压电荷放电;在认为已经隔离泄压的设备内取样时仍可能有突然的高压流体冲出等,这些事故现场的潜在危害都对调查人员的安全和健康构成威胁。另外,事故调查组通常会在任何天气条件下加班工作,应注意劳逸结合,避免倦怠应付,因为任何异常情况都可能影响调查人员的安全和调查质量。

事故调查组应制定严格的现场个人防护设备(Personal Protective Equipment,PPE)标准,安全确认和检测仪表和工具,培训调查员只有在安全得到确认和保障的前提下才能开展调查取证工作,并以质疑和怀疑的态度处理每项任务,以防止额外的伤害并最大限度地减少不必要的危险暴露。

对于重大事故调查,美国职业安全与健康管理局(OSHA)或美国国家环保局(EPA)等监管机构可能会拒绝直接访问事故现场,而是直到制定某些预防措施或完成某些测试后才进入现场。重大事故重启也需要政府监管部门批准。

当事故导致生产中断时,事故调查组将不得不处理企业要求恢复生产的要求。对于中小型调查,如果过程完好性没有受到威胁,生产可能在调查开始之前就已经恢复,或者在事故调查过程中就已经恢复生产了。此时,事故调查组就要依靠操作和维护人员来帮助获取和保存事故数据和资料。这些人员应接受事故证据收集和保存等基础知识培训,以便为调查人员妥善保存和提供数据、资料证据。

从事故调查开始,恢复生产的压力就会出现。一旦确定了一两个因果因素,企业一些人员就可能向调查组施压,要求允许继续生产,他们认为事故的"原因"已经确定,调查已基本完成。而事故调查组又需要开展大量工作来确定剩余的因果因素和事故根本原因。事故调查组负责人可能需要反对维修或恢复生产,直到找到足够数据和资料能分析事故。

## 思考题

(1) 事故调查团队要求多专业人员参与的出发点是什么？

(2) 事故发生后如何协调事故调查和应急处置的关系？

(3) 为什么事故调查团队成员的协作可能决定了事故调查工作的成败？

(4) 尝试对某起近期发生的重大事故进行分析，模拟事故调查组开展事故调查工作的优先顺序，并进行排列。

# 第8章 收集与分析证据

一旦事故调查管理系统收到事故或未遂事故报告,就应立即组建事故调查组并立即开始收集证据。本章介绍证据收集的实用的指导方针。

本书中使用的术语"证据"是调查团队在随后的原因分析,检测,场景重建,求证,以及做出最终事故结论所依靠的各种数据、资料和样品。这些证据的很大一部分是在事故现场或周边收集的。通过分析和测试也会生成证据,正常情况下事故调查证据收集工作会使各种证据相互印证,形成证据链。

证据收集活动中获得的信息是事故调查结论和建议的基础,是系统确定事故多个根本原因的前提。如果没有有效收集证据,就无法有效地定义或分析事故。有时收集证据会消耗调查团队大部分时间和资源,有的事故调查证据收集工作的比例可能高达70%以上。调查团队可能需要针对事故的独特情况不断补充和迭代证据资料,如图8.1所示。

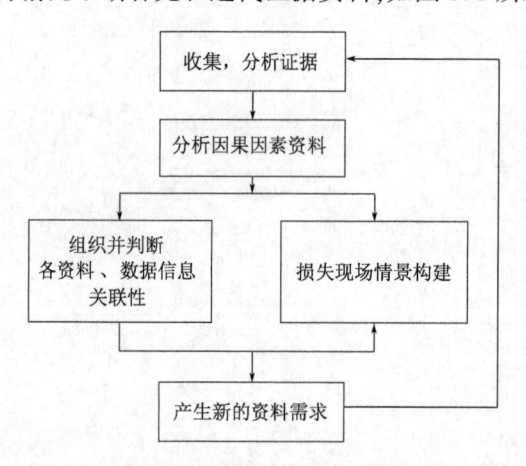

图8.1 证据分析与证据收集的迭代

事故调查初始阶段的具体目标是收集信息以确定不同时间线上发生的事实和关键原因,通过互相印证的证据找到根本原因,调查证据也可以支持建议的制定和实施。图8.1中,证据(数据和资料)收集工作何时结束与何时开展根本原因确定之间没有明显的界线,需要不断迭代、印证。很多国际事故调查机构都认识到证据收集阶段和原因确定阶段的数据和资料等会有显著的重叠,如图8.2所示。通常进行后续访谈和额外的特别检查才能确认、否定或澄清某些重叠证据的矛盾之处。事故调查组在调查时要理性看待调查过程中数据和资料重叠,重复性的证据说明事实互相印证,不一致或矛盾的证据说明事故原因可能存在多样化或错误、矛盾,进而会产生新的调查需求,直到认为证据能说明和支撑分析结论。

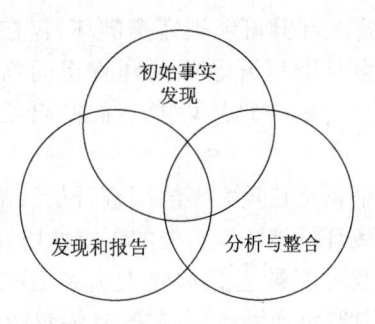

图 8.2 证据收集阶段和原因确定阶段数据和资料重叠

每起事故调查都不一样,应制定专门的初始计划。随着在调查过程中发现新的优先事项和关注点,初始调查计划要不断修订和更新。具体事故初始调查计划与先前事故调查管理系统中的一般预计划是两种内容,事故初始调查计划要建立在预计划基础之上,调查团队领导可以使用本书第 7 章 7.6 节中提供的通用清单来确定初始调查需求、行动计划和任务清单。

事故调查组长通常在与事故目击者进行简短访问后制定初始计划,并进行动态风险评估以确保调查人员的安全。另一个需要考虑的因素是外界对事故的潜在关注程度,外部关注包括三个方面:媒体广泛报道(包括各种自媒体传播)的可能性、法律问题和监管影响。虽然在这种早期阶段可能还没来得及组建完整的调查组,有经验的调查员经过初始实地考察已经基本可以判断上述问题。调查团队负责人应核实进入事发区域的人员是否了解自身安全注意事项,是否了解证据保全注意事项等问题。

## 8.1 重大事故的调查环境

在发生重大过程安全事故(例如爆炸或大火)之后,如果造成人员伤亡或重大影响,通常由政府部门主导事故调查。事故调查团队面临的调查环境通常比较困难,一些过程安全事故调查的初始地点就像一个火山口,对确定事发状况和原因有用的信息和证据可能已被摧毁。调查团队都希望能快速识别和保存任何有价值的现场残留证据,以防止随着时间发展或持续暴露而使证据丢失或失效。要在第一时间进入事故现场收集证据面临诸多挑战,例如:

(1)无法及时进入事故现场调查。重大事故发生后,消防救援现场控制、法律诉讼或保险证据保护要求、行政监管命令等都可能会影响调查组进入事故现场,影响识别和保存重要信息和证据的进程。此外,企业的基础设施可能会严重受损,正常服务(公用工程、电话、道路交通和行政支持服务)中断可能严重影响现场证据调查。

(2)目击证人访谈需要做工作。许多关键证人在事故发生后初期并不可用,有的人在医院,有的人在紧急加班应对事故影响无暇抽身。通常,重大事故的调查要持续数月。在此期间,人员的情绪可能会从震惊、怀疑、悲伤向愤怒或怨恨演变,尤其是在事故涉及死亡或永久性伤害的情况下,证人对调查的抵制情绪可能较强。目击证人也可能担心企业因事故关停,从而使自己失去工作保障。由于这些原因,调查环境将具有挑战性,因此需要一种系统的方法来成功调查重大过程事件。

(3)工厂公用设施的损坏、化学品泄漏以及对相邻工艺单元和建筑物的损坏可能会极大阻碍调查,并可能在数天或更长时间内禁止进入现场。在凝聚相物料(如 TNT 炸药等)爆炸等严重情况下,生产过程设施大部分可能被完全破坏,仅在设备位置留下一个大"坑",其他几乎什么都没有时,调查员会从哪里开始呢?调查组面临着确定爆炸源是什么,以及爆炸波及了哪些设备的挑战。此外,爆炸碎片可能会被抛出相当远的距离,有时甚至会超出厂界范围。

识别和收集对时间敏感的证据是在重大事故调查开始时的首要任务,因为随着暴露时间延长和工厂公用设施的损坏导致证据破坏或消失的可能性增加。电子过程数据、化学样品、证人访谈、设施边界外的碎片以及可能被应急响应人员和HAZMAT团队(Hazardous Materials Management,负责危险品紧急处理,负责爆炸、火灾等有关营救和处理的团队)更改的证据,应该进行高度优先识别和收集。由于备用电池的使用寿命有限,可能只有1~3天,因此控制系统失电风险使收集电子数据也变得紧迫。如果可能,应从事故区域获取化学原料和产品样品,因为实际加工中的材料可能在爆炸过程中消耗殆尽或泄漏跑光。被爆炸抛出厂区边界的设备碎片也可能被不相关的人员捡走。

时间敏感性较低且在厂区范围内的证据收集相对是次优先级事项。厂区内人员可以更好地控制这些证据,但证据可能会散布在大范围内,应及时向厂内所有人员告知证据保护要求,要求人员向调查组告知发现的证据位置,以便由训练有素的调查员进行收集。

## 8.2 证据类型

事故调查证据收集的时空范围非常广泛,但也不是大海捞针,而是根据事故发生后初步研判可能原因范围和调查方向,根据图8.1流程逐步迭代进行的。有5种事故调查证据类型(可简称为"4P1E"):

(1)人证(People Evidence):能够作证的事故知情人或见证人。这些人通过证词、书面陈述、语音或视频等信息形式作为事故调查证据。

(2)物证(Physical Evidence):例如机械零件、设备、污渍、化学品、原材料、产品、零件分析结果和化学样品。注意"物证"与"文证""电子证"区别,物证可能以照片或文件等信息形式表现,但是说明的是物证特征。

(3)位证(Position Evidence):用于对人员位置和物理数据的时空关系进行描述,例如事发过程中的人员站位、阀门位置、储罐液位,以及爆炸碎片和碎片散落位置。位置数据与人员数据和物理数据相关。位证往往也是以照片、数据或文字描述形式表现的。

(4)文证(Paper Evidence):用于证明事件或状态的文本材料,例如许可文件、操作日志、政策、程序、报警日志、测试记录和培训记录等都属于文证。

(5)电子证(Electronic Evidence):所有电子格式数据都可包含在此类别中。例如,各类工业控制系统,如数据采集与监控系统(SCADA)、集散控制系统(DCS)、火气系统(FGS)等记录和存储的运行电子数据,包括事发前后和过往历史数据、控制器设定信息等;事发现场的各种监测电子信息,声音视频监控记录等。电子证在目前事故调查中非常重要,作为关键的证据信息来源。

有时各证据类型之间并没有特别清晰的界限,例如有人将公司网络管理系统审批记录、电子邮件、钉钉或微信等电子形式记录的截屏图片视为文证,因为这些证据可以电脑显示器或书面打印形式查看,不像其他电子证必须用专门软件或工具查看。

收集证据(数据、资料等)的优先级应以证据的脆弱程度(或时间敏感性)为指导。证据脆弱或多变,团队就应该优先收集。表8.1给出了每种证据源的脆弱形式。

**表8.1 不同证据类型脆弱形式**

| 证据源 | 脆弱形式 | | |
|---|---|---|---|
| | 丢失 | 失真 | 破坏 |
| 人证/位证 | • 遗忘<br>• 忽略<br>• 未记录 | • 记错<br>• 想当然<br>• 歪曲<br>• 误解 | • 转移<br>• 他人干扰<br>• 个人矛盾 |
| 物证/位证 | • 取走<br>• 放错位置<br>• 被清理掉<br>• 损坏 | • 被移动<br>• 改变状态<br>• 损毁<br>• 增补(如液位、冷却剂) | • 分散<br>• 拆解 |
| 文证 | • 忽略<br>• 放错位置<br>• 取走 | • 被替换<br>• 损毁<br>• 曲解 | • 不完整<br>• 散乱 |
| 电子证 | • 覆盖<br>• 随机存储RAM断电<br>• 损坏 | 数据平均和个人样本重复 | 不完整 |

5种数据类型的脆弱性将取决于具体事故情况,没有固定的优先级。一般来说,历史纸质数据,如程序、维护记录和图纸,不像人证和物证那么脆弱。调查组应将确定时间敏感证据作为其首要任务之一,对证据收集进行优先排序,并采取措施收集或保存证据。案例8.1给出了一些时间敏感证据的示例。

**案例8.1**

各种类型的证据可能存在明显的脆弱性,例如:

(1)存储在软件文件中的数据可能非常脆弱。过程计算机系统记录的结构有时会随着时间的推移而降低详细程度。因此,团队可能需要分配高优先级来保留这些数据。计算机可能有一个备用电池,可以在断电时将数据保存一段有限的时间。

(2)控制室和其他仪器上的纸质图表形式的纸质数据。应立即控制这些物品,以确保这些物品不会因环境条件而丢失、损坏或毁坏。

(3)分解材料会迅速改变状态,物理特性会随着时间而改变。调查团队可能必须高度重视获取这些材料的样本。

(4)作为物证的金属特征可能会迅速变化,例如断裂表面会发生氧化。

(5)消防救援人员会因火灾、爆炸移动或破坏原来的位证或物证,导致关键证据丢失,而此时事故调查组基本还没有组建,无法固定证据。此时消防人员的随身视频可能提供重要的证据信息,需要及时调阅。

事故调查管理系统可制定通用的证据清单,方便在事故调查证据收集时参考,并根据事故具体情况适当补充。通用证据清单可参考表8.2中所列的内容。

表 8.2 事故调查不同类型证据示例

| 人证（People Evidence） ||
|---|---|
| • 事故当班操作员<br>• 下班操作员<br>• （公司或合同）在事故区域的维护人员<br>• 工艺工程师<br>• 运行管理者<br>• 维护管理者<br>• 化学和其他实验室人员<br>• 仓库人员<br>• 采购人员<br>• 第一目击者或应急救援人员 | • 质量控制人员<br>• 专业研究人员<br>• 与系统最初启动有关的人员<br>• 制造商代表<br>• 以前参与系统运行维护有关的人员<br>• 与之前的程序相关事故有关的人员<br>• 保洁、送货和其他服务人员<br>• 相关场外人员和访客<br>• 设计/安装/建设的承包商或工程队<br>• 保安人员（巡查或监控人员） |

| 物证（Physical Evidence） ||
|---|---|
| • 容器<br>• 阀门<br>• 压力边界设备，比如垫片和法兰<br>• 从容器和管道收集的相关样本<br>• 原材料样本<br>• 质量控制样本<br>• 产生的残渣或废料（液体、固体、气体）<br>• 新产生的化学品<br>• 移动或临时的设备<br>• 未被破坏区域的设备<br>• 泄压系统设备，包括爆破片 | • 金属样本<br>• 导电性测量结果<br>• 缺少物证——应该存在但丢失的东西、物资和物品<br>• 爆炸碎片<br>• 感应器<br>• 过程控制<br>• 电气开关装置<br>• 爆炸破坏痕迹<br>• 工艺设备的零件 |

| 位证（Position Evidence） ||
|---|---|
| • 控制和开关的位置<br>• 泄漏或泄压装置的位置<br>• 容器的液位、物位、失效点位置等信息<br>• 就地安装一次仪表（温度、压力和流量装置）指针位置<br>• 火焰焦痕的位置<br>• 材料和碎片层的位置和顺序<br>• 玻璃碎片散落方向<br>• 爆炸、机械飞片抛物线轨迹测绘 | • 维修时移除零部件的位置<br>• 参与过程维护和操作的人员的位置<br>• 目击证人的位置（开始、事故发生后）<br>• 应该存在但丢失的设备的位置<br>• 烟雾痕迹<br>• 过程中化学品的位置<br>• 熔化模式<br>• 影响标记 |

| 文证（Paper Evidence） ||
|---|---|
| • 过程数据记录——条形图和轮形图<br>• 操作程序、清单和手册<br>• 轮班日志<br>• 工作许可证<br>• 上锁、挂牌程序和记录<br>• 维护和检查记录<br>• 维修记录<br>• 运行历史<br>• 批处理表<br>• 原材料质量控制记录<br>• 保留的样本检测记录文件<br>• 质量控制记录 | • 危险化学品安全技术说明书（MSDS）<br>• 正常和异常化学反应的描述，包括不相容性信息<br>• 物料平衡数据<br>• 腐蚀检测和分析数据<br>• 事故场地及周边地图和规划图<br>• 电气分类图<br>• 仪器回路图<br>• 安全联锁图纸（逻辑图、技术规格书等）<br>• 控制系统软件逻辑<br>• 变更记录管理<br>• 先前的事件/事故调查报告<br>• 培训手册和记录 |

续表

| 文证(Paper Evidence) ||
| --- | --- |
| • 应急处置记录<br>• 过程和仪表图纸以及详细的仪表和电气图纸<br>• 设备图纸和规格表<br>• 设计计算和设计基准假设和规定<br>• 行程报警和设定点<br>• 安全阀孔口尺寸计算场景依据<br>• 紧急通风和应急设备<br>• 允许的安全操作条件范围<br>• 事先对所涉及的系统进行的风险分析报告(例如 HAZOP/FMEA/JSA 等) | • 事发前后气象记录<br>• 色散计算<br>• 后果分析研究结果<br>• 应急响应日志<br>• 过程或产品开发数据和报告<br>• 过程危害分析<br>• 企业网络管理系统审批和文件记录<br>• 通话记录<br>• 邮件、微信、钉钉文件和通知记录 |
| 电子证(Electronic Evidence) ||
| • 分散控制系统(DCS)系统数据备份<br>• 可编程逻辑控制器(PLC)设定点<br>• 事故现场视频监控<br>• 可燃气体、有毒气体报警监控信息 ||

可根据事故初始原因判定按表8.2进行证据收集,收集证据的速度越快,证据被破坏的可能性就越小。另外,建议调查组最好制作和使用文档的复制品或备份(例如记录仪图表和警报打印输出)而不是实际文档,可有效避免原始文件的损坏、更改或丢失,特别当事故涉及司法诉讼的责任认定时,丢失或有人为更改痕迹的证据可能会造成不必要的麻烦。

调查组必须意识到,收集到的一些证据并不能立即反映事故发生前后设备状况。应急响应活动和事故善后工作可能使证据发生改变。例如,应记录每个阀门的实际位置。然而,一些阀门可能会在应急处置或事故善后清理期间被操作而改变了阀位,从而无法完全确定其在事故发生时的位置。

如果事故企业之前能高度重视过程安全信息(PSI)工作,PSI可能涵盖前述通用证据需求表格中的大部分内容,那么事故调查组获取证据将会容易得多。当企业平时都没法获取PSI的情况下,事故调查收集证据的难度可想而知。

## 8.3 收集证据

以下说明初始事故现场调查、证据管理、调查工具和用品、摄影技巧和证人访谈技巧。这些工作几乎都是并行推进的,因此,事故调查组通常需要分成多个小组。调查组长应保障各调查员都清楚自己的角色。

### 8.3.1 初次勘察事故现场

在接到事故报告后,事故调查管理系统在启动召集人员,组建事故调查组并制定初步调查计划后,调查组在安全允许条件下将首次赶往事故现场勘察。这时的主要任务并不是收集证据,而是为收集证据进行早期勘察、判断和规划,以确定调查方向、相对距离、尺寸、设备方向、损坏规模或程度、预期外部支援需求等,并规划初始的摄影/录像或采样活动。

以爆炸或火灾事故首次现场勘查为例，除非人员救援和安全需要，都应尽量不要清理现场，以使证据处于最佳位置和状态。有时候，有经验的火灾、爆炸调查组不会在首次爆炸事故勘察时直接奔向事故中心地点，而是技术性地从事故现场外围采用迂回循环方式逐步靠近事故中心，示例如图8.3所示。这种勘察方式有助于让调查组先了解火灾、爆炸中心外围是否存在潜在危险，并且能预先熟悉环境，逐步进入较难到达的中心点。首次勘察可让调查团队有机会注意到没有损坏的东西，并在认为有价值的地方暂停观察，然后继续前进，这种勘察路线方式可使调查员在关注重要的小细节之前有看到大局的机会。

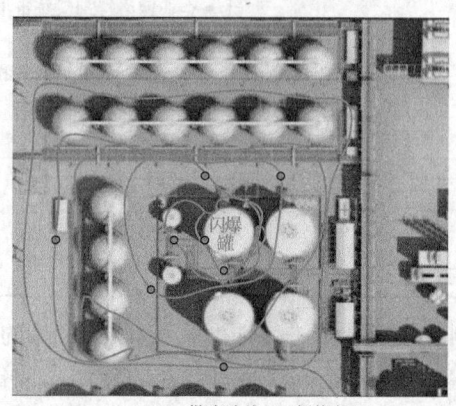

——勘察路线　●暂停点

图8.3　闪爆事故调查首次现场勘查循环迂回路线示例

对于火灾和爆炸事故，如图8.3路线方式初次勘察至火灾爆炸源头，形成整体认识后，调查组应对疑似火灾或爆炸源头进行仔细、详细勘察。此时，火灾和爆炸调查人员常使用的勘察方法是再从可疑的起源点朝外，然后向前走，远离起源点(不同于图8.3)。在步行勘察过程中，调查人员记录暴露于能量释放的设施物品，并记录暴露侧的物品损坏程度等细节，观察被能量释放屏蔽的物品侧面和表面，以确定爆炸冲击方向或预判爆炸强度。

现场证据收集不仅为发生的事故提供确凿依据，而且还可否定错误的推测，明确更聚焦的调查方向。如案例8.2，事故原因确定通常是在罗列可能原因后，通过证据排除那些不可能的原因。

**案例8.2**

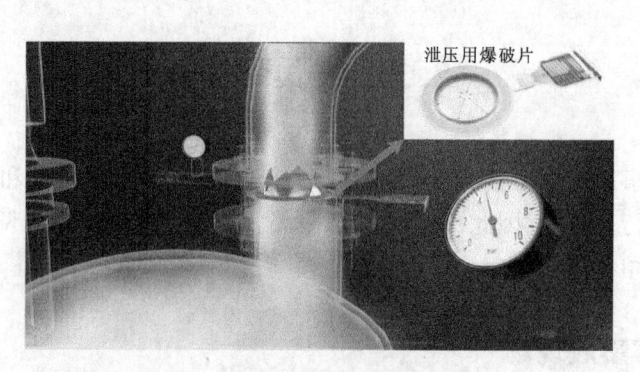

图8.4　容器超压爆破片泄放示意图

某企业调查化工厂火炬泄放总管中异常出现的碳氢化合物闪爆事故，初步分析认为最可能的原因是该压力设备连通至放空总管的爆破片发生泄漏，但是调查组检查发现所有相关爆破片都完好无损，为此排除掉了爆破片方面的原因。于是事故调查组将调查重点放在了安全阀和火炬隔离阀内漏方向。

物证受到轻微的干扰时，也可能产生严重误导或影响调查。调查组应有意识地减少调查过程中各种证据被破坏的意外情况。在最初勘察事故现场期间，团队成员可能对操作不够熟悉，无法识别缺失的东西。如果调查组成员对操作、人员活动和设备设施有相对透彻的了解，则会更容易判断证据是否被破坏。

在最初现场勘查时，事故现场可能仍在应急响应部门管理控制之下。调查组必须遵守应急响应部门的规定和要求，调查可在应急管理部门护送下进行，如有必要，调查组可以要求应急响应人员回答有关现场的问题、帮助拍照或收集数据。

在初步实地考察完成后，事故调查组立即制定详细的调查计划，明确调查项目并分配任务。之后调查人员将带着具体任务重复勘察事故现场，这是证据收集的主体阶段，该任务会越来越清晰和明确，直到完成证据收集迭代需求。事故调查勘察对调查人员的技能和专业知识要求比较高，并且要熟悉事故对象才能出色完成，对此调查组长要预判到勘察任务可能出现的延迟或错误，应合理分配人员，调度资源使事故勘察顺利完成。

如本书第7章7.6节所述，应在调查组各小组之间提前制定好共享文件和信息的计划。该计划应制定文件控制协议，明确记录各种证据出处。特别是涉及政府监管监察或法律诉讼的事故调查工作，正规且严格的证据收集程序能减少很多不必要的麻烦。

### 8.3.2 证据管理

保管链（Chain of Custody，COC）是调查人员处理物证需要注意的关键问题，事故调查工作的严肃性、法律和监管都要求证据有规范的采集步骤、管理程序和技术方法。事故调查组应建立收集证据信息清单，列出调查期间收集的部件、样品和其他证据信息。注意保护各种证据的脆弱形式（见表8.1），每个证据都应贴上标签、编号或进行标记，以防止误操作或错误处置证据。应对查勘现场进行控制，以防止好奇的人员损坏证据。特别关键且容易损坏的证据可通过复制、复印或拍摄照片等在分析时使用。

在调查初期，最好是在任何实地调查活动实际开始之前，事故调查组就向事故现场调查组团队和其他团队发表一个声明或沟通协议，说明哪些数据、资料、物品等可能属于事故调查用的证据，要求其他团体人员配合进行保护和管理，任何触碰证据的行为都要与调查组沟通或经过批准。例如有的证据可能会因人员触碰而发生变化（阀门和仪器的零件、个人防护装备和受伤工人的工具）。其他团体（如政府监管部门、保险公司、消防部门和潜在原告的代表）也可能因为对某些证据感兴趣而将其取走。

对各种类型的物证、文证和电子证进行编号、标记和归类管理非常重要。通过标签或标记，或颜色编码等工作有助于避免证据被移动或清除。想办法让拆除人员仅移动有明确标记可移动的物品。例如有的调查组的指导原则是：如果调查区域内的物品没有标记，那么就不允许其他人动它。也有很多调查组会使用塑料捆扎带在物证上固定标签标记，对重要物品上的附加标签拍照并记录每个标签。

证据可能会移动或进行二次处理，因此对证据信息的登记和管理也非常必要，本书附录2.6给出了证据信息登记表格示例。调查组应重视每一条可能提供关键信息的证据，有效管理，避免混乱和丢失。

— 127 —

### 8.3.3 调查用品和工具

事故调查工作需要各种工具和用品。工具不一定在每个事故都能用上,但是企业或组织应该提前准备一些常见工具,以便在事故调查时能快速提供。应维护并定期审查所有调查用工具设备清单,以确保在需要时可用。本书附录1给出了事故调查用品和工具检查清单,供事故调查人员接到调查任务后,前往事故现场时准备。

典型的调查工具主要有防护用品、个人用品、团队用品。

(1)防护用品。用于为调查人员提供符合基本安全要求的个人防护,调查人员应按安全确认思维进行使用,例如进入封闭空间采样,除非经过严格测试,否则应按有窒息或有毒气体处理,佩戴空气呼吸器,不可盲目直接进入调查。典型防护用具如下:

①满足现场防护需要的安全帽、护目镜、手套(橡胶和乳胶)、安全鞋(防砸放穿刺);
②正压式空气呼吸器,防毒面具;
③防静电工装,或防化服;
④安全带或高空护具。

(2)个人用品。用于调查员调查时方便取用的工具和用品,可放在斜挎包随身携带或放置在调查对象附近,供随时取用。例如:

①记事本、剪贴板、钢笔、铅笔;
②物理证据收集整理工具,例如小塑料袋、胶带、细绳、塑料捆扎带、耐雨标签、牙刷(用于清除选定证据上的烟灰、碎片);
③工具,瑞士军刀、剪刀、十字螺丝刀和普通螺丝刀;
④观察用工具,手电筒(防爆)、伸缩检测镜(反视镜)、放大镜;
⑤测量、标记工具,可伸缩卷尺、30cm直尺、油性记号笔等。

(3)团队用品。通常不需要调查人员每人都配备,现场分工的调查组按需配备即可。例如:

①用于通信和沟通的工具用品:多个带备用电池的对讲机、笔记本电脑、数据记录表格(电子和纸质)、备份拷贝用的移动硬盘或U盘;
②证据收集工具:高变焦数码相机和摄像机,备用内存卡,备用相机电池,小型工具包,无火花型工具(通道锁钳、尖嘴钳、螺丝刀、可调扳手、夹子、扎线、阀门扳手),用于数据保存/保护的塑料布;
③测量与观测工具:红外测温仪、激光测距仪、GPS定位仪、高清卫星地图软件;
④安全用品:警戒隔离线、小型急救箱。

### 8.3.4 摄影和摄像

摄影可用于捕获有关设备状况的直观信息,确定事故发生后物品相对位置等,摄像指的是把光学图像信号转变为电信号,以便于传输或存储,通常使用摄像机等视频拍摄设备,这是一种连续动态的影像记录过程。本节中使用的术语"摄影"是广义的,包括摄制各种视频和照片。随着摄影技术发展,事故调查也不断引进新的摄影技术和设备,有效支撑了事故调查,例如360°全景相机照片可让远程专家如同置身事故现场,深景数码相机只需要朝一个方向拍一张照片就可以查看到任意景深的清晰照片。

尽管事故发生后尽快拍摄现场照片是调查组的关键任务,但应急响应活动(包括受伤人员的救治、化学品泄漏的遏制、不稳定设备的安全控制和隔离等)始终是重中之重。一些应急减灾活动可能需要几天或几周的时间,尽管如此,在事故应急指挥部许可并指定地点仍可能抓紧计划拍照、取证。

事故调查涉及不同专业和水平的摄影知识,以保障利用好宝贵的现场勘查机会获得重要的证据和数据资料。企业层面的事故调查大多数为小型事故,调查组人员进行摄影基本可以满足调查需求。而政府层面事故调查通常为严重事故,对证据准确性和法律规范性要求较高,则需要经验更丰富的人员,例如法医专家,系统地记录现场、涉及的设备、损坏、证据收集和位置数据等,有时更为专业摄影需求也非常必要,比如微观分析视图(如电子显微镜照片)、磁通图像、气溶胶浓度场、X射线照片(明确结构损坏)、红外线照片(明确温度异常区域)、机器或设备的微距照片、夜间拍摄、高空无人机全景照片、事故前后卫星对比照片等。本书第11章的案例11.4展示了事故调查报告的多个关键照片证据。

调查组显然希望在调查目标物体受到任何干扰之前就对其进行拍照,拍照过程包括目标物体的移动、翻转,甚至抬起以标记或粘贴编号。保证目标物体照片完整和完整记录非常重要。只要有可能,应将数据标识作为照片的一部分。准确、完整和最新的照片日志非常必要。对于大多数与过程安全相关的事故,每张照片都应尽量标注以下关键信息,以便于调查人员对证据进行分析:(1)拍摄时间和日期;(2)照片的方向(如"从储罐T-102向北看");(3)用于明确拍照地点的草图或透视图;(4)感兴趣的关键项目(内容);(5)拍摄人的身份。

照片拍摄要求、信息登记保存要求等应该包含在事故调查人员的培训计划活动中。

摄影的一个特殊应用是记录特定目击者的视角。这有时可以增强证人的证词,澄清明显的矛盾之处,并验证有问题的关键调查项目。医疗和法律专业人员可能需要照片记录受伤情况,该领域通常最好留给医疗和法律专业人员。

进入现场摄影或摄像应该进行严格的安全培训,培训内容包括拍照站位安全注意事项,登高要求,照相设备安全使用要求等。例如:闪光灯装置和电机驱动器可能是潜在的点火源,非防爆的电子拍摄设备通常不允许在任何具有易燃蒸气浓度的地方使用。在许多情况下,在使用闪光灯、电机驱动器或摄像机之前,需要进行气体测试和高温作业许可。闪光设备的每种特定用途都可能需要授权,例如红外气体探测器也可能被闪光装置触发。即使在获得许可的情况下使用闪光灯时,也应该提前告知和提醒所有可能看到闪光灯(或闪光灯反射)的人员,以防止受到惊吓或采取反应动作,并可以防止受伤(由于跌倒或其他反应)。

### 8.3.5 证人访谈

#### 8.3.5.1 识别证人

任何与事故信息有关的人都应被视为潜在的证人,这一概念超出了传统上认为事故直接参与者或目击者才是证人的认知。间接证人,例如定期提供检测服务的承包商服务人员,可能提供有价值的信息,他们可能熟悉正常例行程序的某些方面,并且可能注意到一些不寻常的情况、评论或行为,有可能提供有价值的信息,可以帮助解决原本无法解决的谜团。

在应急响应活动中,应急响应人员可能会无意中干扰、改变和破坏证据,访谈应急响应人员可确定设备和物品的原始位置和状态。消防员可以对许多重要的观察结果发表评论,例如火焰模式、火灾区域、救援前受害者的位置、发生了池火还是喷射火、什么设备在他们到达时已经损坏,以及哪些设备在二次火灾或爆炸中受到损坏。

间接证人可以提供和目击者一样重要的信息。例如联系下班人员、前班人员或最后当班人员询问事故前后是否存在异常现象,联系最近退休或已调走的员工也可能获得事故所涉及系统和设备的问题经验或专业知识。潜在证人可能提供的重要信息还包括:

(1)深入了解鲜为人知的失效机理和系统行为异常;
(2)过程控制系统对各种异常条件的响应;
(3)过程变量的细微异常变化;
(4)某些参数之间的意外关系;
(5)哪些仪器被认为是不可靠的,哪些仪器被认为是始终可靠的;
(6)在系统初始启动过程中出现的意外问题和相关变化;
(7)以前发生问题和故障的历史以及为避免/纠正问题而采取的措施;
(8)过去发生的类似事故或未遂事故的经验或知识;
(9)未包含在正式书面操作程序中的实际操作做法或变更内容。

### 8.3.5.2 与访谈相关的人类特征

绝大部分人无法完整回忆事故和记住重要细节,并且人类天生是有视觉、听觉或记忆局限。

在大多数情况下,证人不会故意提供虚假信息,会尽可能地讲述他们所知道的事故情况。但是,如图8.5所示,人类的观察有时并不一定是正确的,"所见不一定为实"。如果目击证人看见较血腥的伤害或死亡场景后可能会情绪失控,无法准确还原事故情况,或者证人认为隐瞒或撒谎对自己更有利时会故意不配合访谈工作。以上是证人证词不一致或矛盾的典型原因。

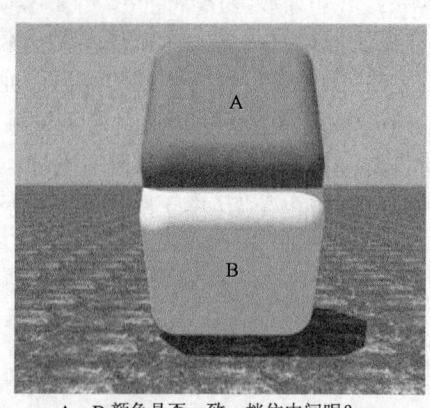

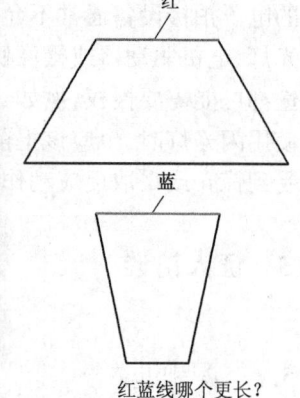

图 8.5 人类观察局限示例

不要奢望证人对整个事故有完整的看法或理解,每个人都有认知事故独特视角,由于证人不同的观点和经历,事故描述会存在差异,如同寓言故事"盲人摸象"一样,调查组能做的就是结合不同人的证言和"4P1E"证据互相验证,去伪存真,最后拼凑出较完整的事故拼图。

### 8.3.5.3 证人访谈一般准则

除了人证外,其他证据(物证、文证、电子证)都相对客观,而人证收集的范围和准确性在很大程度上取决于事故访调员(事故调查组负责进行人证访问和调查的人员)的表现。访调员建立融洽关系和信任氛围的能力会影响到目击证人披露信息的质量和数量。

及时收集人证证言非常重要,由艾宾浩斯遗忘曲线可知,人类保留的记忆细节数量会以非线性速度迅速下降。另外,目击证人会因为与他人的接触和交流影响其对事件的"独立"回忆和认知,因此,建议尽量要求证人在初次面谈之前不要与任何人讨论该事故。证人之间的交流互动会导致细节的记忆被篡改,并被意识和潜意识加工。回忆会受到证人恐惧情绪、不公平抱怨心态、担心说错尴尬、怕成为替罪羊等心理动机的影响。证人也会担心对事故的叙述与同事不一样而被孤立,或有同事或领导给其压力希望他如何描述事故,为此他们都可能隐瞒真实的事故信息。证人访谈的一般准则主要有:

(1)初步证人陈述很重要。在开展正式全面事故调查询问前,调查人员通常会直接找到密切相关人员进行初步情况了解,初步证人陈述可解决三个需求。首先,事故调查组此时还不知道证人范围,初步证人陈述有助于快速确定事故大致信息和证人名单(事故当事人、目击者和相关人员)范围。其次,可帮助事故调查组确定证人面谈优先排序,将最脆弱的和最有价值信息的访谈放在首位,将那些最不脆弱和最不具有价值的信息访谈放在最后。最后,初步陈述可用于在进行正式全面证人访谈时明确问询方向,更容易触发证人的记忆。

在记录最初的证人陈述时,通常会要求证人手写或录音陈述发生的事件顺序及其第一手观察结果,希望证人能澄清和集中他们的想法。调查人员需要了解,大多数目击者没有受过训练,也没有习惯于清楚地做出事故调查陈述,叙述不清晰和不完整都比较正常,需要更多耐心引导。例如,在证人记不清或陈述有明显错误时,由访调员在录音中插入旁白,以澄清访谈期间实际发生的事情。

(2)注意访调员对证人的影响。证人有时倾向于传达他认为访调员期望(希望或等待)听到的内容。访调员也可能通过发送各种响应信号来"引导证人"。有时候访调员甚至不知道自己正在领导或引导证人。因此,访调员必须注意不要提出引导性问题。典型的访调员引导如案例8.3所示。

---

**案例8.3**

证人访谈过程中引导性问题(应避免),示例:

(1)应避免引导性问题,包括问题答案的一些提示。例如,"检查压力后,再调整进气阀门,对吗?"它向证人暗示正确的行动是调整入口阀,尽管证人可能不这么认为。证人可能会回答"是",只是为了让谈话气氛融洽一点。

(2)访调员应避免反复询问相同的问题或主题来影响证人回答。例如,如果面试官总是问"这符合程序吗?""程序接下来是什么?""这是程序要求的吗?"证人将开始将他的所有答案与程序联系起来,因为他意识到这对访调员很重要。

(3)访调员提出的问题应谨慎措辞,尽可能保持中立、公正和不带偏见。应向所有证人询问一组共同的核心问题,以提供对照样本并交叉确认关键信息。

（4）访调员对证人的陈述做评论也会产生影响。例如，现场人员承认在巡检过程中图省事，没有每次巡检都用测温枪测试设备外壳温度。作为回应，访调员说："哇，不开玩笑！你真没测？"这肯定会影响证人在接下来的访谈中传达的其他信息。

（5）访调员的非语言反应也会影响证人。例如，如果证人承认在执行操作时犯了错误，而访调员来回摇头并恼怒地叹了口气，这种行为虽然没有语言，但是已经传达了"多么愚蠢的操作员"的意涵。因此，访调员必须时刻注意对证人产生的潜在影响。

（3）控制访调员人数。访谈形式和气氛也会显著影响证人访谈效果。在最初的访谈中，访调员和证人以一对一或二对一的访谈形式比较合适，尽量避免让受访证人有被调查甚至被审问的感觉，而是让他们了解访谈问询仅是为了查清事故原因，避免事故再次发生。如果有两名访调员在场，其中一人可作为主访调员，通过提问和与证人互动来引导谈话，另一名访调员则作为记录员或辅助者。这种分工可使主访调员专注于倾听和提问，提高访谈速度，尽量让访谈可以给人一种开放、坦诚、务实的印象。

需要说明的是，在事故调查后期（前期已经完成了前述证人单独访谈）进行的后续访谈和一般信息收集（事实调查型会议）时，受访者与访谈者的比例就不太重要了。后期访谈主要解决证言和证据细节不一致之处，可以有多名证人在场，以便快速"对质"，提高调查效率。总之，调查组须根据事故调查需求，根据具体情况和工作场所氛围做出判断，灵活调整访谈形式。

（4）保持面谈的机密性。调查组应尽可能保护每位证人的身份和其提供的信息，但是在大多数情况下，告诉证人调查访谈期间其身份和提供的信息都能做到严格保密是不现实的。例如，在事故调查报告中，不应直接使用证人的姓名，但是，调查报告又必须显示事故中间事件的顺序，此时证人的身份对于车间或企业人员来说可能显而易见。

调查人员不应向事故调查组以外的任何人展示或发布每位证人的访谈记录。有的调查组将受访证人名单放在报告的附录中，以显示调查分析的全面性和分析过程所付出的努力程度，建议考虑将受访证人姓名用其头衔来替代，以保持一定匿名性。或者，如无必要就不列举证人名单，调查工作的全面性和工作量也可以通过调查报告内容体现处理。

#### 8.3.5.4 进行访谈

图8.6给出了访谈流程概览。访谈主要过程包括：

（1）确定潜在证人。第一步是找到潜在的证人。应审查先前列出的潜在人员和证据源列表，以确定潜在证人，还可以调查以下内容以帮助确定需要访谈的证人：

①与系统相关的人员列表；

②操作员值班日志、工作时间表；

③各种记录文件追踪相关人员：计算机访问记录、员工和访客签到表、工单和程序上的人员姓名、采购记录、电话记录、上锁/挂牌记录、住院记录；

④文件和资料确定相关人员：设计和绘图文档（查找设计或绘制人员信息）、培训文件、组织结构图、审计记录。

（2）选择访调员。需要从事故调查组成员中挑选合适人员承担证人访谈任务，使其成为访调员。首先访调员应是让受访证人不感到厌烦的人。访谈技巧培训非常必要，应该选择那些经过证人访谈培训，并有一定沟通能力和语言表达能力的人作为访调员。另外，访调员应该熟悉设施中使用的系统和术语，不然涉及技术沟通时会面临障碍。例如：让调查组中原来从事操作和维护的访调员访谈其他操作和维护人员,在技术沟通上基本没有问题,当然也要避免如案例8.3中引导证人的情况出现。

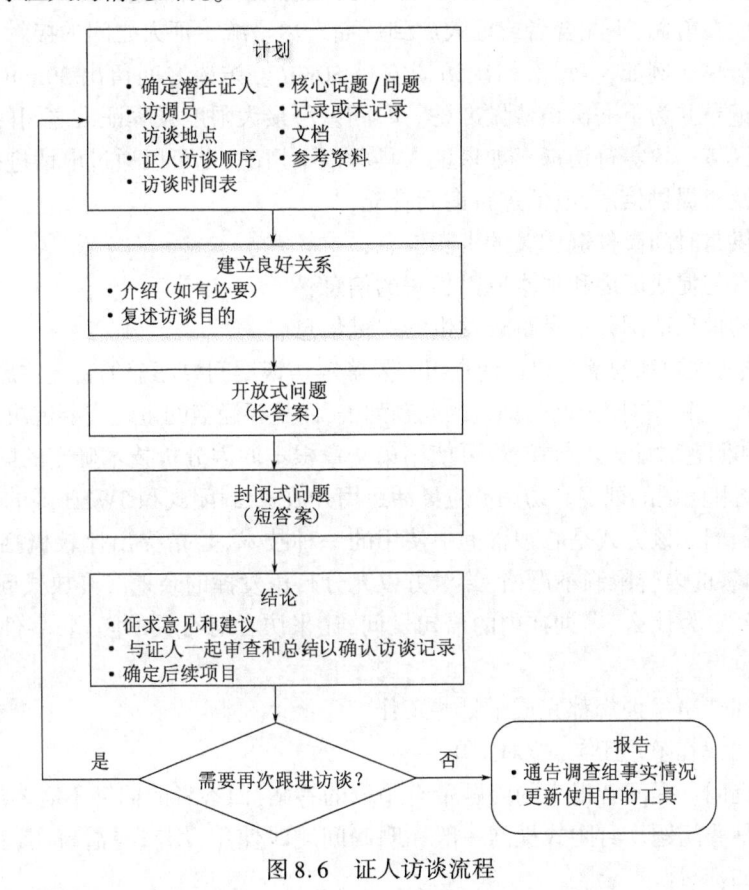

```
计划
• 确定潜在证人    • 核心话题/问题
• 访调员         • 记录或未记录
• 访谈地点       • 文档
• 证人访谈顺序   • 参考资料
• 访谈时间表
        ↓
建立良好关系
• 介绍(如有必要)
• 复述访谈目的
        ↓
开放式问题
(长答案)
        ↓
封闭式问题
(短答案)
        ↓
结论
• 征求意见和建议
• 与证人一起审查和总结以确认访谈记录
• 确定后续项目
        ↓
   需要再次跟进访谈?
   是 ↑         否 →  报告
                     • 通告调查组事实情况
                     • 更新使用中的工具
```

图 8.6 证人访谈流程

(3)选择访谈地点。尽量选择一个方便证人出入的"中立"地点进行访谈(相对的是"主场"和"客场"地点,例如:车间是员工的主场地点,因同事在场受访员工会有所顾忌,而公司总部安全处办公室是客场地点,员工有被找去训话的紧张感觉)。中立地点访谈将使证人感到放松一些,比如咖啡厅、会议室、教室等中立地点,尽量不要在证人不熟悉或不舒服的地方进行访谈。例如,在领导的办公室进行访谈会增加证人的紧张和压力。

事故现场有时是访谈的理想地点,在这里访谈,更像是一场非正式的讨论,有助于让证人沉浸到当时事故场景,视觉提示可以帮助证人回忆信息。证人在事故现场期间可以四处走动,指点设备,容易让证人放松和多说话。证人还会在现场传达大量调查人员可能不会想到的信息。但是,当现场存在潜在干扰,例如事故现场有其他潜在证人的存在、维修活动、拆除活动、恶劣天气或不安全条件时,在事故现场访谈效果可能不佳。另外,事故现场对有些证人来说可能存在感情障碍,如证人的朋友受伤或死亡,现场可能让其崩溃。

(4)安排访谈室。如果选择在中立地点房间访谈,最好让证人与访调员坐在桌子的同一侧,双方坐在桌子对面会营造一种对抗性气氛。如果有两名访调员,则最好一名充当记录员,另一名进行访谈询问,让证人可以同时看到两人会感到更自在一些。访调员最好提供现成的参考资料(例如工艺流程图、场地布置图、操作程序等),这会让证人在访谈中有所指点,有事可做,使其更放松,更愿意说话。

应消除房间里的其他干扰,不要让证人看到事故分析资料,例如因果图、故障树,显示事故调

— 133 —

查组正在对事故进行分析,可以在访谈房间准备纸笔用于手绘草图(无论艺术质量如何)。

(5)进行访谈。制定一个访谈时间表,把那些信息最脆弱、信息最详细、最有可能提供信息的人员访谈放在前面,不配合者或证人放到后面。尽量减少证人之间的接触,以尽量减少证人之间的交流分享。例如,将每次初次访谈安排30min。访谈之间留出30min的时间来整理上一次访谈的记录并为下一次访谈做准备。时间差可最大限度减少证人之间的接触。也不要让证人在公共区域一块等待访谈。如果证人具备以下情况,也可以通过电话进行访谈:

①因没能及时提供信息,电话进行询问补充;
②主要提供与时间事件链相关的事实信息;
③几乎没有与促成原因和根本原因相关的信息;
④能提供的信息范围并不是事故发生的关键信息。

(6)确定核心主题和问题清单。调查组需要确定访谈期间要涵盖的特定主题和要解决的问题清单。这个清单并不等同于询问证人的问题列表,而是要涵盖的主题或要解决的问题,围绕着这些关注主题和问题对证人进行访谈,可使用第9章根本原因分析技术确定的问题和数据需求来制定具体主题和问题的列表。访调员应灵活运用开放式、封闭式和5W1H式的提问方式:

①开放式提问。该方式是心理咨询中使用的一种技术,是指提出比较概括、广泛、范围较大的问题,对回答的内容限制不严格,给对方以充分自由发挥的余地。开放式问题常常运用包括"什么""怎么""为什么"等词在内的语句发问,让来访者对有关的问题、事件给予较为详细的反应。例如:

访调员提问:"事发前您都完成了哪些工作?"
证人回答:"我在整理工具,核对工单……"

②封闭式提问。提问者提出的问题带有预设的答案,回答者的回答不需要展开,从而使提问者可以明确某些问题。封闭式提问一般在明确问题时使用,用来澄清事实,获取重点,缩小讨论范围。例如:

访调员提问:"您当时确实看见冒烟了?从设备顶部还是底部?"
证人回答:"看见了,从顶部。"

③5W1H式提问。围绕访谈主题和问题从原因(何因,Why)、对象(何事,What)、地点(何地,Where)、时间(何时,When)、人员(何人,Who)、方法(何法,How)六个方面对证人提出问题。

有经验的调查组会采用"漏斗式"提问,从开放式问题开始,穿插5W1H提问,以封闭式问题得到关注主题和问题的信息,提高事故调查效率。图8.7为一起事故调查漏斗式提问示例。

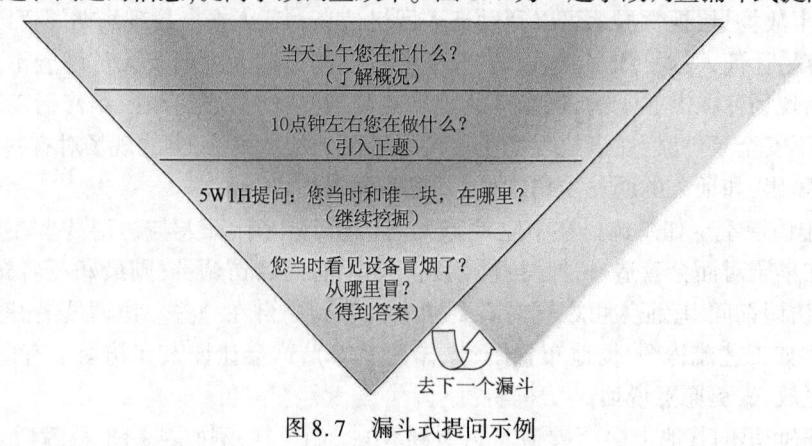

图8.7 漏斗式提问示例

案例8.4列出了访谈证人和应急响应人员问题示例?

**案例8.4**

　　访谈证人的示例问题:
- 请用你自己的话告诉我你所看到的和你所做的一切。
- 初始条件是什么?
- 事件发生期间您在做什么?
- 发生的时间是什么?
- 您觉得这件事之前有什么迹象?
- 当你看到_____时,你怎么知道该怎么做?
- 您与该区域的其他人进行了哪些交流?
- 该区域还有哪些其他人?
- 他们在哪里?
- 他们在干什么?
- 环境条件如何?
- 这次有什么不同?
- 您是否注意到任何设备运行不正常?
- 您对事件发生的原因和应该实施的建议有何看法、信念和结论(此信息为观点,而非事实)?

　　访谈应急响应人员的示例问题:
- 您到达时的初始条件是什么?
- 您或其他人是否移动或重新定位任何东西?
- 您执行了哪些应急响应活动?
- 过去是否发生过类似事故?
- 我们还应该与谁交谈?
- 还有谁可能提供信息?
- 您对事件发生的原因和应该实施的建议有何看法、信念和结论(此信息为观点,而非事实)?

　　(7)访谈记录。在访谈过程中,访调记录人员应尽可能不引人注意地记录访谈内容。主要访调员(或次要访调员,如果在场)应在访谈期间做笔记。其他记录方式包括摄像、录音或使用专门速记员。记录可能会使证人感到不舒服,或让其感觉像是在接受审讯,例如,摄像机可能会给证人带来额外的压力,虽然看起来记录更准确了,但是证人因担心说错话被记录下来而不敢讨论或多透露信息。

　　访谈记录形式也不应搞得很隐蔽。证人不会相信访调员说面谈期间不做任何记录,他们会认为访调员肯定在偷偷地录音或记录,为此会采取防备心理,不积极回应访谈问题。解决这个困难的一种方法是先告诉证人在访谈快结束时会与其一起确认访谈记录(长时间访谈记录可概括性回顾和说明)。访谈记录至少应包括证人姓名、日期、时间、陈述和记录员姓名。

　　如采用电话形式访谈证人,因证人无法看到访调员在做什么,可以尽可能多地做笔记,并在最后向证人朗读笔记,以确认访调员对证人评论的记录和理解是正确的。

　　(8)建立和维持融洽关系。访谈会给证人或多或少带来压力,即使证人态度真诚,愿意配合,或对事故没有任何责任。每个证人会有不同的情绪(恐惧、焦虑)、动机、态度和期望。

为帮助减轻压力，访调员首先应介绍在场的每个人（建议访调员最多 2 人），让另一个访调员充当"神秘人"做笔记或坐在旁边听显然会给证人增加不必要的压力。接下来，向证人解释调查过程并描述证人在调查中的作用和贡献，解释访谈的目的和意义，例如访谈就是为了查明事故原因避免类似事故再次发生，并不是为了追责。可以先用一般日常简单问题为访谈热身，例如证人的姓名、职位和在公司的年限等，使其在进入主体访谈内容前克服最初的紧张情绪。

在进入正式访谈之前，询问证人是否有任何问题。典型的问题包括访谈期间提供的信息的保密性、访谈需要多长时间以及调查人员对事故的了解情况等。访调员应尽可能完整和诚实说明访谈要求和调查过程，因为欺骗证人通常会导致以后的访谈和调查出现问题。但是，回答有关调查状态的问题时，应强调正在进行的工作，而不是当前已知的结论性信息。向证人提供其他来源的信息往往会误导和影响证人。表 8.3 给出了访调员应该有的表现和不应该的表现。

表 8.3 调查人员正确和错误表现对比

| 调查员应该有的表现 | 调查员不应该有的表现 |
| --- | --- |
| • 友善和尊重<br>• 专心聆听并深思熟虑<br>• 表现出同情心<br>• 避免表现出破坏关系的态度<br>• 尽可能保持中立 | • 当证人告诉新信息时表现出惊讶<br>• 当证人确认其他证人的证词或认同对事故原因分析时，表现出兴奋<br>• 负面的态度：蛮横、颐指气使、骄傲、过分自信、过分热切、胆怯或偏见<br>• 评判证人提供的信息，即使知道它是不正确的<br>• 即使没有新的信息出现，也要尽快向证人提供服务<br>• 向证人做出承诺 |

请记住，访谈的重点是从证人那里获得尽可能多的信息，而不是向证人展示调查人员有多聪明。

（9）促进不间断的叙述。访谈的时候安静很重要，尽量让证人说话，而只要访调员在说话，证人就会保持安静。访调员应避免在提出开放式问题后打断证人。在访谈的开始时避免或少提出封闭式问题，证人会做出简短回答。在访谈过程中应避免引导性和指责性的问题。从客观公正角度讲，访调员也不宜引导证人应该说什么和不该说什么。

如果调查人员需要解决的具体问题未包含在最初的开放式问题答案中，则访调员应针对关注的主题和问题清单提出更详细问题，例如：

①中间事件发生时间、环境条件或其他条件指标、可能的原因及区域等；
②人员位置、人员和受害者的位置、任何移动或重新定位的东西；
③应急响应活动；
④信息缺口、数据不一致的地方；
⑤其他人的行为、管理层和员工参与情况；
⑥培训和准备情况；
⑦类似事件的历史、导致不明智行为的想法、观点和判断等。

访调员在事实未充分了解和确定之前不该对事故原因下结论，同样，访调员也不该在证人们叙述出现不一致的时候过早下结论。有时候，看起来两个明显相互矛盾的事情可能是真实的，只是事件时间序列不同而已。或有时候，对于同一问题，不同的人可能有不同的定义，例如:面对面的两个人说的"左"和"右"都是对他们个人而言,是相反的。遇见这种情况时,就需要继续发问,以澄清矛盾之处。

当证人提供的关键信息是"名词"时,访调员可能需要通过进一步询问来澄清"究竟是什么",澄清差异对调查可能很重要。例如:证人说现场有个电动阀之前发生过故障,访调员继续问电动阀是电动的还是气动的?

当证人提供的关键信息是"动词"时,访调员可能会问"如何,确切地说"。例如:关闭反应器可能意味着在正常关闭模式下逐渐减少进料,也可能意味着内部操作员按下紧急停车按钮。

有时,证人可能会提到规则或值,例如,外部操作员应始终关闭排水阀,访调员会继续问"如果他不这样做会怎样",可能会有所帮助。

证人有时会使用一些概括性词语,例如全部、总是、每个人、绝不、他们等,此时访调员可以通过询问"全部""总是""每个人""绝不""他们是谁"来澄清这些概括词语。

有时,证人可能会提到一些不太明确的比较信息,例如"用 A 类工具更好",访调员可以通过继续询问"比什么更好"来获得清晰的信息。

实践表明,访调员探索新信息的反应能力很重要。不止一位证人在访谈后表示他们知道某个事实,但由于访调员没有询问,证人也就没有提及,因为证人觉得该信息可能不重要或不相关。

(10)结束访谈。大多数证人想告诉调查人员他们对事故原因及解决问题的想法,但建议只在访谈结束时进行,直接说出事故原因和想法对于调查人员理清事故过程和证据分析作用有限,且会影响证人提供重要细节和过程信息,因为证人可能觉得结果都已告诉你了,其他细枝末节可能不重要了。

访谈快结束时,访调员应该对证人的合作表示感谢,并对可能的后续访谈征得其同意,向证人提供访调员的联系信息(如电话或微信等更方便联系的方式)。如果访调员只要求对部分证人做后续访谈,这部分证人会觉得只有他们被针对性挑出来了。

最后,访调员应与证人一起审查访谈记录。在此审查期间,通常会澄清或补充一些细节。证人在访谈结束后回忆补充额外的信息是很常见的。如果证人记得其他事情,或者想以其他方式修改或添加访谈内容,访调员应邀请证人再度访谈、以电话或微信等形式访谈补充。访谈完成后,访调员应立即做几件事,不要等到之后才整理:

①评估访谈效果和证人信息整体可信性(识别说谎者);

②整理得到的信息,形成正式的访谈记录(如事故调查管理系统存档需要);

③识别任何与先前信息确认或冲突的关键点。

调查结果将包括诸如观察、具体见解以及在以后的访谈或调查活动中要跟进的项目等。此外,调查组团队还应该更新正在进行的事故分析内容。例如,更新中间事件列表、逻辑树或事件假设矩阵。最后,将面谈信息及时传达给调查组的其他成员。

(11)进行后续访谈。当调查组认为需要澄清之前证人提供信息的矛盾之处,或需要证人补充信息时,就需要再次进行后续访谈。用前述正式访谈相同方式进行后续访谈,但可使用更有条理、直截了当的访谈风格。之前访调员可能会使用开放式问题,但后续访谈封闭式问题通常比之前正式访谈用得更多、更早。访调员要注意后续访谈是为了补充信息或进一步确认,而不是找证人对质之前为什么信息有矛盾或解释错误。

## 8.4 证据分析

在初步获得事故信息和证据后就需要开始证据分析了,证据分析是一个迭代过程,与证据收集交互进行,收集到的证据供分析和测试使用,证据分析提出补充和强化新证据收集的需求和方向。证据分析通常需要更长的时间,有的事故收集证据时间和事故现场清理关闭时间差不多,但是可能需要花数月甚至数年时间才能完成证据的分析或测试。例如很多空难事故,往往需要花费比收集证据更多的时间进行测试和分析才能得出事故结论。证据分析必须遵循系统和彻底的方法。

### 8.4.1 证据失效分析的基本步骤

失效分析的基本步骤包括图 8.8 所示的 7 个步骤。

```
发现或检测到失效
        │
1.评估现场条件
        │
2.初步评估部件
        │
3.保留脆弱资料和数据
        │
4.对部件进行评估(如有必要)
        │
5.对部件进行更详细的分析(如有必要)
        │
6.在模拟条件下测试
  (科学性和可信性有保证)
        │
7.确定失效机理并探索根本原因
```

图 8.8 证据失效分析基本步骤

第 1 步:评估现场条件。

评估现场条件是失效分析中最重要的一步。了解现场条件以及设备或部件的使用方式可以排除掉一些不可能的失效机理,确定可能的失效机理。要问的典型问题如下:

(1)部件使用了多长时间?环境条件如何?该区域正在开展哪些活动?
(2)失效是否发生在启动、关闭、异常或正常操作期间?
(3)是一个旋转的设备吗?有没有摩擦到什么东西?
(4)是否有任何液体或气体流过设备?零件暴露在哪些化学物质中?
(5)零件是由什么制成的?
(6)现场是否存在熟知的反应性物质?现场是否存在潜在的相互反应物料(由不相容物料的无意混合引起)?工艺过程的任何部分的化学反应是否"受控"?

(7)是否有设备不止一项功能,并在切换前进行清理?

这些问题的答案可使调查人员能够确定后续信息、数据等证据收集工作方向,开展有效率的证据迭代工作。

第2步:初步评估部件。

在此步骤中,将对部件进行初步分析。通常,重点是对部件的目视检查。调查人员应避免对证据部件的干扰,在不改变证据状态情况下进行目视检查。如果需要移除,应先对部件、物品拍照并在现场标记位置,再以受控、小心和有条理的方式移除证据部件。调查人员应注意评估涂层、残留物、沉积物和杂质的重要性,可以采集化学品、土壤、沉积物和涂层的样品。

宏观视觉检查是用肉眼目视检查或低放大倍率放大镜或显微镜进行的。如需要确定断裂痕迹和位置或确定其他破坏痕迹,可能要移动或翻转部件,应注意采取非破坏方式进行,以免对后续分析造成影响(见第4步)。

第3步:保留脆弱证据资料和数据。

应为证据提供安全、可靠且受控的存储地点。考虑证据是否需要特殊存储条件,例如温度控制、湿度控制、洁净包装等。准备部件以供进一步评估,并避免可能破坏或降级数据的操作。

有些证据需要长期保留,可能需要特殊的存储措施。在法制建设越来越完整的今天,当政府层面事故调查涉及司法诉讼时,作为证据链的物证保管更加重要,要考虑大型物证的长期存储做好准备,以尽量减少天气的影响。使用专用存储区、围栏或专人保管等措施防止证据丢失。

案例8.5列举了一起因证据保存不良,而使事故调查工作受到严重影响的例子。

---

**案例8.5**

因证据保存不当而使事故原因和责任认定缺乏可靠支撑。

2020年广东省某制造企业发生机械意外启动伤人致死事故,当地政府组织的事故调查组仅查看设备外观正常,在没有通电测试开关功能正常条件下认定事故是由操作人员违章造成的,该操作人员因此被起诉。该操作人员辩护律师称该设备设计缺乏误启动保护是事故发生的主要原因,且维修记录显示该类型设备出现过故障误启动现象,因此提出设备开关测试要求,合理推断事故可能是由开关故障造成的。但是该设备作为关键证据却没有被很好保存,已经报废处理找不到了(调查组未做封存,企业也觉得事故设备无用便很快处理掉)。最后法院以证据不足对操作人员免予起诉。

实际的事实真相因为证据没有被很好地保存而无法查清。

---

另外,对于过程事故,事故前批次的原料、中间品和成品、质量控制结果和保留的样品应得到妥善保管并防止降解,如果可能,应采集事故后样本并进行保护。短期保存(数周)通常可以通过使用聚乙烯保鲜膜和胶带密封完成,并要采取控制措施,防止证据被破坏或污染。

第4步:对部件进行评估(如有必要)。

如有必要,需对相关部件分析和测试的数据进行评估。这个阶段可能包括现场测试、现场拆卸和车间拆卸。应拍摄相关部件测试和拆卸活动期间的状态照片作为分析记录和存档使用。所有这些活动都应该有专门的测试计划并以谨慎和受控的方式进行。在一些重大事故调查中,可能需要对受损设备或部件进行重新组装,以了解收集到的各种零部件之间的物理关系,此时可能需要专用区域或仓库空间来有效地重建和分析物理数据。

第5步:对部件进行更详细的分析(如有必要)。

如有必要,某些项目和零部件可能需要更详细的检查。对于大多数中小型事故调查,可能宏观评估就足够了，例如断裂面上的剪切或脆性破坏迹象、显示爆炸方向的线条和(人字形)图案都可为破坏的顺序、类型和原因提供有价值的线索。

而详细的断裂和金属失效分析是重大损失事故调查中常见的项目，该专业领域任务通常需要外聘专家或实验室来完成，检查分析的具体技术超出了本书的范围。例如案例8.6，需要根据合金的断裂模式推断失效的实际原因和机理(应力腐蚀、晶体腐蚀，还是外力破坏)，进而推断事故原因。

**案例8.6**

某汽轮机厂生产的1000MW超超临界汽轮机组，在投产一年后的2015年发生高旁阀螺栓全部断裂的严重事故。调查人员分析了高旁阀阀盖螺栓为圆柱形结构，螺栓为B446不锈钢材质，螺柱与螺纹过渡区无弧段，存在应力集中的可能。开展了现场断裂螺栓光谱检查，结果表明：B446螺栓存在550℃以上高温下变脆的可能。高旁阀阀盖16枚螺栓均在阀体结合面螺纹套第一牙处断裂(图8.9和图8.10)，螺栓断裂面无新旧伤痕色差。

图8.9　高旁阀阀盖螺栓断裂　　　　图8.10　高旁阀阀盖螺栓断面

调查人员最终得到事故原因为：高旁阀密封形式设计不合理，导致阀盖螺栓始终受力，高温环境下阀盖螺栓材质性能下降，螺栓出现质量问题，螺栓有可能在同一时间区间断裂。因此，螺栓的材质和结构形式是造成高旁阀阀盖螺栓断裂的主要原因。

上述原因认定显然和用户方面的操作和使用没有关系。如果没有专业分析，有可能把用户操作问题当作可能原因。

第6步：在模拟条件下测试(科学性和可信性有保证)。

在该步骤中，可以进行各种实验测试和模拟，还原事故条件、分析数据，例如操作测试、混合实验、燃烧实验、数值仿真模拟分析(如泄漏、扩散、火灾爆炸的CFD仿真等)、其他类型的实验。可以使用类似的零件或样品进行模拟，以尝试重现故障时的情况，也可启动工艺过程或系统模拟事故参数特征。

从模拟中获得的信息可以解释证据矛盾和补充证据分析数据，说明部分关键的事故原因机制，时间线是此开发中的有用工具。对于意外的化学反应事件，通常会尝试对放热或爆炸条件进行实验室或数值仿真模拟。许多化学过程也可以通过计算机软件进行动态模拟。为让读者对事故调查模拟测试有感性认识，案例8.7给出了一些事故调查实验模拟和数值仿真模拟的例子。

**案例 8.7**

事故调查中模拟测试示例：
- 在烧杯中混合两种液体，看看是否在不搅拌的情况下分层。
- 测量与各种类型和数量的杂质反应的反应热。
- 使用 HYSYS 软件模拟流量变化的潜在影响，如图 8.11、图 8.12 所示。

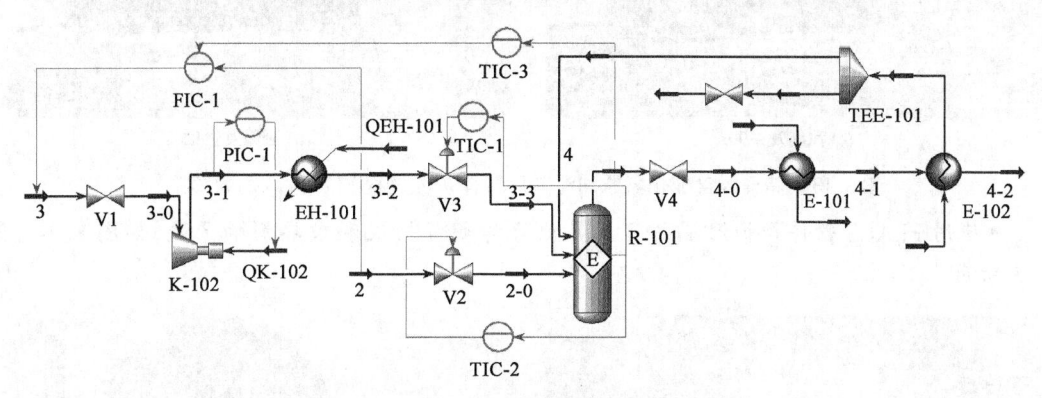

图 8.11　甲烷重整过程 HYSYS 仿真模型

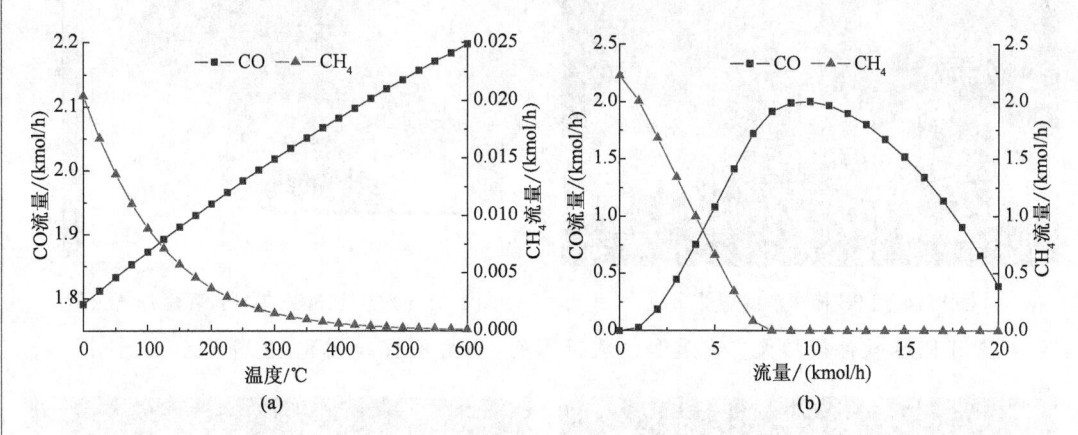

图 8.12　甲烷重整合成气流量(CO 和甲烷)随空气进料温度(a)和流量(b)变化影响关系

- 使用 FLUENT 软件模拟泄漏硫化氢扩散影响范围，如图 8.13 所示。

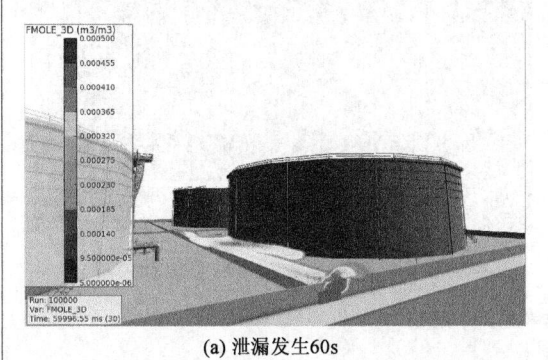

(a) 泄漏发生 60s　　(b) 泄漏发生 70s

图 8.13　储罐区含硫化氢原油泄漏后气体扩散过程 FLUENT 模拟

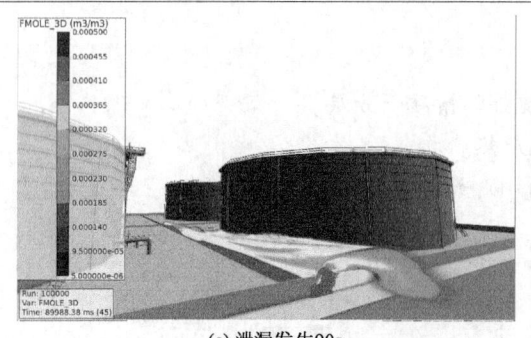

(c) 泄漏发生90s 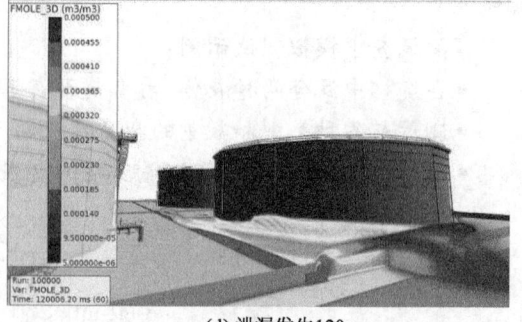　　　　　　　　　　　　(d) 泄漏发生120s

图 8.13　储罐区含硫化氢原油泄漏后气体扩散过程 FLUENT 模拟(续)

● 使用 FLACS 软件模拟泄漏的可燃其他爆炸超压情况和破坏影响区域,如图 8.14、图 8.15 所示。

图 8.14　LPG 槽车泄漏爆炸事故 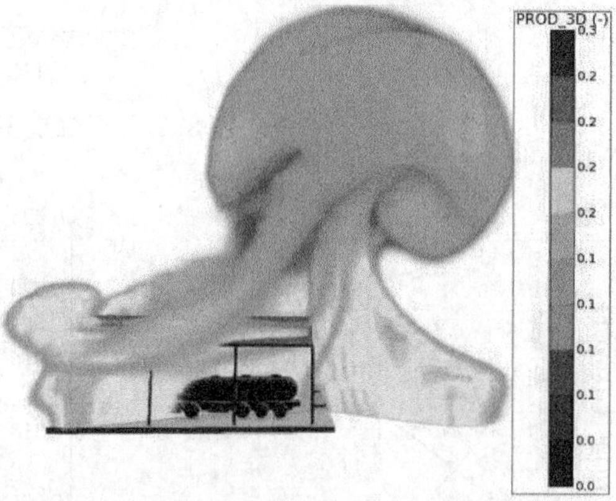　　　　图 8.15　对应 FLACS 模拟计算爆炸气云量

● 使用 FDS 软件模拟火灾发展和热载荷影响,如图 8.16～图 8.18 所示。

图 8.16　变压器油起火 FDS 模拟 　　　图 8.17　变压器起火水喷淋影响 FDS 模拟

● 使用 AUTODYN 软件模拟爆炸冲击对结构物的损伤。

● 测量暴露在阳光下的一罐液体的升温速率。

● 用加速量热仪(ARC)研究放热或超压失控反应。

● 燃烧物质分析对比其火焰特征(如天津港"8·12"特大火灾爆炸事故调查模拟对比硝化棉火焰燃烧形态)和光谱特征。

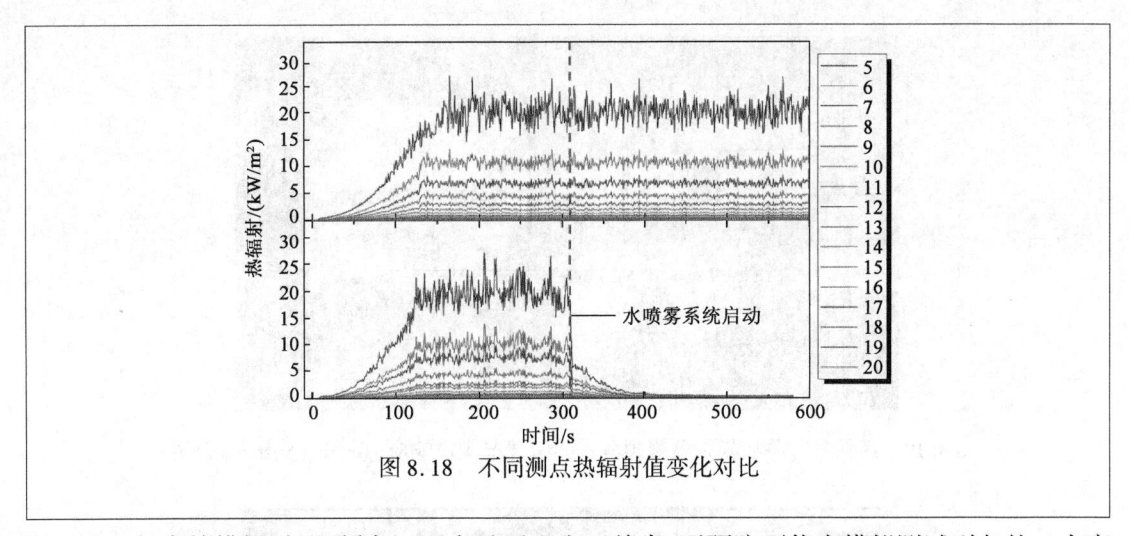

图 8.18 不同测点热辐射值变化对比

在进行事故模拟时,必须牢记两个重要理念。首先,要预防可能由模拟测试引起的二次事故。例如:在研究涉及机械转动导致截肢的事故时,模拟研究时发生伤害事故的频率非常高。开展安全模拟的考虑因素包括:

(1)控制反应物的体积和浓度;
(2)合理控制反应引发剂的数量和类型(催化剂、点火源);
(3)采用安全屏障措施,例如人员防护装备(PPE)、超压泄放装置等;
(4)用认可的有限元数值仿真技术替代实体模拟实验。

其次,模拟只是模仿,只要能满足适当的相似准则,能明确事故机理即可,并非完全复制事故情况。模拟本质上是在理想和已知条件下获得的,研究人员应注意模拟的局限,并在应用这些模拟数据时能满足爆炸模拟的科学可信性和准确性要求。例如应尽量使用权威的有限元三维商业 CFD 软件 FLACS、KFX 计算爆炸后果,而不是用普通的二维软件,因为二维软件无法考虑障碍物、拥塞等条件,仿真模拟结果可靠性可能不足。如果是无遮挡的平原地形可能二维软件就能满足要求,而且建模和计算都比较简单。

涉及复杂的人类行为问题的调查可以使用模拟方法进行。各种过程模拟器通常用于操作员培训,但也可用于了解人为失误原因的工具。事故调查团队可以让操作员模拟过程异常情况,并获得对操作员响应的宝贵见解,从而快速准确地诊断问题并执行适当的操作。图 8.19 和图 8.20 给出了两种比较先进的事故分析模拟器形式。

对人员行为和可靠性分析调查还有一种更简单的方式就是邀请操作人员现场演示。询问操作人员在平时和事故前后是如何操作的,通常操作人员会指着显示器或控制器向调查人员说明流程和操作方法,及以往出现的各种参数和人员操作情况,调查人员通过快速捕捉信息,记录和判断可能的人员行为失效原因。

第 7 步:确定失效机理并探索根本原因。

通过分析和证据更新迭代,不断执行此步骤。使用如本书第 9 章描述的逻辑树、因果图、检查表、预先定义树等方法,直到找到确切的或可能的根本原因。这里需要注意,"确切的原因"是指证据确凿,且分析结论明确的原因,"可能的原因"是指分析认为有很大可能的,但缺乏充分证据支持,也没有其他证据能排除的原因。事故调查结论列举有可能原因并不代表事故调查的失败,而是能体现调查组科学、客观严谨的态度。本书附录 3 给出了一起居民液化石油气爆炸事故结论为可能原因的例子。

图 8.19 用钻井与井控模拟器模拟各种异常情况人员响应(Drilling Systems 公司)

图 8.20 用 VR 模拟班组人员事故协同响应和生命值影响[中国石油大学(华东)]

## 8.4.2 证据失效分析技术介绍

在证据失效分析基本步骤第 5 步中,重大事故调查中的物证勘察技术是事故调查不可缺少的内容,直接影响证据分析和事故结论。事故的火灾、爆炸、设备失效勘察技术是很多不同专业和技术的集成。有时候调查组需要借助外部专家或实验室完成这部分工作,具体内容超出了本书范围。下面仅简单列举相关常识性内容,让读者以管窥豹,对证据失效分析技术有初步认识和了解。

(1)通过检查破裂和撕裂形态,并参考失效时压力值可区分设备是否发生燃爆和爆炸。通常在管道系统中,弯头、三通或阀门等其受限部位的损坏最为明显,详细的金相检查可解释破裂或撕裂模式、局部应变和金属温度的影响。有时,事故会以爆燃开始,然后加速成爆炸。在发生从爆燃到爆炸转变的位置,通常存在明显不同的损坏模式。凝聚相材料爆炸压力会将金属管粉碎成大量小碎片。在分析失效机理时,伸长率、变形模式和失效模式都可能是有用的线索。

(2)专业的火灾调查人员已经开发出高效的方法,可以从对烧伤、炭化和熔化模式的系统研究中推断出事实。典型例子包括：

①大多数木材将以3.6cm/h左右的稳定速率燃烧；

②液压油燃烧有几乎一致的烟气颜色、火焰色、自燃温度和白色残留物；

③玻璃破碎形态可用于估计超压波，而超压波又可用于估计爆炸中释放的能量；

④电导体在不带电情况下断裂与通电时断裂的断裂截面存在差异，因此调查人员通常可以确定特定设备在事故发生时是否实际通电。

表8.4给出了常见材料破坏温度，可供事故调查组参考。

表8.4 不同材料破坏参考温度

| 说 明 | 温度/℃ | 说 明 | 温度/℃ |
| --- | --- | --- | --- |
| 油漆开始软化 | 204 | 橡胶软管自燃 | 510 |
| 环氧富锌底漆变色至棕褐色 | 232 | 铝合金熔化 | 610~660 |
| 环氧富锌底漆变色至棕色 | 260 | 玻璃熔化 | 750~850 |
| 普通油漆变色 | 310 | 黄铜熔化(仪器仪表或零件) | 900~1025 |
| 氧富锌底漆烧焦至黑色 | 371 | 铜熔化 | 1083 |
| 润滑油自燃 | 421 | 铸铁熔化 | 1150~1250 |
| 不锈钢开始变色 | 427~482 | 碳钢熔化 | 1520 |
| 胶合板自燃 | 482 | 不锈钢熔化 | 1400~1532 |
| 电线上的乙烯基涂层自燃 | 482 | | |

注：数据参考于Perry's Chemical Engineer's Handbook；Marks Mechanical Engineer Handbook；NFPA 422M；NFPA Fire Protection Handbook。

然而，并非所有证据都容易诊断，例如：钢结构材料长时间在575℃高温环境下强度会变弱，而只需短时间暴露于816℃就会显示出与长时间暴露在575℃条件下相似的损坏形态。除非能通过钢结构材料的下垂形态来判断钢暴露的温度，但如果没有其他证据（比如钢结构有承托，没有明显下垂），则无法准确确定钢是否承受了816℃以上高温。

在大多数情况下，一些受过物理证据分析培训的调查人员可以对失效机理做出合理可靠的结论。如果其他证据（人员、位置、文件和其他物理证据）都与调查人员的结论一致，则可能不需要使用专家。但是如果调查需要对物证进行高度确定性和准确性的分析才能明确事故发生原因，则可能需要物理证据分析方面专门技术专家或实验室，例如：一台反应器发生破裂泄漏事故，调阅DCS控制系统发现没有发生过工艺超压，调查组于是对反应器进行分析检测，以明确破裂原因究竟是内腐蚀？氢原子渗透腐蚀？应力腐蚀？材料不良？等等。单凭调查人员肉眼是很难确定的。

本节为物理证据的分析提供一般参考。

### 8.4.2.1 显微镜目测

材料的微观结构和损伤可通过显微镜目测来确定。通过金相（金属）、岩相（陶瓷、玻璃和矿物）和树脂相（塑料和树脂）技术制备的镶嵌、抛光和蚀刻样品进行显微目视检查。反射光显微镜可用于不透明材料。透射光显微镜通常使用偏振光，以高达2000倍的放大倍率检查透明或半透明材料。扫描电子显微镜(SEM)和透射电子显微镜(TEM)用于检查高达15万倍放大倍率的样品。断口分析技术通过对断口表面的检查,确定断口机理。由于焦点深度大,放大倍率从5倍到1.5万倍的SEM是断口成像的主要仪器。

#### 8.4.2.2 尺寸测量

腐蚀或磨损的程度可以通过测量剩余厚度并将其与原始厚度比较来确定。应确定变形部件的变形程度和断裂部件的伸长率。普通机加工车间测量工具一般可提供足够的精度。

#### 8.4.2.3 无损评估

各种无损评估(Nondestructive Evaluation,NDE)技术用于定位宏观目视检查中可能不明显的缺陷和裂纹。与在发生完全失效的位置进行相同的分析相比,在失效初始阶段或渐进阶段对裂纹和其他损坏的分析通常可以提供更多关于失效机理的信息,事故调查组如能够查阅以往失效位置的检测评估数据将对评估有重要帮助。磨损、断裂或腐蚀的表面在失效后可能会出现相当大的二次损坏。下面给出了最常用的NDE方法。

(1)目视检查。用肉眼或借助管道镜、显微镜、电视摄像机和放大系统进行检查。

(2)泄漏测试。在压力或真空下定位容器壁的缺陷和裂缝。例如:通过高压使水从缺陷部位泄漏出来;利用示踪剂查找泄漏位置;利用负压波传感器定位泄漏等。

(3)液体渗透检测。可发现表面的不连续性缺陷,可用于任何具有相当光滑度无孔表面材料缺陷检测。

(4)磁粉检测。有助于在铁磁材料中发现表面不连续性和非常接近表面的一些不连续性缺陷,比液体渗透检测更灵敏。

(5)涡流检测。对导电铁磁和非铁磁材料进行不连续性检测中使用最广泛的方法,可以检测表面和内壁的不连续性缺陷。

(6)超声波检测。用于检测金属表面和浅表面的不连续性缺陷,有时也用于检测其他材料。

(7)射线照相检测技术。主要通过使用伽马射线或X射线检测金属内部的不连续性,伽马射线或X射线照相可以检测非金属、无机材料中的不连续性缺陷以及组件中多金属部件连接位置。中子射线照相方法可用于检测有机材料密度的变化。

(8)声发射检测。对于定位玻璃纤维和其他复合材料中的缺陷非常有用,一旦确定了缺陷的位置,其他NDE方法可以帮助确定其严重性。

其他NDE方法包括磁场检测、微波检测、热检测和全息检测等。

#### 8.4.2.4 金属、陶瓷、混凝土和玻璃性能测试

有时事故调查组需要对事故现场的金属部件开展各种宏观、表面和微观测试,例如拉伸测试、硬度测试、冲击测试、弯曲和延展性测试、验证测试、法兰连接或喇叭口测试等。由于不可能把事故现场的大型金属结构物搬至实验室,测试分析人员应注意测试样本的大小是否会影响测试结果。

如果物证涉及陶瓷、混凝土和玻璃材料,无论它们是否使用,都应进行原产品规格要求的力学测试试验,因为这些材料很多会随时间发生物理性质的变化。调查人员不能因为这些材

料看起来很新,或没有使用过就认为它们保持了原始材料的性能。

物证为塑料、弹性体和树脂材料时,也应抓紧时间按机械测试的规范要求进行测试,因为有机材料物理性质退化是化学、辐射或热降解的结果。当把有机材料从溶剂中或与其他化学物质接触后再拿开时,材料当时的物理特性可能与几天后差别很大。

#### 8.4.2.5 化学分析

事故调查中经常需要对散装材料进行化学分析,以确定是否符合产品规格要求,或对材料中的组分、表面沉积物或磨损颗粒进行化学分析以确定可能的原因。大多数化学分析技术用于识别或量化元素、离子或官能团,也能识别和量化化合物。通过配备 X 射线荧光和各种电子检测器的 SEM,可对原子序数大于 4 的元素进行半定量元素分析。电子探针显微分析仪和微探针可提供小区域的元素分析。二次离子质谱仪、激光微探针质量分析仪和拉曼微探针分析仪可以识别元素、化合物和分子。可以使用 TEM 获得电子衍射图,以确定存在哪些结晶化合物。铁谱法用于识别润滑油中的磨损颗粒。

#### 8.4.2.6 其他工程分析工具

除了物理证据分析技术外,传统的工程分析工具和技术方法(如数学、物理等工程分析计算方法)在事故调查中也很有用。传统的分析工具可用于确定以下内容(举例):
(1)容器中的气体浓度或泄漏的量;
(2)通过管道和泄漏点的气体和液体的流速;
(3)储罐液位随时间变化;
(4)通过热交换器的流体温度升高或降低;
(5)化学反应速率;
(6)部分装满水箱的重量;
(7)气体分散;
(8)组件或平台的强度;
(9)一段时间内使用的原材料桶数。

调查人员可使用工程分析计算方法来支持和反驳在调查过程中提出的各种理论。有时可能只需要粗略的计算来确定某个场景是否可行,例如,即使罐中的物料全部流出,也可能不足以在工艺的另一部分引起溢流,进而排除掉是由罐内物料流出造成的溢流。

### 8.4.3 证据重要度顺序

在事故调查活动中,收集的证据反映出的信息存在矛盾或不一致比较常见,此时需要对证据重要度进行排序,选择相对更为可信的证据。通常情况下客观证据重要度高于主观证据,高可靠性物证分析技术的物证高于低可靠性分析技术的物证,经过多人确定的证词高于个别人证词。表 8.5 给出证据重要度顺序参考示例,实际分析排序需根据证据属性的客观性和科学性进行判断。

表 8.5 证据重要度排序示例

| 序号 | 证据 | 重要度 |
|---|---|---|
| 1 | DCS(Distributed Control System,分散控制系统)或 PI(Plant Information,生产实时信息系统)数据 | 高↓低 |
| 2 | 经可靠性高的测试技术分析过的物证(例如通过火焰判断起火物质时,光谱分析报告高于普通监控视频) | |
| 3 | 书面/电子文件(文证、电子证) | |
| 4 | 多个目击证人的证词(一致时) | |
| 5 | 未被应急救援损坏的在现场看到的情况(物证、位证) | |
| 6 | 操作过程的样品分析(可能因救援、取样耽搁而使结果变化) | |
| 7 | 调查人员对工艺设备的目视检查或一般测量(设备可能在事故中被破坏) | |
| 8 | 某些个别未经证实的目击者的证词 | |

### 8.4.4 证据分析的新挑战

随着电子和信息网络技术的发展,例如过程控制仪表系统、计算机、可编程逻辑控制器,以及在现场使用专用功能计算机等,都给事故调查带来了新的挑战。有些进展如此之快,以至于团队可能没有确定失效场景、顺序和模式的内部专业知识。这些高科技设备的供应商和制造商可能是这些设备失效模式和可靠性信息的唯一来源。

对于这方面问题,依赖外部专业知识可能是最可行的选择。事故调查组可以用类似于PHA(过程危害分析)研究模式,邀请外部专家提供失效模式分析的信息。

事故调查人员面临的另一个新挑战是收集、保存和检索电子存储的数据。如前所述,电子计算机控制系统对详细过程信息的存储容量有限,而调查人员如果对控制系统功能不了解,则很容易忽视收集这些有关联性的电子信息证据。

计算机控制的系统变得越来越复杂,设备软硬件的完好性测试和诊断也越来越困难,也更容易误判,特别是在事故异常情况下。确定多因素耦合和高度复杂系统中的软件错误对于事故调查团队来说可能是一项艰巨的任务,可能需要软件分析和故障排除方面的专家来确定这些故障的原因。

多级计算机安全措施,例如软件和硬连线密钥系统,对于调查人员来说可能是一件头痛的事。如果有一个设计良好且运行良好的变更管理系统,那么严格的安全措施可以极大地帮助保存电子跟踪记录。相反,不完整(或不一致)的安全系统和变更管理系统可能会为确定电子设备事故的原因带来障碍。如果变更系统的管理不充分,某些决策的基础资料证据可能会永久丢失,从而变得无法确定。

其他的如激光、放射性设备、复杂的化学反应动力学、光纤、生物危害、自诊断设备和高科技实验室设备等可能超出事故调查组技能水平的调查工作,可聘请对应的外部专家或借用设备资源,既能完成事故调查目标,又具有经济性和可行性。

### 8.4.5 测试计划的使用

应在开始分析证据之前制定测试计划。测试计划有助于确保证据被全面分析,防止调查人员无意中破坏数据,且分析测试过程和方法应获得调查相关方的认同。

制定测试计划与准备证人访谈计划相似。然而,与人证访谈开放式问题不同,测试分析只能回答封闭式问题。测试分析的顺序很重要,通过分析获得一个问题的答案可能会阻止调查人员获得其他问题的答案。例如,一旦打开设备的盖子,就不能再用这个盖子密封好设备,因为用于密封盖子的黏合剂会损坏无法再保持密封。再比如,手动旋转离心泵后,便无法将其拆卸并查看故障停止的位置(因为该泵具有自锁保护功能)。因此,调查人员必须仔细考虑需要通过测试分析回答的问题以及获得每个答案时会排除、破坏哪些证据。

测试计划应包括:
(1)测试的目的、方法、程序的描述;
(2)测试技术人员姓名、测试时间和地点;
(3)测试结果的记录、同一项目的多次测试信息;
(4)测试后试样的处理;
(5)测试计划不同项目的执行顺序;
(6)测试计划的批准(上级内部或外部组织)。
测试计划不应冗长而复杂,应清晰、简洁,以使所有相关方都可以了解将如何处理和分析证据。

## 8.5 证据收集卡

收集到的证据信息,测试的数据分析结果,需要汇总后,按统一格式整理,以便进行分析和比较。事故调查组证据收集人员因为术语表达差异、文本格式不统一而影响分析效率的经历比较常见。而"证据收集卡"(Evidence Building Block,EBB)是目前事故调查活动中非常流行的整理工具,可帮助调查人员将证据分析的信息和结论按约定规则和格式整理,方便构建"事件时间线"和"事件因果关系图"。

证据收集卡最初是由事故调查人员利用便笺纸将证据信息填写在上面,包括事件发生的信息,证据数据结论和状态描述等信息,并按时间顺序拼成时间线序列图或事件因果分析图,也可以利用计算机程序整理证据收集卡,并绘制事件因果分析图(见本书第9章),可作为电子版事故调查报告的一部分内容。

在收集卡上有记录证据或数据的来源、编号、时间、地点等信息,同时事故调查人员会采用客观陈述语气描述事件或状态。常见的证据收集卡参考形式如图8.21~图8.25所示。证据收集卡又可分为"事件卡""状态卡""事故卡""猜测的事件卡""未发生的事件卡"。下面以一起加油员操作失误导致的加油站油枪管线被拉断事故的调查活动进行举例。

(1)事件卡。将事故发生时间线上发生的事件或行为的时间、地点、信息来源、描述等信息记录在收集卡上。事故调查时需要在众多事件卡中选择对事故发生起关键和影响作用的"焦点事件",进行根原因分析,采用一种颜色作为底色(图8.21,绿色)。

(2)事故卡。对事故的描述说明,包括时间、地点、损失描述等信息;事件可能在发生事故之前或之后,之后的事件通常为应急响应行动,因此要用颜色进行区分(图8.22,红色)。

(3)状态条件卡。描述与事件或事故相关的环境、设备、人员等条件因素,说明事件或事故发生时处于什么样的环境、条件或状态之下,是根本原因分析"关键因素"确定的重要来源,采用颜色进行区分(图8.23,蓝色)。

| 证据收集卡 |||||
|---|---|---|---|---|
| 调查人 | 李源 || 发生地点 | 某加油站 |
| 编号 | 07 || 信息来源 | 加油员王新、视频监控 |
| 事件开始时间 | 12月2日上午9：06 || 位置 | 1#加油机 |
| 事件或状态的简短描述 |||||
| 王新将小汽车客户自带加油卡插入1#加油机，并将油枪插入车牌为鲁B27E511的小汽车加油口。<br>（注意：以陈述的语气，简要描述事实，此时不要添加个人判断） |||||
| 其他说明 | 加油站规定加油客户自带充值加油卡需要由加油员操作 ||||

图 8.21　证据收集卡——事件卡

| 证据收集卡 |||||
|---|---|---|---|---|
| 调查人 | 李源、刘林 || 发生地点 | 某加油站 |
| 编号 | 09 || 信息来源 | 视频监控、现场目击加油员王一峰 |
| 事件开始时间 | 12月2日上午9：15 || 位置 | 1#加油机 |
| 事件或状态的简短描述 |||||
| 1#加油机加油结束后受油车辆拽断加油枪管线，造成油品外溢和加油机损坏。<br>（注意：以陈述的语气，简要描述事实，此时不要添加个人判断） |||||
| 其他说明 | 当时有承包商在加油站入口道路进行道闸安装作业 ||||

图 8.22　证据收集卡——事故卡

| 证据收集卡 |||||
|---|---|---|---|---|
| 调查人 | 李源、刘林 || 发生地点 | 某加油站 |
| 编号 | 26 || 信息来源 | 天气预报、视频监控、加油员王新、王一峰 |
| 事件开始时间 | 12月2日上午9：00 — 9：15 || 位置 | 1#加油机 |
| 事件或状态的简短描述 |||||
| 当时环境风很大(4级)，天气较为寒冷(-12℃)，车窗大部分时间是关闭的，加油至加完油和汽车启动，油枪管线被拉断前司机一直在驾驶位，未下车。<br>（注意：以陈述的语气，简要描述事实，此时不要添加个人判断） |||||
| 其他说明 | 当时有承包商在加油站入口道路进行道闸安装作业 ||||

图 8.23　证据收集卡——状态条件卡

(4)猜测的事件卡。有些事件是调查人员根据调查或分析猜测可能发生的,但还需要进一步证实,补充证据,采用颜色进行区分(图8.24,灰色),当猜测得到证实后可变为事件卡或状态卡。

| 证据收集卡 | | | |
|---|---|---|---|
| 调查人 | 李源、刘林 | 发生地点 | 某加油站 |
| 编号 | 28 | 信息来源 | |
| 事件开始时间 | 12月2日上午9:15之前 | 位置 | 1#加油机 |
| 事件或状态的简短描述 | | | |
| 加油员王新把卡递还给司机,说稍等一下拔油枪,但是司机没听见,或司机听见别的加油员喊可以走了。需要进一步证实。<br>(注意:以陈述的语气,简要描述事实,此时不要添加个人判断) | | | |
| 其他说明 | 当时有承包商在加油站入口道路进行道闸安装作业 | | |

图 8.24　证据收集卡——猜测的事件卡

(5)未发生的事件卡。正常情况下应该发生但实际未发生的事件,或正常应该处于的状态或条件而实际上没有发生,例如没有按照操作程序进行操作、设备应该处于某种状态而实际并不是等。未发生的事件或状态对于事故根本原因分析可能非常重要,应将其包含在证据收集卡中进行展示,也可使用图8.25的状态卡记录(黄色)。

| 证据收集卡 | | | |
|---|---|---|---|
| 调查人 | 李源、刘林 | 发生地点 | 某加油站 |
| 编号 | 26 | 信息来源 | 加油员王新,视频监控 |
| 事件开始时间 | 加油完成后 | 位置 | 1#加油机 |
| 事件或状态的简短描述 | | | |
| 加油站要求应在加油完成后,拔下油枪、盖上油箱盖后,再将加油卡归还客户司机,并告知其可以驶离。但是王新在没有拔下油枪前就将加油卡递还给了司机 | | | |
| 其他说明 | 该要求有程序文件,在王新入职时站长给其介绍过 | | |

图 8.25　证据收集卡——未发生的事件卡

证据收集卡需要随着事故调查和根本原因分析不断补充和迭代,直到明确根本原因为止。收集到各类证据提炼成证据收集卡是事故调查证据收集阶段成果展现的常见形式,因为其清晰、简明,且有可供分析的结论,事故调查组可利用证据收集卡进行后续的事件时间线构建和事件因果关系图绘制,并开展根本原因分析(见本书第9章)。如图8.26所示,将不同颜色区分证据卡按时间顺序或各事件对应状态进行关联,是开展后续根本原因分析的必要环节。

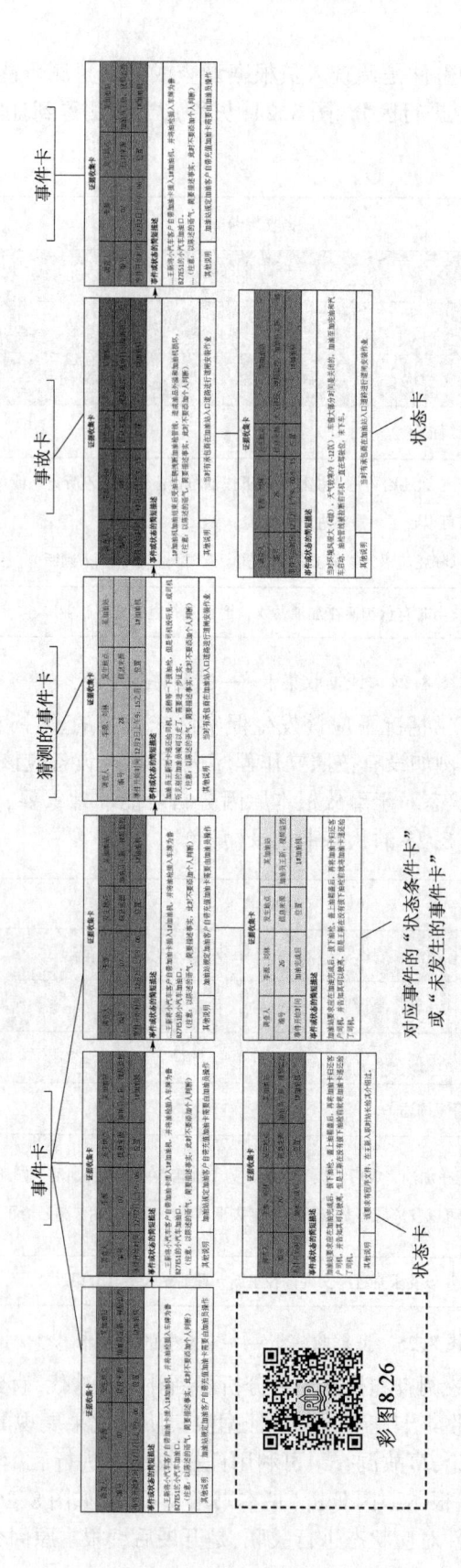

图8.26 利用不同颜色证据收集卡进行时间线和事件因果关系分析

## 思考题

（1）请对各种证据类型（4P1E）的重要程度或客观性程度进行排序，并说明理由。

（2）为什么事故人证访调人员需要学习和了解证人访谈技巧和理论方法？

（3）谈谈你对"事故现场勘察时，调查人员的安全是第一位的"这句话的理解。

（4）请就最近发布的、社会关注度较大的事故调查报告里面可能采用的证据失效分析技术进行列举和讨论。

（5）尝试利用不同颜色的证据收集卡，构建某个熟悉事故的时间事件链，感受调查效率和思维导向差异。

（6）如果发现事故调查组有事故调查分析的结论（如：究竟发生了什么事件、处于什么状态、什么原因导致的），但却缺乏证据支撑，这时应该如何处理？

# 第9章 事故根本原因分析

确定事故原因是明确事故调查结果、制定建议和实施改进行动的必要前提。绝大部分事故都是由多重原因造成的,这些原因可归纳为3个类型(详见本书2.2.1节现代多米诺因果理论),即直接原因、间接原因(或使动原因)、根本原因。

为了预防在同一地点发生同一事故,纠正直接原因是最简单的方法,但是并不能预防类似事故。纠正间接原因能有助于进一步减少类似事故的发生,但是并不能从根本上彻底解决问题。而辨识和纠正根本原因能消除或大量地减少相同事故和其他类似事故再次发生。

高水平的事故调查能系统辨识和解决事故的根本原因。根本原因是基本的、潜在的、跟管理系统有关的原因,绝大多数事故都是由多个根本原因造成的,只有彻底查清和解决事故发生的根本原因,才能有效预防和避免类似事故再次发生。但这需要投入巨大工作量,并面临各种挑战,包括前面章节的事故调查系统构建、证据收集和根本原因分析方法。

根据美国化学工程师协会化工过程安全中心(CCPS)的定义,根本原因分析(Root Cause Analysis,RCA)是识别事故发生的根本的、潜在的、与系统相关的原因,明确管理系统中可纠正的缺陷。每个过程安全事故通常都有不止一个根本原因。

事故调查理论提供了一系列理解和确定事故根本原因及管理系统缺陷之间相互关联和影响的分析方法,可全面避免整个设备、企业或工业中由根本原因造成的相同事故、类似事故,甚至不同的事故再次发生,从而使企业从事故调查活动中获得极大的效益。

## 9.1 根本原因分析的效益

通过事故调查分析出根本原因(简称"根原因"),才有可能提出改进措施、建议,修补相关管理漏洞,从根本上解决事故和类似事故发生的根源。相对于只处理显而易见的直接原因,开展根原因分析并实施改进措施、建议,在预防类似事故发生概率方面更有效率,企业安全水平会得到显著提升。

安全生产先进企业都高度重视事故根原因分析和挖掘,他们已经认识到通过未遂事故或事故调查找出相关的根原因和管理漏洞并修补,是提升企业安全水平最直接、明确和最有效率的方法。读者可以思考为什么有的企业经常进行各类安全检查活动,并没有使安全生产形势明显好转?主要原因就是这些安全检查仅仅是发现了企业存在的隐患并整改,而一些检查专家无法对隐患存在的根本原因进行系统全面识别、分析和解决,从而使类似隐患甚至事故还会不断出现,而这些根原因分析工作是需要企业在日常投入大量的资源才能完成的。优秀的企业乐见未遂事故被报告,因为给了企业发现根原因的机会,避免了真正的事故发生。

根原因分析(RCA)可以在不同的级别和层次上进行,例如从系统到组件级别,或者通过选择不同的事件或结果作为起点。进行分析的级别将取决于焦点事件所在的位置。RCA 用于分析实际发生的焦点事件,因此也适用于项目或产品生命周期的测试和操作阶段,能够识别各种过程中的问题,包括设计、质量控制、可靠性管理和项目管理。进行根原因分析的益处包括:

(1)对发生了什么有更好的理解;
(2)发现问题的根源并采取纠正措施,可防止未来的事故;
(3)确定产生无害结果事件的原因,以便采取相同措施;
(4)确定更有效率地解决焦点事件(或关键起因)原因的措施,达到调查焦点事件发生原因的目标;
(5)支撑焦点事件调查证据与结论之间的可追溯性;
(6)增加相似焦点事件调查之间的一致性;
(7)增加焦点事件关键因素分析的客观性。

案例 9.1 给出了一起漏油事故调查的 RCA 可能提出的问题,进而解决这些问题,读者可以思考和体会解决了这些 RCA 问题会带来的效益。

> **案例 9.1**
>
> 事故根原因分析(RCA)追溯的问题示例。
>
> 图 9.1 电机带动的减速器箱漏油,在地面形成油洼
>
> 如图 9.1 所示场景,一个工人脚踩到了地面上的油洼,滑倒后造成左小腿骨折,企业启动了事故调查系统。有的调查会将"泄漏到地面上的油"作为原因,调查后采取的改进措施局限于清除该区域的油渍,警告工人多加小心。很显然,地面上的油渍实际上是潜在根本原因的症状,而不是根本原因。综合的根本原因调查分析方法将探索潜在的原因,检查跟事故有关的管理系统状态。根原因分析将考虑以下问题:
>
> (1)油是怎么出现在地板上的?
> (2)油的源头在哪里?
> (3)当油漏出时,正在进行什么任务?
> (4)为什么油流在了地板上?
> (5)为什么没有清理?
> (6)油在地板上已经多长时间了?
> (7)漏油事件被报告了吗?

(8) 在这个车间,行走路面一般是什么状况?
(9) 是什么导致工人从油洼上走过?
(10) 工人穿着什么鞋子?
(11) 工人为什么没有绕行?
(12) 该区域设置阻止工人进入的路障了吗?
(13) 这里有培训或一致的强制措施吗?

当这些问题被解决之后,接下来探讨这个特殊的事件为什么会发生。这些回答将会带着调查人员深入思考焦点事件的起源。例如,如果油被认为是从有缺陷的设备内泄漏出来,调查人员也许会问:

(1) 为什么使用有缺陷的设备?
(2) 检查、修理或更换设备的程序是什么?
(3) 这些程序被清晰地理解并执行了吗?
(4) 有没有制定管理设备的制度?

通过根原因分析方法系统回答上述问题明确事故发生的潜在管理原因,并提出建议措施,进而完成事故调查报告。

## 9.2 根本原因分析过程

根原因分析(RCA)有明确的技术逻辑和要求,要在各种调查证据(见第8章)支持下开展分析和审查活动,根原因分析通常包括表9.1所示5个根原因分析步骤。

表9.1 根本原因分析步骤

| 步骤 | 概念和要执行的任务 |
| --- | --- |
| (1)建立事实 | 收集数据并确定"何事""何地""何时""何人",可通过构建时间线表达;明确各事件之间的因果关系,可采用因果关系图(ECF)、顺序时间事件矩阵等方法 |
| (2)确定焦点事件 | 在造成事故的前后事件或状态链条上确定对事故构成具有关键性影响的焦点事件或关键因素 |
| (3)RCA分析 | 使用RCA方法和技术来确定焦点事件或关键因素发生的方式和原因 |
| (4)审查 | 区分和解析焦点事件是如何和为什么引起不同可能性,审查根原因分析的合理性 |
| (5)结果展示 | 展示焦点事件分析的结果 |

在初步收集完证据后,就需要列出所有已知事实的清单,不仅包括与事件序列相关的事实,还包括所有相关的背景数据、规范以及可能或确实对整个系统产生影响的过去或外部事故案例。调查人员通过RCA方法分析和确定造成事故的多重原因,坚持根据可靠的证据数据判断事实,而不是先入为主认为"事实一定是那样的"。图9.2给出了RCA过程,RCA在本质上是迭代的,不断补充更新证据收集和迭代分析,在这种情况下收集"发生了什么"的证据,然后分析,以确定需要收集的其他数据。

在有效证据数据佐证和调查工具帮助下,可防止调查人员草率下结论,推翻错误的假设,发现隐藏的事实。所有的事实都应该经过检验。这些事实对于以后选择正确的事件场景至关重要。任何明显相互矛盾的事实都应通过额外的证据数据收集来解决,进行进一步的分析,如仍存在差距,就要再进一步收集证据和数据。重复此过程,直到满足分析的目的并确定根原因为止。根原因分析的输出将取决于分析的目的和范围。

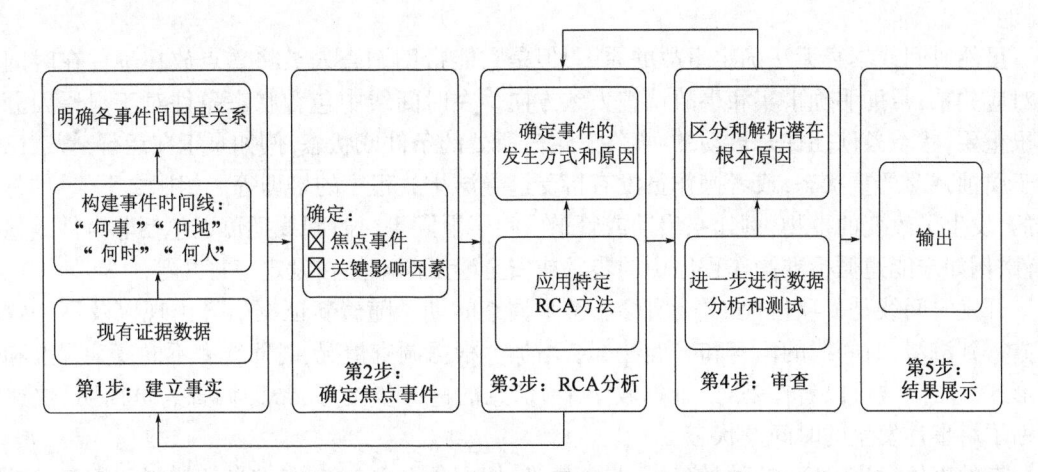

图 9.2　根本原因分析(RCA)过程

## 9.3　RCA 第 1 步:构建事件时间线和因果关系图

还原事故相关事实(由事故和前后相关事件及状态构成)通常是成功完成 RCA 的重要基础工作。本书第 8 章已经说明了如何收集证据和数据,通过证据收集、填写各种证据收集卡(便利贴形式)明确基本事实,并利用证据卡按时间顺序摆放进行分析。事故调查组虽然收集整理完成证据数据,但是此时的事实尚未被梳理出来,下面将证据信息进一步提炼成时间线(Timeline),并对时间线上的事件进行因果关系初步分析,就基本可以构建起事故发生链条上的事实。

作为一种调查工具,时间线通常通过表格或图形表达各事件彼此之间的先后和条件关系。按事件发生的时间顺序整理事实,明确时间线上"何事""何地""何时""何人""做了什么""处于什么状态"。

事故证据信息和数据应该在丢失之前收集(例如,在证据被干扰或删除之前,或者在记忆消失之前)。一般而言,通过第 8 章证据收集工作后,需要整理证据、数据形成事实,主要包括:

(1)事故时间线上事件发生的来龙去脉;
(2)各事件前、中、后的关联事件和状态;
(3)人员参与情况,包括已采取(或未采取)的措施和已做出的决定;
(4)事件前后周围事物的有关数据,包括环境数据;
(5)组织如何运作,包括组织图表、过程和程序、培训和技能等;
(6)与类似事件或前兆事件有关的历史数据;
(7)偏离预期的情况;
(8)与其他物品和人员的互动;
(9)所涉及设备的运行状态及是否符合要求。

## 9.3.1 开发时间线

虽然时间线本身无法确定事故的原因,但是它能帮助调查人员将重点放在事件在时间上的对应关系,帮助明确事实和事故调查大致方向。在时间线中包含状态条件对于根原因分析也很重要,状态条件往往是被动的、事件发生时所处的条件或状态,例如泵正在运行,管道已经处于腐蚀减薄严重状态,或者操作员没有接受过导淋排放程序的培训等。相比之下,事件是动态的、发生了改变的事物,例如泵启动或管道发生了泄漏等。时间线还可以包括非事件或遗漏事件,例如未能遵循标准操作程序中的步骤或安全泄压阀未能在设定值打开等。

开发时间线是一项迭代工作,贯穿于整个调查时期。随着新证据信息出现以及不一致的地方得到澄清,时间线的内容和准确性都会增加。根据调查情况,时间线有不同复杂程度和表达形式。时间线可以看作是对"证据收集卡"信息的进一步提炼,帮助调查人员简明、快速和清晰了解事件发生的时间及状态。

有的事件发生时间在证据信息上非常精确,特别是来自DCS等带自动控制和信息记录功能系统的电子证据、带时间标签的视频等可以准确记录和显示事件发生。另一方面,现场目击者观察和记忆的行动时间可能不太精确,例如"设备故障停止后大约10min"或"早上上班检查完成之后"也可以表达事件时间先后关系。图9.3给出了2017年某石化有限公司"6·5"爆炸事故时间线示例(案例2.3),事故调查组根据监控视频、查阅资料及现场勘验明确了事故发生的时间线,是具体精确时间和大体时间的结合,如果大体时间对焦点事件或焦点事件确定有影响,则可能需要进一步补充证据。

|  |  |
| --- | --- |
| 6月5日0时57分20秒 | ● 驾驶员唐某驾驶液化气罐车驶入某石化有限公司10号卸车位(视频监控) |
| 唐某下车后 | ● 唐某将10号装卸臂气相、液相快接管口与车辆卸车口连接,并打开气相阀门对罐体进行加压(视频监控)<br>● 车辆罐体压力从0.6MPa上升至0.8MPa以上(DCS)<br>● 卸车操作员放置路锥至罐车车头前方,然后协助卸车连接(视频监控) |
| 6月5日0时59分10秒 | ● 唐某打开罐体液相阀门一半时,液相连接管口突然脱开,大量液化气喷出并急剧汽化扩散(视频监控) |
| 现场人员发现泄漏,呼叫之后 | ● 韩某等现场作业人员试图进行泄漏处置,未成功<br>● 有人晕倒,施救人员未佩戴空气呼吸器<br>● 有人躲在驾驶室 |
| 6月5日1时1分20秒 | ● 泄漏的LPG先发生爆炸 |
| 大约1min内 | ● 罐车及其他车辆罐体相继爆炸(视频监控,现场)<br>● 厂区供电系统、消防系统失效(值班日志)<br>● 化验室等相邻损毁 |
| …… | …… |
| 6月5日16时 | ● 明火被扑灭 |

图9.3 基于近似数据的时间线案例

通常情况下,调查人员得到的证据信息都是精确与不精确时间信息的组合,也可以通过了解证据数据的来源和精度要求以及使用适当的绘图方法来整合时间线。如图9.4所示,美国化学工程师协会化工过程安全中心(CCPS)给出了另一种方法:使用带有时间标记的线作为两种不同类型数据之间的公共边界。在时间线的一侧列举时间标记精确的证据数据。在时间线的另一侧则列举两个时间标记之间发生的不太精确或近似的证据数据或事件。这种方法的一个好处是使一些原本不精确数据的近似时间范围得以缩小,例如,可以判定某个不精确的事件发生在两个有精确时间证据数据的范围内。

时间线并不一定记录到事故发生就结束,当事故调查组需要了解应急响应行动是否影响事故结果时,事故后的证据信息就非常重要。

|  | 10:30AM | ◆ 承包商进入反应区域更换气体探测器 |
|---|---|---|
| 控制室操作员开始向3号罐进料(DCS) | 10:30:33AM |  |
|  | 11:00AM | ◆ 雷暴开始了 |
| 3号罐液位达到90%,但是报警器没有记录(后来发现记录被程序隐藏了,程序有bug) | 11:00:47AM |  |
| 3号罐的高压警报器报警(DCS) | 11:03:15AM |  |
| 3号罐的高压警报器再次报警 | 11:03:45AM |  |
| 工厂大范围的电力中断 | 11:05:03AM |  |
|  |  | ◆ 3号罐出口管道破裂 |
| 在催化剂准备区域的可燃气体浓度爆炸极限探测器报警 | 11:09:30AM |  |
|  |  | ◆ 雷电结束,雨量减少 |
|  | 在浓度爆炸下限(LEL)探测器报警之后 | ◆ 由于高浓度报警,控制室操作者要求室外操作员观察3号罐 |
|  | 11:10AM | ◆ 现场能听见"嘶嘶声" |
| 罐区温度感温器报警 | 11:10:21AM |  |
|  |  | ◆ 控制室呼叫厂内消防队(工厂调度日志) |
|  | 高温探测器报警之后 | ◆ 控制室操作员试图使用广播通知外面的操作员,但是没有回应 |
|  | 11:11AM | ◆ 控制室呼叫厂内消防队(工厂调度日志) |
|  | 11:15AM | ◆ 消防队到达应急现场(工厂调度日志) |

图9.4 基于精确和近似证据数据组合的时间线示例

## 9.3.2 事实/假设矩阵

事故调查组可以用"事实/假设矩阵"来比较已知事实和各种假设场景。该矩阵可以帮助理清思维,更容易确定最可能的场景,否定既有错误事故场景判断。使用一个矩阵能帮助该小组避免过早下结论和过早选择最可能的场景。事实/假设矩阵可被用于演绎阶段或归纳阶段。

现实生活中很多的生产过程安全事故场景通常比较复杂,事实/假设矩阵方法可以有效地帮助事故调查人员对证据信息进行分类、分析和信息比较。事实/假设矩阵通过在表格列方向列出每个可能的场景,而行方向(通常在顶部)列出已知的事实、条件和规定。然后,检查各个交叉框的兼容性,评判已知的事实(支持、否定或未知)和特定场景的假设。事实/假设矩阵常用的符号如表9.2所示。

表9.2 事实/假设矩阵符号含义

| 符号 | 含义 |
| --- | --- |
| + | 事实能支持场景 |
| - | 事实否定了场景 |
| NA | 事实与这个假设没有联系,即既不支持也不反驳该场景 |
| ? | 目前没有足够的信息可以判断该事实 |

事实/假设矩阵的开发(绘制)不是一次性完成的,而是通常贯穿于整个事故调查过程。随着调查进行一些假设会浮现出来,经证据和数据分析转为事实,同时通过证据支持否定不真实的假设,也存在由于证据不足而不能排除的假设。

从事故现场勘察开始,调查人员通常会非常迅速(和自动)地形成各种事故原因假设,然后开始寻找确切的支撑证据。大多数调查人员习惯上不会把事故调查重点放在寻找反驳自己假设的证据上,即使他们面对有矛盾的证据,即可能否定其预期假设的证据时,也可能会坚信其最初的假设。因此,调查人员应该更加努力用一个开放的、无偏见的方法处理这些假设,特别是在事故调查的早期阶段。案例9.2给出了一起事故调查采用事实/假设矩阵确定调查方向的例子。

**案例9.2**

在案例9.1中,从泵设备泄漏出油没有及时清理造成人员受伤。事故调查组在初步勘查现场了解事故后,形成了一些事故假设,并和调查收集的证据进行对比,通过事实/假设矩阵明确了一些基本事实。

背景:
● 案发当天下午4点,发现泄漏的人员在经过了1h后,5点才向值班班长报告,值班班长当即通过电话要求维修人员进行清理和检查,但是因为工作冲突,维修人员认为泄漏不严重,而且马上要下班,答应第二天上午上班就立即维修,而巡检人员就在当晚8点10分路过该泵时滑倒受伤。
● 事故发生前两天因泵例行维修,维修人员更换了泵的密封垫片。
● 事发现场附近的防爆灯损坏,导致泵附近光线一般。

状况:
目前,该调查是不完整的。在事故调查的第二天,调查组就已经收集了一些证据,并且开始把已知事实和可能的场景进行了比较。

事实/假设矩阵(表9.3)是调查组最初审查的结果,结合进行根本原因分析的技术方法,被用来制定调查行动优先方向,明确信息收集和原因分析应优先从哪里着手。

表9.3 事实/假设矩阵表

| 事实/条件<br>假设 | 事发前两天泵进行了维修,更换了密封垫 | 受伤人员在例行现场巡检过程中滑倒 | 泄漏的泵附近灯损坏了一周,光线一般 | 通过控制系统发现管道压力指示突然下降 | 管道压力指示没有出现过高压异常 | 维修人员维修过同类型的泵 | 意见 |
| --- | --- | --- | --- | --- | --- | --- | --- |
| 发生了超压泄漏 | NA | NA | NA | ? | - | NA | |

续表

| 事实/条件<br>假设 | 事发前两天泵进行了维修,更换了密封垫 | 受伤人员在例行现场巡检过程中滑倒 | 泄漏的泵附近灯损坏了一周,光线一般 | 通过控制系统发现管道压力指示突然下降 | 管道压力指示没有出现过高压异常 | 维修人员维修过同类型的泵 | 意见 |
|---|---|---|---|---|---|---|---|
| 巡检人员没发现油洼 | NA | ? | + | NA | NA | NA | |
| 维修人员安装了错误的垫圈 | + | NA | NA | ? | ? | - | |
| 维修人员安装水平不佳导致密封不佳 | + | NA | NA | ? | ? | - | |
| 没有及时清理油洼 | NA | NA | + | NA | NA | NA | |
| 没有人告知受伤人员注意油洼 | NA | ? | + | NA | NA | NA | |

注:+表示事实支撑该情景;-表示事实与该情景不相符;NA表示事实明显跟假设不相关,既不支撑也不反对该情景;?表示没有获得足够的信息来确定该事实。

### 9.3.3 确定失效时的条件

基于收集到的证据数据,事故调查组将事实(或假设)条件在时间线上进行排列和确认。在时间线上各种失效事件或失效状态出现前通常都有先兆事件或预警信息,敏锐的事故调查人员会查找、回溯这些关联的先兆事件和预警信息,并确认或否定对事件或状态条件的各种假设。这些假设通常来自较早的失效记录或以往的经验,也可能来自经证据数据分析后的推断。

事故调查团队利用事件时间线工具,可将初始失效点、事件演变路径以及导致失效相关的证据串联起来。在了解基本失效模式和事件顺序后,调查人员应确认实际失效机制的证据是否符合要求,直到调查组认为完成了收集证据的迭代工作,认为此时证据已经足够。

时间线工具将所有这些信息整合到可管理的事件和序列记录中,从而为后面的因果分析和根原因分析提供条件。

### 9.3.4 绘制事件因果关系图

事件因果关系图(Events and Causal Factors Charting,ECF图)是对时间线进行图形化描述的一种时间序列图,是组织事故证据的重要工具,调查人员按时序在平行的分支上填写相关的事件和条件,用于帮助调查人员明确各事件之间、事件与对应状态的关系,并帮助确定焦点事件。

"时间线"和"ECF图"按时间对事件顺序和状态进行排列,并不能识别根本原因,需要与其他工具结合使用进行根原因分析。有经验的事故调查组可能跳过构建事件线,直接绘制ECF图,只不过ECF图相比更复杂一些。

#### 9.3.4.1 ECF图绘制规则

以图形格式开发时序数据的EFC图方法有助于调查人员组织所有数据并理解事件。调查人员能够更好地将对事件、状态理解以有效地与他人共享和交流,并进行根原因分析,特别适合复杂的过程安全事故分析。

ECF 图与后面介绍的两种序列图方法(MES 和 STEP)共用的绘图和使用基本原则,如表 9.4 所示。

表 9.4 ECF、MES、STEP 等时间序列图符号使用规则

| 符号 | 使用原则 |
| --- | --- |
| 事件块 | ● 事件用矩形表示,每个事件都应基于有效证据<br>● 主要事件链和次要事件链可以并行呈现<br>● 事件必须描述一个离散的动作,而不是一个条件<br>● 事件必须用一个名词或动词来描述<br>● 应尽可能量化事件<br>● 事件范围应从事故序列的开始到结束<br>● 除初始事件外,每个事件(事故)都应该源自它之前的事件 |
| 条件椭圆 | ● 事件的条件或状态用椭圆形表示,每个条件或状态都应基于有效证据 |
| 假设的事件块 | ● 以虚线矩形表示推定、需要进一步证实的事件 |
| 假设的条件椭圆 | ● 以虚线椭圆形表示推定、需要进一步证实的条件或状态 |
| 事故菱形 | ● 用菱形表示事故<br>● 事故是一个具体的影响结果,不一定是终点,后面可能还有相关的应急响应事件 |
| 时序箭头 | ● 事件按时序由实线箭头连接<br>● 事件的主要顺序以水平直线表示(建议使用粗箭头)<br>● 相对时间顺序是从左到右 |
| .... | ● 连接事件与条件或状态,说明事件对应的条件或状态 |

EFC 形式示例如图 9.5 所示,事故发生可能有多个事件链,每个事件可能有多个条件或状态,终点事件并不一定是事故事件,假定的事件或状态需要进一步收集证据数据。

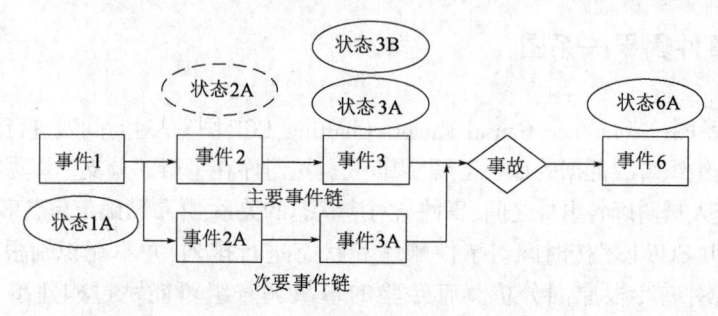

图 9.5 ECF 图及元素示例

需要说明的是,这些绘图原则需要调查组人员事先约定,并不是强制性的,例如有的调查组可能用并不区分事件和条件格式绘制事件因果关系图。制定绘图规则的目的就是让调查人员能较容易地分析沟通事故时序信息。

### 9.3.4.2 ECF 图绘制过程

在 ECF 图上绘制事件和条件有助于调查人员对事件进行逻辑思考。然而,调查人员应避免先入为主,要保持求实、开放和科学客观的心态,客观分析导致事故发生的所有可能事件和条件场景。一般来说,事件的确切时间顺序在调查开始时并不清楚,但随着调查的进行,情况才逐渐明朗。建议遵循一般的 ECF 图绘制过程要求,使调查人员能够在获得更多信息的同时,方便调整事件和条件的顺序,绘制过程包括:

(1)建议开发 ECF 图的第一步是先确定事件序列的终点事件(例如图 9.5 中的事件 6),然后从终点事件开始,按时间倒序进行开发,依次通过识别最直接的贡献事件来重建事件之前发生的事实。调查人员询问"在这件事之前发生了什么?"该回答可能是一个现象或条件,或可能是人的行为或机器状态导致。然后记录发生的事情的陈述,并将事实(或假设)作为"事件块"或"条件椭圆"输入到时间轴上适当位置的因果因素图表上。导致事件发生的信息可被视为条件并添加到椭圆中。

(2)记录导致焦点事件的主事件链,其中链中的每个事件对右侧的事件都是及时且必需的。因此,结果就被记录在每个事件的右边(因果因素)。此外,前一个事件的结果可能是下一个事件的因果因素。这些事件用矩形表示,并由箭头连接到焦点事件的右侧。

(3)添加可能与焦点事件及其条件相关的任何次要事件链。

(4)通过获取确定条件和事件是否真实的证据来检查因果因素的有效性。调查人员通过询问来测试新事件(或条件)的充分性,例如:"这个事件是否总是导致下一个事件发生?""是否有任何保护层可以防止这种情况发生?序列位置在哪里?"

(5)收集资料来回答各事件、状态事实相关性,把它们转换成对应序列图符号格式,并插入到事故起因图表相应位置中。如果有新事件和条件插入到事实 A 和事实 B 之间,需要重新测试事实的充分性。

(6)审查整个 ECF 图,确定是否有遗漏或差距,研判是否需要进一步收集证据来弥补这些差距。如果有新证据数据插入时间线,则应重新测试序列是否合理。ECF 图审查还应识别和删除对描述事件不必要的事实信息(例如:发生某事件时的环境温度对该事件发生没有实质影响和意义,则在 ECF 图上不予体现)。

下面以东黄复线"11·22"原油管道泄漏爆炸事故为例构建 ECF 图,如图 9.6 所示。按照时间序列,事故调查组可通过证据数据整理和分析,明确事故发生时间链条上的事件先后和因果关系。

可以看出,ECF 图描述了事故发生的事件序列,比起简单的时间线,ECF 图的优越性如下:

(1)协助验证因果链和事件时序;
(2)提供收集、组织和整合证据的架构;
(3)标识信息差距,通过提供有效的视觉辅助,总结关于焦点事件及其原因的关键信息,帮助交流。

ECF 图的局限性也很明显,比如:

(1)能够确定一些因果因素,但不能直接确定根本原因;
(2)对于简单的问题来说可能过于复杂。

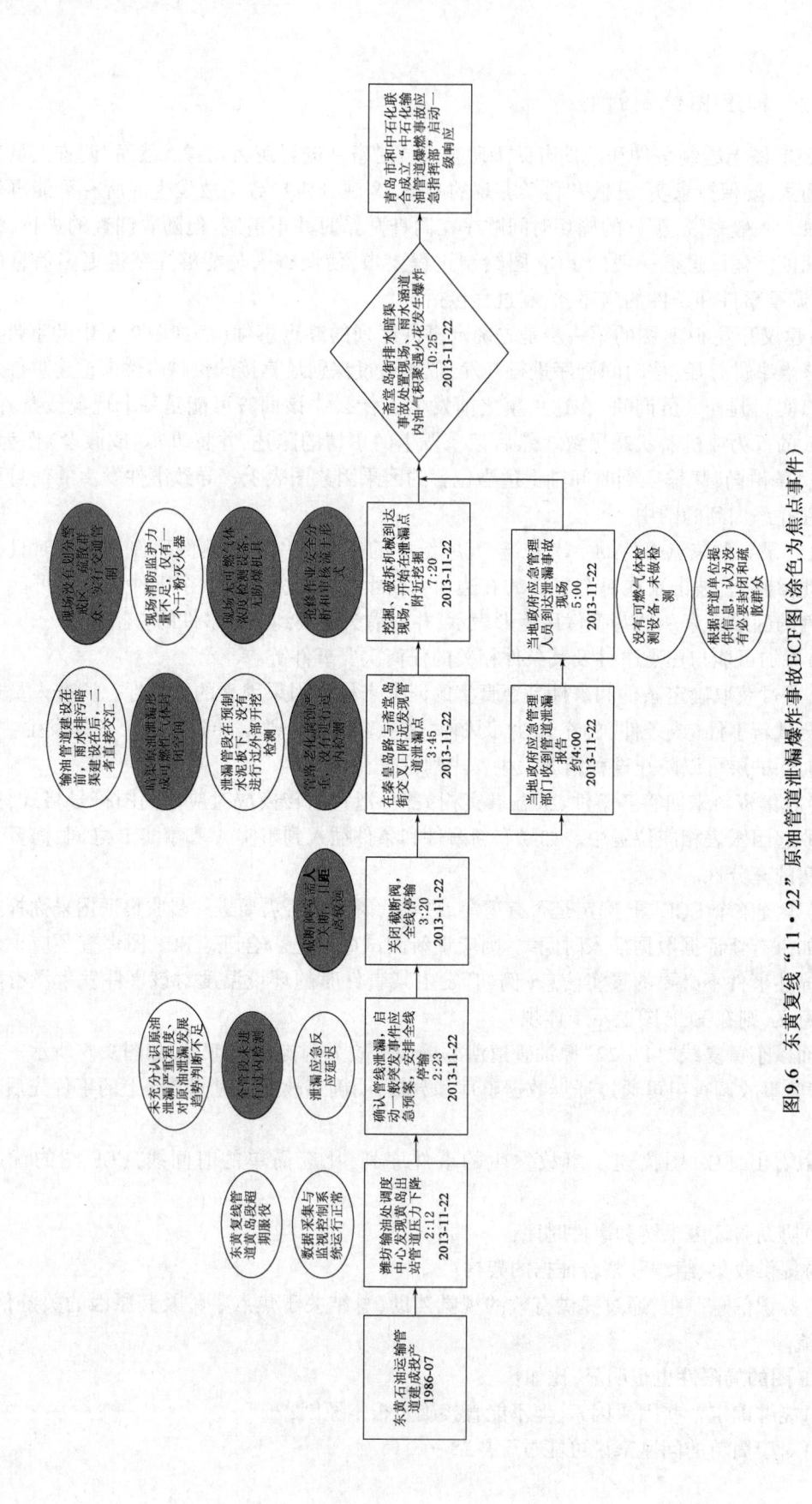

图9.6 东黄复线"11·22"原油管道泄漏爆炸事故ECF图(涂色为焦点事件)

### 9.3.5 顺序时间事件矩阵

除了可以前述ECF图描述事故发生时间线上的因果关系,也可用顺序时间事件序列或矩阵来描述事件间的因果影响事实关系。

美国国家运输安全委员会(NTSB)在1970年代初期引入了多线性事件序列(Multilinear Event Sequencing,MES)概念来分析和描述事故。顺序时间事件矩阵(Sequentially Timed Event Plotting,STEP)是基于MES的矩阵显示方法,从MES概念演变而来,STEP关注的是不同参与者在时间序列上产生不希望结果的行为或动作。

#### 9.3.5.1 STEP基本规则

STEP为事故调查提供了一个分析框架,从事故过程的描述到安全问题的识别,再到安全建议的制定。STEP方法的一个关键概念是可以按时间序列多线性构建事件序列(Multilinear Events Sequencing,MES),旨在克服事件单线性描述的局限性。事件表示为事件构建块(Event Building Blocks,EBB),它由图9.7中描述的证据数据记录组成。

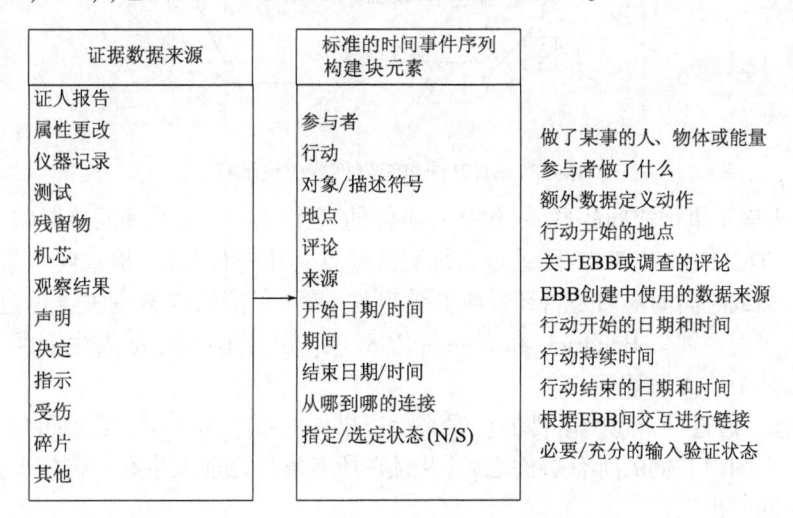

图9.7 事件构建块的证据数据

#### 9.3.5.2 STEP图绘制过程

STEP可识别与事故序列相关的事件,这些事件按时间顺序排列并与各个参与者相关联,结果显示的是与不同参与者相关的时间序列矩阵。STEP图构建过程如下:

(1)整理证据数据,并建立与事故相关的参与者清单。

(2)事件和参与者的识别。事件是参与者执行的动作或结果,参与者可以是影响事故过程的人、设备、物品、生产参数、能量、环境等可能产生影响的主体。

事件是调查的基本组成部分,每个事件都应仔细记录。典型的记录文件包括:

①时间信息,如活动开始与结束时间、持续时间;
②参与者信息,姓名,年龄,职责,事发前后与事故时状态;
③行动数据,参与者或组织采取的行动和相关证明信息;
④各证据信息来源;
⑤存在的疑问。

(3)组织事件构建块。事件构建块(EBB)排列在"时间-参与者"矩阵中,如图9.8所示。其中,矩阵的竖轴代表不同的参与者,横轴代表时间。图9.8显示了基本布局,假设序列从时间$T_0$开始,并且应该注意时间尺度不必是线性的。每个事件都与特定的参与者相关,并在其发生时定位。事件方块的左侧表示开始时间。

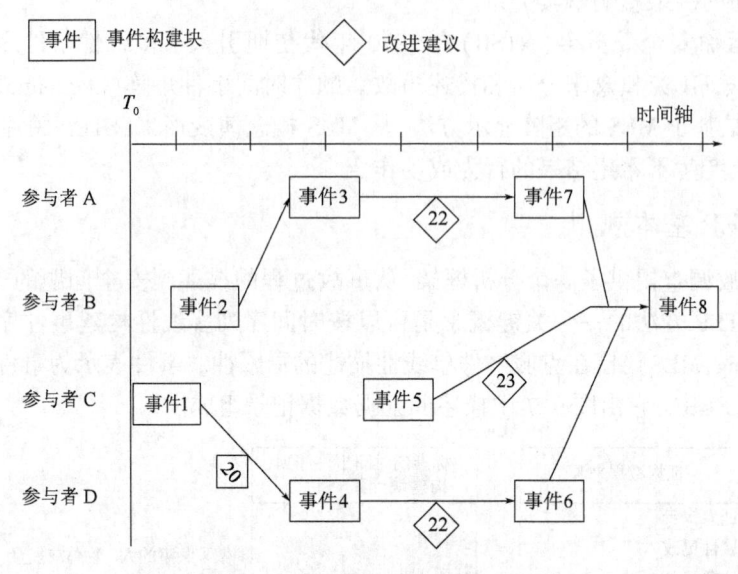

图 9.8  STEP 图组织事件构建块示意

(4)用箭头表示事件之间的联系,包括各事件的直接(因果)关系和间接影响关系。

(5)测试 STEP 图。对 STEP 图进行系统测试检查。开展行测试:检查两个事件之间是否存在不确定信息或时间间隔内是否还发生其他事件,是否可能缺少某些关键信息。在此过程中,"事故调查第一定律"(Hendrick 和 Benner,1987 年)很有用:在事故发生期间,每个人和每件事物总是在某个地方做某事。

开展列测试:通过分析每个事件的位置来检查事件的顺序和时间。要通过测试,所研究的事件必须发生在图中左侧的所有事件之后,并且在所有事件之前发生在右侧。此外,同一列中的所有元素应同时出现。

检查事件之间是否存在耦合作用也是重要的测试内容。明确早期的行动是否足以产生后来的事件,或者其他行动是否也是必要的。这可能导致需要增加更多事件构建块来解释发生了什么。另一个问题是是否有太多箭头进入某个事件构建块,或者图表中是否存在不必要的事件,应尽量让一个事件之前只发生必要的事件。

(6)提出改进建议。STEP 也可用于识别安全问题和提出安全改进建议,包括检查所有事件构建块和箭头以发现安全问题。在 STEP 图上发现问题后可提出纠正措施建议,这些建议可用"菱形"表示,可参考表9.5对"菱形"内建议的描述要求。

表 9.5  STEP 图"菱形"改进建议描述

| 建设性的 | 低质量的 |
| --- | --- |
| ● 良好、全面且快速的方法;<br>● 提供简单而清晰的事件顺序图;<br>● 能支持多个参与者和并行序列;<br>● 质量检查 | ● 没有捕捉到潜在因素、潜在弱点或组织缺陷;<br>● 当涉及的操作员很少时,该方法显得过于乐观 |

图 9.9 给出了一个油箱盖维护时发生超压崩飞物体伤人的事故部分 STEP 示例,该案例并没有给出菱形建议。

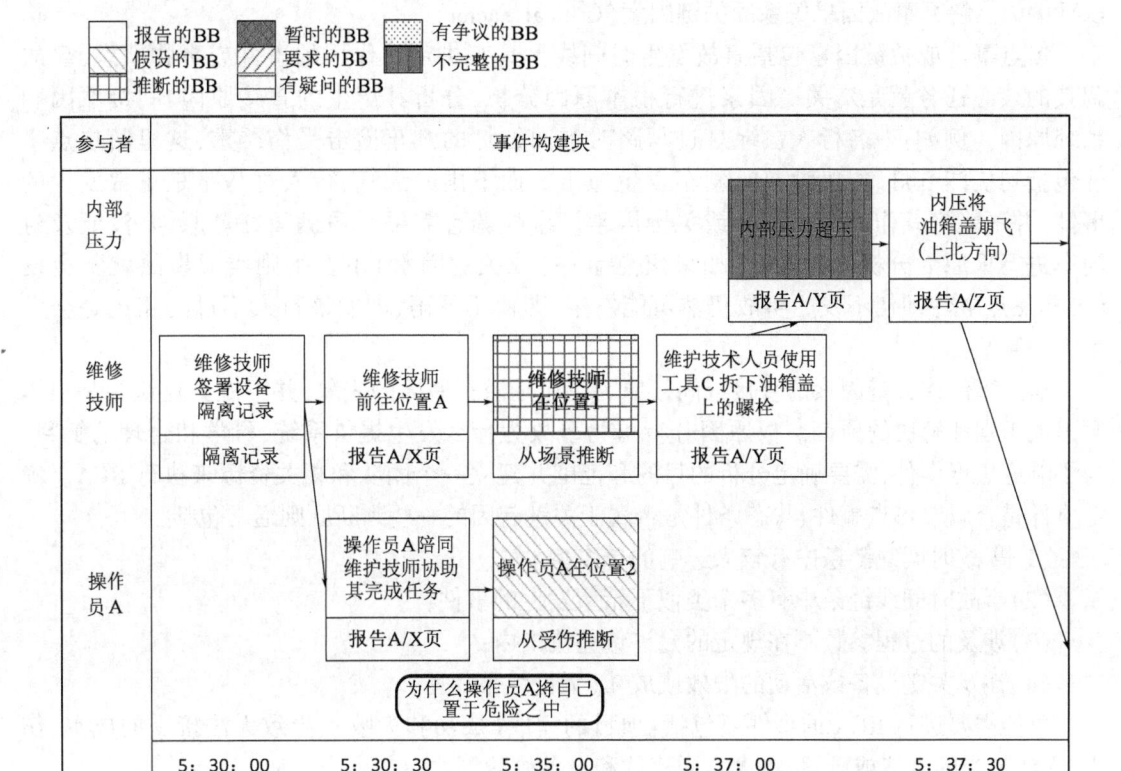

图 9.9 油箱盖伤人事故 STEP 示例(参考 AS/NZS IEC 62740:2016)

ECF 和 STEP 图为调查人员提供了一种通用和系统的方法,可以实现按逻辑和时间顺序呈现收集的证据,并确定所有要调查的问题。

当与逻辑树或预定义树结合使用时,序列图可以帮助系统性地识别多个原因。一旦制定了序列图,调查人员不应着急开始确定因果因素或根本原因,而是要保证调查人员完全理解序列图上所发生的事情。

序列图比文字表达更容易理解和直观,可以作为沟通事件序列、始发事件及其因果因素的有效工具。流程事件的序列图通常很复杂,因此有时可能适合简化图表或使用多个较小的图表进行演示。ECF 和 STEP 图也可以是事故调查报告和文档的重要组成部分。

## 9.4 RCA 第 2 步:确定焦点事件(或关键因素)

当构建完 ECF 图或 STEP 图后,需要评估事件时间线上各事件或状态开展根原因分析的必要性。对于非焦点事件(或非关键因素),通常被认为没有必要对其开展根原因分析。这些非焦点事件或事件对事故的发生并非起到关键影响和作用,事故调查组不可能,也没有必要对事故时间线上所有事件或条件状态都进行根原因分析。

根据IEC 62740等国际标准的定义,根本原因分析(Root Cause Analysis,RCA,简称"根原因分析")是指系统确定导致"焦点事件"(Focus Event)原因的过程。这里的"焦点事件"也可以理解为能解释事故因果关系的关键因素(Critical Factor)。

焦点事件或关键因素包括事故发生时间线上具有决定性作用的事件或事物状态,事故调查的核心任务就是对关键因素进行根本原因分析,分析其产生的直接原因、间接原因和系统原因。例如:一名行人在绿灯过马路时被闯红灯的汽车撞击受伤严重,这里面焦点事件包括司机闯红灯、司机没及时刹车发生撞击。而下雨的天气、行人过马路是正常发生的事件,并不能将其作为焦点事件或关键因素。事故调查需要对司机闯红灯原因、没能及时刹车进行根原因分析。很显然,如果焦点事件(或关键因素)不发生则类似事故就不会发生,非焦点事件即使不发生事故仍然可能发生,即使不下雨、即使该行人不过马路还是会发生类似事故。

焦点事件或关键因素的直接或间接原因往往是潜在原因的表象,并不能真正认为是根本原因或识别和解决的原因。根原因分析可为事故为什么发生提供系统、科学和合理的解释。为了响应焦点事件,需要确定分析的目的和范围并建立一个团队和相关资源来执行RCA。确定事件是否属于焦点事件、状态条件是否属于关键起因的一些判断原则通常包括:

(1)事故时间线链条中有较大影响的单个事件;
(2)事故时间线链条中有多个类似不希望发生的事件;
(3)涉及的过程参数不在规定的允许偏差范围内;
(4)涉及关键设备或活动的失效或成功(无论结果如何)。

可能需要进行RCA的事件还包括:项目的完成(成功和失败)、导致无法接受的成本、伤亡、无法接受的性能或延迟、重大合同违约和设备故障等。

如果需要RCA,则需要描述要分析的焦点事件,描述应包括焦点事件发生的背景和来龙去脉。焦点事件描述应精炼易懂、客观中立,不偏向于特定的解决方案,描述可用于在调查组成员中挑选适合的分析人员,并确定从何处开始收集数据和证据。

再比如图9.6,东黄复线"11·22"原油管道泄漏爆炸事故ECF图中对事故影响较大的状态或事件主要包括:

(1)管道从服役至事故发生未做过内检测,导致管道腐蚀至失效破裂前都未被发现。事故调查将挖掘是什么原因致使管道没有进行过内检测。

(2)管道泄漏后切断不及时,导致了大量原油泄漏。事故调查将从设计和运行维护、事故单位风险分析方面查找原因。

(3)泄漏后油气形成爆炸条件。事故调查将跟踪为什么污水管道封闭空间长时间形成了爆炸条件却未被及时发现。

(4)泄漏后应急处置造成大量人员伤亡,没有划分应急隔离和疏散区域。事故调查将从政府部门应急响应能力方面调查原因。

(5)管道抢修属于动火作业,但现场却无可燃气检测环节,也没有进行有效作业安全分析(JSA),作为焦点事件是什么导致抢修人员冒险作业。事故调查将剖析其产生的管理、文化和技术等方面的根本原因。

必须要说明的是,焦点事件的确定具有一定的主观性,不同调查人员和小组认定"焦点事件"的标准并不一致,同样一个事件是否对事故发生起到关键性作用,极可能存在差异。例如案例9.3,由谁维修或开叉车并不是造成事故的焦点事件或关键因素,因为换成他人也非常可能发生同样事故。一些安全工程理论可以解决这类问题,例如,利用保护层理论(LOPA)分析如果该事件或状态没发生或不存在,事故是否一定不发生;事件与其他事件是否构成"与门"关系等,来判断事件的作用。

> **案例9.3**
> 一起车间维修人员在拐角处换灯泡被叉车撞伤的事故。事故调查组通过人证访谈和视频证据构建了事故时间线,时间线上包括了接受任务、拿梯子、登梯子(状态:在拐角处)、叉车行驶过来(状态:装满货物,视野不良)、撞击人员坠落、呼救送医等一系列事件。
> 调查人员认为当时是否使用了更牢固的梯子并不是关键问题(虽然有人认为如采用更牢固的梯子,即使发生撞击后人员可能不容易从梯子上掉落受伤),通常没必要开展RCA。而叉车过量装载导致视野不良状态为焦点事件或关键因素,对该焦点事件有必要开展RCA。

## 9.5　RCA第3步:根本原因分析

有几种正式的技术,从基于原因清单的技术到指导分析人员考虑原因并以图形方式显示结果的技术。这些技术的范围从简单到复杂,需要有适当技能的从业者或引导者来进行分析。有些技术基于焦点事件如何发生的特定模型,因此特别强调结果。不同的模型基于对因果关系的不同假设,往往导致研究者识别出不同的促成原因。

在某些情况下,应该使用一种以上的技术或考虑多个模型来确定所有的根原因。表9.6提供了典型RCA技术简要描述。

表9.6　典型RCA技术简要描述

| 技术名称 | 描述 |
| --- | --- |
| 事件和因果关系图(ECF) | ECF分析确定了一系列任务和/或动作的时间顺序以及导致焦点事件的周边条件,这些都显示在因果关系图中 |
| 基于多线性事件排序(MES)的时间事件矩阵(STEP) | 在分析复杂焦点事件时,MES和STEP用于数据收集和追踪,结果显示为事件的时间因素(Time-Actor)矩阵 |
| 故障树(事故树)与成功树 | 故障树或成功树是信息的图形显示,帮助用户进行演绎分析,以确定通向成功或失败的关键路径,这些路径以图形方式显示在逻辑树图中 |
| 管理监督风险树(MORT) | MORT是一个预先填充的故障树,其中包含用一般术语表示的事件,通常是故障或疏忽。MORT包含两个主要分支和多个分支,具有较高的细致等级。一个主要分支确定了大约130个具体的控制因素,而另一个主要分支确定了100多个管理体系因素。该图还包含了树的两个主要分支共有的30个信息系统因子 |
| 为什么树法(Why Tree) | 作为一种简化的、略去逻辑符号的故障树,通过多次询问"为什么"来引导分析贯穿因果链 |
| 原因树方法(CTM) | CTM是一种系统的技术,用于分析和图形化描述导致焦点事件的事件和条件。CTM在概念上类似于为什么树法,但它构建了一个更复杂的树,并明确考虑了技术、组织、人为因素和环境原因 |
| Why-because分析(WBA) | WBA使用双因素比较法(反事实测试)建立了导致焦点事件的起因网络,起因网络显示在WBA图表中 |

续表

| 技术名称 | 描述 |
|---|---|
| 鱼骨图或石川图 | 鱼骨图或石川图是一种有助于识别、分析和呈现焦点事件可能原因的技术。这项技术说明了焦点事件和所有可能影响它的因素之间的关系 |
| 通过组织学习实现安全(SOL) | SOL 是一个清单驱动的分析工具，面向核电站的焦点事件，结果是从 MES/STEP 方法导出并以时间因素图的视觉形式显示 |
| AcciMaps | AcciMaps 主要是一种显示因果分析结果的技术。它需要一个组织模型来将因素分为多个层次，并引出各层次中的因素；应用反事实测试(见 WBA)的版本来确定因素之间的因果关系 |
| Tripod Beta | Tripod Beta 是因果网络的树状图表示。它关注人为因素，并寻找组织中可能导致人员失误的故障 |
| 系统理论事故模型(STAMP)与过程的因果分析(CAST) | CAST 是一种检查焦点事件涉及的整个社会技术过程的技术。CAST 记录了导致焦点事件的动态过程，包括社会技术控制结构以及在控制结构的每个层次上违反的约束 |

表 9.7 提供了描述 RCA 技术准则的清单。每个准则有三个级别，用(+),(0)或(-)表示，其中不同的级别表示不同的范围。表 9.8 对比了典型 RCA 技术的属性差异。

表 9.7 RCA 技术准则汇总

| 准则 | 描述 | 等级 |
|---|---|---|
| 专业要求 | 该方法是要求"有经验的人员"才能使用(是否需要使用诸如定理证明等需要特定专业知识的技术)？或它只适合某领域专家使用 | ● 直观，几乎不需要培训(+);<br>● 需要有限的培训，例如一天(0);<br>● 需要大量培训，例如一周(-) |
| 工具支持 | 是否需要工具支持 | ● 不需专用工具支持即可正常使用(+);<br>● 工具支持不是必需的，但使用可以提高效率(0);<br>● 需要工具支持，只能使用专用工具支持(-) |
| 可拓展性 | 方法可拓展吗？该方法在简单和复杂的焦点事件中都能有效地使用吗？方法的一个子集可以应用于小的或不太重要的焦点事件，而完整的功能可以应用于大的或重要的焦点事件吗？使用该方法进行分析的复杂性是否随焦点事件的复杂性而增加 | ● 可拓展性好，具有复杂性(+);<br>● 有限的可拓展性，每个应用程序的巨大开销(0);<br>● 不可拓展，完整的方法必须被应用(-) |
| 图形展示 | 该方法的图形表示的性质是什么？图形展示的好处在于一幅图片胜过千言万语。将分析方法的结果以图像、图表或其他形式展示，往往比以纯文字形式展示更容易理解。<br>图形表示的理想属性是：<br>● 清楚地显示因果关系的语意(包括起因的外延、起因的分类);<br>● 在认知上(相对)容易被人评估，理想情况下，图形表示还可以显示分析的过程 | ● 具有明确定义的语意和易于理解的认知的图形表示(+);<br>● 图形表示,但没有语意(0);<br>● 无图形表示(-) |

| 准则 | 描述 | 等级 |
|---|---|---|
| 再现性 | 该方法的结果具有可重复性吗?不同的分析师会对同一焦点事件得出相似的结果吗 | ● 结果是可以复制的,只有在结果的表示、措辞等方面可以观察到差异(+);<br>● 大量的结果可以重新得到,但是会观察到一些差异(0);<br>● 结果将取决于分析师的专业知识(-) |
| 可行性检查 | 对于独立于工具之外的结果,是否存在一种合理的、快速的真实性检验 | ● 几乎每个方面都有可行性检查(+);<br>● 有可行性检查,例如,检查表,但它们不一定涵盖所有方面(0);<br>● 只有有限的手段支持可行性检查(-) |
| 知识严谨性 | 这个方法有多严谨?从两个相关方面判断:<br>● 对于起因和根原因的关键概念,这种方法是否有严格的明确的定义,而没有歧义?<br>● 该方法的结果经得起形式(数学的)验证吗?该方法的应用在多大程度上是可行的 | ● 形式定义并可形式验证(+);<br>● 半形式的定义(0);<br>● 非形式的定义(-) |
| 时间序列 | 该方法是否包含事件时间序列? | ● 是(+);<br>● 只有间接的(0);<br>● 否(-) |
| 特异性 | 该方法将分析局限于焦点事件的必要起因,而不是探索在焦点事件发生时存在的一系列普遍问题,尽管这些问题可能起到一定的作用 | ● 方法只分析焦点事件的必要起因(+);<br>● 方法既可以用来分析焦点事件促成原因,也可以用来分析必要起因;<br>● 方法在一般情况下寻找问题,它们是否是焦点事件的必要因果因素 |

表 9.8 典型 RCA 技术的属性

| 项目 | 专业要求 | 工具支持 | 可拓展性 | 图形展示 | 再现性 | 可行性检查 | 知识严谨 | 时间序列 | 特异性 |
|---|---|---|---|---|---|---|---|---|---|
| 故障树与成功树方法 | 0 | 0 | 0 | + | 0 | 0 | 0 | - | 0 |
| MORT | + | - | - | 0 | + | 0 | 0 | - | - |
| Why Tree | + | + | - | 0 | - | - | - | - | + |
| CTM | 0 | 0 | + | + | 0 | 0 | 0 | - | - |
| WBA | 0 | + | 0 | + | + | + | + | 0 | + |
| 鱼骨图或石川图 | + | + | - | 0 | - | - | - | - | - |
| SOL | 0 | - | + | 0 | + | + | 0 | - | 0 |
| AcciMaps | 0 | 0 | 0 | + | - | 0 | 0 | 0 | 0 |
| Tripod Beta | - | + | 0 | + | 0 | 0 | 0 | 0 | 0 |
| STAMP 与 CAST | + | + | + | 0 | 0 | 0 | 0 | + | + |

分析过程中可能表明需要进一步的数据。应该对出现此类数据的请求做好准备,以解决分析中的冲突或完全空白。分析应该继续,直到满足"停止法则"(事故调查分析认为已分析到了根本原因或没有必要再深入分析,因此停止继续挖掘原因的标准或判据),则终止该 RCA。

下面对上述 RCA 方法进行介绍。

### 9.5.1 事故树

事故树(故障树)是典型的 RCA 分析方法,由于事故时间线上的顺序和因果关系已经基本明确,此时就已经具备了绘制事故树这种逻辑树的条件,因其逻辑条件要求严格,可以进行定量计算,在事故调查和风险分析应用中比较常见。

其他的逻辑树 RCA 方法还包括管理监督和风险树(MORT)、为什么树(Why Tree)、原因树(CTM)等,将在后面进行介绍。

事故树分析(Fault Tree Analysis,FTA,也称"故障树分析")是一种典型的逻辑树方法,该方法由事故后果开始逐层倒推导置事故的事件和原因,并将事件和状态用逻辑符号进行连接,形成一种有方向的树。在事故调查中,使用事故树分析,可较全面分析出导致事故的多种因素及其逻辑关系,并能明确各方面故障或失误对事故产生的"贡献",并找出重点和关键事件,确定事故发生根原因,并会为调查人员进行根原因分析和提出控制类似事故发生的最重要建议。

事故树等逻辑树图都是在事故调查组收集了最初事实和建立了一个时间线基础上,才能开始绘制,并且随着证据完善和分析方向的明确不断进行迭代更新。

#### 9.5.1.1 事故树绘制规则

事故树绘制规则要求采用特定的符号,主要包括事件符号、逻辑门符号和转移符号。事故树用逻辑门符号连接各层级事件,事件符号是该类型逻辑树的节点,用逻辑门表示相关节点之间逻辑关系。

**1. 事故树事件符号**

事故树的符号含义如表 9.9 所示。

表 9.9 事故树符号说明

| 符号 | 说明 |
| --- | --- |
| ◯ | 基本事件:该基本事件代表一个简单设备的故障或失效,但不会进一步导致更多的基本故障或人因失效。事故调查时,由于信息缺乏和经验不足,判定基本事件及是否需要继续挖掘存在一定的主观和不确定性,因此,经常有人用"事件"符号代替基本事件 |
| ▭ | 事件块:代表一个由其他故障事件(通过逻辑门绘制,比如之前所定义的那些)导致的故障事件。事故调查时,有时不好确定是否为基本事件时,经常用本符号代替"基本事件" |
| ⊠ | 否定事件块:通过调查证据分析认为没有发生、可排除的事件,不必再向下分析。不同于事故分析,事故调查对于可排除的事件可用该符号表示 |
| ◇ | 未遂事故:代表一个没有或无法得到进一步确认,存在该事件的可能性,但是没有证据能排除 |

续表

| 符号 | 说明 |
|---|---|
| ○（椭圆） | 条件事件：除了满足逻辑要求外还要满足本条件事件，才能发生事故 |
| △（三角） | 转移符号：当事故树底部事件绘制受页面限制时使用该符号，用作事件的转出和转入，尚未完成的部分由此转出，需要继续完成的部分由此转入 |
| ⌂（房形） | 房形符号：表示正常事件，在正常情况下发挥正常功能的事件。开展严密的逻辑分析时，区分正常事件非常必要 |

## 2. 逻辑门符号

通常用标准的符号构建事故树，用顶事件和各种用"与门"和"或门"表达导致事故发生的事件、状态或原因。一些调查者在刚开始绘制事故树时，可能还无法确定事件连接是否使用"与门"和"或门"等逻辑门，而是先临时使用一个"通用门"，随着事故调查证据收集和分析明确后再确定具体逻辑。下面举例说明几种常见逻辑门的用法规则。

(1) 与门。与门符号如图9.10所示。下面的输入事件 $B_1, B_2, \cdots, B_n$ 必须同时发生，才能使输出事件 A 发生。

典型的事故与门的例子如火灾发生的条件，如图9.11可燃物、助燃物（氧气）和点火源必须同时存在，才可能发生火灾。

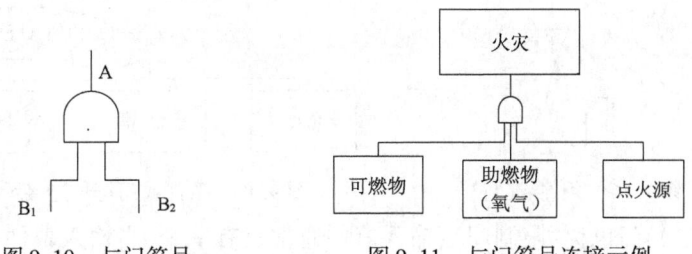

图9.10　与门符号　　　图9.11　与门符号连接示例

(2) 或门。或门符号（图9.12）表示输入事件 $B_1, B_2, \cdots, B_n$ 中只要有任意一个或以上发生，输出事件 A 就会发生。或门连接符号有罗列输出事件形式的作用，例如仓库发生火灾可能是由电气、人为或货物造成的，事故调查组通过监控记录排除了人为火灾的可能性，但是由于现场破坏严重无法排除电气火灾和货物自燃的可能性，为此用或门将这些可能原因连接起来（图9.13）。

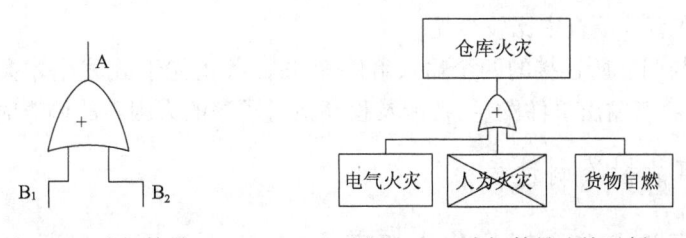

图9.12　或门符号　　　图9.13　或门符号连接示例

(3) 条件与门。条件与门表示必须在满足条件 C 的情况下，且输入事件 $B_1, B_2, \cdots, B_n$ 同时发生，满足与门条件，此时才能输出事件 A。条件是事件发生的条件或状态，条件与输入事件是逻辑积的关系,可以看作与逻辑门输入事件呈"与"的关系,如图9.14所示。

一起低压触电事故的事故树见图9.15,其直接原因是人体接触带电体、绝缘保护失效和抢救不力,但是这些直接原因同时发生(满足与门)不一定会导致死亡,只有满足了通过人体心脏电流 $I$ 与通电时间 $t$ 的乘积大于等于 50mA·s 才可能导致人员触电死亡。

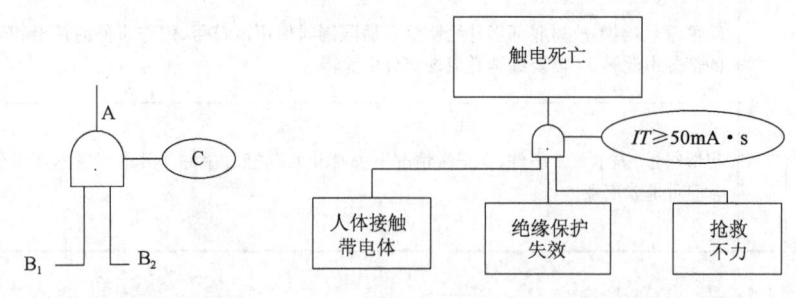

图 9.14　条件与门符号　　　图 9.15　条件与门符号连接示例

(4)条件或门。如图9.16,条件或门表示必须在满足条件 C 的情况下,事件 $B_1,B_2,\cdots,B_n$ 任意一个发生,就能输出事件 A。条件是事件发生的条件或状态,输入事件 $B_1,B_2,\cdots,B_n$ 与输出事件之间是逻辑和关系,输入事件与条件 C 是逻辑积关系。

例如对一起气瓶爆炸事故进行调查,调查组绘制了事故树(图9.17)分析事故发生的条件,包括阳光暴晒、接近热源或火源(证据排除了火源),当这些超压因素只有超过了气瓶允许的承受力条件才可能发生爆炸,因此可以用条件或门进行表示。

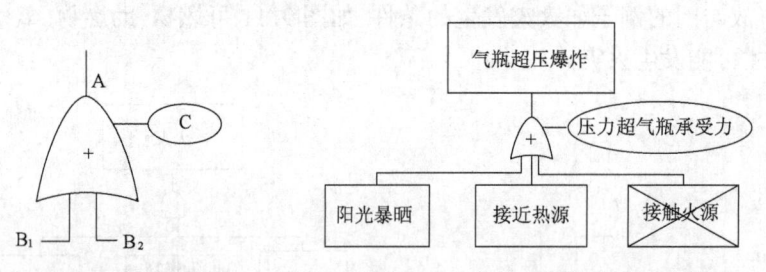

图 9.16　条件或门符号　　　图 9.17　条件或门符号连接示例

(5)禁门。禁门也称"限制门",输入事件通常只有一个,当输入事件 B 发生,且满足条件 C 时,输出事件 A 就发生,否则 A 不会发生。有时事故调查人员会将输入事件与条件事件 C 用逻辑与门连接作为输入事件。

(6)表决门。当 $n$ 个输入事件 $B_1,B_2,\cdots,B_n$ 至少有 $m$ 个发生时,输出事件 A 才发生,这种情况在涉及逻辑的控制系统事故调查中可能出现。

(7)异或门。异或门也称"排斥门",若两个以上的输入事件同时发生时,输出事件就不发生,这种情况在事故调查中比较少见。

(8)顺序与门。所连接的两个输入事件 $B_1,B_2$,当 $B_1$ 先于 $B_2$ 发生才会有输出事件 A 发生,顺序相反则不会有输出事件发生,在涉及程序执行顺序的人因事故调查时有时用到顺序与门。

### 9.5.1.2　事故树绘制过程

#### 1. 选择事故或焦点事件作为顶事件

事故树作为根原因分析工具使用时,当事故比较简单,证据数据信息较少时可将事故直接作为顶事件进行分析。而如果事故比较复杂,焦点事件较多时,一般并不建议用事故作为顶事件,因为很难正确组织各级事件因素和逻辑。建议将焦点事件作为顶事件,绘制成事故树挖掘分析其产生的深层原因。

如图 9.18 所示的车床绞发伤人事故,由于事故相对简单,事故调查组将车床绞发伤人作为顶事件,逐层分析事件原因,视频监控证据排除了不可能事件(未戴防护帽),直到找到事故发生的根原因为没有程序和制度明确塞好头发的标准(只有要求戴帽子),这里因为没有程序要求,所以谈不上培训。帽子宽大是由于只提供了一种规格的帽子,且不适合女生,可以再进一步进行原因分析(可能为危害分析不足,或长期形成的形式化、表面化的安全文化)。

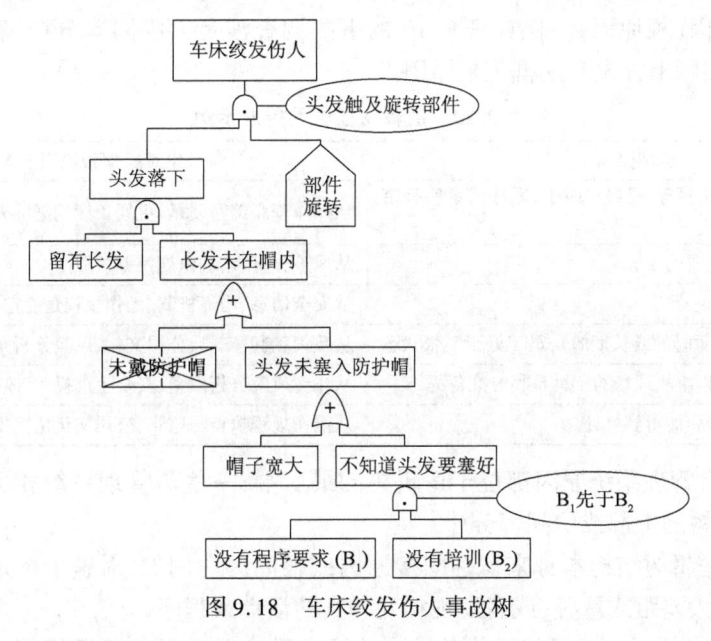

图 9.18 车床绞发伤人事故树

### 2. 逐层调查和分析造成顶事件相关原因

找到所有和顶事件相关的所有直接原因,再找导致这些直接原因的间接原因,直到分析到系统原因(管理原因)为止。造成顶事件的直接原因事件(第 2 层)从三个方面考虑:机械(电气)设备故障或损坏;人的差错(操作、管理、指挥);环境不良。

事故调查中,相关原因分析开始是通过可能原因推断和证据数据证明进行的。如果证据否定了一些可能原因,将没有必要对这些否定掉的原因再继续进行分析,如果直到调查结束也不能排除可能原因,事故调查结论应保留和说明这些不能排除的可能原因。

### 3. 绘制事故树

在列出顶事件的各种原因后,可以用对应的事件符号和适当的逻辑门将各层级事件和原因进行连接,如果造成上级事件的下级事件(原因)间的逻辑比较明确就可以直接选择合适的逻辑符号进行连接,如果逻辑不明确,可以暂时使用"通用门",并在后续事故调查时进行明确。

### 4. 测试和检验事故树

绘制完成事故树后,需要检验事故树各层事件和原因输出逻辑是否合理,证据支持和排除是否明确,并对逻辑树的逻辑和事件输出进行测试和验证。

### 9.5.1.3 逻辑树验证和改进

事故树、管理监督风险树(见本章9.5.2节)等依赖逻辑符号连接的树形结构分析方法都属于典型的逻辑树方法。画出逻辑正确、结构合理的逻辑树需要不断测试、修改,迭代改进。为保证逻辑树分析的合理性,需要检查测试整个逻辑树结构的完好性和每个分支中的逻辑合理性,以确定它是否必要和充分。如果逻辑树不完整,则确定事实或逻辑问题并重复整个过程。测试需要注意的问题有:

(1)已确定的原因是否实际上与管理系统有关,如果无关,则需要继续完善逻辑树,直到找到管理系统原因(根原因)。例如表9.10的事故调查涉及人因因素分析,看起来已经分析比较深入,但是实际上并没有挖掘到根原因。

表9.10 逻辑树根原因挖掘示例

| 示例原因 | 继续挖掘根原因方向 |
| --- | --- |
| 步骤不够清晰,很难去遵守,已经过时了,顺序或事实有错误,或者不包括该情况 | 从操作程序编写质量、更新角度挖掘补充根原因 |
| 员工认为故障是不重要的 | 从风险分析、培训角度挖掘根原因 |
| 步骤的实施和监管不一致 | 从安全信息、沟通机制、操作规程角度挖掘 |
| 由于任务过于繁重(暂时的或长期的),员工处于慌张状态 | 从政策、制度安排、公司文化、风险分析角度挖掘 |
| 工具或供应短缺,所以事故现场的工具是临时准备的 | 从作业风险分析质量、安全生产投入、监管规定角度挖掘 |
| 员工将会因省略某步骤而得到好处 | 从操作规程执行与监管、公司文化角度挖掘 |

(2)并非所有管理系统原因都位于逻辑树的最底端,一些与管理系统相关的原因可以而且经常位于逻辑树的上部或中间部分。

(3)可通过逻辑树结构本身来识别间接原因或根原因。例如,对整个树形结构概览可能发现职责存在重大差距或重叠,或者发现相互冲突的活动或程序。

(4)审查每个树图分支,寻找可能的冲突或不一致之处。最终的逻辑图应参考最终的事故时间线进行彻底检查,审查是否有焦点事件(或关键因素)没有在树形图中被分析到,或经过验证是错误的,则应进行原因补充,此迭代循环启动的任务示例包括:后续证人访谈,重新访问或重新检查事件现场的某个区域,以及委托专家顾问意见。例如,一位目击者说某个关键的阀门是打开的,但事后检查发现它是关闭的。调查组需要确定两种矛盾的情况中哪一种是真实的,将启动一个短期小型调查来解决这个问题,并修改事故树。

(5)如果树形图演绎绘制过程停滞不前,并且似乎不可能取得进展,则需要考虑应用归纳调查方法进行迭代循环,例如 HAZOP、FMEA 等方法进行思维拓展,开展系统性的假设和证据验证,直到认为找到根本原因为止。

### 9.5.1.4 事故树分析案例

在图9.6基础上,采用事故树方法对案例4.3进行根原因分析。如图9.19、图9.20所示,将管道泄漏爆炸作为顶事件,泄漏和点火源作为第二层事件逐层分析,直到找到可能的系统原因(管理)。事故的直接原因是管道内腐蚀和人员违规破拆作业,通过事故树进行深入挖掘分析会发现管道完好性管理、泄漏维修程序、风险分析、安全信息管理、应急处置分析能力等多方面系统原因。当能深入挖掘出这些系统管理原因,并在事故报告中进行建议和说明,并监督落实形成闭环,类似的事故将能有效避免。

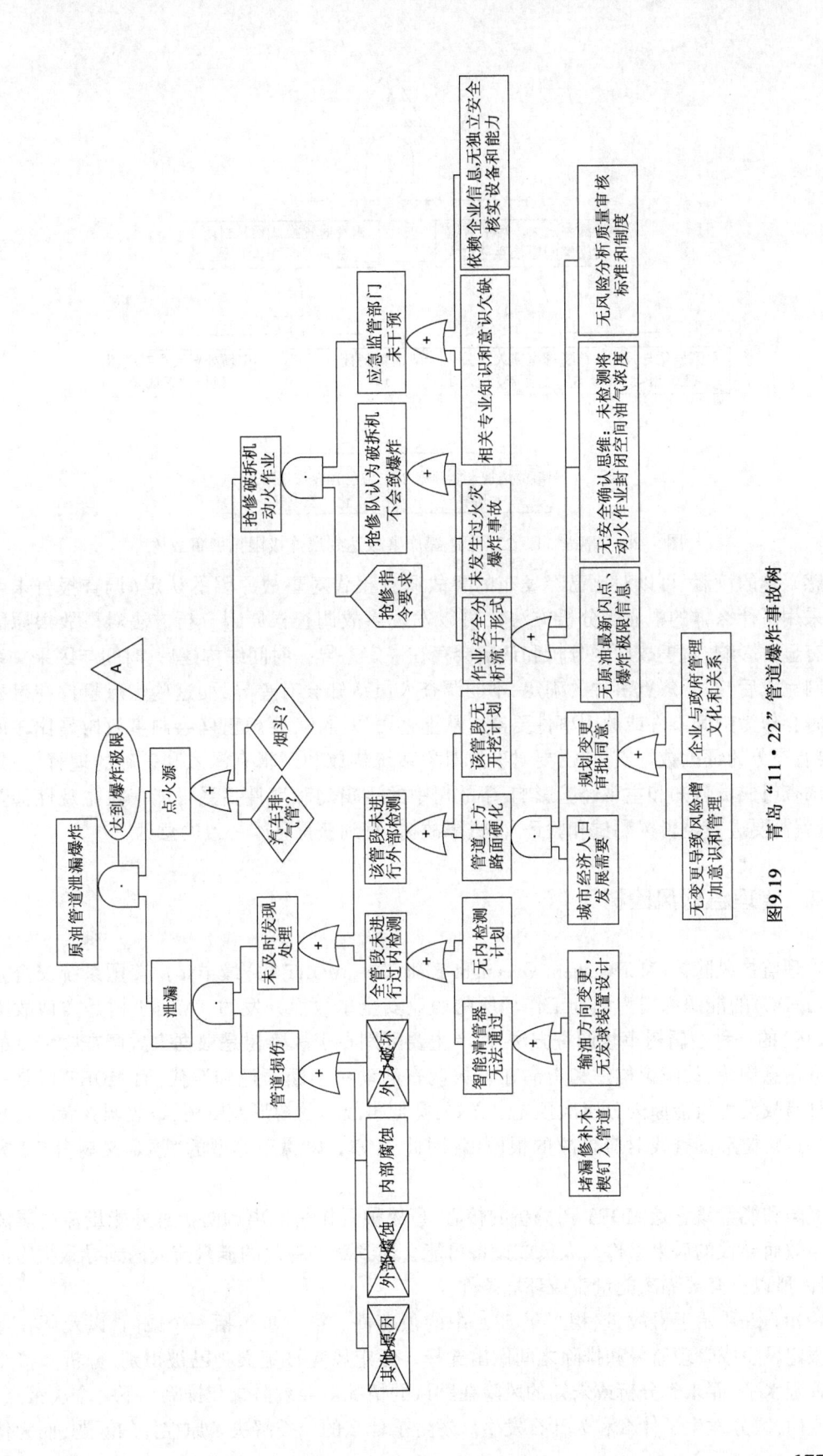

图9.19 青岛"11·22"管道爆炸事故树

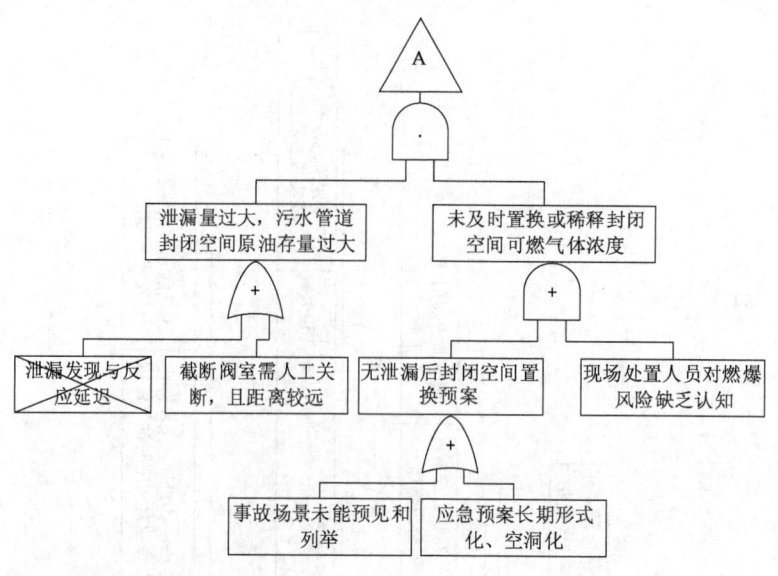

图 9.20　青岛"11·22"管道爆炸事故达到爆炸极限拓展事故树

感兴趣的读者,可以对比已经发布的事故调查报告对事故原因的认定(调查报告未明确说明采用了什么样的根原因分析方法),可以发现事故调查根原因分析方法对事故根原因的认定有显著影响,对事故原因分析和认定会存在一定差异。时间线构建后,时间与因果关系图的绘制完成后,对于焦点事件的确定,不同调查人员认知会有差异,而这些焦点事件在事故树分析时会作为中间事件或原因事件要素。从上述可以看出,要想正确绘制事故树是比较困难的,要有充分的证据数据支持,需要对事故对象系统构成和逻辑有深入和正确的理解,另外受事故调查组成员认知和主观经验影响,事故树中的逻辑门和事件关系可能存在主观性甚至争议,这就需要进行逻辑树测试和验证,改进事故树,直到获得基本一致的意见。

## 9.5.2　管理监督风险树

管理监督风险树(Management Oversight Risk Tree,MORT 树)最早是由美国系统安全开发中心(SSDC)的能源部门为调查工作场所的职业安全事故而开发的。MORT 树是类似故障树(事故树)的一种逻辑树事故调查方法,两者主要区别在于故障树是根据事故调查收集到的证据数据信息构建,故障树构建和走向在事故调查活动中不断新建和迭代,而 MORT 树是一种将某种事故发生可能原因分层次预先定义好,类似事故树的树形逻辑树,事故调查者顺着预先画好的逻辑树形图查找对应事故的根原因,因此 MORT 树属于典型的"预定义树分析"方法之一。

屏障和能量概念是 MORT 树分析的核心,事故被看作是隔离和防护意外能量流的屏障缺失或失效而导致的后果事件。人员或设备可能会遇到意外释放的能量流或遇到导致损害的环境条件,所以有必要隔离能量流或环境条件。

MORT 树开始于事故,这相当于 FTA 中的顶事件。第二步包括一个或门,以及调查者必须在假定风险或管理监督和排除之间做出选择。假定风险被定义为已被识别,分析和接受相应的管理水平,而未经分析或未知的风险在默认的情况下会被监督和排除。下一个决策点,另一个或门,区分发生了什么和为什么发生。发生了什么的分类解决了原控件的问题,而为什么发生认为考虑到了综合管理系统的因素。最终该树会分解这些因素中的每一个,直到获得根本原因。

一起伤害事故 MORT 树如图 9.21 所示,从管理和监督因素假定造成伤害的原因,利用 MORT 树对这些要素如何造成伤害进行逻辑和原因分析,用波浪形符号表示顶事件(伤害)将带来的后果影响(如停工、致残甚至死亡)。

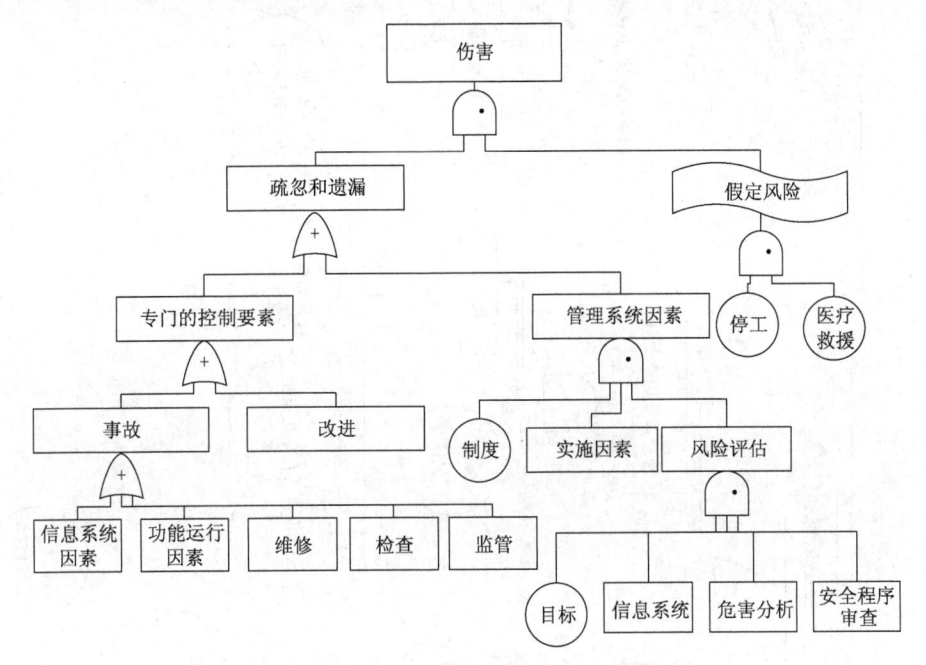

图 9.21 一起伤害事故 MORT 树

MORT 树方法已经得到了事故调查和风险分析人员的认可,被运用到各种不同的职业事故的调查,或进行危险源的辨识。例如利用 MORT 树研究桑吉轮漏油事故,如图 9.22 所示,模型包含 3 个基本分枝:S(特殊控制因素)、M(管理系统因素) 和 R(假定风险) 分枝。根据"桑吉轮"和"水晶轮"碰撞事故原因分析,辨识出船员责任心不强、船员违章操作和船员专业水平低 3 个主要事故致因因素。

### 9.5.3　为什么树

为什么树(Why Tree)方法是通过将焦点事件或关键因素作为顶事件,提出顶事件为什么会发生而逐层追问的树形根本原因分析方法。提问开始于对焦点事件的陈述,并询问该事件为什么会发生。这个问题的答案会变成第二个"为什么"问题,第二个"为什么"问题的答案则会变成第三个问题。当得到系统原因即根原因时,停止提问。因为通常这种方法需要大约 5 个层次的问题,因此该方法也被称为"5 个为什么",此方法是管理工作中经常用到的提问方式。它对要结束问题的目的、对象、地点、时间、人员和方法提出一系列具体的问题,帮助提问者了解事故发生细节。

当一个"为什么"问题提供几个起因,每一个都被探究时,该方法就会衍生为一个为什么树。为什么树分析法是一种系统、严谨、按部就班利用信息,将事件由因果关系系统梳理出来,找出每条因果关系链条发生根本原因的一种科学分析方法。

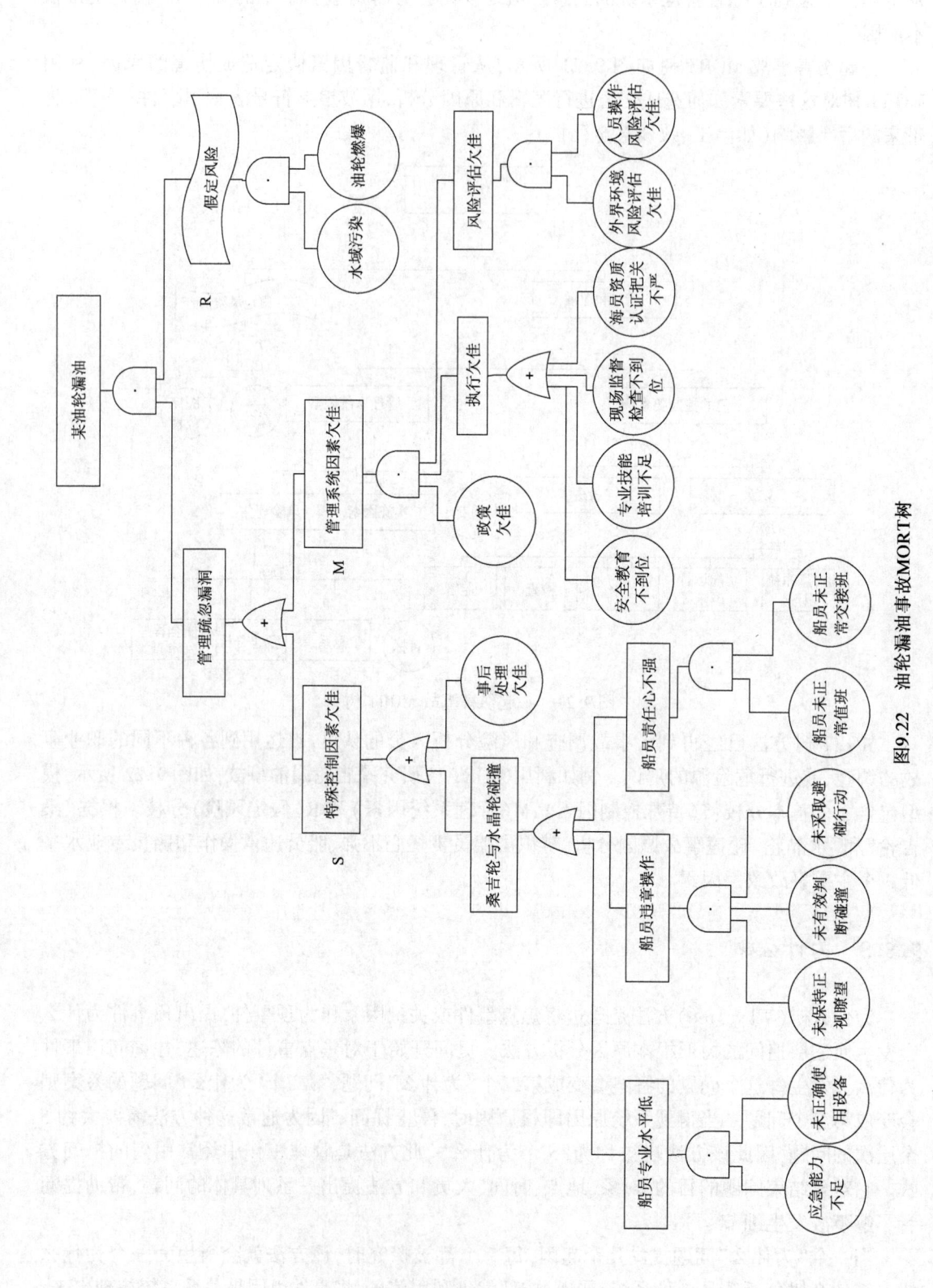

图9.22 油轮漏油事故MORT树

为什么树也可以看作是一种没有逻辑符号连接的事故树(故障树),通常单独用于简单情形,但也存在于更复杂的树分析方法中,如原因树方法(CTM)。因为"为什么"这个简单的问题并不能对原因做出假设,也不能引导证人,所以这种方法对于调查者从目击者那里获得关于事件发生的方式及原因等信息是很有效的。

为什么树方法有以下步骤:
(1)识别和记录焦点事件,作为一个"为什么"图的开始。
(2)问焦点事件或关键因素为什么发生,只寻求最直接的原因。
(3)针对前面的答案,依次问"为什么"。在每种情况下,"为什么"这个问题的答案都应是前一个答案的直接原因。

为了找到根原因,人们会问很多次"为什么"问题。通常情况下为五个"为什么"问题,但这只是一个指导原则。每次问"为什么"问题时,可能会有多个答案,故需要进行一些分析以排除那些不适用的可能答案。或许问"为什么这个过程失败了"比仅问"为什么"会更有效。

图9.23举例说明了一台非计划停机的压缩机意外事件发生的原因。在这个例子中,第四个"为什么"提出了一些缺乏润滑的潜在原因,并找到证据来确定哪些为正确原因。尽管潜在原因中也包括人员错误,即人员没有遵循指定的启动程序,但在改进设计中,可建议压缩机和泵电机相连接。因而在这种情况下,进一步分析错误发生的原因是没有用的。

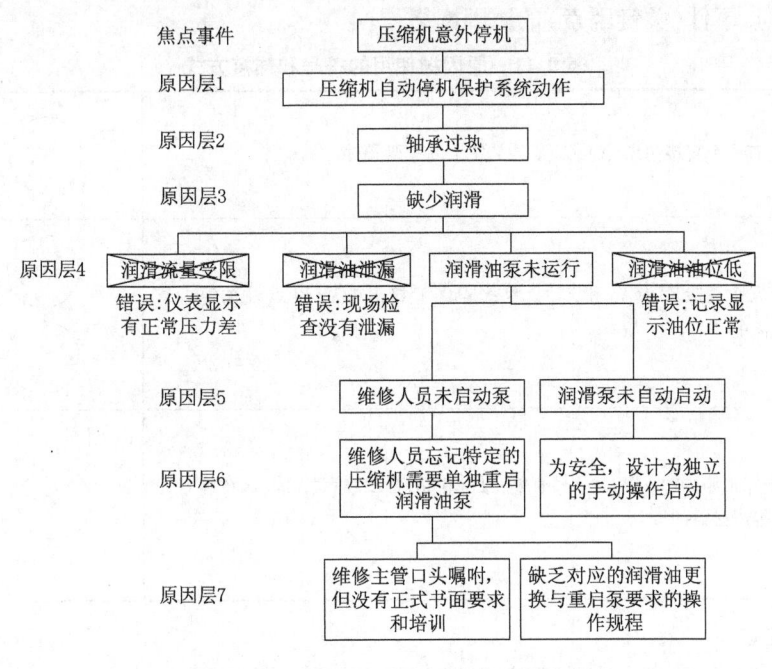

图9.23 压缩机意外停机为什么树分析

为什么树方法的优点如下:
(1)对涉及问题的人来说很简单,不要求提问者具备丰富的知识,容易被他人理解;
(2)能够快速处理简单问题以取得结果,不需要提问者进行大量的培训。

为什么树方法的局限性如下:
(1)只适合简单的情况,严重依赖于回答问题的人的知识和专长,且在技术故障模式和人为错误方面的专业技能往往是找到根原因所必需的;如果超出相关人员的知识基础,可能会遗漏根原因。

(2)可能因为私心或某些原因让调查人员倾向于只停留在表面症状的调查之上,而不能追究到更深层次的根原因。

(3)确定适当的根原因时可能存在不确定性。该方法可以分析到考虑人员行为原因的程度,但人员心理活动往往无法获得证据,因此对人员行为根原因分析结果缺乏可重复性。

### 9.5.4 原因树方法

原因树方法(Causes tree method,CTM)通过检查与焦点事件(或关键因素)相关联的所有系统元素,采用图形化描述发生的事件和条件。原因树在看起来类似于为什么树,但是它能构建更复杂的树,并可明确考虑技术、组织、人和环境等起因,每一个前因(已确定的起因)都需经过验证,以检查它是否是前一个原因的直接和必要起因,而为什么树方法没有那么严格。因此,CTM 适用于更复杂的情况。

原因树也类似于事故树(故障树)。但是,对于一个事故或焦点事件来说,通常优先使用事故树来探索所有可能的起因和指定各输入事件之间的严格逻辑关系。而原因树仅包含那些适用于已经发生的特定事件的起因,并且没有详细地分析输入事件间的逻辑关系。

原因树可以用来分析成功和失败。原因树使用表 9.11 所示的三种逻辑关系,形成了直接或间接导致焦点事件(关键因素)的原因网络。

**表 9.11　原因树使用的符号和连接方式**

| 说明 | 图示 |
| --- | --- |
| 顺序:原因($Y$)只有一个直接源点($X$),即 $X$ 是 $Y$ 发生的充要条件 | $X$ — $Y$ |
| 合取:原因($Y$)有几个直接来源($X_1$ 和 $X_2$)。也就是说,直接源点 $X_1$ 和 $X_2$ 中的每一个都是 $Y$ 发生所必需的 | $X_1, X_2 \to Y_1$ |
| 分离:两种或两种以上原因($Y_1, Y_2, \cdots$)具有单一且相同的直接源点($X$)。这意味着 $X$ 是产生 $Y_1$ 和 $Y_2$ 等所必需的 | $X \to Y_1, Y_2$ |

CTM 步骤如下:

(1)确定要分析的焦点事件或关键因素,并将其记为原因树的起点。

(2)收集并记录所有相关数据,包括人员、行动、材料和设备,以及与生理、心理、社会环境有关的因素。

(3)列出焦点事件的起因。这些应该有证据支撑,并尽可能精确地表达出来,但不包括主观意见和判断。起因包括不寻常或改变事件正常进程的因素,以及正常但在事件发生中发挥积极作用的因素。

(4)通过收集到的每一个前因进而系统地提出以下问题,追溯到根原因:

①什么前因 $X$ 直接导致了 $Y$ 发生?

②$X$ 一定会导致 $Y$ 的发生吗？

③如果不会导致 $Y$ 事件的发生，其他同样必要的前因 ($X_1$, $X_2$, ⋯) 是什么？

④在一个用箭头连接到焦点事件的框中显示这些直接必要起因。原因树可以水平绘制，也可以垂直绘制，但通常从右边开始水平绘制，因此从左到右对应事件的时间顺序。

⑤继续就每一个发现的必要起因提出同样的问题，直到团队认为没有继续下去的价值为止。

⑥通过获得进一步的证据来检查原因树的有效性，以确定它是否正确。

图 9.24 是一个示例原因树，员工 L(受害者)和员工 W 这天在晚上工作，任务是移动和储存剩余库存的面粉。根据工作任务要求，员工 L 和 W 需将面粉装入粉碎机后装袋储存。通常情况下，该工作应该由一个车间小组长负责，但管理者认为该小组长今晚是否参与并不重要。为了节省时间，L 首先开了一辆叉车(叉车启动钥匙像往常一样留在叉车的仪表板上)来存放面粉袋。工作结束时，L 准备归还叉车，在驾驶过程中，L 试图避开地面上的一个洞而进行倒车急转弯(此时叉车的车叉是举起的状态)，造成了叉车翻倒，L 被压在地面和叉车车体右侧安全立柱之间。

从最左侧焦点事件"L 被挤压在地面和叉车安全立柱"开始分析，直到找到事故的根原因(作业风险分析与管理漏洞、安全文化、安全意识欠缺，车辆、工具使用安全许可管理漏洞等)或认为没有分析的价值为止。

原因树优势如下：

(1)为复杂事件的结构化调查提供了一种方法，能提供不需要特别培训就能易于阅读的格式，可鼓励团体参与；

(2)可用于进行调查时确定可收集资料的范围；

(3)可以用来分析成功或失败事件，也可以于技术和非技术的事件。

原因树的局限有：

(1)许多人和组织因素可能导致焦点事件的发生，并且通常很难确定在特定情况下哪些是必要起因；

(2)不能指导如何寻找起因，因此，当树状结构涉及人的和组织的失败，而证据往往难以获得时，就需要有关于人为错误和组织系统的专门方面的专业知识；

(3)不太适合多领域因素共同导致的事件(事故)分析，对多个必要起因间的逻辑关系缺乏说明。

### 9.5.5　WBA 分析

Why-because(WBA)分析是一种因果分析技术，用于确定给定的事件和情况集合中哪些是必要起因。例如：给定两个事件或情况，如图 9.25 所示，用 A 和 B 表示，并用一种被称为"反事实测试"(Counterfactual Test,CT)的条件来确定 A 是否是 B 的充分且必要起因(简称"充要起因")。反事实测试询问：如果 A 没有发生，B 是否也不会发生(如果 A 确实发生了，那么假设 A 没有发生就与事实相反，因此有了"反事实")？在提出这个问题时，假定其他所有条件都保持不变。如果答案是肯定的，B 不会发生，那么 A 是 B 的必要起因。如果答案是否定的，那么即使 A 没有发生(CT 失败)，B 也可能发生，那么 A 不是 B 的必要起因。

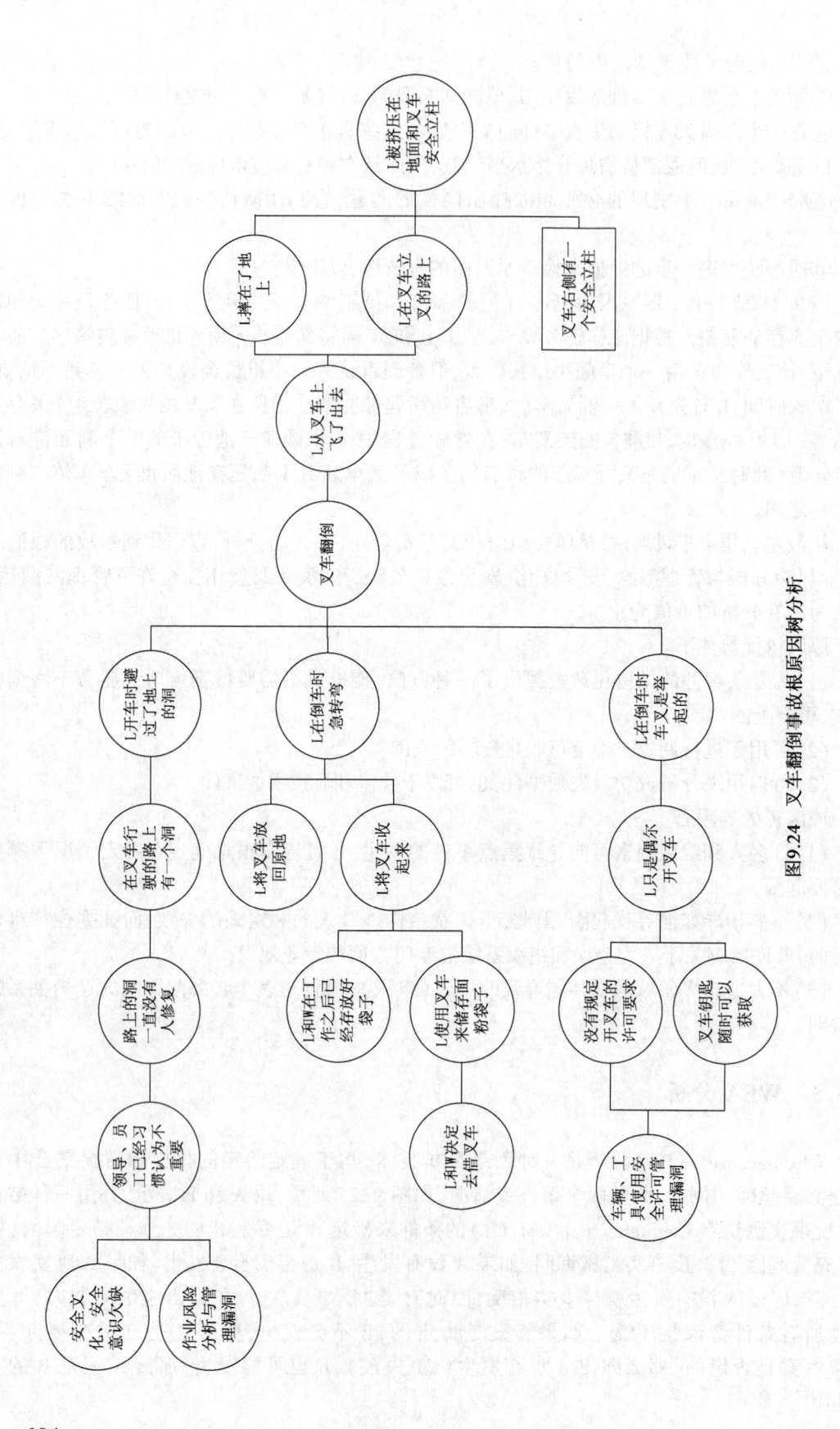

图9.24 叉车翻倒事故根原因树分析

— 184 —

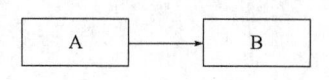

图 9.25　A 导致 B 发生示意图

为了确定在所呈现的事件和情境集合中是否存在充分的起因,可使用"因果关系完好性测试"方法。"因果关系完好性测试"适用于给定的事件或情况及完好性测试确定的必要起因的集合。如果"因果关系完好性测试"没有通过,那么事件和情况的集合必须通过进一步的因素来扩展,直到通过为止。如图 9.26 所示,假设 $A_1, A_2, \cdots, A_n$,经"反事实测试"确定为 B 的必要起因。如果 B 没有发生, $A_1, A_2, \cdots, A_n$ 任意一个也不会发生,形式上,NOT-B 是 CT 确定的 NOT($A_1, A_2, \cdots, A_n$ 的必要起因),则认为"因果关系完好性测试"通过。

图 9.26　多个事件充分完好性测试示意图

图 9.27 所示为一起飞机冲出跑道事故 WBA 分析案例。起因的网络显示为一个 Why-because 图(WBG),是一个"节点"、方框、菱形和其他形状的集合,并包含由"边"或箭头连接的事实的简要描述,其中箭头尾部的节点是由 CT 确定的在其头部节点的必要起因。WBA 是无环的(不包含循环),所以一般用箭头指向向上的方向来绘制,或者用箭头指向为从左到右或从右到左来水平绘制。当一个 WBA 图绘制完成,并且其中的所有事件和情况都通过"因果关系完好性测试",以确保分析是比较完整的,是对焦点事件的充分因果解释。例如:要分析飞机撞到路堤这一焦点事件,就可以应用完好性检验的方法。提问必要性:如果飞机没有冲出跑道是否还会撞到路堤?答案是否定的,所以飞机冲出跑道就是飞机撞到路堤的必要因素。提问充分性:如果飞机冲出跑道和在跑道边缘建设路堤同时发生,那么飞机是否一定会冲出跑道?答案是肯定的。所以,引起飞机撞到路堤事故的两个充要条件就是飞机冲出跑道和路堤建在跑道外面。

WBA 分析有以下步骤:

(1)在停止法则(事故调查分析中认为已分析到了根本原因或没有必要再深入分析下去而停止继续挖掘原因)的指导下,确定一组被认为是相关的事实,并用 C 来表示事实的初始集合,将其分为事件、状态和情形。

(2)选择焦点事件(WBA 中称为事故事件)。

(3)从集合 C 中直观地确定焦点事件的直接必要起因,并用"反事实测试"进行检验,最后将结果可视化地显示为部分 WBA 图。

(4)直观地确定这些直接因素的必要起因,用"反事实测试"进行检验,并利用这些因素扩展 WBA 图。

(5)通过测试 C 中的每个事实和 WBG 中已经存在的因素来完成分析(扩展 WBA 图)。

(6)应用"因果关系完好性测试"来检验 WBA 图是否完整,或者集合 C 中是否有缺失的因素。

(7)如有必要,扩展 C,并利用"反事实测试"将新的事实纳入 WBA 图。如果资料不充分,则假设可以包含在内,只要它们能被清楚地标示出来。

(8)当"因果关系完好性测试"对每个事实显示已具备足够的起因时,则符合停止法则,即可结束分析工作。如果没有足够的事实,就必须包含一些假设,以便 CT 能够成功,但这些假设必须明确标明。

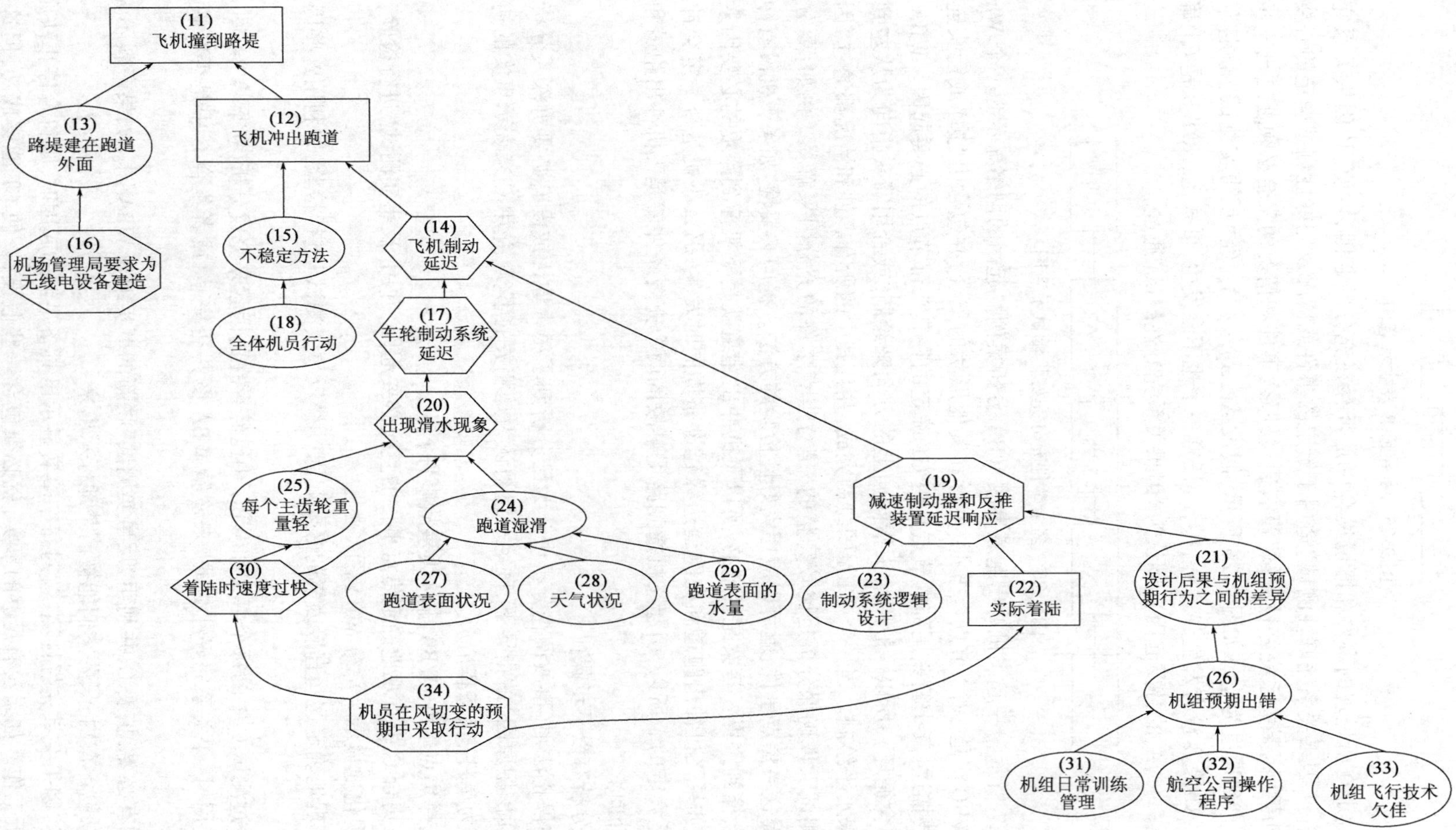

图9.27 飞机冲出跑道事故WBA分析

WBA 分析优势如下：

(1)可能只需要少量的培训就可以完成，通过使用合适的工具可以帮助从证据和人证叙述中提取事实，经验不足的分析者通常可以在两小时内完成第一次 WBA；

(2)分析结果便于第三方理解；

(3)执行 WBA 所需的概念背景是有限的，分析者只需要理解和掌握"反事实测试""因果关系完好性测试"，任何与因果相关的现象的网络都可以用 WBA 进行分析；

(4)WBA 背后的推理可以用形式逻辑的方式来进行形式检验，可以与其他方法一起使用，例如那些为收集事实提供更多结构的方法。

WBA 方法也有明显的局限性：

(1)该方法没有提供关于应用检验的事实的指导。例如，没有将事实按技术、程序、人为因素、组织和法律等类别进行分类。

(2)由于事实不完整，需要分析预防措施时，WBA 能提供的指导有限。

### 9.5.6 鱼骨图

鱼骨图(或石川图)是一种帮助识别、分析和呈现焦点事件可能原因的技术，它可以用来组织一个头脑风暴会议，并提出想法，以便寻求进一步的证据，能直观说明一个事件和所有影响它的因素之间的关系。因这种方法采用类似鱼骨的骨干和鱼刺结构，所以被称为"鱼骨图"，这项技术是由石川薰(Kaoru Ishikawa)发明的，又称为"石川图"。

绘制鱼骨图的步骤如下：

(1)确定焦点事件，并将其记录在最右侧，并从中画一条水平线，即形成了鱼的头和脊椎。

(2)确定要考虑的主要原因类别，并在脊柱上画线表示每个类别，即形成了鱼的大骨。常用的类别包括：

①5M:方法、机械、管理、材料、人力；

②4P:地点、程序、人员、政策；

③4S:环境、供应商、系统、技能。

(3)对于每个类别，确定焦点事件的可能原因。这些线条呈现为从鱼的"骨头"上脱落的较小的线条，即形成了鱼的中骨和小骨。越来越详细的起因层次可以显示为每个原因线上的子分支。如果一个分支有太多的子分支，可能需要将图分解成更小的图。

(4)分析图表，图表显示了焦点事件的所有可能原因。最后一步则是调查最可能的原因，以检验分析是否正确。分析包括：

①审查图表的"平衡"，检查可比较的详细程度，以确定是否需要进一步识别起因；

②确定反复出现的原因，因为这些可能是根原因；

③评估每个原因中可以衡量的因素，以量化任何变化的影响；

④突出可以采取行动的起因。

图 9.28 给出了一个"企业安全投入不足"作为焦点事件的鱼骨图分析例子。企业事故表明，安全投入严重不足，导致企业生产出现多个管理漏洞，采用鱼骨图分析法进行该项目分析。先绘制"企业安全投入不足"的鱼头，再绘制脊椎，主骨按照"5M,4P,4S"进行分析绘制，大骨上再分别进行中、小骨的绘制，得出管理人员数量偏多、人工成本增加、采购成本较高、工序安排不合理等更加细致的影响因素。

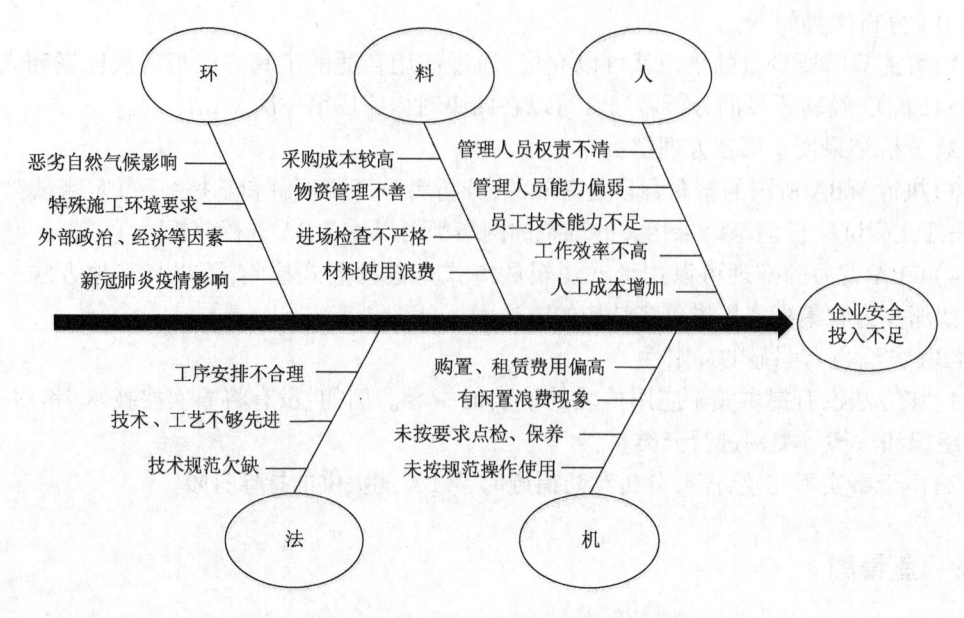

图 9.28 某企业"安全投入不足"鱼骨图原因分析示例

鱼骨图的优势如下：
(1) 鼓励事故调查组团体参与，以确定大家对起因的看法；
(2) 在一组类别下寻找起因，因此可找出一系列与人、组织、硬件和程序相关的起因；
(3) 鱼骨图使用有序、易读的格式，能直观指出变化的可能原因；
(4) 可以用于简单的调查或作为一个更复杂的调查的一部分。

鱼骨图的局限性主要在于：鱼骨图没有因果关系的基本模型或理论，因此确定的起因是基于团队一致的看法，而不是基于分析推理。

## 9.5.7 SOL

SOL(Safety through organizational learning)是一种事件分析技术，旨在事件发生的复杂社会技术系统中寻找弱点。SOL 方法应用是基于这样一种假设：事件分析是社会对意外事件的重建，即对发生了什么及其发生原因的探究。SOL 最初是为核电工业开发的，建立在瑞士奶酪模型和社会技术系统方法的基础上，其目的是提供系统的模型并识别其弱点，以便改进系统并防止焦点事件的再次发生，该方法应用的目的是组织学习时使用。SOL 的开发应满足以下要求：
(1) 应涵盖从理论和经验数据中得出的广泛的人、组织和组织间的因素；
(2) 应易于使用，不需要使用者具备专业的心理学知识；
(3) 应有助于攻克人类因果推理中的一些缺陷；
(4) 应支持企业或组织从事件中学习；
(5) 应有经验验证过程。

SOL 分析的步骤为：
(1) 使用 MES 或 STEP 产生的时间因素矩阵描述事实情况(见本书 9.3.5 节)。
(2) 根据 SOL 绘制开发经验和研究得出的问题清单，确定时间因素矩阵中的每个事件的起因(可能是直接的或间接的原因,见表 9.12)。直接起因是指那些直接导致焦点事件发生的原因,间接起因出现在因果链的更下游,但可能涉及相同的问题。

表 9.12　SOL 典型的直接和间接起因

| 直接起因 | 间接起因 ||
| --- | --- | --- |
| • 信息<br>• 沟通<br>• 工作条件<br>• 个人绩效<br>• 违规<br>• 技术要素 | • 信息<br>• 沟通<br>• 工作条件<br>• 个人绩效<br>• 违规<br>• 制度<br>• 责任<br>• 控制和监督<br>• 小组影响 | • 规则、程序和文件<br>• 资格培训<br>• 组织和管理<br>• 安全原则<br>• 质量管理<br>• 维修<br>• 监管和咨询机构<br>• 环境影响 |

(3)将起因分为技术、个人、团队、组织和组织环境。

SOL 方法的优势如下:

(1)检查表格允许非组织系统或组织心理学专家的用户进行有用的分析;

(2)强调起因,而不是必要起因,这使得更多的因素被纳入考虑,而不仅是狭隘的因果分析,从而提供了更多的机会来确定可能的改进;

(3)如结合 STEP 的事件构建块的格式使单个分析人员的判断范围更小,将有助于 SOL 分析的一致性;

(4)停止法则(事故调查分析中认为已分析到了根本原因或没有必要再深入分析下去而停止继续挖掘原因)由检查表问题隐式定义,当这些问题得到回答时,信息被认为是足够的;

(5)相比较于其他事故原因模型,只有 SOL 分析方法考虑了组织间这一因素。

SOL 的局限性如下:

(1)除了检查表问题中隐含的因素外,没有具体的概念来定义什么是起因;

(2)详细程度是由预先确定的问题清单决定,而不是由感知的需求决定,如果问题清单来源于核电行业的研究,可能不太适合其他工业。

### 9.5.8　AcciMaps

AcciMaps 基于 Rasmussen 和 Svedung 发表的因果关系概念和组织系统模型,是一种图形表示形式,用于组织焦点事件的分析并识别发生焦点事件的社会技术系统中的交互作用,该方法是一种用于揭示焦点事件中涉及的系统范围的故障、决策和操作的方法。从政府到所涉及的设备和环境,这些因素被排列成代表社会技术系统的不同级别层次,并考察了每个级别的个体参与者及其决策程序和能力。

图 9.29 为澳大利亚长滩天然气厂爆炸事故 AcciMap 分析示例。1998 年 9 月,位于澳大利亚墨尔本以东 180km 的天然气厂 GP1 发生一系列爆炸并引发大火。事故导致 2 人死亡和 8 人受伤。受本次事故影响,天然气工厂 GP2、GP3 以及原油稳定装置停产两周,巴斯海峡相关的气井也被迫停产。

图9.29 澳大利亚长滩天然气爆炸事故AcciMap分析示例

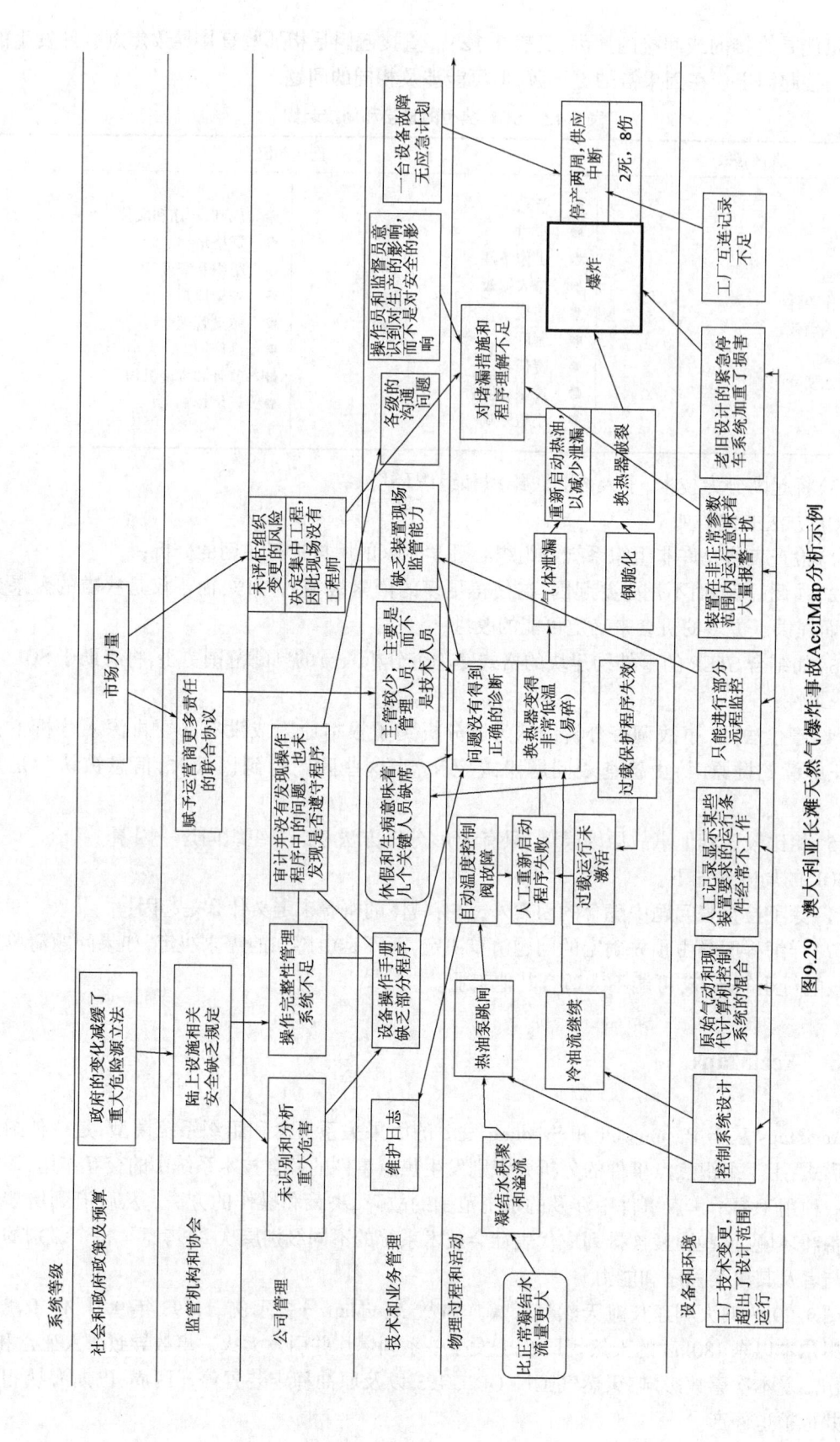

其显示了典型的系统级别。底层级别为焦点事件场景的物理布置（建筑物、设备、环境等）。其向上一级是导致焦点事件的事件序列，包括造成影响的故障、动作和决策（包括正常动作和决策）。更高的层次显示每个层次上影响或可能已经影响较低层次事件序列的决策和行动。

AcciMaps 的分析步骤如下：
（1）定义具有不同组织级别的系统模型；
（2）用与焦点事件相关的决策和操作、导致这些决策和操作的条件及其后果填充层次［使用框（节点）］；
（3）用箭头表示所有的联系和影响；
（4）可以和其他方法结合，比如 WBA（本书 9.5.5 节），以确定所识别的问题中哪些是焦点事件的必要起因。

AcciMaps 的优势如下：
（1）没有分类和指导限制，AcciMaps 在识别系统各个层次的起因方面具有高度、全面的潜力；
（2）AcciMap 图各层级内部和各层级之间的联系有助于确定在有事物影响情况下，故障得到考虑；
（3）人因失误与设备因素和更高层次的组织因素同等重要，但在 AcciMap 图较低层次上一般不包括影响决策的个人因素，这样能更将人因失误与设备、管理关联起来，避免将事故归因于人因过失。

AcciMaps 的局限性如下：
（1）缺乏分类法意味着所确定的因素是基于团队的看法；
（2）AcciMaps 图中的组织模型来自对事故调查对象（组织或企业）的实际了解，没有任何标准可确保其充分；
（3）由于 AcciMaps 的分析结果约束较少，因此，同一焦点事件不同的事故调查组可推导出不同的 AcciMaps；
（4）由于没有特定的分类，很难聚合多个分析来找到共同的因素；
（5）节点中因素的普遍性通常很高，而且可能非常抽象，这使得很难得出精确的动作，在物理和设备故障方面的分析较弱。

## 9.5.9 三脚架 β 与 Bowtie

三脚架 β（Tripod Beta）作为一种事故调查和分析方法，它结合了 Reason 模型和安全屏障分析思想，以及 Rasmussen 的通用误差建模系统（GEMS）和 Wagenaar 的三脚架因果路径。用"对象"来描述事件，例如人、设备等被"促变因素"改变，例如任何有可能改变一个对象的事物。它还模拟了"屏障"，显示各屏障有效、还是已经失效。

目前在三脚架 β 方法基础上发展出的 Bowtie 方法，在三脚架 β 基础上增加了后果影响抑制屏障分析，由于原理和方法几乎一样，因此也可以将二者看作是一种方法。目前有很多基于这些规则开发的三脚架 β 或 Bowtie 软件。

三脚架 β 方法提供了建模（焦点事件与在焦点事件之前和之后的事件）的格式和规则，并将每个元素连接在一起，最终追溯到根本的原因（基于停止法则在深层原因中确定）。

三脚架β分析的核心是一个表示因果网络的"树"图(见图9.30),它将焦点事件描述为事件及其关系的网络。

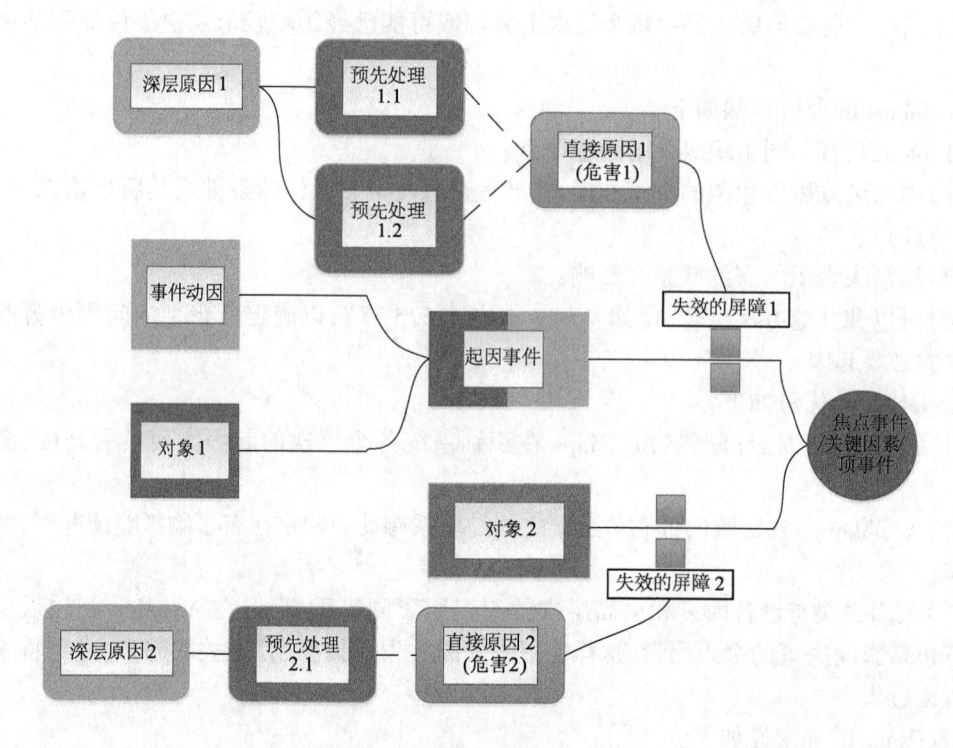

图9.30　三脚架β分析树图示例

三脚架β分析的步骤如下：
(1)确定需要分析的焦点事件或关键因素；
(2)列举导致焦点事件发生或产生关键因素的直接原因、起因事件、加害对象等"促变因素"；
(3)添加能阻止"促变因素"转变为事件的"安全屏障"；
(4)对起因事件、加害对象产生原因进行挖掘,找到根本原因；
(5)对导致"安全屏障"失效的直接原因进行分析,对直接原因进行挖掘和处理,至深层原因,基于"停止法则"找到管理系统原因或根本原因。

图9.31给出了典型的Bowtie分析树图,主要在三脚架β基础上增加了预防产生对应后果的安全屏障,请注意绘制时的逻辑差异。安全屏障1的失效不一定是造成事故的根本原因,如果安全屏障属于独立保护层(见本书9.6.2节),则该安全屏障的失效又构成了事故发生的关键因素(或焦点事件),还需要对其进行进一步挖掘,找到其失效背后的深层原因(直到根本原因为止)。

事故调查中运用三脚架β方法的目的是确定以下内容：
(1)导致焦点事件和被伤害目标的起因(危险或危害)。
(2)本可以阻止事件发生或保护目标,但已经缺失或失败的控制措施或屏障。
(3)直接原因——导致屏障失败的人类行为。这些故障或错误会立即产生影响,并且发生在人与系统之间的接触点(例如,按错了按钮,忽略了警示灯)。
(4)先决条件——心理和环境前兆,例如人的不安全行为(滑倒、过失、违反等)。

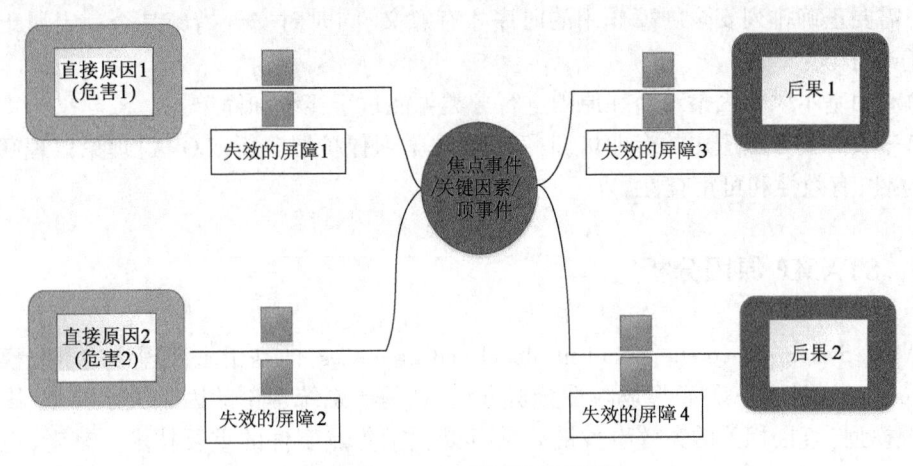

图 9.31　Bowtie 分析树图示例

(5)组织内部的潜在原因(潜在的失败),即管理制度、文化等方面的不足。这些可以被归类为预先定义的"基本风险因素",这可通过头脑风暴和行业审计及事故调查结果的研究得出。

图 9.32 给出了一个利用 Bowtie 分析热工作业事故的示例,可以看出三脚架 β 和 Bowtie 方法优越性有:

(1)提供了一个焦点事件及起因地图,帮助指导调查和界定调查范围;
(2)帮助定义原本能预防事故发生的安全屏障;
(3)基于科学研究,揭示所观察到的行为背后的人类行为模型,引导调查人员考虑直接原因和人为错误背后的原因。

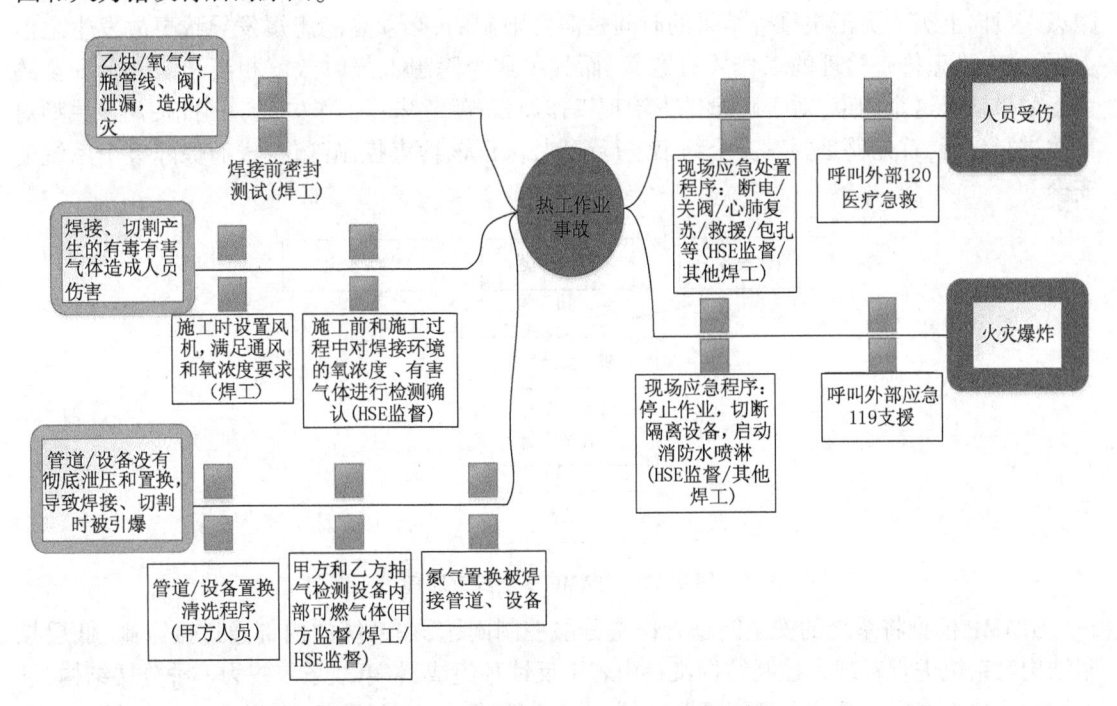

图 9.32　热工作业事故 Bowtie 分析示例

当然,三脚架 β 和 Bowtie 方法也有局限性,主要表现在:

(1)需要正确排列安全屏障作用的时序才有意义,同时对安全措施是否一定属于安全屏障可能存在争议;

(2)利用基本风险因素对潜在原因进行分类可能过于笼统和简单;

(3)一般需要方法应用的专业培训,例如建议学习保护层分析(LOPA)理论以理解安全屏障的独立性、有效性和可审查性。

### 9.5.10 STAMP 原因分析

STAMP(Systems Theoretic Accident Model and Processes,即基于系统理论的事故模型和过程)是 Leveson 提出的一种新型危险性分析方法,是基于系统理论的因果关系模型,该模型扩展了传统模型(直接相关的失效事件链),使其既包括焦点事件的重要技术贡献者,也包括焦点事件的社会贡献者。它也关注一些焦点事件,这些事件涉及非故障系统组件和过程之间的相互作用,间接和系统的因果机制,复杂的操作和管理决策,数字技术和软件等先进技术以及系统设计缺陷。

STAMP 模型由分层安全控制结构、安全约束和过程模型三个部分组成。分层安全控制结构中的控制系统分为高、低双层子系统。高层给予低层控制与安全约束指令,低层将工作信息反馈;过程模型是基于反馈信息的高层子系统决策过程,修正系统内部状态,保持系统的动态平衡。控制回路实现每个子系统内部相应的功能,控制回路也可能出现故障,安全约束无法执行或滞后执行,系统逼近高风险状态,事故发生。

安全约束是 STAMP 最基本的要素,STAMP 安全约束原理见图 9.33。STAMP 将事故视为安全约束的缺乏,或者是存在违反安全约束的行为。例如,在施工隐患排查治理过程中,排查隐患人员向上级人员汇报排查结果的时间是需要限制的,必须是隐患爆发导致事故发生之前上报,这个隐患排查治理的工作才有意义,而其中这个隐患上报时效就相当于是一个安全约束。如果缺乏这个约束,对于隐患排查治理工作而言,就意味着工作失效。因此使用该模型对事故进行分析,首先就是要对安全约束进行识别,保证该约束控制到位,进而保障整个系统的安全。

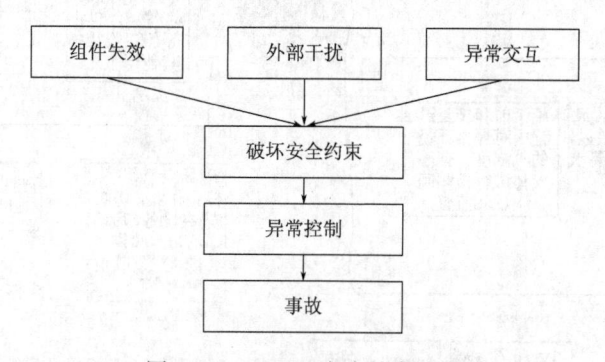

图 9.33 STAMP 安全约束原理

STAMP 模型将系统的安全问题看作是分层控制问题,在系统的内部通过镶嵌高、低层控制结构对系统进行管理。控制结构又是由若干反馈环组成,将事故系统视为一种分层结构,子系统一般分为高层子系统和低层子系统,其中的高和低是相对的,反馈环则是由子系统、安全约束以及反馈组成。分层控制反馈环结构如图 9.34 所示。

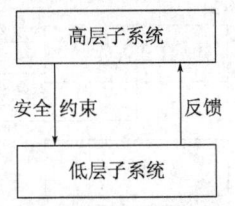

图 9.34 分层控制反馈环结构原理

STAMP 模型的过程模型是控制过程的核心,过程模型镶嵌在控制回路中,是控制器对被控对象的理解和认知。过程模型既可以存在于控制器中,也可以存在于控制人员的大脑中,通过传感器的反馈信息不断更新,为执行者提供执行行为的相关信息,如图 9.35 所示。

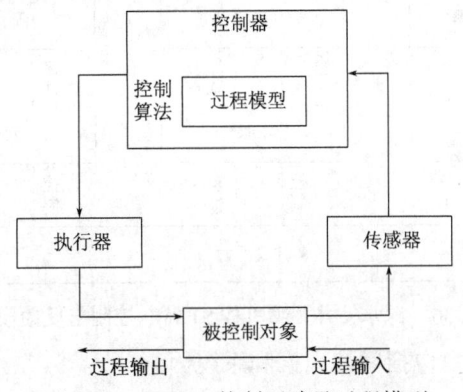

图 9.35 STAMP 控制回路及过程模型

中国石油大学(华东)海洋油气装备与安全技术研究中心利用 STAMP 模型研究井喷事故。将井筒压力作为深水钻井井喷事故的安全约束条件,通过相应的约束屏障对压力进行控制。控压钻井通过相关设备控制钻进过程中的压力场,利用钻井液柱压力平衡地层压力,可有效阻止地层流体侵入井筒,是防止井涌的初级约束屏障;但在深水作业过程中,常因内外环境变化使得压力控制遭到破坏而产生井涌,此时则需要依靠防喷器组、旋转控制头和节流压井管汇等设备进行关井和压井作业,重新恢复对深水井的压力控制,此为防止井喷的二级约束屏障;若没有及时发现井涌或防喷器失效,则会升级成为井喷,作用于井喷失控灾变事故扩大后的应急阶段的消防系统等为三级约束屏障。对于井控安全,最有效的策略是在钻井过程中控制井筒液柱压力,并在溢流出现初期进行及时控制。深水钻井作为复杂的人机系统,钻台上由工控机和相关操作人员共同构成控制器,如图 9.36 所示。节流压井管汇、节流阀、旋转控制头和水下防喷器组构成执行器,井筒压力为过程控制,随钻测压系统(PWD)和其他信号传递设备则为传感器。下行箭头均为控制行为,上行箭头均为反馈过程。确定井涌及井喷事故可承受风险阈值后,由深水钻井相关人员根据反馈的井筒压力信息发出控制指令。井控相关人员(包含平台经理、高级队长、司钻、钻井液录井工和固井工等)形成上下层控制关系,通过相关传感器反馈所形成的各项信息,判断是否超过可承受风险阈值,进而通过控制相关执行器,实现井控操作。

STAMP 方法的优越性如下:

(1)提供了一个模型来解释非常复杂的系统中的事故,帮助确定系统是如何进化到高风险状态的;

(2)可以识别社会和管理因素,而不仅仅是人为操作或技术系统故障,考虑了整个社会技术系统在因果关系中的作用;

(3)在分析中没有强加任何特定的社会理论,任何社会模型行为可以用来生成分析结果;

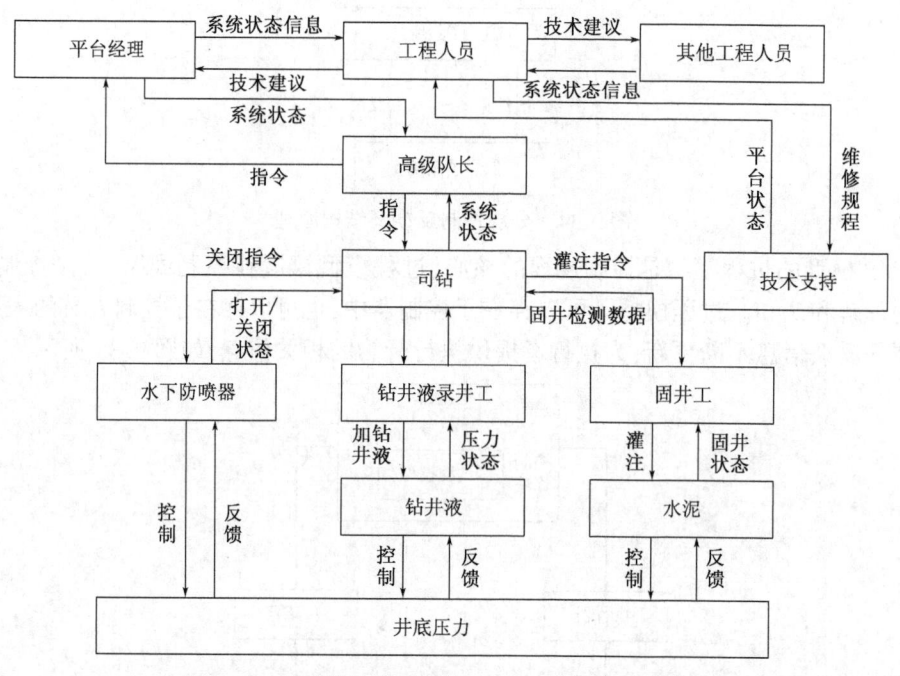

图9.36　深水钻井井喷事故STAMP控制与反馈模型

（4）能在因果关系解释中包括间接因素和系统因素。

STAMP局限性包括：

（1）无法以图形的方式实现RCA分析，其包含因果因素之间的间接关系，符号和箭头（描述直接关系）不足以描述所有的因果因素；

（2）需要分析人员具有一定的逻辑思维能力，并需要更多的资源和时间才能完全理解STAMP模型所解构和分析的焦点事件；

（3）需要调查人员对分析的系统和过程原理有一定的了解，具备相关的技术基础，才可能利用STAMP分析焦点事件。

## 9.5.11　预定义检查表

当系统的结构和事故机理比较通用，或认为大部分事故原因比较明确的情况下，一些企业或组织会构建预定义事故原因检查表，比较典型的例子是英国石油公司（BP）开发的综合原因分析表（Comprehensive List of Causes-A Tool for Root Cause Analysis）、我国的徐伟东改进RCA根源分析挂图等。这类工具属于典型的预定义树方法，预先设定了事故可能的各种直接原因、间接原因或根本原因分支，可以帮助各类人员快速地熟悉和查找事故原因构成。

如图9.37所示，以英国石油公司（bp）事故综合原因分析表为例，分析造成事故的关键因素（或焦点事件）产生的直接原因、根本原因，最后基于组织的管理体系要素提出改进建议。可能的直接原因分为行为类和条件类（表9.13、表9.14），可能的系统原因、根本原因分为人为因素和工作因素（表9.15、表9.16）。

预定义检查表方法的优越性如下：

（1）提供了一个快速查找事故直接原因和根本原因方法，对事故调查经验缺乏的人员和团队比较适合；

(2)可以作为有经验事故调查团队查漏补缺的工具,帮助对比发现那些原来没有考虑过的可能原因。

同时,预定义检查表也存在一些明显的局限:

(1)通常较适合预定义检查表开发单位情况,检查表的编制通用性可能无法满足其他调查团队和人员需求,对于检查表没列明的原因发现还要看调查人员的能力。

(2)开发一个可用的预定义检查表需要开展大量的调研工作,且开发单位应以良好的、成熟的安全生产管理体系为基础,通过使用预定义检查表不断改进管理体系中存在的漏洞。一个新建的组织和企业会因为对管理体系运行尚不熟悉,很难使用好预定义检查表,也没法深入剖析发现根本原因。

发生事故 → 调查准备 → RCA第1步:收集证据 → RCA第2步:找关键起因
- 分析证据信息;
- 重建起因事件链;
- 识别事故关键起因

**可能的直接原因**

行为类(见表9.13):
- 1 遵守工作程序方面
- 2 工具或设备使用
- 3 保护方法的使用
- 4 疏忽/缺乏安全意识

条件类(见表9.14):
- 5 保护系统
- 6 工具、设备及车辆
- 7 工作暴露
- 8 作业场所环境/布置

**可能的系统原因(本书同"根本原因")**

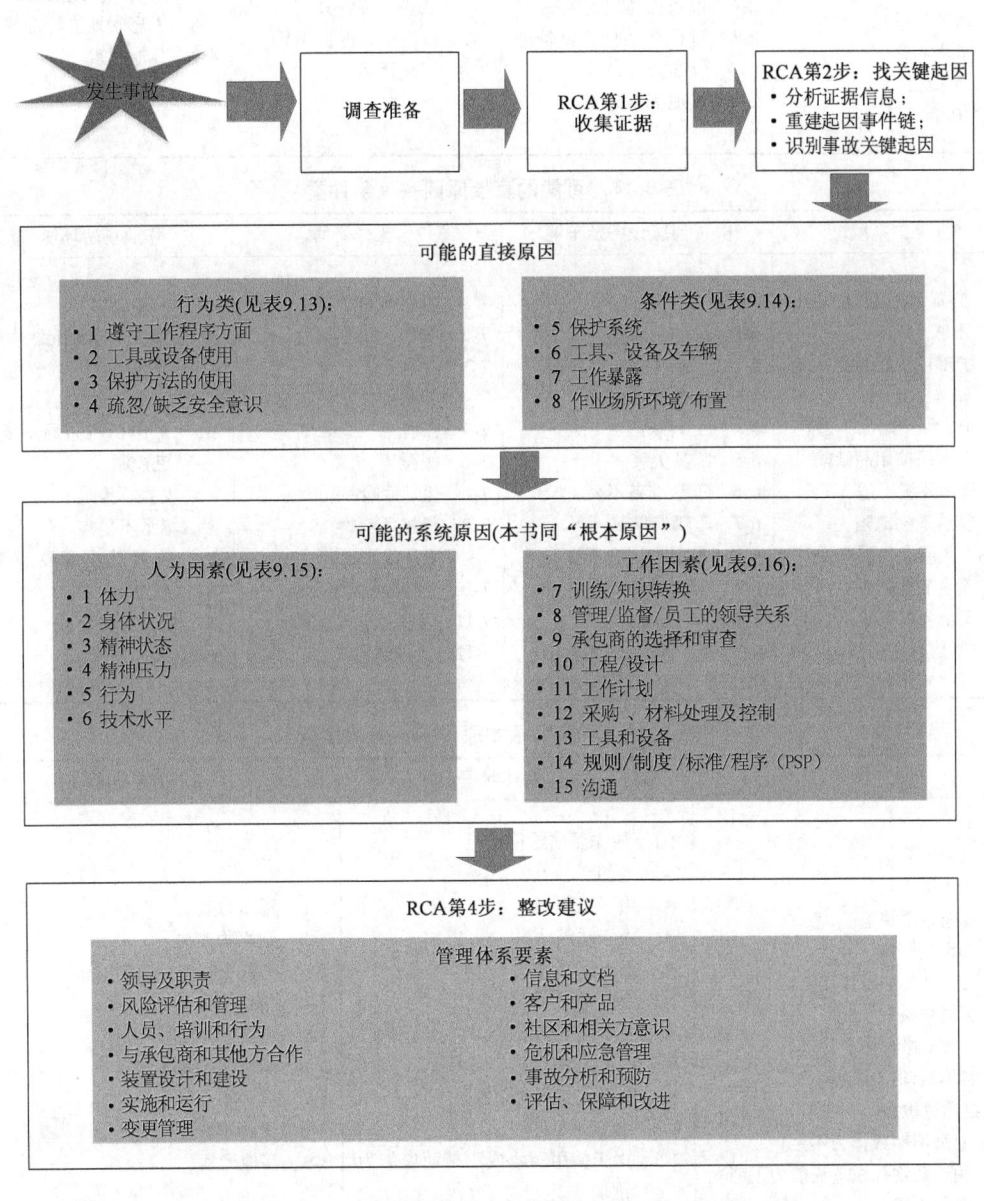

人为因素(见表9.15):
- 1 体力
- 2 身体状况
- 3 精神状态
- 4 精神压力
- 5 行为
- 6 技术水平

工作因素(见表9.16):
- 7 训练/知识转换
- 8 管理/监督/员工的领导关系
- 9 承包商的选择和审查
- 10 工程/设计
- 11 工作计划
- 12 采购、材料处理及控制
- 13 工具和设备
- 14 规则/制度/标准/程序(PSP)
- 15 沟通

**RCA第4步:整改建议**

管理体系要素
- 领导及职责
- 风险评估和管理
- 人员、培训和行为
- 与承包商和其他方合作
- 装置设计和建设
- 实施和运行
- 变更管理
- 信息和文档
- 客户和产品
- 社区和相关方意识
- 危机和应急管理
- 事故分析和预防
- 评估、保障和改进

图9.37　英国石油公司(bp)事故综合原因分析表内容结构

### 表9.13 可能的直接原因——行为类

| 1 遵守工作程序方面 | 2 工具或设备使用 | 3 保护方法的使用 | 4 疏忽/缺乏安全意识 |
|---|---|---|---|
| 1-1 个人违规<br>1-2 集体违规<br>1-3 监督违规<br>1-4 未经许可操作设备<br>1-5 工作位置或姿态不正确<br>1-6 超体能工作<br>1-7 工作或运载速度不适宜<br>1-8 吊装欠妥<br>1-9 加载欠妥<br>1-10 走捷径<br>1-11 其他因素 | 2-1 设备使用欠妥<br>2-2 工具使用不当<br>2-3 使用有缺陷设备（明知）<br>2-4 使用有缺陷工具（明知）<br>2-5 工具、设备和材料放置欠妥<br>2-6 设备操作速度欠妥<br>2-7 对正在运行的设备进行维修<br>2-8 其他因素 | 3-1 缺乏隐患存在意识<br>3-2 未使用个人保护用品<br>3-3 个人保护用品使用不正确<br>3-4 动力设备维修保养<br>3-5 设备和材料未能固定<br>3-6 保护装置、警示系统或安全装置失效<br>3-7 没有个人保护用品<br>3-8 其他因素 | 4-1 决定欠妥或缺乏判断<br>4-2 注意力分散<br>4-3 忽视地面和周围环境<br>4-4 嬉闹<br>4-5 暴力行为<br>4-6 未做警告<br>4-7 使用药物或酒精<br>4-8 无思索地进行常规活动<br>4-9 其他因素 |

### 表9.14 可能的直接原因——条件类

| 5 保护系统 | 6 工具、设备及车辆 | 7 工作暴露 | 8 作业场所环境/布置 |
|---|---|---|---|
| 5-1 护罩和保护性装置不够<br>5-2 护罩或保护性装置有缺陷<br>5-3 个人保护用品不适宜<br>5-4 个人保护用品缺陷<br>5-5 警示系统不适<br>5-6 警示系统缺陷<br>5-7 工艺或设备隔离不妥<br>5-8 安全装置欠妥<br>5-9 安全装置有缺陷<br>5-10 其他因素 | 6-1 设备有缺陷<br>6-2 设备不足<br>6-3 设备准备不够<br>6-4 工具缺陷<br>6-5 工具欠妥<br>6-6 工具准备不妥<br>6-7 车辆有缺陷<br>6-8 车型和用途不符<br>6-9 车辆准备欠妥<br>6-10 其他因素 | 7-1 明火和爆炸物品<br>7-2 噪声<br>7-3 带电系统<br>7-4 除电力外能源系统<br>7-5 辐射<br>7-6 极湿<br>7-7 化学危险品<br>7-8 机械危险物<br>7-9 凌乱或石屑碎片<br>7-10 风暴或自然现象<br>7-11 地面或过道打滑<br>7-12 其他因素 | 8-1 活动受制<br>8-2 照明不适或光线太强<br>8-3 通风不良<br>8-4 高处无保护<br>8-5 工作场所布局不妥,缺乏控制<br>• 安置不妥<br>• 标示不妥<br>• 位置超出可及或视力范围<br>• 相矛盾的信息<br>8-6 其他因素 |

### 表9.15 可能的根本原因——人为因素

| 1 体力 | 2 身体状况 | 3 精神状态 |
|---|---|---|
| 1-1 视力低下<br>1-2 听力低下<br>1-3 其他感觉缺陷<br>1-4 肺活量下降<br>1-5 其他良久性身体残疾<br>1-6 暂时残疾<br>1-7 无力支撑身体姿势<br>1-8 身体活动范围受限<br>1-9 物质过敏症<br>1-10 身高不够或体力不足<br>1-11 由于药物疗法造成能力下降<br>1-12 其他因素 | 2-1 原先受伤或得病<br>2-2 疲劳<br>• 由于工作量<br>• 由于缺乏休息<br>• 由于感官超载<br>2-3 操作能力降低<br>• 由于温度极限<br>• 由于缺氧<br>• 由于大气压变化<br>2-4 血糖降低<br>2-5 由于使用药物或酒精而使能力削弱<br>2-6 其他因素 | 3-1 判断力差<br>3-2 记忆力丧失<br>3-3 协调不好或反应时间长<br>3-4 情绪干扰<br>3-5 恐惧<br>3-6 缺乏机械知识<br>3-7 理解能力差<br>3-8 受药物影响<br>3-9 其他因素 |

续表

| 4　精神压力 | 5　行为 | 6　技术水平 |
|---|---|---|
| 4-1　全神贯注于别的问题<br>4-2　受到挫折<br>4-3　对工作方向及要求模糊不清<br>4-4　目标或要求相冲突<br>4-5　无意义的或品位低的活动<br>4-6　情绪超负荷<br>4-7　过渡的评价/决定要求<br>4-8　过度的精力集中<br>4-9　极度的枯燥乏味<br>4-10　其他因素 | 5-1　不合格的行为却得到奖励<br>• 努力节省时间<br>• 为了舒适<br>• 为了获得关注<br>5-2　没有适当的监督示范<br>5-3　对关键的安全行为没有充分的认识<br>5-4　没有干预临界、模糊的不安全行为<br>• 正确的行为被指责<br>• 同事的不当压力<br>• 不适当的行为反馈<br>• 不适当的纪律处置<br>5-5　不适当的好斗情绪<br>5-6　使用不当方法刺激生产<br>5-7　主管暗示繁忙<br>5-8　雇员感到繁忙<br>5-9　其他因素 | 6-1　对所需求技术没有充分认识<br>6-2　缺乏技术实践<br>6-3　不经常操作的技能<br>6-4　缺乏技术指导<br>6-5　缺乏技能学习和训练<br>6-6　其他因素 |

表9.16　可能的根本原因——工作因素

| 7　培训/知识转换 | 8　管理/监督/员工的领导关系 | 9　承包商的选择和审查 |
|---|---|---|
| 7-1　没有进行充分的知识转换<br>• 无法理解内容<br>• 导师资格欠缺<br>• 培训设备不够<br>• 误解说明/文档<br>7-2　不能有效想起培训内容<br>• 缺乏强化培训<br>• 缺乏再培训<br>7-3　缺乏培训<br>7-4　培训计划设计不当<br>• 培训目标、对象不明确<br>• 新员工缺乏培训<br>• 初始培训不良<br>• 缺乏手段确定是否胜任岗位<br>7-5　未提供培训<br>• 没有认识到培训的必要性<br>• 培训记录不对或过期<br>• 未经培训就使用新的操作方法<br>• 故意不参加培训<br>7-6　其他因素 | 8-1　角色和职责冲突<br>• 报告关系不明确<br>• 报告关系矛盾<br>• 职责分配不清<br>• 职责分配矛盾<br>• 授权错误或不充分<br>8-2　不充分的领导<br>• 业绩标准缺乏或力度不够<br>• 职责不明<br>• 执行情况反馈不够或错误<br>• 缺少现场走访<br>• 安全推动乏力<br>8-3　不能明确鉴别工作中危险、隐患<br>8-4　现场和工作中隐患(危险)整改不力<br>8-5　变更管理系统漏洞<br>8-6　事故报告调查机制不完善<br>8-7　安全会议不足或没有<br>8-8　安全表现考核和评估不当<br>8-9　其他因素 | 9-1　未对承包商资格预审<br>9-2　承包商资格预审漏洞<br>9-3　承包商选用欠妥<br>9-4　雇佣未经审核批准的承包商<br>9-5　缺乏工程监管<br>9-6　工程监管漏洞<br>9-7　其他因素 |

续表

| 10　工程/设计 | 11　工作计划 | 12　采购、材料处理及控制 |
| --- | --- | --- |
| 10-1　技术设计漏洞<br>• 过时的设计输入<br>• 设计输入不正确<br>• 设计输入不可用<br>• 设计输入不足<br>• 设计输入不可行<br>• 设计输出不清<br>• 设计输出不正确<br>• 设计输出不一致<br>• 没有独立的设计审查<br>10-2　所采用标准、规范和设计指导思想欠妥<br>10-3　潜在问题估计不足<br>10-4　人机工程学设计欠妥<br>10-5　施工监督漏洞<br>10-6　操作评估漏洞<br>10-7　对最初操作监察不力<br>10-8　缺乏评估或安全信息管理漏洞<br>10-9　其他因素 | 11-1　工作计划漏洞<br>11-2　预防性维护欠佳<br>• 维护需求评估<br>• 润滑不足/维修质量差<br>• 调整/装配错误<br>• 清洁/涂层防护不良<br>11-3　维修/保养漏洞<br>• 维修需求信息沟通<br>• 工作计划安排<br>• 部件检查<br>• 部件更换<br>11-4　过度磨损和破裂<br>• 使用计划错误<br>• 超期服役<br>• 加载不当<br>• 由未经训练的人使用<br>• 使用对象和意图错误<br>11-5　有关参考资料或文献资料不足<br>11-6　审核/检查/监视欠缺<br>• 无文档<br>• 未正确分配责任<br>• 整改措施未落实<br>11-7　工作安排漏洞<br>• 未使用合适的人员<br>• 没有可用的合适人员<br>• 未提供合适的人员<br>11-8　其他因素 | 12-1　收货项目与订购项目不符<br>• 给供应商的说明不正确<br>• 订购书上的说明不明确<br>• 对订单修改控制漏洞<br>• 未经批准擅自使用替代品<br>• 产品验收漏洞<br>• 未进行产品验收<br>12-2　对材料和设备研究不足<br>12-3　产品运输方式和路线欠妥<br>12-4　材料处理欠妥<br>12-5　材料或零件保管不妥<br>12-6　材料包装不妥<br>12-7　材料存放超期<br>12-8　未能正确辨识危险材料<br>12-9　未正确打捞或处理废物<br>12-10　健康安全资料使用漏洞<br>12-11　其他因素 |

| 13　工具和设备 | 14　规则/制度/标准/程序（RPSP） | 15　沟通 |
| --- | --- | --- |
| 13-1　需求评估和风险评估漏洞<br>13-2　人的因素及人机控制考虑欠缺<br>13-3　缺乏标准和说明书<br>13-4　缺乏可用性<br>13-5　调校、维修、保养不良<br>13-6　废旧设备和物资再利用错误或使用不当<br>13-7　不合适部件拆卸和更换欠妥<br>13-8　无设备记录档案<br>13-9　设备记录档案漏洞<br>13-10　其他因素 | 14-1　执行任务缺乏 RPSP（Rules/Policies/Standards/Procedures）<br>• 缺乏 RPSP 的职责分配<br>• 缺乏作业安全分析(JSA)<br>• 作业安全分析(JSA)漏洞<br>14-2　RPSP 开发不力<br>• RPSP 与设备设计不相一致<br>• 员工未充分参与 RPSP 开发<br>• 为容易使用，但正确使用方式的说明不佳<br>14-3　由于内容不完善，RPSP 执行不良<br>• 要求相互矛盾<br>• 格式混乱<br>• 每个步骤多个操作<br>• 没有供签收/确认的留白<br>• 步骤顺序不准确<br>• 说明令人困惑<br>• 技术性错误/缺少步骤<br>• 过多的引用(需要另外查找)<br>• 潜在的情形没有覆盖<br>14-4　RPSP 强化措施不力<br>• 缺乏监督或监督漏洞<br>• 监督认知不足<br>• 强化不足<br>14-5　沟通传达不良<br>• 给工作组分发 RPSP 不完整<br>• 未与培训有效整合<br>• 翻译不良或语言难懂<br>• 过时的 RPSP 仍在使用<br>14-6　其他因素 | 15-1　同事之间横向沟通不良<br>15-2　主管和人员之间的垂直沟通不足<br>15-3　不同机构之间沟通不良<br>15-4　工作组之间沟通不良<br>15-5　班组之间沟通不良<br>15-6　沟通方法不完善<br>15-7　沟通手段缺乏<br>15-8　指令或请求不正确<br>15-9　工作交接缺乏沟通<br>15-10　安全和健康保护资料、规章缺失<br>15-11　未使用标准术语<br>15-12　未查证和重复确认技术方法<br>15-13　消息过长<br>15-14　讲话干扰<br>15-15　其他因素 |

## 9.6 帮助 RCA 的技术方法

本章已经介绍了一些典型的根原因分析 RCA 方法，下面介绍一些分析能够支持 RCA 行为的工具和技术方法，这些方法可以帮助事故调查人员在使用各种分析方法时确定原因的重要性、可能性类别、安全控制措施的作用，帮助确定原因、事件是否属于关键原因和焦点事件。

### 9.6.1 数据挖掘和聚类技术

数据聚类挖掘技术作为一种重要的数据挖掘方法，可抽取数据中的趋势和规律性，用于知识发现。现代数据挖掘技术允许搜索特定的属性和条件，聚类分析选择密切相关的数据，从而识别偏离数据（离群值）。现代聚类分析可以检测在一个、两个或多个维度上密切相关的数据，从而分析密切相关的产品或过程，并识别偏离的数据点（离群值）。

在 RCA 中，数据挖掘和聚类分析可以提供有价值的线索，帮助确认或否定潜在的根本原因。在某些情况下，如航空航天和医疗设备，需要存储成品批号以及相关部件批号和原材料批号。这些信息可以提供一个有用的结构来识别可能的因果关系的相关性。

案例 9.4 给出了一家公司利用数据聚类挖掘技术开展质量产品事故调查。案例 9.5 给出了通过数据收集和分析对应挖掘事件或事故原因的案例。

**案例 9.4**

一家公司观察到 12% 的库存商品失效。分析表明有一个塑料元件断裂。12% 失效模式的开始被标识为一个批号和一个制造日期。这个日期与塑料件的交货批次有关，与塑料原料的批次没有相关性。然而，它与加载塑料部件的弹簧的批次有相关性。问题是在收到新一批弹簧 3 天后出现的。在研究了两批弹簧之间的变化后，发现不同之处在于一种新的表面防腐处理。通过对这种表面处理过程进行研究，注意到这种处理可能会干扰某些塑料材料。进一步分析表明，腐蚀防护加速了裂纹在塑料中的扩展。塑料材料的数据表显示了对可能导致裂纹的局部过载的警告。由此得出一个因果假设：塑料元件连续过载、局部过载导致断裂，而新的弹簧防腐处理加速了断裂的扩展。由于弹簧采用新的防腐处理，这些裂纹加速传播。先前的失效分析显示了断口表面的模式，包括裂纹扩展线起源于弹簧的接触点和最终断口的脆性表面。因果解释假说的可信性可以通过实验得到证实：建立有和没有新处理的塑料部件对照组进行对比。如果观察到主要是采用新方法处理的塑料零件失效，人们可以得出结论，使用标准的统计推断方法，因果假设被证实是可信的。

**案例 9.5**

某企业调查生产线上经常出现的焊接缺陷，导致客户大量投诉问题。收集出现缺陷的焊接产品的生产周期及生产时间、失效发现时间等数据。可以观察到，出现焊接缺陷产品的生产日期集中在某几周内。可以在初始观察的基础上建立一种因果假设，然后用来自过程控制数据的标准统计推理来进行确认。

证据信息表明在这几周内焊接过程中，过程控制指标出现一次波动，即个别过程参数出现偏差，但仍严格控制矫正而继续生产了一段时间。结论是，焊接缺陷的根本原因是焊接过程的过程控制质量不足，这一结论具有很高的可信度。

## 9.6.2 保护层分析技术

事故调查组可通过 FEMA、HAZOP、JSA 等头脑风暴方法罗列可能事故原因,通过证据分析排除掉不可信原因后,需要回答各种可能原因对应的安全措施如果存在是否能有效预防事故发生;预防措施是否起关键性和决定性作用。

如果事故调查人员能理解并熟练掌握保护层分析技术(Layer of Protection Analysis,LOPA),就能够较合理区分安全屏障的有效性和作用,而不是简单认定安全措施都能有效预防事故。例如,安全培训属于安全屏障,但是通常不属于有效的安全保护层,即使事故人员参加了安全培训,还是可能由于工作条件和个人原因发生事故,是否开展了安全培训并不一定为事故发生的关键因素。保护层分析技术能回答安全屏障是否为关键因素等问题。

LOPA 分析主要目的是现有安全防护措施(Safe Guard)或安全屏障是否能构成独立保护层(Independent Protection Layer,IPL)。独立保护层是基于这样的理念:"独立保护层能阻止场景向不期望后果发展,并且独立于场景的初始事件或其他保护层的设备、系统或行动。"只要存在这样的安全措施,只要其不失效,那么事故就不会发生,这种安全措施就是独立保护层。事故调查中经常假定预设各种独立保护层,如果原本现实应具备 IPL 使事故能不发生,则该保护层的失效(缺失、故障、遗漏等)就是造成事故的焦点事件(关键原因)。

LOPA 分析用于事故调查首先要确认初始事件。事故调查中可将事故发生时间线上的触发原因事件作为 LOPA 分析的输入初始事件(Initiating Event,IE),一般包括外部事件、设备故障和人员失误,具体分类见表 9.17。

表 9.17  LOPA 分析初始事件类别

| 项目 | 外部事件 | 设备故障 | 人员失误 |
|---|---|---|---|
| 分类 | ● 地震、海啸、龙卷风、飓风、洪水、泥石流、滑坡和雷击等自然灾害<br>● 空难<br>● 邻近工厂的重大事故<br>● 破坏或恐怖活动<br>● 邻近区域火灾或爆炸<br>● 其他外部事件 | ● 控制系统故障(如硬件或软件失效、控制辅助系统失效)<br>● 设备故障<br>● 机械故障(如泵密封失效、泵或压缩机停机)<br>● 腐蚀/侵蚀/磨蚀<br>● 机械碰撞或振动<br>● 阀门故障<br>● 管道、容器和储罐失效<br>● 泄漏等<br>● 公用工程故障(如停水、停电、停气、停风等)<br>● 其他故障 | ● 操作失误<br>● 维护失误<br>● 关键响应错误<br>● 作业程序错误<br>● 其他行为失误 |

在确定初始事件时,应遵循以下原则:

(1)宜对后果的原因进行审查,确保该原因为后果的有效触发事件;

(2)应将每个原因细分为具体的失效事件,如"冷却失效"可细分为冷却剂泵故障、电力故障或控制回路失效;

(3)人员失误的根原因(如培训不完善)、设备的不完善测试和维护等不宜作为初始事件。

事故调查针对各种事故原因的安全措施认定其失效是否构成焦点事件和关键因素开展独

立保护层评估，对于石油、化工企业应满足以下基本要求：

(1) 独立性。独立于 IE 的发生及其后果，独立于同一场景中的其他 IPL。

(2) 有效性。能检测到响应的条件；在有效的时间内，能及时响应；在可用的时间内，有足够的能力采取所要求的行动；满足所选择的 PFD(Probability of Failure on Demand，要求时的失效概率)的要求。

(3) 安全性。应使用管理控制或技术手段减少非故意的或未授权的变动。

(4) 可审查性。应有可用的信息、文档和程序可查，以说明保护层的设计、检查、维护、测试和运行活动能够使保护层达到 IPL 的要求。

案例 9.6 给出了一起 LNG 储罐冒顶溢流事故案例，调查人员通过识别和排查仿真冒顶和溢流的保护层，通过排除法确定可能的事故原因。

**案例 9.6**

一起 LNG 储罐冒顶溢流事故调查，调查组发储罐设计有液位指示 LIT-1101 及高低报警，独立的二选一的高液位联锁停泵(流程原理见图 9.38)。由于有高液位联锁停泵系统，当检测到高液位时泵就会自动联锁停泵，故中央控制室内的监控人员就不再关注液位指示及报警，溢流发生时中控人员脱岗。LOPA 分析可以发现高液位联锁自动停泵和中控室人员根据 LIT-1101 报警后人工停泵都属于独立保护层，只要这两个保护层有一个起作用事故就不会发生。因此该事故的焦点事件(关键因素)确认为导致两个保护层失效的事件，分析挖掘其发生的根本原因。

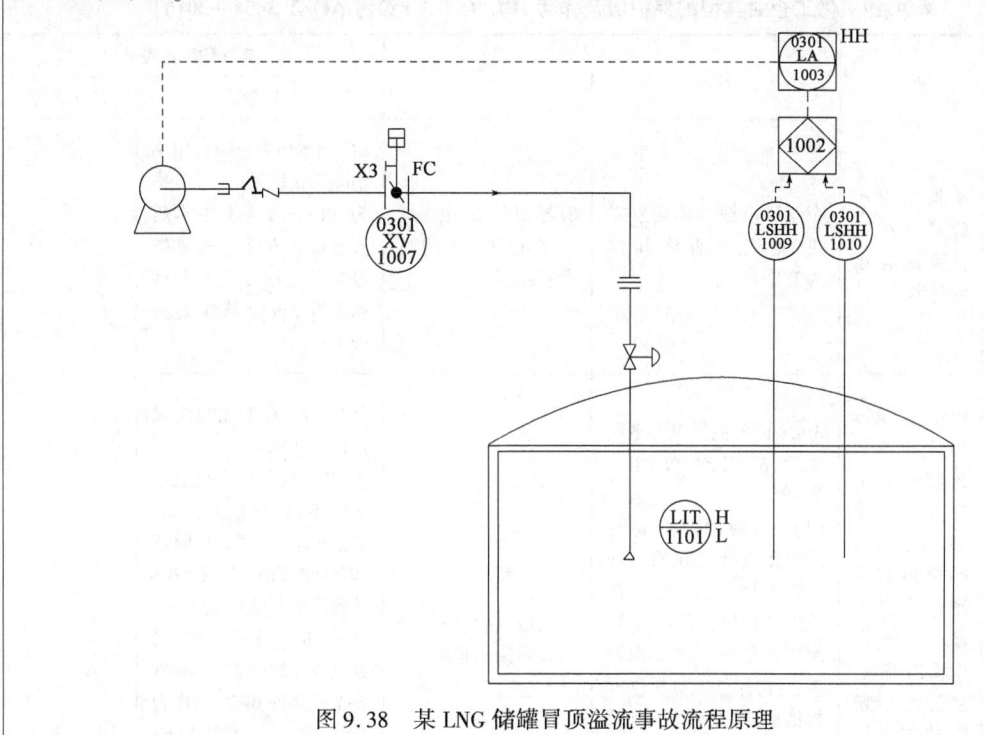

图 9.38　某 LNG 储罐冒顶溢流事故流程原理

LOPA 分析方法也可用于其他行业事故，比如建筑施工行业，案例 9.7 给出一个坠落事故关键原因分析例子。

**案例 9.7**

如表 9.18 所示,针对一起高空坠落事故开展原因分析,调查组初步确定了两种可能的事故原因:一是大风天气导致人员重心失稳掉落,二是安全绳断裂。针对这两个原因穷举现实可行的应有安全措施,并考察安全措施是否失效。对现有安全措施失效是属于关键原因的判断使用 LOPA 分析认为,安全措施 2.1 和 2.2 构成 IPL,它们的缺失是造成事故的关键原因,而安全措施 1.1、1.2、1.3 之一并不能算作 IPL,单独不能作为事故发生的关键原因。

**表 9.18 LOPA 分析初始事件类别**

| | 事故原因 | 安全措施 |
|---|---|---|
| 1 | 大风天气,导致坠落人员伤亡 | 1.1 程序规定大风天气,阵风 5 级以上,风速 8.0m/s 以上严格禁止高空作业(承包商)<br>1.2 高空作业安全培训(安全科)<br>1.3 现场监督(安全监督)<br>1.1、1.2、1.3 合并算 1 个有效安全措施,IPL |
| 2 | 安全绳断裂,导致高处坠落,人员伤亡 | 2.1 作业前安全绳完好性检查确认(安全监督承包商能有效发现,IPL)<br>2.2 用双安全绳作业<br>2 个独立的有效安全措施,IPL |

表 9.19 列举了化工企业典型的保护层及作为 IPL 的要求。

**表 9.19 化工企业典型的保护层及作为 IPL 的要求(参考 AQ/T 3054—2015)**

| 保护层 | 描述 | 说明 | 示例 | 作为 IPL 的要求 ||
|---|---|---|---|---|---|
| | | | | 具体要求 | 通用要求 |
| 本质安全设计 | 从根本上消除或减少工艺系统存在的危害 | 企业可根据具体场景需要,确定是否将其作为 IPL | 容器或管道设计可承受事故产生的高温、高压等 | (1)当本质安全设计用来消除某些场景时,不应作为 IPL;(2)当考虑本质安全设计在运行和维护过程中的失效时,在某些场景中,可将其作为一种 IPL | |
| 基本过程控制系统(BPCS) | BPCS 是执行持续监测和控制日常生产过程的控制系统,通过响应过程或操作人员的输入信号,产生输出信息,使过程以期望的方式运行。由传感器、逻辑控制器和最终执行元件组成 | BPCS 可以提供三种不同类型的安全功能作为 IPL:(1)连续控制行动,保持过程参数维持在规定的正常范围以内,防止 IE 发生;(2)报警行动,识别超出正常范围的过程偏差,并向操作人员提供报警信息,促使操作人员采取行动(控制过程或停车);(3)逻辑行动,行动将导致停车或采取动作使过程处于安全状态 | 精馏塔、加热炉等基本过程控制系统 | (1)BPCS 作为 IPL 应满足以下要求:①BPCS 应与安全仪表系统(SIS)在物理上分离,包括传感器、逻辑控制器和最终执行元件;②BPCS 故障不是造成 IE 的原因。(2)在同一个场景中,当满足 IPL 的要求时,具有多个回路的 BPCS 宜作为一个 IPL。(3)当 BPCS 通过报警或其他形式提醒操作人员采取行动时,宜将这种保护考虑为报警和人员响应保护层 | |

续表

| 保护层 | 描述 | 说明 | 示例 | 作为 IPL 的要求 具体要求 | 通用要求 |
|---|---|---|---|---|---|
| 报警和人员响应 | 报警和人员响应是操作人员或其他工作人员对报警响应,或在系统常规检查后,采取的防止不良后果的行动 | 通常认为人员响应的可靠性较低,应慎重考虑人员行动作为独立保护层的有效性 | 反应器温度高报警和人员响应 | (1)操作人员应能够得到采取行动的指示或报警;(2)操作人员应训练有素,能够完成特定报警所要求的操作任务;(3)任务应具有单一性和可操作性,不宜要求操作人员执行 IPL 要求行动时同时执行其他任务;(4)操作人员应有足够的响应时间;(5)操作人员身体条件合适等 | 对于所有的保护层,作为 IPL 应满足以下要求: (1)应有控制手段防止非故意的或未授权的变动; (2)应执行严格的变更管理程序,以满足变更后保护层的 IPL 要求; (3)应有可用的信息、文档和程序可查,以说明保护层的设计、检查、维护、测试和运行活动能够使保护层达到 IPL 的要求 |
| 安全仪表功能（SIF） | 安全仪表功能通过检测超限(异常)条件,控制过程进入功能安全状态。一个安全仪表功能由传感器、逻辑控制器和最终执行元件组成,具有一定的 SIL | 安全仪表功能在功能上独立于 BPCS。SIL 分级可见 GB/T 21109 | (1)安全仪表功能 SIL1;(2)安全仪表功能 SIL2;(3)安全仪表功能 SIL3 | (1)SIF 在功能上独立于 BPCS;(2)SIF 的规格、设计、调试、检验、维护和测试应按 GB/T 21109 的有关规定执行 | |
| 物理保护 | 提供超压保护,防止容器的灾难性破裂 | 包括安全阀、爆破片等,其有效性受服役条件的影响较大 | (1)安全阀;(2)爆破片;(3)安全阀和爆破片串联;(4)放空阀 | (1)独立于场景中的其他保护层;(2)在确定安全阀、爆破片等设备的 PFD 时,应考虑其实际运行环境中可能出现的污染、堵塞、腐蚀、不恰当维护等因素对 PFD 进行修正;(3)当物理保护作为 IPL 时,应考虑物理保护起作用后可能造成的其他危害,并重新假设 LOPA 场景进行评估 | |

续表

| 保护层 | 描述 | 说明 | 示例 | 作为 IPL 的要求 具体要求 | 通用要求 |
|---|---|---|---|---|---|
| 释放后保护设施 | 危险物质释放后,用来降低事故后果的保护设施(如防止大面积泄漏扩散、降低受保护设备和建筑物的冲击波破坏、防止容器或管道火灾暴露失效、防止火焰或爆轰波穿过管道系统等) | 一般需要对事故后果进行定量评估,根据评估结果选择针对性释放后保护设施或确定保护设施的设计参数 | (1)火气系统,可燃气体和有毒气体检测报警系统、泄漏或火灾后紧急切断系统、火灾报警系统等;(2)拦蓄或收集设施,防火堤、集液池及收集系统等;(3)释放后安全处理系统,洗涤设施、有毒气体捕集及处理系统等;(4)减少蒸发扩散的设施,如用于 LNG 的高倍数泡沫系统;(5)防火设施,如耐火涂层、防火门、阻火器、消防系统(水幕、自动灭火系统等);(6)防爆设施,防爆墙或防爆舱、隔爆器、泄压板、水雾系统、减爆剂、惰化系统等;(7)防中毒设施,正压防护系统,中和系统等;(8)其他,如与消防联动的电视监视系统 | (1)独立于场景中的其他保护层;(2)在确定阻火器、隔爆器等设备的 PFD 时,应考虑其实际运行环境中可能出现的污染、堵塞、腐蚀、不恰当维护等因素对 PFD 进行修正 | |

通常不作为 IPL 的防护措施见表 9.20,在事故调查中,如发现这些防护措施失效,一般情况下不建议将其作为关键因素或焦点事件。

表 9.20 通常不作为 IPL 的防护措施

| 安全或防护措施 | 说明 |
|---|---|
| 培训和取证 | 培训和取证能降低事故发生概率,但是有效性有限,见本书 4.6 节 |
| 程序 | 有程序,程序还需要人员能有效认知、执行和监督才可能避免事故发生 |
| 正常的测试和检测 | 正常的测试和检测将影响某些 IPL 的失效概率,延长测试和检测周期可能增加 IPL 的 PFD |
| 维护 | 维护活动将影响某些 IPL 的 PFD,但不能作为 IPL |
| 通信 | 差的通信将影响某些 IPL 的 PFD |
| 标识 | 标识自身不是 IPL,标识可能不清晰、模糊、容易被忽略等,标识可能影响某些 IPL 的 PFD |
| 火灾保护 | 火灾保护的可用性和有效性受到所包围的火灾/爆炸的影响。如果在特定的场景中,企业能够证明可以确定消除事故火灾,则可将其作为 IPL |

续表

| 安全或防护措施 | 说明 |
|---|---|
| 工厂和社区应急响应 | 大多属于善后措施,一般处置成功也只能降低事故后果严重度,不能阻止事故发生,主要包括消防队、工厂撤离、社区撤离、避难所和应急预案等 |

## 9.6.3 人员行为和表现原因挖掘

在一个企业或组织机构中,相关人员做出的决策、执行的操作或忽略的作业环节等事件都可能导致焦点事件发生或作为事故关键因素。本书第3章已经讨论了人为失误(Human Error)产生机理和如何探索发现人为失误导致的事故。本节从已发现的人为失误行为开始,说明如何对人员表现进行原因分析和挖掘根本原因。

人员表现可能高于或低于预期,其影响可能是积极的,也可能是消极的。在某种环境下制定决策,决策可能是正确的,但执行结果却适得其反。人们在生产活动中可能会犯错误,被误导或误导他人,可能受到不适当的激励,可能试图正确地执行任务,也可能故意违反规章制度。除了要确定发生了什么,还要进一步寻找人员各种异常表现的原因并提出建议,对人的原因的分析是复杂的,通常需要专业知识或人因分析专家技术支持。

### 9.6.3.1 人失误原因分析

人失误(Human Error)分析,也称为"人因失效分析"(Human Failure)从识别人员错误模式开始,事故调查人员由观察到的已做(或未做)的事情判断人员发生错误的模式。错误模式的例子如:

(1)时间上,过早、过晚;
(2)工作内容上,省略、过于冗余、错误完成动作或方式、顺序错误、方向错误;
(3)信息上,指令错误、沟通问题、绩效测量失效、信息记录或传递过于复杂、过程安全信息(PSI)错误等。

有许多不同的分类方法用于分类和分析上述这些错误模式的原因。它们所考虑的分类的数量和类型不同,所依据的人类行为模型和重点也不同。通常从以下几点挖掘人员行为表现的原因:

(1)内部错误模式和错误机制。从心理学角度对错误产生原因进行分析,例如对于"开车转错了弯"的错误模式,内部错误模式和机制(深层次原因)可能是习惯性思维而导致的错误决定。

(2)任务本身的问题,例如目标冲突、计划问题、约束、认知需求等。

(3)行为形成因子(Performance Shaping Factors,PSF),包括技术、组织环境或个人内部因素等,会影响人员任务执行结果。

一些模型还包括对信息和反馈流的分析,没有这些分析,就不可能做出正确的判断。这些方法的重要性在于,它们首先要确定心理错误机制,然后确定错误发生的原因。例如,如果错误机制不是由于缺乏知识或技能,那么进一步的培训不太可能有用。如果决定违反程序,则应调查发生这种情况的原因,而不是假设加强监督是解决方案。

可用于分析说明这些原则的人为失败原因的方法典型有：认知错误的回顾性和预测性分析技术（Technique for Retrospective and Predictive Analysis of Cognitive Errors,TRACEr）；人为因素分析和分类方案（Human Factors Analysis and Classification Scheme,HFACS）。

TRACEr 最早用于空中交通管制人因失效分析，有八个模块，如图 9.39 所示，可分为以下三类：

(1) 发生错误的背景，即任务的性质、环境和行为形成因子 PSF；

(2) 错误的产生结果，即外部错误模式（External Error Modes,EEM）、内部错误模式（Internal Error Modes,IEM）、心理错误机制（Psychological Error Mechanisms,PEM）以及个人行为所依据的信息；

(3) 错误的检测和纠正，错误产生模块基于当一个人感知到需要做某事并采取行动时所涉及的认知过程，例如感知、记忆、决策和行动。

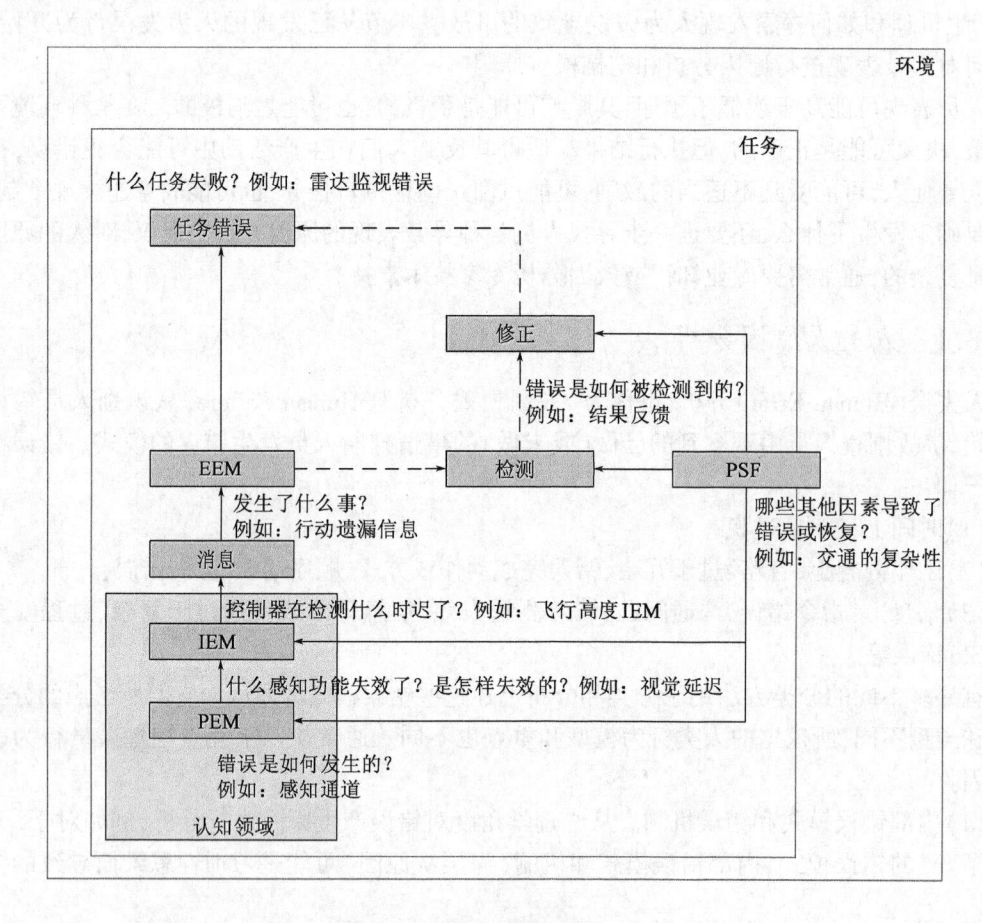

图 9.39 TRACEr 模型的例子

使用以下步骤创建 TRACEr 模型：

(1) 分析正在执行的任务，识别任何可能影响行为形成因子（PSF）的环境或情境因素，包括任务的复杂性、个人的知识和经验、周围环境等。

(2) 确定外部错误模式（EEM），根据选择和质量、时间和顺序以及沟通进行分类（见表 9.21）。

表 9.21　外部错误模式

| 选择和质量 | 时间和顺序 | 沟通 |
|---|---|---|
| ● 遗漏<br>● 行动太少<br>● 动作太多<br>● 错误方向的行动<br>● 对错误的目标采取正确的行动<br>● 对正确的对象采取错误的行动<br>● 对错误对象的错误动作<br>● 无关的行为 | ● 操作时间太长<br>● 动作太短<br>● 行动过早<br>● 行动太迟<br>● 动作重复<br>● 错误排序 | ● 不清楚的信息传播<br>● 不清楚信息接收<br>● 没有获得信息<br>● 信息没有传播<br>● 信息没有记录<br>● 不完整的信息传播<br>● 不完整的信息接收<br>● 不完整的信息记录<br>● 不正确的信息记录 |

(3) 识别 IEM,它描述了哪些认知功能失败以及以何种方式失败,其分类如表 9.22 所示。

表 9.22　产生内部错误模式

| 认知领域 | 认知功能 | 相关关键词 | 示例 |
|---|---|---|---|
| 感知 | 检测 | 没有、过晚、不正确 | 检测错误 |
| （视力、听力） | 识别 | 没有、过晚、不正确 | 识别延迟 |
| | 辨识/比较 | 没有、过晚、不正确 | 回送错误 |
| 记忆 | 回忆感知信息 | 没有、不正确 | 忘记暂时的信息 |
| | 以前的行动 | 没有、不正确 | 忘记以前的行动 |
| | 当前立即采取行动 | 没有、不正确 | 忘记执行行动 |
| | 前瞻记忆 | 没有、不正确 | 忘记记忆失效 |
| | 存储信息(过程和陈述性知识) | 没有、不正确 | 错误地回收存储的信息 |
| 判断、计划和决策 | 判断 | 不正确 | 错误的预测 |
| | 计划 | 没有、过少、不正确 | 错误的计划 |
| | 决策 | 没有、晚了、不正确 | 错误的决定 |
| 执行的行动 | 定时 | 早、晚、长、短 | 动作过早 |
| | 定位 | 过多、过少、错误、错误的方向 | 定位误差过大 |
| | 选择 | 错误 | 打字错误 |
| | 通信 | 没有、不清楚、不正确 | 信息传递不清楚 |

(4) 确定与 IEM 相关的信息问题,即哪些信息被误解、遗忘、误判或错误传达。
(5) 确定心理错误机制(PEM),这是已知影响每个认知领域内表现的认知偏差(见表 9.23)。

表 9.23　心理错误机制

| 感知 | 记忆 | 决策 | 行动 |
|---|---|---|---|
| ● 期望偏差<br>● 空间混乱<br>● 知觉混乱<br>● 知觉辨认失误<br>● 知觉的隧道效应<br>● 刺激过载<br>● 警惕失败<br>● 分散注意力 | ● 相似性干扰<br>● 记忆容量<br>● 过载<br>● 负迁移<br>● 错误的学习<br>● 不充分的学习<br>● 很少发生的偏差(由于知识使用不够频繁而导致的记忆失效)<br>● 记忆障碍<br>● 注意力分散<br>● 过于专注某项任务而忽略其他任务 | ● 错误的知识<br>● 缺乏知识<br>● 未考虑到副作用<br>● 集成错误<br>● 误解<br>● 认知固化<br>● 错误的假设<br>● 优先级错误<br>● 否认风险<br>● 高容忍度<br>● 危害识别失误<br>● 决定错误却不能更改 | ● 手动可变性<br>● 空间混乱<br>● 习惯入侵<br>● 知觉混乱<br>● 错误衔接<br>● 环境入侵<br>● 其他错误<br>● 分心 |

(6) 审查错误检测过程,即人们如何意识到错误,什么媒介告知他们错误,以及哪些外部因素改进或降级检测。

(7) 考虑纠正,即为纠正错误做了什么,内部或外部的其他因素是改善还是降低了纠错。

### 9.6.3.2　人因分析及分类方案

人因分析及分类方案(Human Factors Analysis and Classification Scheme,HFACS)最早由美国海军的行为科学家开发,基于 Reason 的瑞士奶酪切片模型分析人为错误的原因,如本书图 3.7 所示,即认为"级别 1:人的不安全行为"是受"级别 2:不安全行为的先决条件"影响和制约,"级别 3:监督"会决定不安全行为的先决条件能否消除,"级别 4:组织影响"又决定监督质量。

四个级别对应产生原因分析的例子如图 9.40~图 9.43 所示,每个级别都细分为不同的原因类别,列举了该类别中可能的因果因素。根据行业的不同,可能有不同因果示例,事故调查组可结合人因分析提供一些示例或更详细的检查列表。对原因的考虑从级别 1 开始,以便将有关行为的先兆事件也考虑到所涉及的错误类型,然后继续向上寻找导致焦点事件的原因。

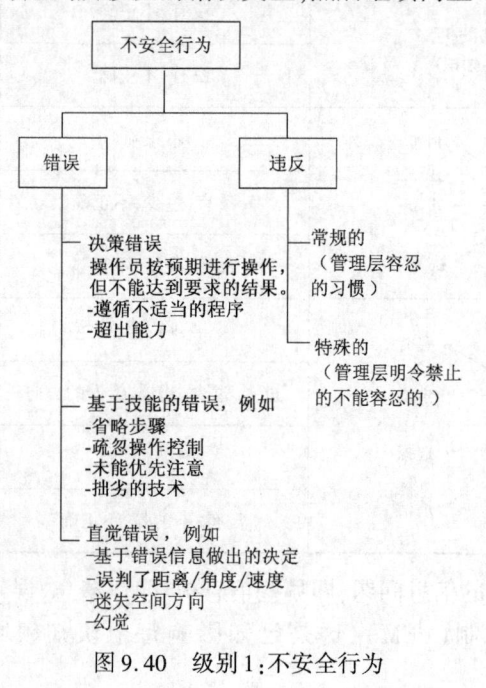

图 9.40　级别 1:不安全行为

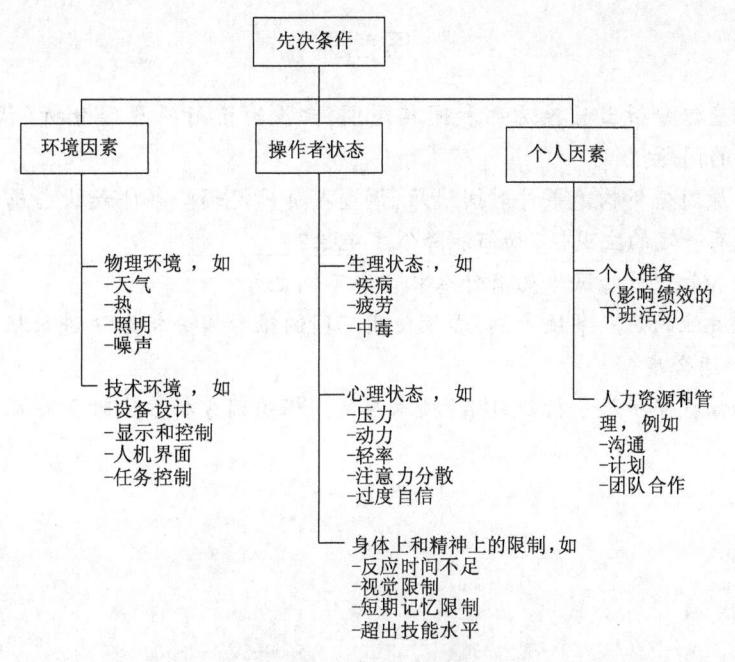

```
                            ┌──────────┐
                            │ 先决条件 │
                            └────┬─────┘
              ┌──────────────────┼──────────────────┐
        ┌──────────┐       ┌──────────┐       ┌──────────┐
        │ 环境因素 │       │操作者状态│       │ 个人因素 │
        └──────────┘       └──────────┘       └──────────┘
```

环境因素:
- 物理环境,如
  - 天气
  - 热
  - 照明
  - 噪声
- 技术环境,如
  - 设备设计
  - 显示和控制
  - 人机界面
  - 任务控制

操作者状态:
- 生理状态,如
  - 疾病
  - 疲劳
  - 中毒
- 心理状态,如
  - 压力
  - 动力
  - 轻率
  - 注意力分散
  - 过度自信
- 身体上和精神上的限制,如
  - 反应时间不足
  - 视觉限制
  - 短期记忆限制
  - 超出技能水平

个人因素:
- 个人准备（影响绩效的下班活动）
- 人力资源和管理,例如
  - 沟通
  - 计划
  - 团队合作

图 9.41　级别 2:不安全行为的先决条件

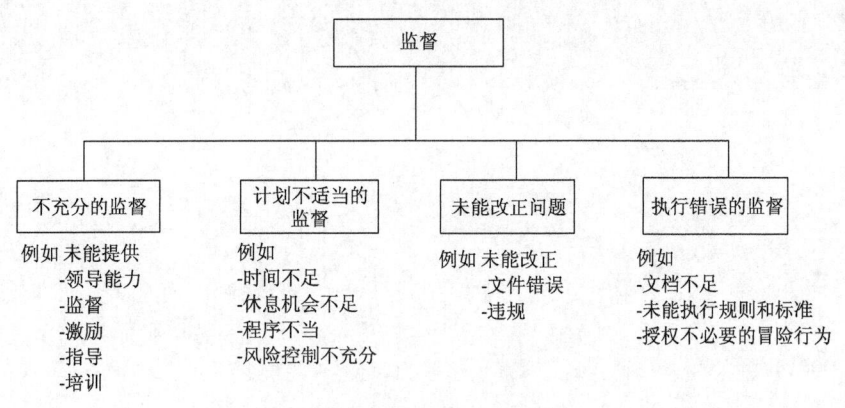

```
                        ┌──────┐
                        │ 监督 │
                        └───┬──┘
        ┌──────────────┬────┴────┬──────────────┐
   ┌──────────┐ ┌────────────┐ ┌──────────┐ ┌────────────┐
   │不充分的  │ │计划不适当的│ │未能改正  │ │执行错误的  │
   │监督      │ │监督        │ │问题      │ │监督        │
   └──────────┘ └────────────┘ └──────────┘ └────────────┘
```

不充分的监督:
例如 未能提供
- 领导能力
- 监督
- 激励
- 指导
- 培训

计划不适当的监督:
例如
- 时间不足
- 休息机会不足
- 程序不当
- 风险控制不充分

未能改正问题:
例如 未能改正
- 文件错误
- 违规

执行错误的监督:
例如
- 文档不足
- 未能执行规则和标准
- 授权不必要的冒险行为

图 9.42　级别 3:监督

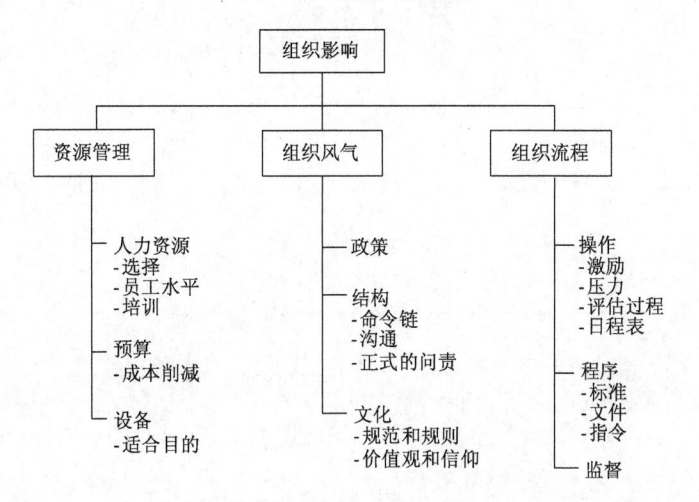

```
                        ┌──────────┐
                        │ 组织影响 │
                        └────┬─────┘
              ┌──────────────┼──────────────┐
        ┌──────────┐   ┌──────────┐   ┌──────────┐
        │ 资源管理 │   │ 组织风气 │   │ 组织流程 │
        └──────────┘   └──────────┘   └──────────┘
```

资源管理:
- 人力资源
  - 选择
  - 员工水平
  - 培训
- 预算
  - 成本削减
- 设备
  - 适合目的

组织风气:
- 政策
- 结构
  - 命令链
  - 沟通
  - 正式的问责
- 文化
  - 规范和规则
  - 价值观和信仰

组织流程:
- 操作
  - 激励
  - 压力
  - 评估过程
  - 日程表
- 程序
  - 标准
  - 文件
  - 指令
- 监督

图 9.43　级别 4:组织影响

— 211 —

## 思考题

(1) 事故调查仅分析出直接原因和间接原因,却没有进行根原因分析(找到管理系统原因)会有什么样的问题?

(2) 事故根原因分析构建事件时间线后,调查人员确定哪些事件或状态属于焦点事件(或关键因素)可能有一定的主观性,如何能降低主观性?

(3) 事故树和管理监督风险树有什么相似和不同之处?

(4) 以最近关注的热点事故为例,尝试使用不同的根原因分析方法进行根原因分析,体会各方法的差异和适合度。

(5) 理解和掌握保护层分析(LOPA)技术在使用根原因分析方法时会有哪些益处?

# 第 10 章　提出调查建议

在调查组使用各种结构化的根本原因分析方法,并确定与管理系统相关的多重事故原因后,就可以有效理解管理系统暴露出的各种缺陷的影响和它们之间相互作用。当调查者了解到发生了什么,是如何发生的,以及为什么会发生,下面就需要提出能有效消除事故发生的根本原因建议措施,及时纠正管理系统缺陷。有效的建议能指出管理系统应该进行哪些变化,如何排除多重与管理系统相关的事故原因。

事故调查的建议主要包括改进工程技术、改善操作或维修程序、提高人员安全操作技能等方面,但更重要的是改善管理系统缺陷。纠正管理系统缺陷的建议应该可以消除或充分地减少事故或其他相似事故再次发生,调查组必须完成这个事故调查最大受益的关键步骤。本章将说明如何提出有效建议,有效建议具备的特点和属性。

## 10.1　调查建议提出流程

图 10.1 给出了事故调查建议提出的工作流程。鉴于事故调查组已确定导致事故发生的直接原因、间接原因和多重与管理系统相关根本原因,每个原因应该至少有一个建议性的预防或缓解措施或意见,针对每个原因都需要开发和提出预防性或减轻原因发生可能性的行动建议。提出能有效防止再次发生事故的建议性措施,且措施具有可操作性(经济、技术上能够实现,绩效上可以测量或检测),都属于有效的优秀建议。事故调查组全面提出建议后,需要向负责事故调查管理和审核的管理层提交这些建议,由管理层判定是否接纳、修改或否定这些。对于事故调查组而言,比较理想的情况是所有的建议都被管理层采纳,但是管理层也可能出于对建议可操作性、有效性的疑问,对建议质疑甚至否定,这时就需要事故调查组对建议进行解释说明或重新提出建议。

建议应该清晰明确,并切实可行。例如:针对改进工艺设计的本质安全方面的建议,应首选仅增加额外保护功能,而不是改变既有工艺过程(面临企业无法接受的长期停产、彻底的工艺改造和大量人员、经济投入)。另外,很多建议可能改变管理系统,因此,调查组在提建议时有必要考虑这些建议可能带来的影响,及由于改变了原管理系统,未来建议落实是否存在问题和障碍,思考是否有更好的建议。

为了确定并考虑与任何建议带来的变化导致的影响和风险,应提前对建议进行变更管理评估,并在实施建议之前,必须完成变更管理评估,且认为带来的变更是可接受的和能被允许的。

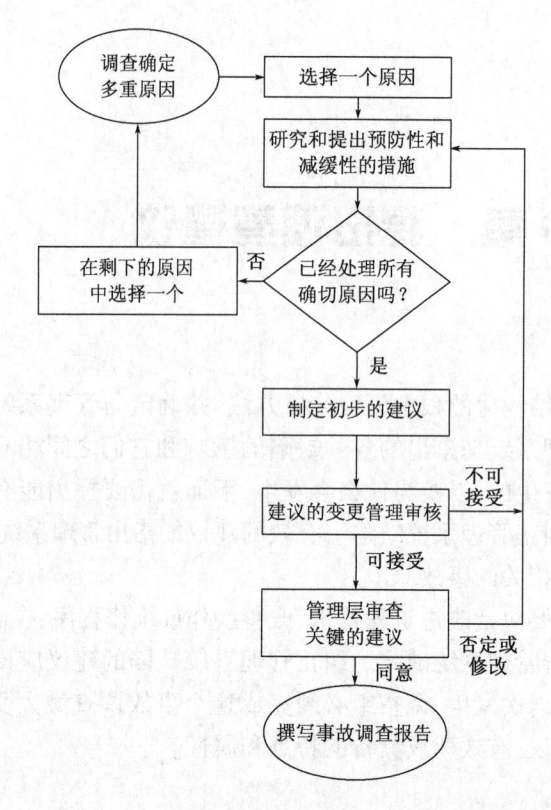

图 10.1 事故调查建议流程图

## 10.2 如何提出"好建议"

### 10.2.1 事故调查组与管理层的沟通及支持

事故调查组有责任提出切实的建议并提交给负责事故建议审核、批准和执行的相关管理层。对于已经构建起事故调查管理系统的企业或组织,事故调查组成功的标志之一就是在形成调查结论和建议后能获取管理层的充分理解和信任。管理层接到事故调查组调查报告初稿和初步建议后需要对建议进行响应,管理层的支持决定事故调查工作最后能否实现事故预防的目的。如图 10.2 所示,管理层对待事故调查初步建议需要做的有:

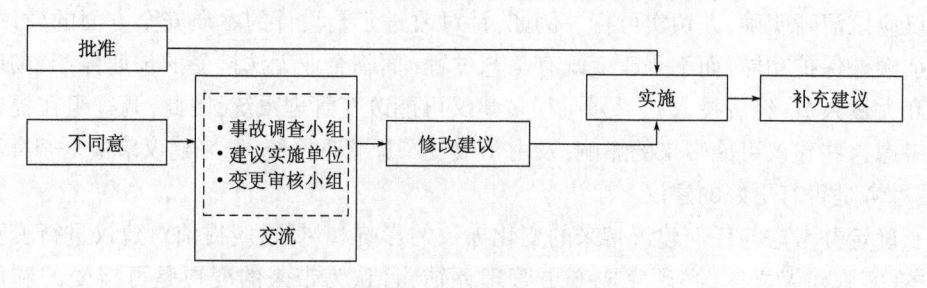

图 10.2 管理层针对事故调查建议处置流程

(1) 同意事故调查组的事故调查结论和建议，并支持发布事故调查报告；
(2) 协同事故调查组和建议实施单位，提出事故调查建议修改意见；
(3) 按时完成足够的人员和资金资源的分配；
(4) 跟踪事故调查建议带来的变更影响，并跟进受变更影响的保证措施是否按预期工作，如有必要则提出补充建议。

## 10.2.2 "好建议"的属性

清晰的书面建议不应让人感觉困惑或混淆，事故调查组作为建议提出者，应保障建议能被管理层、建议实施单位和人员充分理解。一个好的做法是用事故调查者的独立角度来表达建议，包括解释为什么提建议，指出可避免的后果。应避免措辞含糊的、主观性较强的建议，应避免可能产生对建议不同的解释，掩盖建议原本的意图。

好建议的五个属性是：

(1) 可以解决和消除事故的根本原因（也就是说，可以从根本上解决问题，有效避免类似组织的系统管理原因导致事故再次发生）。

如本书第 4 章所述，针对事故调查应追溯到事故发生的根本原因，而不是仅解决当事部门执行不到位的原因，应将涉及的安全管理缺陷进行修正。例如大量事故发生是由危害分析不到位造成的，建议应针对危害分析不到位的管理原因提出建议，包括危害分析工作开展的方法、类别和点面要求、分析质量标准与审核等。

(2) 能清楚陈述建议措施意图，为什么需要该措施，该措施实现的目的是什么。

企业事故调查报告的书面建议往往涉及具体技术问题的解决方案，应用清晰和明确的术语进行完整描述和说明，以便相关建议接受单位和人员能"读懂"和理解建议。建议措施的实施的完整性应能够判定，也就是说，应能清楚知道什么状态和条件才算完成建议纠正措施，含糊不清或不明确的建议要求并不适合作为书面建议。诸如应该避免类似"加强安全培训""增加适当的保障措施""强化安全责任主体意识"等类似语言，这些建议无法量化和准确判定是否有效落实了建议，除非这些建议能清晰和明确列举，或有具体的绩效测量标准。

事故调查报告的建议应该避免固执己见或命令性的陈述，如案例 10.1 所示，应尽量避免命令式的建议，要求实施某项建议却没有对应的理由或说明，往往意味着建议将得不到理解和落实。

### 案例 10.1

某事故调查报告最后建议包括"启动反应器的操作程序存在瑕疵，应重写该操作程序"。该建议需要仔细研读调查报告才能明确到底存在哪些"瑕疵"，另外，如何重写程序能有效避免这些瑕疵是建议接受者最为关心的问题，而他们之前对该问题是没有理解的，因此该建议并不是好建议，于是调查组进行了修改。

多学科的事故调查组认为：企业逐步审查反应器的重新启动操作程序和更新该程序是非常必要的。事故调查组确定了几个有问题的程序步骤，其中部分缺失的环节包括：清洗、阻断反应物 A 和明确需要隔离哪些相关管道和设备。

调查组也可继续提升建议的水平，比如：应确保每年或变更发生后有一个审查和更新操作程序的系统，确保目前执行的是最新的程序，并对修改过的程序进行变更管理。

(3) 增加或加强了保护层。事故调查报告建议的主要目的是针对调查出的原因提出预防性补救措施,最有效的补救措施能加强调查对象的保护层,特别是构建独立保护层(IPL),例如案例10.2。

---

**案例10.2**

某企业发生一起气液分离器污水泵未及时停泵导致的抽空事故,过程原理如图10.3所示。该事故造成泵密封损坏报废,所幸没有发生火灾。企业组织事故调查组,事故调查表明:直接原因是作业人员因临时被安排新的工作任务,没有及时准确观察现场液位计,没有及时停泵导致事故;间接原因是缺乏低液位报警和作业监护人员;根本原因是作业安全管理存在作业风险分析质量管理漏洞,或缺乏作业程序等造成的。该事故调查组提出的建议包括:(1)加强人员安全责任意识;(2)开展作业安全分析,完善污水泵启动与停车程序。

上述建议存在的问题主要在于,并没有构建起预防类似事故发生的保护层,仍存在较明显漏洞,首先"加强人员安全责任意识"这类建议看起来正确,但是无法进行量化绩效测量,属于"正确的废话",不属于保护层;其次"开展作业安全分析,完善污水泵启动与停车程序"还需要补充开展对应的安全培训和作业程序监督才能构成一个完整的保护层(形成有程序、培训告知、监督执行链条)。为此可以考虑补充的保护层类建议有:①设置液位低报警或液位低报警联锁停泵;②企业管理制度规定当现场人员执行作业任务时,不得安排其执行新的任务,必须保障作业现场始终有负责操作的人员;③针对企业涉及人员作业行为开展全面排查,查找没有开展作业安全分析(JSA)工作的环节,补充JSA分析并提交专门部门审核,同时将合格的JSA分析结论形成操作程序,并进行专门培训,程序执行必须由作业监管人员进行监管。

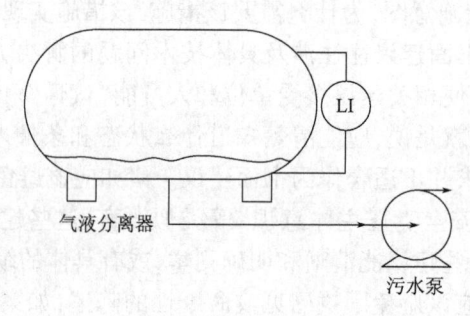

图10.3 某企业污水泵抽空事故原理

---

(4)建议应切实、可行、可实现。调查组提出的建议应具备实现的技术、经济和现实可行性,否则就没有任何意义。如果建议实施单位有条件和能力实施建议而以建议不可行、不具备可操作性为由拒绝,调查组则需要向其解释说明,以使建议落实。

例如前述案例10.2中,企业可能认为设置油水分离器低低液位联锁虽然能提高低液位带来的事故风险,但是油水分离器已经濒临淘汰,且设置联锁控制系统技术改造难度较高,改造动火作业也面临较高作业风险且没有备用罐。为此事故调查组删除了设置液位低低联锁的建议,将建议修改为"设置液位低报警(不涉及动火作业),并要求排放污水时有专人操作且配备安全人员,监督液位变化。"

(5)建议能排除或减少风险,减轻后果或发生的可能性。好建议最典型特征就包括能降低事故发生的可能性或后果严重度,即降低事故风险。有的建议虽然不属于安全功能分析意义上的保护层,但是对于降低风险有显著作用,能明显能减轻事故后果或降低后果可能性,且具有较高的可行性和可操作性,这类建议也应当及时提出。例如减少人员在高危环境的暴露时间或频率、设置泄漏后的收容措施等建议,都能显著降低事故风险,也属于好的建议。

## 10.3 建议的类型

如前所述,好建议能通过有效减少事故发生频率或降低事故发生后果严重度来降低事故风险,接下来介绍降低风险的方法并举例说明。建议的分类有几种不同的方法,例如:

(1)建议旨在减少发生一个指定事故的可能性。例如,增加预防性维护检查方案来减少主循环泵和后备泵同时发生故障的概率。

(2)减少员工暴露的建议。例如,减少暴露时间或转移非关键的工人群体远离爆炸区。

(3)把"或门"变为"与门"的建议。这些"与门"建议将会得到比"或门"更低的事故发生频率。例如,如果一个由单个液位控制系统故障导致的溢流(是由传感器故障、变送器故障、调节阀故障等原因组成的或门输出),提出新的建议要求增设一个 SIS 系统:设置独立的液位变送器并能自动远程关闭进料阀门,这个新的建议给该事故树增加一个与门,只有原液位控制系统与增设的 SIS 系统两个系统都发生故障才能导致溢流。

(4)建议旨在消除或减少某个或某些指定的事故后果。例如,减少或消除具有毒性危险物质的种类,可能减少中毒或环境污染事故。

### 10.3.1 建议的等级和层次

提出事故整改建议的关键是如何解决导致事故的管理系统或固有技术系统中的问题,提出多重独立保护层(IPL)预防事故已经得到过程工业的普遍认可与支持。通过提供足够可以避免发生一个事故场景的保护层,可以避免或至少减少事故发生后的潜在风险。对于一个指定的场景,只要有一个保护层不失效就足以防止该事故的后果。然而,由于没有保护层的可靠性是 100%,故必须提供多重保护层来降低事故的可容忍风险。

著名的过程安全专家 Trevor Kletz 提出了保护层屏障的三个层次:

(1)第一层次的建议补救措施旨在防止特定事故的即时技术。例如,针对一起员工在采集液氯工艺样品时因吸入接触而受伤的事故调查,调查组的第一层建议将涉及采样程序的变化、进修培训以及个人呼吸防护设备的选择和使用等项目。

(2)第二层次的建议侧重于避免危险,使用更深入和更广泛的视角,通常重点是改善人员与危险之间的正常安全屏障措施。例如上述氯气事件的典型补救措施可能包括修改采样设备、在不同位置采样,或者可能使用在线分析仪,消除手动采样的必要性。

(3)第三层次的建议则通过改进管理系统的缺陷,解决导致事故发生的根本原因。第三层次的建议不仅可以防止此次调查的特定事故,还可以防止类似事故。改进管理系统的预防措施在理论上更加一致和持久。例如,如果由于企业特定的操作程序过时而发生事故,则更新该程序只会防止该特定事故的再次发生,但是,如果改进管理系统以确保企业所有的操作程序都是准确和最新,那么其他的类似事故也将被预防,因为过时的程序会导致不同的事故发生。

保护层(安全屏障)的一般顺序,如图 10.4 所示。针对生产过程从软件工程和硬件工程开始,经过维护、检查和操作实践,到过程控制仪表与安全仪表、超压泄放或泄漏收容等最后保护系统和应急响应,每一层就是一套管理系统,可能包含各种潜在缺陷或失效。例如,在前述氯气暴露事故调查中,调查人员会考虑以下项目:

①改进建立过程抽样的方法。谁参与决策?确定定位方法和设备的标准是什么?谁授权?是否有定期审核或重新评估?

②改进建立、评估和监控标准操作程序的管理体系。程序是否充分、理解并始终如一地执行?任务仍然需要吗?

③是否有诸如工作安全分析(JSA)、失效模式与效应分析(FMEA)、危险可操作性分析(HAZOP)之类的常规机制来系统地审查此类任务的潜在危害?并能不断改进分析及审查质量标准,以最大限度地减少发生事故的可能性。

多个独立保护层(安全屏障)是安全管理实践中的一个重要概念,"通过技术、设施和人员提供足够的保护层,以防止从单一故障升级为灾难性发生"。当事故调查组评估潜在的建议补救措施时,独立保护层为选择和使用建议提供了指导,并可以应用于多个根本原因或系统原因。

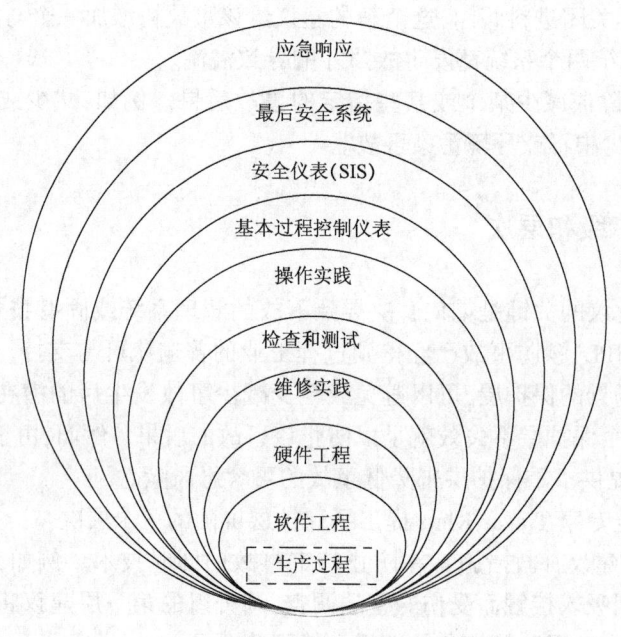

图10.4 安全保护屏障

## 10.3.2 本质安全类建议

本质安全是指设备、设施或生产技术工艺含有的、内在的能够从根本上防止事故发生的功能。本质安全一般包括两种安全功能:

(1)失误的安全功能。操作者即使出现失误,也不会受到伤害或发生其他事故。

(2)故障的安全功能。设备、设施或生产技术工艺发生故障时,能暂时维持正常工作或自动转变为安全状态。

能实现本质安全设计的建议优于那些仅起到后果缓解或预防功能的建议。本质安全设计可降低对人为因素、设备可靠性或预防性维护计划的依赖,就可以成功预防事故。如果在早期设计阶段就实施了本质安全设计会产生更大的经济效益。因此,事故调查组在制定建议时应考虑这些因素。

提高本质安全水平的常见建议类型有:

(1)减存。过程工业自动化水平的进步和严格的安全风险标准使危险原材料或产品大量库存必要性显著下降。例如,对危险原材料的准时交货进行严格控制,而仅库存一到两天的现货,厂区内不再大量囤积多天、过量的危险原材料。

(2)替代。调查组可考虑能否提出可行的建议方案,采用危险性较低材料替代高危险性材料。例如,许多用于水净化的氯化系统由液氯压力容器更换为颗粒状的次氯酸盐过滤系统就实现了本质安全化,不必担心发生严重中毒事故。

(3)集约化。有时可以通过改进混合技术显著降低反应器尺寸(或库存)。集约化的另一个例子是从批量操作转变为更小规模的连续操作。

(4)变更。可以使用完全不同的过程或方法来实现相同的目标。

需要注意的是,事故调查组应评估建议的固有安全性,建议更改原设计或设施可能有利也可能有害,建议的实施单位要对调查组提出的变更建议进行变更审核,调查人员更应警惕建议中固有的可能危险征。例如:调查组为了解决无法监控问题,提出增加玻璃观察设施(转子流量计、观察窗、视镜或额外的控制室窗户),虽然看起来能解决问题,但是却带来了新的薄弱环节和人员伤害风险。再比如,有的事故调查组提出更换新阀门的建议,但是小组应仔细审核新阀门的故障模式是否安全,大多数阀门应设计为"故障关"模式(也有一些例外,如冷却水控制阀就要设计成"故障开")。

### 10.3.3 表彰/纪律处分建议

调查发现员工的行为值得表扬时,事故调查组应在事故调查报告中进行表彰。在紧急情况下冷静、准确的应急行动可能极大限制了事故后果,或者由于某些员工事故前做了管理要求之外的工作,使事故得以缓解,对于这些行为的员工和组织应在事故调查报告中予以认可和表扬。

如本书反复强调的一样,企业层级事故调查应尽量避免纪律处分建议,对相关人员进行惩罚。大量事故调查实践和理论表明,员工不安全行为背后都有现场条件和管理因素,调查组应该意识到调查报告中纪律处分是否必要的问题,认识到纪律处分会威胁企业事故调查系统运行,阻碍认证访谈工作进行。当然,除非有证据表明员工是恶意违章,现场条件没有明显问题,管理方面亦有明确的、已经有效执行规定和要求,这时候纪律处分建议才是必要的,如果此时再不进行纪律处分将使原本有效执行的管理规定丧失执行标准,会导致其他人的效仿。

### 10.3.4 不采取行动的建议

通常都会要求事故调查组对所有确定的事故原因有对应的建议,但也有极少情况下,调查人员在对可用的现有信息进行分析和审议后,针对特定原因不提出建议。这种情况通常只是认为事故发生的概率极低,或者事故原因控制超出了组织的能力控制范围。

例如,从几千米高空飞行的飞机上掉下的零件砸坏了易燃物料储罐。这起事故概率极低,事故调查组调查发现企业已经按既定管理要求采取了及时的控制措施,泄漏处置也较得当,泄漏的物料没有被引燃。因此事故调查组没有特别提出专门的改进建议,仅在调查结束后对事故情况与飞机使用方进行通报和协商。

虽然这种情况比较少见,即使在决定不采取行动的情况下,也应说明不采取行动的原因,决策的逻辑应与所有相关事实数据和参考文件一起记录在案。

### 10.3.5　避免不完整的建议

调查组应避免提出表达不完整、让人费解的建议。事故调查组如果发现现有的物理系统(或管理措施,如书面程序或培训计划)没能提供足够的保护,应指明应采取什么样的行动。否则,这样的建议通常会带来困扰,无法测量和量化,能否按调查组的意图执行都是未知。

例如调查组提出"审查启动程序"的建议,根据事故原因,其意图是要求企业审查启动程序的执行人是否有能力完成该项任务,执行期间程序监督和确认是否存在空档等问题,但是实际上企业接到建议后迅速回复"已经审查了启动程序,并进行了修改",实际上企业只是修改了启动程序中个别的语言和内容,与调查组的意图差距甚远。

案例10.3给出了两起相似交通事故的调查建议如何提升和改进案例,读者可以尝试对事故调查建议的完好性进行补充。

**案例 10.3**

图 10.5　2017 年 8 月 10 日秦岭隧道事故俯拍照片

图10.6　2017年8月10日秦岭隧道事故　　图10.7　2019年9月29日长深高速事故

2017年8月10日,一辆某省籍大巴发生撞击秦岭隧道入口事故(图10.5、图10.6),导致36人死亡,事后28人被立案侦查,32人受处分。事故调查报告指出了事故发生的多重原因,司机疲劳驾驶和超速为事故的直接原因。间接原因包括:事发当晚所在桥梁右侧5个单臂路灯均未开启、加速车道与货车道间分界线局部磨损(约40m)导致司机视线受影响,未按标准设计事发路段加速车道与货车道分界线宽度,未对分界线宽度是否符合标准开展核查,车辆座椅受冲击脱落,较多乘客未系安全带等。事故调查组提出了6条改进道路交通安全生产工作的建议:

①进一步推动道路客运企业全面落实安全生产主体责任;
②进一步完善营运客车防疲劳驾驶的制度措施;
③进一步加大道路交通路面执法管控力度;
④进一步深化道路交通安全隐患排查治理;
⑤进一步推动重点营运车辆动态监控联网联控工作;
⑥进一步提升营运客车安全技术性能。

巧合的是2019年9月29日在长深高速江苏无锡宜兴段又发生特大交通事故(图10.7),还是该省籍大巴,也同样直接造成36人死亡,36人受伤,其中9人重伤。该事故是全国道路交通安全事故的一个缩影,该省交通部门和从业人员肯定会高度重视"8·10"事故的,但还是发生了"9·29"特大事故,看似难以置信的巧合,却也说明前面的事故调查建议可能并未有效落实,无法控制类似事故发生。

针对该事故调查报告建议表达是否完整存在一些疑问和争议,例如:

建议①的意图是责任分工上存在不明确环节,还是有职未尽责?类似"落实主体责任"的建议在很多事故调查建议中都有出现,什么样算是落实,是否可监督测量?

建议②是指出司机疲劳或身体有恙可以较容易换班请假的制度吗?如果单纯地要求不准疲劳驾驶,这样的规定已经存在,如何监督落实司机疲劳驾驶?

建议③在高速上是不能随意拦停车辆执法的,司机疲劳驾驶如何通过路面执法进行管控?

建议④路灯和标线磨损属于隐患需要进一步排除,现有隧道施工技术条件下应急车道突然变成隧道入口墙是否构成隐患?如果考虑技术和经济可行性不认定为隐患,那么如何解决这一问题?

建议⑤、⑥提出的联网监控对象是什么？解决什么问题？现有营运大巴车辆应提高哪些技术性能？

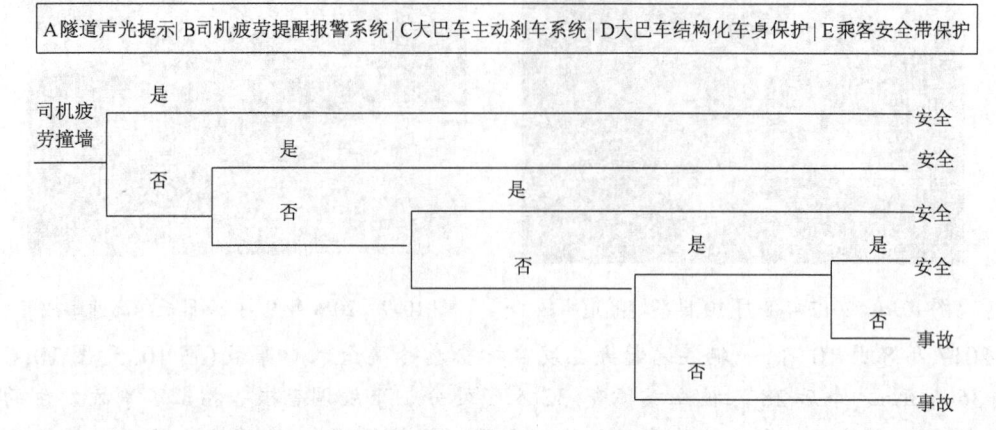

A隧道声光提示 | B司机疲劳提醒报警系统 | C大巴车主动刹车系统 | D大巴车结构化车身保护 | E乘客安全带保护

图10.8　秦岭隧道事故安全防护屏障事件树

本书从建议的完好性和有效性角度，提出如图10.8的建议（均为已有技术的可行建议），如考虑现行隧道建设技术和经济成本因素，隧道建设暂时不能与应急车道同宽，则应建议在隧道入口增设声光提示和滚筒缓冲装置，大巴升级配备司机疲劳提醒系统，大巴主动刹车预警和刹车系统，大巴结构化车身保护，乘客未系安全带提醒等建议，针对原建议⑤的动态监控联网联控工作，可以明确对司机眼动疲劳进行监控预警，当发现司机连续出现疲劳预警，及时远程联系干预，进一步建议包括将车辆速度、胎压与胎温作为动态联网监控内容。这些明确表述的建议，属于有效保护层建议，可显著降低事故发生频率或后果严重度。其他的如"加强道路执法管控力度，强化责任体制"等内容，因为很难评估是否完成，不能成为有效保护层，勉强作为建议提出，作为努力方向。这些建议如果能实施其中的主动刹车系统、结构化安全车身、乘客安全带提醒，作为进一步建议的轮胎监控等安全措施，则后面的"9·29"特大事故就有极大可能得以避免。

## 10.4　建议步骤程序

### 10.4.1　选择一个原因

图10.1给出了制定建议的过程。在本书第9章，通过根本原因分析工作可确定事故发生的一系列多重原因，下面就需要对每个原因进行单独评估，提出可以防止事故再次发生（或有效减少）的建议措施。通常情况下，为清楚解释建议基础，每项建议应仅对一个原因进行解释和说明应采取行动。

### 10.4.2　制定和检查预防措施

如本章"好建议的属性"和"建议的等级和层次"所述，事故调查组应努力寻找并开发出以

下建议:

(1)能防止再次发生(实际解决问题)或有效减少事故。

(2)技术上可行,经济上合理。特别对于企业层级事故调查,建议在经济上不合理往往意味着建议无法落实和持续。

(3)与企业或组织的其他管理目标兼容。例如盈利能力、节能和环保,兼容性强的建议更容易被企业所接受。

(4)建议措施的实施和完成是可衡量的,建议的表达应完整清晰,并尽量描述出落实建议后将会得到的具体结果,以增加建议实施人员的目标动力。

由于事件或事故已经显示出系统存在的缺陷或问题,因此建议可以侧重于改进既有系统,包括:

(1)物理系统,例如硬件、设备和工具。能提高本质安全水平的预防措施通常被认为是最有效的方法。

(2)软件系统,例如程序、方法、培训。

(3)整体管理系统,例如各种风险分析和审核系统、变更管理系统、交叉作业管理等。

表10.1中列出评估个别建议有效性的示例。

表10.1 建议示例和评估策略

| 建议示例 | 如何评估其有效性 |
| --- | --- |
| ● 修改补充遗漏的程序A和B,警告和注意事项要独立于操作行为步骤 | ● 查看修订后的程序以确定所有操作步骤都包括在内,并且所有警告和注意事项中不能包含操作行为步骤(容易被忽视)。程序中没有不适当的步骤、注意事项或警告 |
| ● 审查和修改所有现有程序,以确保程序中包含信息使用正确的格式(步骤、注意事项、警告、注释等) | ● 定期审查程序找出错误的格式。程序中不应出现不恰当的步骤、警告或提醒 |
| ● 修订管线所用垫片采购规范 | ● 验证修订后的采购标准是否包含正确垫圈的规格 |
| ● 对管线上其他的垫片进行审查,确定采用了正确的垫圈。至少对现有10%的垫片进行审查 | ● 验证现有的采购标准是否包含正确垫圈的规范 |
| ● 修订输送该类物料管线的设计标准 | ● 审查输送该类物料设备的所有设计,确定采用了正确的垫圈;<br>● 审查以往维修工作,确定更换过不合适的垫圈材料的数量 |
| ● 对工程人员进行新修订后设计标准的培训 | ● 定期审查输送该类物料设备的设计,以确保各环节都指定了正确的垫圈;<br>● 审查维修工作清单,确定不合适垫片更换的数量(判断是否执行了培训要求) |
| ● 定期监视维修专用通信系统上的通信以确定不同专业组人员是否正在使用该系统 | ● 评估新投用的维护专用通信系统上的流量负载,以确保其具有足够的容量 |
| ● 修改加班政策,限制给定时间段内可以加班的小时数 | ● 监控正在工作人员的加班小时数,确定其是否超出了新政策给出的时间限制 |

在逐个对事故调查出多重原因针对性提出建议后,事故调查组需要开展完好性检测,明确"已解决所有已识别的原因"。

### 10.4.3 制定标准恢复生产运行

一些后果严重事故发生后可能导致生产过程中断,决定恢复生产运营的权力和责任在于现场车间主管和企业管理层。在恢复经营之前,根据调查的范围,事故调查组可能会被要求协助明确为实现生产恢复运行应做到的最低要求或标准。在因事故停产的企业,如果没有汲取针对已停产的原因教训,未制定恢复运营标准,因原事故条件还没有被消除,将极可能再次发生事故。此恢复运营标准列表应当采用书面形式,内容主要基于事故调查原因,列举恢复生产运营前应完成的和核实过的专项目录。

如事故属于政府层级事故调查,能否重新启动因事故影响而停产的车间,企业需要向政府主管部门提出申请,政府主管部门也通常会征求事故调查组的意见,决定是否重启主要考虑的因素有:

(1)重启生产是否影响事故调查证据的保存,如果重启导致调查组待测试的证据消失或受损,则不会允许重启。

(2)重启生产是否面临法律或违规问题,在事故调查结论没有出具,事故原因不明情况下,政府调查做出重启决定时,需要依法考虑企业是否已经依法进行了处理、相关人员是否受到处罚("四不放过"要求)等问题,在没有明显达到法规事故处理要求前,很难同意重启生产。

对于企业层级事故调查,因事故严重程度通常不高(轻伤害、低财产损失或未遂事故),发生事故的设备或周边设备处于可运行状态,调查组通常会面临比较急迫的恢复生产运营呼声。事故调查组需要根据事故调查原因分析结果,提出企业如恢复运营应做出哪些改变,列举应进行整改的清单,以消除已发生的事故原因。事故调查组需要联合企业日常变更审核机构对恢复运行标准,事故调查整改建议带来的变更进行审核。恢复标准运营的建议应该得到与最终正式的建议同等程度的审查。变更管理和预恢复运营安全审查时,对待每个恢复运营建议实施后带来的影响,都应考虑和评估可能产生的不利后果,并提出针对性要求。案例10.4给出了一起泄漏事故后恢复运营的标准制定过程,考虑到生产现实需要和整改建议落实需要时间问题。有时事故调查组会要求恢复运营前核实,要求的重启生产的标准措施是否达到了预期的完好性,核实相关人员是否理解新的变更带来的影响。

---

**案例10.4**

某企业发生一起泵出口法兰密封泄漏事故,企业启动事故调查程序开展调查,初步查明事故主要原因有:(1)操作人员操作失误,误启动备用泵后离岗,长时间启动备用泵,造成泵出口超压运行;(2)泵出口垫片质量合格,符合安装要求,但是没有按双泵同时启动压力选型;(3)现场可燃报警器设置位置不合理,导致泄漏后没有及时报警。

在生产压力下,事故车间要求恢复生产,企业管理层要求事故调查组提出重新启动事故泵运行标准,事故调查组研判后提出以下清单,要求车间达到清单标准方可恢复生产运营:

(1)更换事故泵泄漏法兰垫片(压力等级满足备用泵启动压力),泄漏的物料被彻底清洗;

(2)修改所有带备用泵的启动操作程序或指令,保证备用泵启动经过审核和双人以上现场确认,并对各备用泵启用时间进行明确(应该用书面形式具体化);

(3)对车间人员进行上述新程序的培训;

(4)在后续整改建议落实前,启动备用泵时应制定现场泄漏处置预案和应急准备。

> 上述标准要求可保障生产暂时恢复安全运营,因还有整改建议"审核所有泵出口法兰垫片设计选型是考虑备用泵启动压力条件,不满足的应进行更换""更高现可燃气体报警器位置"需要较长时间才能落实整改完毕,将作为整改建议提出(见本书10.4.4),不影响企业生产运营恢复。

### 10.4.4 准备整改建议

当事故调查组基于事故原因提出一些建议供企业管理层审核时,应该对相关建议进行一些分析说明,以便管理层能更容易接受整改建议并尽快推动落实。对整改建议的分析说明包括:
(1)众多建议中应优先考虑的建议(明确哪些建议具有高优先级);
(2)实施整改建议将对系统造成影响,如何与企业或组织的变更管理系统对接;
(3)建议实施需要的大概时间;
(4)改进建议实现需要的成本;
(5)实施整改建议所需的外部资源(比如需要第三方机构的进一步研究、测试或外聘专家支援)。

调查组应识别和预测成功实施建议将要面临的困难和挑战。虽然在基于事故原因开发改进建议时已经基本考虑了每条建议的影响,但还需要再次对改进建议进行研究,预想到基层管理人员的问题和关切,并努力解决,否则改进建议将可能无法被一线基层人员接纳和落实。此时,如能提供其他类似生产装置落实改进建议后的效果信息,将有助于管理人员接受调查组提出的改进建议。

### 10.4.5 一线管理层审查建议

如图10.1所示,在正式撰写发布事故调查报告前,事故调查组需要对实施改进建议而受影响的一线基层管理人员介绍事故调查得到的原因,并征求改进建议审查意见,因为一线管理层是改进建议的直接实施者,直接关系着改进建议能否持续得到落实。一线管理层也有责任批准、修改,甚至拒绝或实施调查组所提出的改进建议。

在整个事故调查报告撰写完成前的审查阶段,调查组可能只提出了一些重要的改进建议,一线管理人员大都会对这些影响较大的建议感兴趣(意味着新的重大问题、工作和挑战),可能还来不及审查到那些不太关键的改进建议。

如果事故调查组给管理人员调查出的一个暴露的安全问题,并提供了改进建议,则意味着基层管理人员和公司中、高管理层在法律或组织责任上增加了新的"知识"。各层级管理人员有义务对所有已知的危险做出反应,如果因未能以合理的方式解决安全问题和建议可能导致责任增加,大多数中高层管理人员可能都懂得这个概念。然而,其他人,如一线主管,可能没有充分意识到不按照正式安全改进建议采取行动的决定可能产生的影响,此时事故调查系统应通过公司或组织管理部门提醒一线管理层重视事故调查建议,落实整改建议的责任和义务。本书附录2.7给出了一个事故调查初步整改建议审批流程表格供读者参考。

## 10.5 报告和交流

如果事故调查初步的整改建议已经能够被一线基层管理人员接受,就可以撰写正式的书面调查报告并进行沟通交流。

对于企业层级事故调查,调查组可能面临这样的压力:公司内部管理人员可能要求调查组淡化或隐藏调查报告里的整改建议,以降低责任压力或潜在的法律责任。如果事故原因比较明确,整改建议具有"好建议"的属性和良好的可操作性,则调查组应向各层级管理人员解释,坚持暴露的安全问题必须进行有效整改才能避免类似事故发生这一原则。

一个简单的文件更可能被一致的实施运用。一个简单的文件应该可以更好地交流事故情况及其原因,从而达到提高预防效果的目的。

对于企业层级事故调查,如果调查组成员由有经验、技术知识和能力的人员组成,他们如果能成功调查事故,解析事故根原因,显然调查组最适合提出防止事故再次发生的改进建议。但是,对于一些政府层面的重大事故调查活动,提出建议的不一定是证据收集团队,证据收集和分析团队一般按要求配备训练有素的、专门从事物理实证分析的专家,这些专家可能只有一个相对狭窄的知识范围,不一定擅长于制定管理系统整改建议,特别涉及政府执行机构与企业联合解决的整改建议,需要多方面人员参与(可能并不是事故调查组成员)。

### 思考题

(1)"事故调查组如果能提出经济、技术可行的本质安全建议,这将是最优的建议。"谈谈你对这句话的理解。

(2)提出的建议模糊不清,不能消除根本原因会有哪些后果?

(3)你认为"好建议"的属性应该有哪些?

(4)企业层级事故调查的建议为什么要给一线管理层审查?如果他们反对某项建议该如何解决?

(5)如何评估事故调查组提出的建议是否有效?

# 第 11 章 撰写事故调查报告

通过收集信息、分析多个系统原因并制定建议,事故调查团队开始准备正式的书面事故报告。高质量事故调查报告的属性是什么?与中期报告等其他调查报告有何不同?本章将回答这些问题,并说明如何高质量地完成书面事故调查报告。

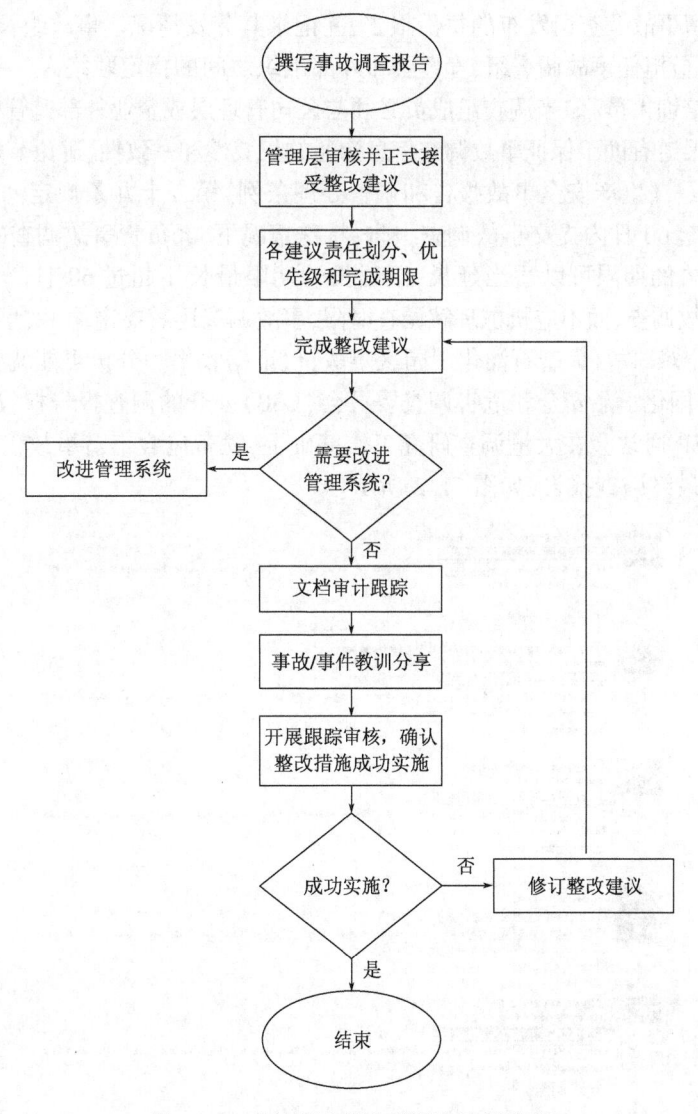

图 11.1 事故调查报告撰写与沟通流程

图 11.1 给出了事故调查报告撰写和沟通流程，事故调查报告的撰写是事故调查组工作成果的总结和体现，调查报告在撰写过程中需要合理分工配合，对调查结论进行梳理，形成调查结论，并对整改建议交流、交流事故教训、对敲定的整改建议进行跟踪审核，同时调查报告撰写完成后，需要利用此事故调查机会对调查管理系统和其他管理系统进行持续改进。

# 11.1 中期报告

一些复杂事故调查可能持续很长时间，特别涉及潜在高危后果的事故调查，可能需要某种形式的临时报告。在这种情况下，独立于事故的调查组应准备整理调查材料，撰写中期报告。中期报告的内容应尽可能准确和全面，但应保持灵活性，并对新信息做出反应，如果有新的资料表明事故原因、建议的结论应予更改，则应根据需要更新或附加报告说明文件。

中期报告通常会传达已经开展事故调查的地点、已知和未知的事故信息，正常不会发布各种推测信息。应保留事故调查组发布的每份报告，并记录其分发情况。事故组长应协调中期报告活动，同时指定人员担任事故调查组、管理层和外部组织之间的指定联络人（一般为事故调查组组长或受过专门培训人员）。当调查组成员必须与公司管理层或企业外部监管机构打交道时，明确且单一的沟通渠道有助于保证事故调查信息沟通的权威性和一致性，避免节外生枝。

需要注意的是，《生产安全事故报告和调查处理条例》第二十九条规定："事故调查组应当自事故发生之日起 60 日内提交事故调查报告；特殊情况下，经负责事故调查的人民政府批准，提交事故调查报告的期限可以适当延长，但延长的期限最长不超过 60 日。"该法规的目的是督促尽快完成事故调查，而不应机械理解调查时限，事故调查还需要遵循"实事求是、科学客观"原则。例如重大空难事故、大型石油化工园区事故，仅证据收集和分析可能就要几个月的时间。对照国外同行，美国化学品安全和危害调查委员会（CSB）公开的调查报告权威性和科学性得到广泛国际认可，CSB 通常会在大量调查研究工作基础上，发布包含丰富事故信息和原因分析的中期调查报告和最终调查报告，如图 11.2 所示。

图 11.2 美国化学品安全和危害调查委员会网站（www.CSB.gov）公布的事故调查报告（截至 2022 年 10 月）

截至2022年10月,CSB新近公布的前5起事故调查报告,最短的调查时间875天,最长的达到了2359天(6年多),暂不去讨论其是否存在调查效率问题,从CSB事故调查报告披露的各事故复杂程度看,各调查确实不是短期内就能完成的。

## 11.2 撰写正式调查报告

### 11.2.1 报告质量重要性

正式的书面事件/事故调查报告是记录和传达调查结果的官方工具。事故调查组收集证据、分析根本原因、提出整改建议的能力最终都体现在事故调查报告的图文内容中,好的事故调查报告能让人们深刻认知事故发生的原因,理解和赞同事故整改建议,增强未来同类事故预防的信心。相反,一份准备不足的调查报告可能毫无用处,数周或数月的调查劳动价值有限,当人们认为调查的原因"不痛不痒",整改建议"假、大、空",没有真正提出预防类似事故发生的有效措施,阅读报告后会对未来类似事故发生充满不确定和悲观态度,打击对企业或行业安全发展的信心。

事故调查报告的水平体现企业或组织机构洞察事故原因、解决安全问题、预防类似事故发生的能力,是企业生产管理水平和安全文化水平真实呈现。可以想见,一个企业不能查明事故,也无法发布良好的书面调查报告供学习和交流,意味着企业安全管理水平的停滞甚至后退,失去了纠正已暴露安全问题的良好机会。

由于调查报告的读者技术背景可能差别很大,调查报告既要让同行专业人员理解事故发生的技术原因,也要让普通读者明白事故基本情况,在简明扼要的同时能保证技术交底清晰。每个最终事故报告都应是内容含量、细节程度、信息量以及用户读者预期的各种需求平衡。事故调查组可以合理地期望报告用户读者对事故行业技术(例如化学工业技术、机械加工制造技术、民用电气技术等)和危害有一般的基础知识,并希望读者从报告总结的经验教训中获益,使事故调查报告不仅能记录和交流调查结果和建议,还能增强预防类似事故的信心,成为激励安全改进行动的工具。

### 11.2.2 报告相关材料存档

最终公布的事件/事故调查报告只是整个调查活动记录和成果的摘录和提炼总结。调查组应尽量保存调查期间收集和分析过程资料和数据文件,以备将来参考或审查使用。如果没有良好的支撑材料存档管理,当事故调查报告存在较大争议时,后续审查和调查参考将面临巨大困难,因为大量数据可能无法再现。存档的数据文件包含相关文件、证据数据、重要分析过程等内容的列表,形成组织或企业事故调查记录保存制度。事故调查通常可看作是多个专门报告的提炼和总结,调查过程中各分工调查人员会通过证据收集、整理和分析,形成各种专门材料,包括:(1)解释与事故相关的技术要素和问题;(2)描述本应防止事故发生的管理系统,(3)详细说明与事故相关的人为失误和其他系统缺陷相关的系统根本原因。

上述这些材料由于过于详细,无法放入最终事故调查报告,但却是调查报告证据链形成、结论分析和建议提出的重要支撑,能体现出调查组的调查过程是否科学、合理、有效。

### 11.2.3 报告语言风格

事件/事故调查报告的语言风格应体现出客观性和中立性态度,正式报告中使用的语气和措辞应反映出防止类似事件重演的态度,而不是各种责备。下面是关于措辞的一些建议:

(1)行文简洁。只要能表达清楚,语言越短越好。应避免报告语言拖沓,像是在讨论事故。事故原因、结论和建议等重要信息应易于识别。

(2)事实清晰。在陈述信息时,坚持实事求是,清楚简明地陈述事实。有可靠证据支撑的事实都应是确定的,事故调查报告不能将假定和想当然的事物作为事实进行描述。

(3)结果可信。与事实一样,说明调查结果是意见还是事实。应仔细权衡结论或建议的证据。如果调查结果存在疑问或不确定性,应提供调查结果存在疑问的原因(对证据不足或无法鉴定确认等说明),让读者相信调查组追求"实事求是、尊重科学"的原则态度。

(4)原因分层。虽然不同调查组对焦点事件或关键因素判定有差异,但整体上主要关键事故因素的发现应基本一致,调查报告应能对事故发生原因进行不同层级分析,可分为直接原因、促成原因和根本原因,鼓励通过表象原因挖掘深层原因。

(5)建议可行。建议需要谨慎措辞,给读者以建议是能解决问题而且是可行的印象(见第10章)。在最终确定建议之前,审查报告的预期和潜在受众期望及过去的做法,更让建议实施能获得更多的理解和支持。

事故调查组应不断进行自我检查,以确保客观性和独立性。事故报告通常包括敏感或有争议的信息,但报告应包括相关信息,即使尚未完全理解,应说明根据现有情况推断的可能原因(这并不意味着调查的失败,见本书8.4.1节)。

## 11.3 报告结构

目前,中国和大多数国家都没有统一规定的事故调查报告格式和结构,这主要是由于单一结构的报告格式很难适应不同类型事故和不同读者。但事故调查报告都应能清晰回答以下基本问题:

(1)发生了什么?
(2)事故是怎么发生的?
(3)为什么会发生这种情况?
(4)多重管理系统相关的根本原因是什么?
(5)可以采取哪些措施来防止类似事故重复发生或降低风险?

表11.1给出了一个典型的事故调查报告章节内容构成格式供参考。需要指出的是,不同行业、不同规模的事故调查报告格式和内容可能差异较大。下面将结合CCPS相关调查报告编写指南,和美国化学品安全和危害调查委员会(CSB)2022年10月发布的《PES炼油厂氢氟酸烷基化装置的火灾和爆炸》(原文见www.csb.gov),举例说明事故调查报告通常的逻辑结构和格式要求,供读者参考。《PES炼油厂氢氟酸烷基化装置的火灾和爆炸》报告在CSB网站上公开发表供人免费下载学习,图11.3为该报告标题封面。封面以PES爆炸事故典型场景照片作为背景,罗列了报告名称,事故时间、地点,报告发布日期等背景信息,还列举了报告调查

发现的安全问题。封面设计生动简洁,关键信息一目了然,值得我们学习借鉴。案例 11.1 给出了该报告的目录,在调查收集证据、测试分析和根原因分析等工作基础上形成了翔实可信的调查报告。

表 11.1　典型事故调查报告典型章节格式内容

| 报告章节 | 说明 |
| --- | --- |
| 标题/封面 | 包括报告的名称、发布日期、调查单位等基本信息 |
| 目录 |  |
| 调查介绍 | 事故调查的启动、调查组组成说明、主要调查活动介绍等 |
| 执行摘要 | 发生、后果、原因和建议的摘要。方便读者快速了解报告核心内容概要 |
| 背景 | 过程描述、目的和调查范围、事件发生前的情况。可以讨论具有历史意义的问题 |
| 事件顺序和事故描述 | 描述发生场景、顺序、后果和响应摘要 |
| 证据和原因分析 | 识别和讨论事件的根源(主要)、贡献和直接(次要)系统原因 |
| 发现 | 事实调查结果 |
| 建议 | 建议的预防措施 |
| 非促成原因 | 讨论被认为对事故没有责任的特定因素 |
| 附件或附录 | 杂项备份信息,例如:讨论被拒绝或不太可能的情况,特殊兴趣或有价值的文件,调查的方法和行为以及团队成员,照片,图表,计算,实验室报告,参考资料,非促成原因,授权调查范围 |
| 参考文献 | 应列出团队审阅和/或使用的所有文档 |

图 11.3　《PES 炼油厂氢氟酸烷基化装置的火灾和爆炸》调查报告封面

— 231 —

## 案例 11.1

《PES 炼油厂氢氟酸烷基化装置的火灾和爆炸》调查报告目录

| | |
|---|---|
| 缩写 | 4 |
| 词汇 | 5 |
| 执行摘要 | 6 |
| 1 事实资料 | 10 |
| 1.1 费城能源解决方案炼油厂(PES)历史 | 10 |
| 1.2 烷基化和氢氟酸的背景 | 11 |
| 1.3 PES 炼油厂 HF 烷基化装置工艺说明 | 12 |
| 1.4 事故描述 | 15 |
| 1.4.1 初始泄漏 | 15 |
| 1.4.2 人员反应 | 19 |
| 1.4.3 事故后果 | 24 |
| 1.5 管道弯头失效 | 25 |
| 1.6 PES 检验程序 | 26 |
| 1.7 HF 稀释喷淋系统损坏 | 27 |
| 1.8 容器 V-1 爆炸和发现的损坏碎片 | 28 |
| 1.9 事发时的天气 | 30 |
| 1.10 美国类似设施 | 30 |
| 1.11 周边区域描述 | 30 |
| 2 事故分析 | 32 |
| 2.1 设备完好性 | 33 |
| 2.1.1 高镍铜含量钢的氢氟酸腐蚀速度更快 | 34 |
| 2.1.2 弯头双冲压为两种不同规格的钢种 | 36 |
| 2.1.3 高频工况中镍、铜含量高的管道的其他历史故障 | 38 |
| 2.1.4 ASTM 管道规范的变更 4 | 40 |
| 2.1.5 美国石油学会有关 HF 烷基化装置中的腐蚀、材料、施工和管道检测要求 | 42 |
| 2.2 验证 RAGAGEP 变更后设备的安全性 | 45 |
| 2.3 远程操作紧急隔离阀 | 47 |
| 2.4 HF 烷基化装置的可靠性保障 | 51 |
| 2.5 本质更安全的设计 | 66 |
| 2.5.1 CSB 对本质更安全的设计审查采取的行动 | 67 |
| 2.5.2 炼油厂 HF 释放的潜在重大场外后果 | 69 |
| 2.5.3 HF 烷基化的潜在替代品 | 69 |
| 2.5.4 美国环境保护署(EPA)本质更安全的技术行动 | 72 |
| 2.5.5 美国环境保护署(EPA)对化学物质和混合物的优先排序、风险评估和监管 | 75 |
| 3 结论 | 77 |
| 3.1 调查结果 | 77 |
| 3.2 原因 | 79 |

| | |
|---|---|
| 4 建议 | 80 |
| 4.1 给美国环境保护署(EPA) | 80 |
| 4.2 给美国石油学会(API) | 80 |
| 4.3 给美国材料与试验协会(ASTM) | 81 |
| 5 对工业的主要教训 | 82 |
| 6 参考资料 | 83 |
| 附录 A—事故时间线 | 88 |
| 附录 B—因果分析(ACCIMAP) | 92 |
| 附录 C—金相检验报告 | 95 |
| 附录 D—PES炼油厂周围地区的人口统计信息 | 96 |

## 11.3.1 执行摘要

执行摘要(Executive Summary)是对事故调查报告内容的概括性综述,简要描述事故的发生和关键(或主要)后果、根本原因、重大发现和建议,让读者能快速了解事故调查报告基本内容。对于大多数正式报告,执行摘要是在完成调查报告主体内容之后,对报告整体有所把控后再进行撰写。执行摘要是对报告核心内容的高度概括,不能将其理解成报告的另一单独版本。也有专家建议执行摘要篇幅控制在一页内,以作为通过网页、公告板、安全会议公告和培训手册共享调查结果的便捷资料。我国目前政府层事故调查公开发布的事故调查报告看起来更像详细事故调查报告的执行摘要。

案例11.2给出了CSB《PES炼油厂氢氟酸烷基化装置的火灾和爆炸》调查报告"执行摘要"的摘录。可见,与我国事故调查不同的是:CSB、美国国家运输安全委员会(NTSB)等事故调查机构的事故调查报告仅调查事故原因和提出整改建议,并没有人员责任追究建议(该部分由检查和司法系统根据情况介入完成)。

**案例11.2**

CSB《PES炼油厂氢氟酸烷基化装置的火灾和爆炸》调查报告"执行摘要"摘录:

### 执行摘要

2019年6月21日上午,费城PES炼油厂氢氟酸(HF)烷基化装置的管道弯头破裂。由约95%的丙烷,2.5%的HF和其他碳氢化合物组成的大型蒸气云吞没了该装置的一部分。蒸气云在释放开始2min后点燃,引起大火。然后,控制室操作人员启动了快速酸倒空系统(RAD),该系统作为安全保护系统,可在发生失密泄漏事故或其他紧急情况时将HF输送到单独的RAD容器。RAD系统启动后,成功地将大约339000lb(43260gal)的氢氟酸从装置排放到RAD容器……

……事故发生过程简单述……(略)

HF烷基化装置在火灾和爆炸中严重损坏。Marsh JLT Specialty报告称,该事故造成的财产损失估计为7.5亿美元,2020年Marsh JLT Specialty报告将PES炼油厂事故列为自1974年以来全球第三大炼油厂损失[3]。在事故响应过程中,五名工人和一名消防员受轻伤。

CSB 当时并不知道 HF 装置的任何场外影响。2019 年 6 月 26 日，PES 炼油厂宣布厂子将关闭[4]以回应或调查该事故的联邦、州和地方机构……

安全问题：
  CSB 的调查确定了以下安全问题：
  (1)设备完好性。含有高浓度镍和铜的钢管弯头因 HF 腐蚀而减薄严重，最后破裂引发事故。众所周知，镍和铜含量高的碳钢在工业中与 HF 接触的腐蚀速度比镍和铜含量较低的碳钢更快。虽然 PES 管道弯头因腐蚀而变得非常薄，但镍和铜含量较低的相邻管道部件没有那么快腐蚀，也没有减薄。在事故发生时，已发布的行业标准和建议做法并未要求炼油厂在 HF 服务中对碳钢管道进行 100% 的组件检查，以识别任何管道组件比其他管道组件更快地腐蚀和减薄，如本事故所示，可能导致危险的安全壳损坏事故。事故发生后，API RP 751《氢氟酸烷基化装置的安全操作程序》进行了修订，以包括对炼油厂制定特别重点检查程序的新要求，以检查已识别的 HF 烷基化腐蚀区中的所有单个碳钢管道组件和焊缝，以确定加速腐蚀的区域。这一新要求应有助于防止 HF 烷基化装置中镍和铜含量高的钢管将来发生故障。（报告第 2.1 节）

  (2)RAGAGEP 改变后验证设备的安全性。……然而，在事故发生之前，API RP 751、太阳石油公司(Sunoco)和 PES 炼油厂并没有通过要求检查所有碳钢管道组件来确保现有设施的安全，从而有效地应对行业知识的这些进步。OSHA PSM 和 EPA RMP 法规都要求各公司在发现新的安全信息后，对应修改公认和普遍接受的良好工程规范(RAGAGEP)，并确定企业设备的设计、维护、检查、测试和运行是否安全。为了防止灾难性事故，各公司和行业贸易团体必须迅速采取行动，在收到发布的新危害知识（本书注：包括各种标准/法规/技术文献等 RAGAGEP 知识）后及时进行学习和吸收，以确保过程安全。这些行动必须包括确保在新标准、规范发布之前建造的设施仍然可以安全运行。（报告第 2.2 节）

  (3)远程控制应急隔离阀。根据容器 V-1 器壁钢材料受损情况，CSB 得出结论，破裂的弯头产生的喷射火焰冲击了容器 V-1 的底部，导致钢材拉伸和减薄，直到容器破裂。失效弯头下游的大量烃介质源头无法被远程或自动隔离，因此 PES 炼油厂无法及时阻止喷射火焰，使容器 V-1 破裂。（报告第 2.3 节）

  (4)HF 烷基化装置安全设施可靠性。PES 装置 HF 水喷淋稀释系统在事故中受损而无法远程启动。水喷淋稀释系统损坏表明，需要由人工或技术触发来启动这些安全设施，而它们却有可能在火灾爆炸事故条件下失效。（报告第 2.4 节）

  (5)本质安全设计。目前多个组织正在开发的技术可能是 HF 和硫酸烷基化的更安全替代，包括复合离子液体催化剂烷基化技术、固体酸催化剂烷基化技术，以及雪佛龙开发的新型离子液体酸催化剂烷基化技术，该技术目前正在雪佛龙的盐湖城炼油厂以商业规模运营。虽然美国环境保护署此前要求公司评估本质上更安全的技术，但目前没有联邦监管要求炼油厂评估本质安全设计来降低严重意外释放的风险。（报告第 2.5 节）

原因：
  CSB 确定事故的原因是镍和铜含量高的钢管组件（弯头）破裂，该组件因 HF 腐蚀，并且比相邻的低镍和铜含量管道组件减薄得更快。破裂的管道将丙烷和有毒的氢氟酸释放到大气中。

导致这一事故的原因是,美国石油协会、太阳石油公司(Sunoco)和 PES 炼油厂没有要求检查所有现有的碳钢管道回路组件,以确保它们能够在 2003 年开始"量化钢中的镍和铜安全含量"后安全地在 HF 工艺中运行,这些含量水平可以安全地用于 HF 烷基化装置。事故后果严重是由于缺乏远程操作的紧急隔离阀来隔离大量碳氢化合物,以及事故导致水喷淋稀释系统损坏,PES 炼油厂在事故期间无法抑制释放 HF。

建议:

给美国环境保护署(EPA)的建议:

制定一项计划,优先考虑并强调对炼油厂 HF 烷基化装置的检查,例如根据 EPA 的国家合规倡议,称为"降低工业和化学设施意外释放的风险"。作为该计划的一部分,验证 HF 烷基化装置是否符合 API RP 751《氢氟酸烷基化装置的安全操作程序》,包括但不限于实施特别强调的检查计划,以检查所有单个碳钢管道组件和焊缝,以确定加速腐蚀的区域,保护安全关键设施和相关控制系统组件;包括但不限于控制系统,以及主电源和备用电源的电缆和电线,免受火灾和爆炸影响;包括辐射热和爆炸碎片,以及在所有含氢氟酸容器的入口和出口,达到规定阈值数量的含烃容器入口和出口上安装可远程操作的紧急隔离阀。

修订法规 40C. F. R. 第 68 部分(EPA 风险管理计划),要求配备 HF 烷基化装置的新炼油厂和现有炼油厂进行更安全的技术和替代品分析(STAA),并评估已确定的任何本质安全技术(IST)的实用性。要求每 5 年进行一次这些评估,作为初始 PHA 或 PHA 重新验证的一部分。

根据 EPA 规则程序中关于根据《有毒物质控制法》对化学品进行风险评估的优先级程序的要求,启动优先级以评估氢氟酸是否是风险评估的高优先级物质。如果确定它是高优先级物质,请对氢氟酸进行风险评估,以确定它是否对健康或环境造成不合理的伤害风险。如果确定对健康或环境造成不合理的损害风险,请在消除或显著减轻风险的必要范围内对氢氟酸安全应用提出要求,例如通过使用控制层次结构等方法。

给美国石油学会(API)的建议:

更新标准 API RP 751《氢氟酸烷基化装置的安全操作程序》,要求满足以下要求:保护关键安全设施和相关控制系统组件,包括但不限于控制系统以及主电源和备用电源的电缆和电线免受火灾、爆炸、热辐射和爆炸飞片影响。

提出技术规范要求:在所有含氢氟酸容器和符合规定阈值数量的含烃容器的入口和出口处安装远程操作的紧急隔离阀。

给美国材料与试验协会(ASTM)的建议:

修订标准 ASTM A234,以纳入 HF 装置中在役管道补充安全要求,如补充 ASTM A106(版本 19a)S9.1~S9.7 条款中相关 HF 要求。

## 11.3.2 调查活动说明

报告正文需要说明事故调查启动过程、调查组成员和调查范围。本书第 7 章介绍了企业层级事故调查主要以专业人员为主,如何根据事件或事故特征组建调查组,政府层级事故调查还需要法律要求的相关职能部门参加。调查报告有关调查程序如何启动,特别是调查组成员的介绍,有助于让读者对调查报告是否具有权威性有初步认识,评判调查程序的启动是否符合法规或程序要求,调查成员的专业经历能否保障调查质量等。

### 11.3.3 事故背景介绍

清晰的事故背景介绍能反映事故调查人员已经对可能诱发事故的各种背景因素进行了系统性调查和了解。可以想象,如果事故背景交代模糊或者缺失,读者可能会产生推测和怀疑:是否有其他因素造成了事故,而调查组没有考虑到?甚至怀疑调查报告的可信性。

事故调查报告需要交代发生事故的生产设施(装置单元)背景信息,包括历史、运行时间、规模、改扩建信息、以往重大事故以及了解事故所需的基础技术信息等内容。也应说明事故发生前的重要过程工艺条件情况,特别是间歇工艺操作,或顺序、流量、压力、浓度、温度、pH值或其他工艺参数是否出现过任何已知工艺偏差。可将工艺过程背景条件分为几个不同的时期进行描述,让读者知道事故发生前的变化情况,例如:通过调阅和展示 SCADA 系统上的压力、流量指示仪表数据曲线,可以知道平时正常情况下的参数情况,事故发生前48h至1h的时间段的情况,泄漏发生时压力和流量突然的异常变化等。

如果事故中涉及特定程序,如定期检查程序或作业安全分析程序等,则需要在背景介绍中说明相关程序主要内容和要求、事故前的执行状况等情况。有关现有管理系统、程序和管理制度的信息通常也会在本部分出现。其他任何不寻常的,看起来可能与事故有关联的外部事件有时也需要进行说明,例如:劳资关系问题、人员更替、维护停机、电力或其他过程的意外中断或干扰等。

如事故涉及人因失效问题,则有必要说明涉事人员的背景信息,例如岗位状态(正常上班还是加班)、经验水平、资格、所涉特定任务的经验、任职时间、经验年数、当天作业任务的时间等。

如果事发当时的环境条件对事故有所影响,也要予以说明,包括时间、温度、照明和天气条件(如雨、雾、冰、雪或风等气象条件)等。

总之,事故背景介绍应当将所有能考虑到的,与事故有关的背景信息进行清晰和简要的说明,以表达事故调查组已经考虑到了这些相关影响因素,并通过后果的证据收集和分析排除掉了一些不可能因素,最终确定了事故发生的多重原因。案例11.3摘录了《PES炼油厂氢氟酸烷基化装置的火灾和爆炸》调查报告中背景介绍的部分内容,可以反映出事故调查组对相关背景条件都有所考虑。

**案例 11.3**
CSB《PES炼油厂氢氟酸烷基化装置的火灾和爆炸》调查报告正文相关"背景信息"摘录:

1 事实信息
本节详细介绍了CSB调查组收集的事实。
1.1 费城能源解决方案炼油厂历史
费城能源解决方案炼油厂(PES)由两家独立的炼油厂 Point Breeze 和 Girard Point 联合组成(卫星俯视区位见图11.4),在多家公司的所有权下拥有150多年的历史。1866年,大西洋石油公司在 Point Breeze 地点建造了四个仓库,能够存储多达50000桶成品油,当时主要是灯用煤油。1870年,……(略)
1920年,……(略)

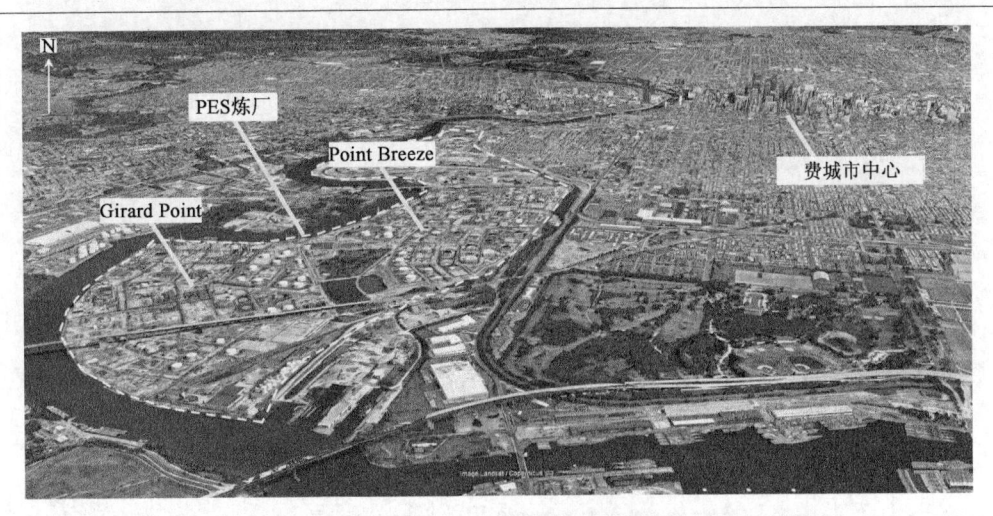

图 11.4　宾夕法尼亚州费城 PES 炼油厂的俯视图（图片来源：谷歌地球）

……（略）

2018 年 1 月，PES 申请破产，并于 2018 年 8 月 7 日重组，摆脱破产。2019 年 6 月 21 日发生本事故，本报告的主题是 PES Girard Point 炼油厂发生的管道失效、火灾和爆炸。2019 年 6 月 26 日，PES 宣布将关闭炼油厂。2019 年 7 月 22 日，PES 再次申请破产。2020 年 2 月，美国破产法院法官批准将 PES 炼油厂出售给 Hilco Redevelopment Partners。截至本报告发布之日，Hilco Redevelopment Partners 正在拆除炼油厂，并计划重新利用该地点。

## 1.2　烷基化和氢氟酸的背景

烷基化油是汽油的高辛烷值混合成分。具有高辛烷值的汽油在发动机中的自燃较少，称为"发动机爆震"。如图 11.5 所示，生产汽油用烷基化油通常需要使用硫酸或氢氟酸催化剂将烯烃[具有双键的烃（例如丙烯、丁烯）]与异丁烷反应。烷基化物产物是具有单键的支链烃。

图 11.5　烷基化反应方程示例（图片来源：美国能源信息署）

## 1.3　PES 炼油厂 HF 烷基化装置工艺说明

PES HF 烷基化装置工艺如下所述，并附有简化的工艺流程图（图 11.6）。图中显示了的设备是 HF 烷基化反应单元（V-10）和快速脱酸罐（RAD，位号 V-41），在发生泄漏事故或其他紧急情况时，HF 可以通过操作输送到快速脱酸罐。

PES HF 烷基化装置的进料主要由丁烯、异丁烷和丁烷组成，其他轻烃含量较低。原料首先进入进料缓冲罐 V-1，然后送入工艺处理容器。在脱乙烷塔 T-2 的下游，与送入异丁烷和丙烯汇合后送入提升管反应器和 HF 酸沉降器 V-10。

图11.6 PES炼油厂HF烷基化装置的工艺流程简图(图片来源：CSB)

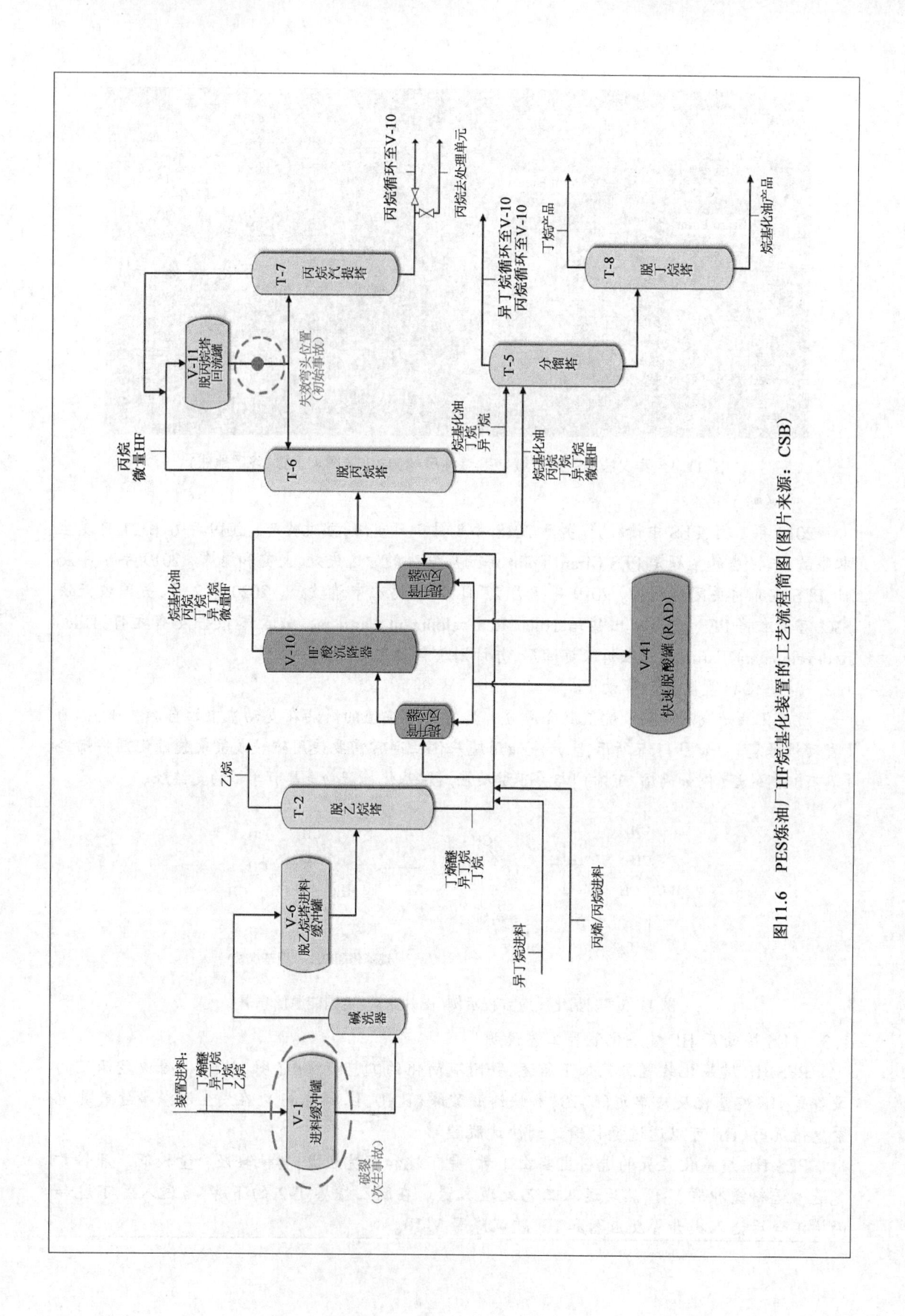

……(略)

将如本报告所述,这一事故发生在 HF 烷基化装置的管道弯头破裂后。弯头是 V-11(脱丙烷塔回流罐)和 T-6(脱丙烷塔)和 T-7(丙烷汽提塔)之间的管道的一部分(见图 11.7)。弯头位于事故发生时未运行的泵(该系统中标有 P14-A 和 -B 的两个泵之一)的出口管道上。事故发生时,该管道的压力约为 2.62MPa,温度约为 38℃。管道中介质流体的组分如表 11.2 所示。

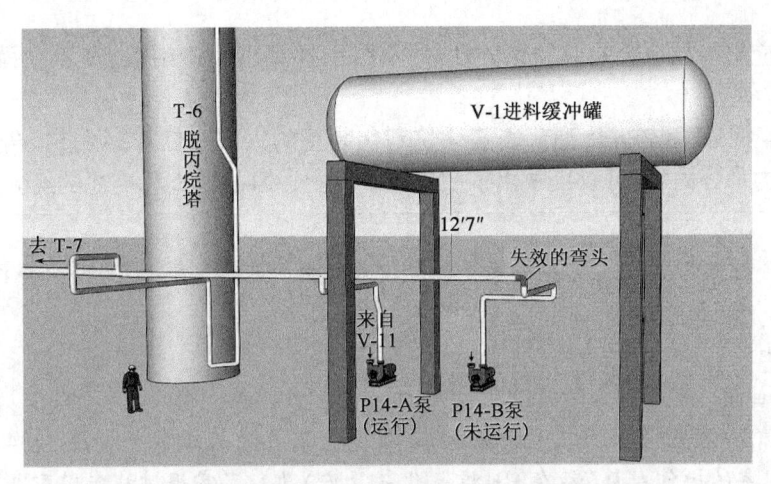

图 11.7 包含故障弯头的管道回路模型(图片来源:CSB)

表 11.2 失效弯头内物料设计组分构成

| 物质 | 质量分数/% |
| --- | --- |
| 丙烷 | 94.7 |
| 氢氟酸 | 2.5 |
| 其他碳氢化合物 | 2.8 |

## 11.3.4 事件顺序和事故描述

事件顺序和事故描述是调查报告的核心内容。如本书第 8 章所述,事故调查组需要通过证据数据收集和分析还原事故,描述后果影响和严重程度。报告要清晰回答"4 个 W"(Who,What,When,Where),解答人们对究竟发生了什么的疑问,以及说明为处理这种事故意外情况而采取的行动和进展情况。

调查组应思考如何让事故描述清晰、准确、生动,让读者有事故发生前后画面展开感,这样的报告会让读者认同调查组的工作,提升对调查事实真实度和结论信任度。其中一些建议的方法包括:

(1)应明确处理预期的问题和报告读者可能特别感兴趣的项目,例如:一起 0.6m 高的梯子登高作业,人员坠落后却发生死亡,报告读者最感兴趣的可能就是为什么这么低的高度会发生这样严重的状况?调查报告就需要能明确回答和解释这样的关注。

(2)图、表通常比长的文字段落更有效果,更容易表达和传递事故信息。

(3)在可能的情况下,应包括图纸、照片、流程图和计算形式的支持文档,如果材料较多又比较关键可以将支撑材料放在报告附录,或放在网站供感兴趣的读者查阅、下载。

(4)事故调查报告关于技术原因部分,通常要有一定专业基础的人才能读懂和理解,应尽量使用专业术语进行描述。如使用行业通用的术语而不是白话,使用设备位号和位置描述提供准确和具体的信息等。

(5)应包括伤害程度、损坏详情和估计停产时间等信息,最好有明确的支撑文件或参考文献,避免未来事故统计数据出现理解差异和矛盾。

(6)如果已经制定了事故发生的时间线列表,则应将其列入报告。有关人员的陈述应支持这些意见。

(7)调查应对事故应急响应的充分性进行评论,并突出应急预案、资源、后勤等方面的任何不足。

案例11.4摘录了《PES炼油厂氢氟酸烷基化装置的火灾和爆炸》调查报告中"事件顺序和事故描述"的部分内容,可以反映出事故调查组对上述事故调查和描述的经验。

**案例11.4**

CSB《PES炼油厂氢氟酸烷基化装置的火灾和爆炸》调查报告正文相关"事件顺序和事故描述"摘录:

1.4 事故描述

1.4.1 初始泄漏

据报道,2019年6月21日(星期五),HF烷基化装置运行正常。凌晨3:34,位于PES炼油厂中央控制室的操作人员(不在HF烷基化装置内)执行了常规过程工艺配置更改,将丙烷汽提塔T-7塔底产品从装置中抽出进行储存处理。

……(略)

在此操作期间没有记录到明显的过程参数偏差或发现异常。操作员将丙烷汽提塔T-7进料量增加到80桶/h(约212L/min),大约3s后,凌晨4:00:16,泵P14-B出口管线上的弯头破裂(图11.8),泄漏时现场操作人员位置如图11.9所示,弯头泄漏时监控截图见图11.10。事故调查报告附录A中列举了事故发生的事件时间线表,其中包括事故发生之前和期间的过程数据和操作异常事件。

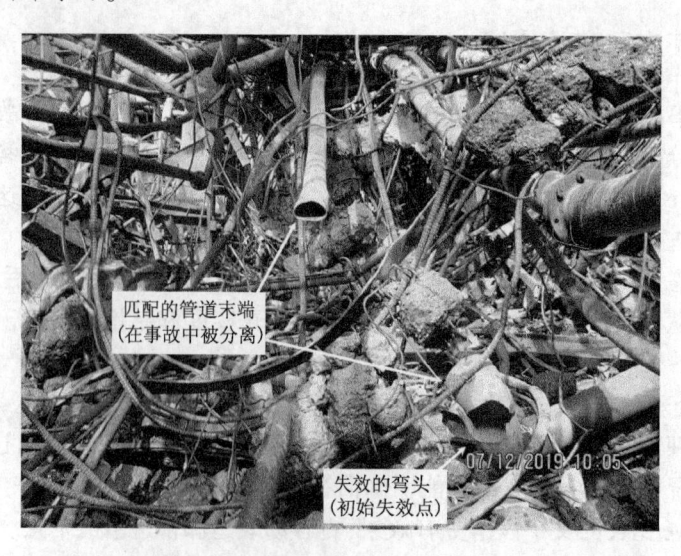

图11.8 事后发现的破裂管道弯头的照片(图片来源:PES)

图11.9　泄漏时现场操作员的位置

图11.10　监控显示泄漏介质形成大型地面聚集蒸气云并包围了装置某些部分

### 1.4.2　工人响应

控制室操作员收到异常过程事件的第一个迹象是控制屏幕上的警报。在最初几秒内在控制系统中激活的警报有3个：

(1) 未运行的离线备用泵P14-B上的振动报警(本书注：泄漏后导致泵抽空振动)；

(2) 丙烷汽提塔T-7进料管路上的低流量报警；

(3) 运行泵P14-A上的振动报警。

在控制室操作员确认流量和振动警报后不久，控制室操作员看到来自装置中各种设备和传感器的连续和快速警报，……

……(略)

重约17.2t的容器爆炸碎片飞过斯库尔基尔河，另外两个重约10t的碎片，另一个重约7t，降落在PES炼油厂(图11.11)。这也是火灾引发的次要事件。在图11.11中，碎片1照片是在碎片从河岸回收并搬迁到PES炼油厂后拍摄的。碎片1的变形似乎与其撞击河岸的预期变形一致。

……(略)

图11.11　事故后V-1碎片的位置和照片

凌晨4:39左右,烷基化装置轮班主管穿着称为"Bunker Gear"牌的消防防护装备进入烷基化装置,并手动打开供应HF稀释水炮的水泵,使稀释水炮启动,开始向装置喷水以稀释和抑制释放的HF。……(略)

### 1.4.3　事故后果

事故期间发生失效的一些工艺管道和设备中存在低浓度HF,导致HF释放到大气中。PES估计,在事故期间,管道和设备释放了5239lb HF。据估计,释放的HF中有1968lb被装置内的水雾所吸收,并在炼油厂废水处理厂进行处理,3271lb HF释放到大气中,没有被喷水控制。PES还估计,事故期间释放了约676000lb碳氢化合物,其中估计有608000lb被燃烧。

……(略)

### 1.4.5　管道弯头失效

事故发生后,在PES HF烷基化装置中发现了失效的管道弯头。CSB对弯头进行了金相测试。测试发现,失效的钢弯头镍和铜含量很高。弯头和相邻管道的原始厚度在1973年安装时为0.322in。对破裂弯头的测量表明,管道的最小壁厚为0.011in,小于PES默认报废厚度0.180in(PES移除和更换管道的厚度)的7%。

破裂的弯头运行条件符合《氢氟酸烷基化装置的安全操作程序》[17]定义的含有"痕量酸"的烷基化装置条件,运行的温度约38℃,HF质量分数为2.5%。

……(略)

破裂的弯头(如图11.12所示)及其回路中的其他管道组件是在1973年左右安装的。该管道的原始规格要求弯头等配件按标准ASTM A234,GRADE WPB《重量与管道相匹配》构成。……(略)

……(略)

图 11.12 事故发生后在 PES 烷基化装置中发现的弯头破裂(左)和金相测试期间的相同破裂(右)

### 1.6 PES 炼油厂检验方案

管道系统由许多不同的组件组成,包括直管、配件、阀门和法兰。PES 炼油厂将管道部分划分成不同回路,工艺过程相关、条件相似的管道划分为同一回路,认为由相同的结构材料制成的管道,会受到相同的预期损坏机制的影响。在每个管道回路中,炼油厂指定状态监测点(Condition Monitoring Locations,CML),这些监测点用于监测腐蚀等损坏机制,例如通过测量管壁的厚度……(略),图 11.13 显示了管道回路中包含失效弯头的部分,指示了 PES 状态监测点位置和最近的厚度测量值。但事故弯头处并没有作为企业平时的测厚监测点……

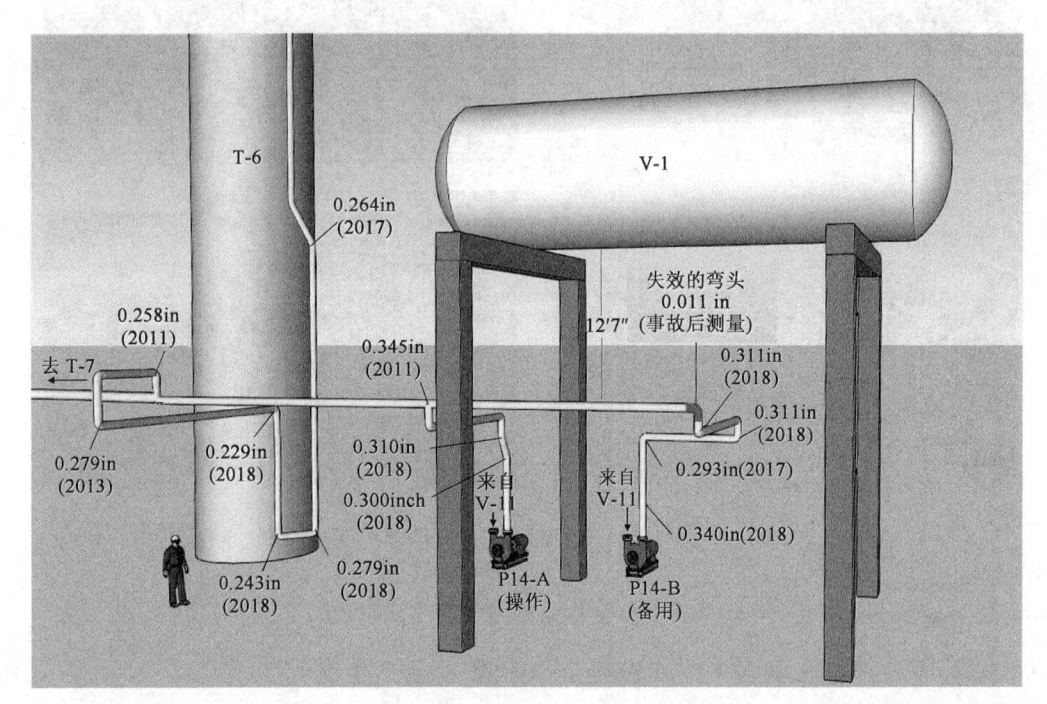

图 11.13 包含破裂弯头的管道回路模型,显示了指定状态监测点(CML)的最新厚度测量值

### 1.7 HF 水喷淋稀释系统的破坏

……(略)

在事故中,HF水喷淋稀释系统这一关键安全保护措施遭到破坏。装置数据显示,控制系统与水泵的通信在凌晨4:02:06(起火时间)出现故障,单元中的备用电源系统,即不间断电源(UPS)也在9s后发生故障,……(略)

### 1.8　V-1爆炸和观察到的V-1碎片损坏

……(略)

事故发生后,CSB调查人员分析了V-1碎片。调查人员观察到V-1容器底部碎片减薄,如图11.14所示。碎片2在重新定位到图11.14所示的位置之前已被切成两块。观察到的V-1容器减薄与从破裂弯头的喷射火焰冲击V-1容器预期一致,如图11.15所示。喷射火焰(或喷射火)是"压缩的可燃气体或雾化液体的射流……产生燃烧。喷射火通常是局部的,但对靠近它的任何物体都非常具有破坏性[21]"。破裂的管道压力约为380psig,使气体带压,为冲击V-1容器的喷射火焰提供燃料(图11.15)。

……(略)

……V-1压力和液位数据如图11.16所示。V-1没有配备防火隔热材料。

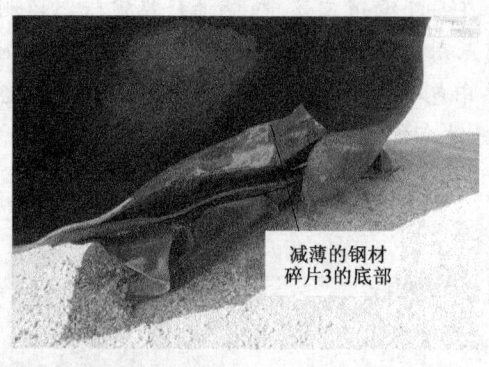

图11.14　回收的V-1碎片的照片

### 1.9　事故发生时的天气

……(略)

### 1.10　美国的类似设施

……(略)

### 1.11　周边地区描述

……(略)

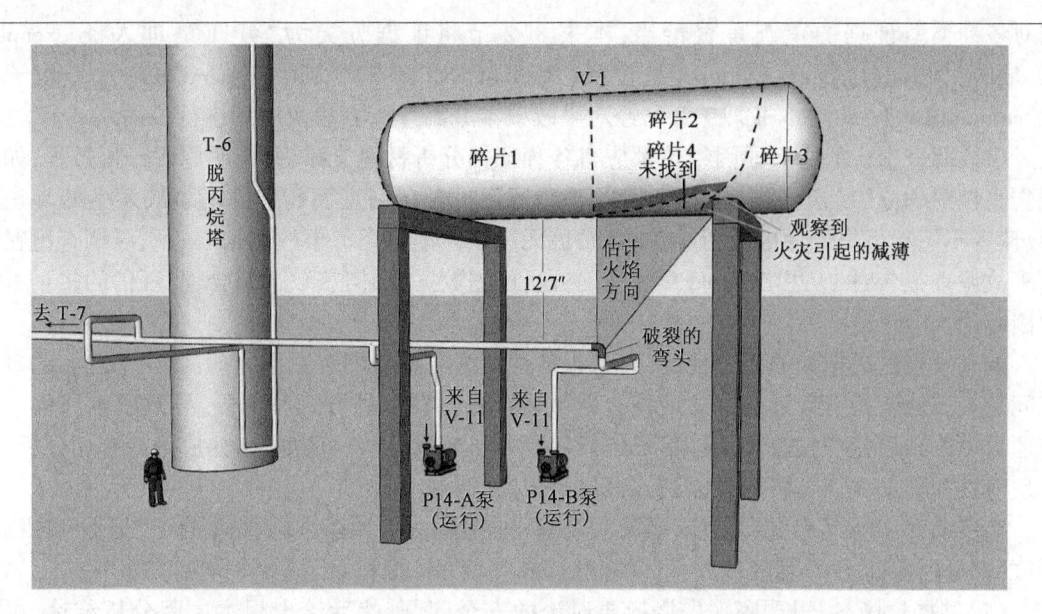

图 11.15 观察到的 V-1 减薄位置,及估计自破裂弯头的火焰描述,火焰冲击 V-1 底部

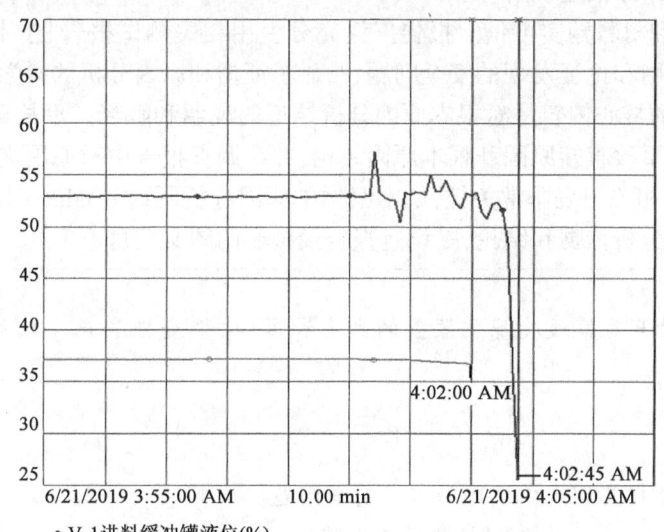

图 11.16 V-1 事故发生前和事故期间的内部压力和液位

## 11.3.5 证据和原因分析

证据和原因分析是事故调查核心内容,调查报告将在这一部分识别、分析和讨论根本(或主要)原因、直接(或次要)原因和促成原因。

如本书第 9 章所述,过程安全事故等工业事故是多种因素共同作用的结果,单一原因作为事故原因基本是错误的。一些专家表示,事故调查过程中运用根原因分析方法,如故障树(事故树)或因果因素图等,则应纳入报告,以便读者能更好地理解事故原因。事故调查报告要说明对各种类型证据的审查是否恰当,本书8.2节将证据分类为"4P1E",即人证(People Evidence)、物证(Physical Evidence)、位证(Position Evidence)、文证(Paper Evidence)、电子证(Electronic Evidence),本书第9章已经对事故根本原因分析方法及应用进行说明。

事故调查报告的所有原因结论都应有各种证据分析材料支撑,并说明原因分析过程,如果报告直接罗列原因结论会让人难以信服,甚至怀疑报告在刻意模糊和隐瞒事故发生的真正原因,读者不愿相信报告原因分析结论,自然也无法建立预防类似事故的信心。所以调查组在撰写事故调查报告时,应思考如何科学、准确分析证据数据,如何获取逻辑合理、可信的多重事故原因结论。

调查报告的证据和原因分析部分,讨论各种证据数据与事故发生之前、期间和之后的事件之间的关系通常是有帮助的。这应该有助于解释事件发生的方式和原因,导致根本原因。本节还可以总结可能委托解释事件情况的任何专业研究或分析。例如,诸如成分的金相分析、化学反应性和辅助文件等研究可以列入报告附录。

案例11.5摘录了《PES炼油厂氢氟酸烷基化装置的火灾和爆炸》调查报告中"证据和原因分析"的部分内容,该部分篇幅较大,可以看出CSB在撰写证据和原因分析时具有如下特点:

(1)结构清晰,逻辑严密。先概括要讨论的安全问题,然后给出根本原因分析结论,再对这些安全结论和根本原因逐项解释和说明。

(2)支撑说明和材料翔实可信。报告广泛充分引用相关测试报告、技术标准、分析报告、研究论文、法规,说明和论证发现的安全问题,凸显了证据和原因分析的科学性和权威性。

(3)调查报告的核心内容是对根本原因分析结论的说明和解释。事故调查组通过根本原因分析工作得出的事故直接原因和根本原因结论,并在调查报告中对原因进行提炼说明,其中根原因分析(RCA)相关图表非常关键,如本案例中原因分析图(AcciMap图)就可以较好地说明事故发生的原因分析依据和结论,是调查报告最核心的图文信息。

**案例11.5**

CSB《PES炼油厂氢氟酸烷基化装置的火灾和爆炸》调查报告正文相关"证据和原因分析"部分摘录:

2 事故分析

本节讨论CSB在其调查中发现的以下安全问题:

(1)设备完好性。……(略)(报告第2.1节)

(2)RAGAGEP更改后验证设备的安全性。……(略)(报告第2.2节)

(3)远程控制应急隔离阀。……(略)(报告第2.3节)

(4)HF烷基化装置安全设施可靠性。……(略)(报告第2.4节)

(5)本质安全设计。……(略)(报告第2.5节)

报告采用AcciMap图对事故原因进行分析和挖掘(见图11.17~图11.19,原图在该事故调查报告附件B)。

2.1 设备完好性

CSB通过金相测试确定了PES炼油厂事故管道弯头的破裂是由于其遭受了严重的腐蚀,导致壁厚严重减薄而破裂。测试发现,失效的钢制弯头具有很高的镍和铜含量,业界发现这会导致高频服役管道的腐蚀速度增加。与仅含有痕量级镍和铜的相邻管道组件相比,失效事故弯头的腐蚀速度更快……(略)

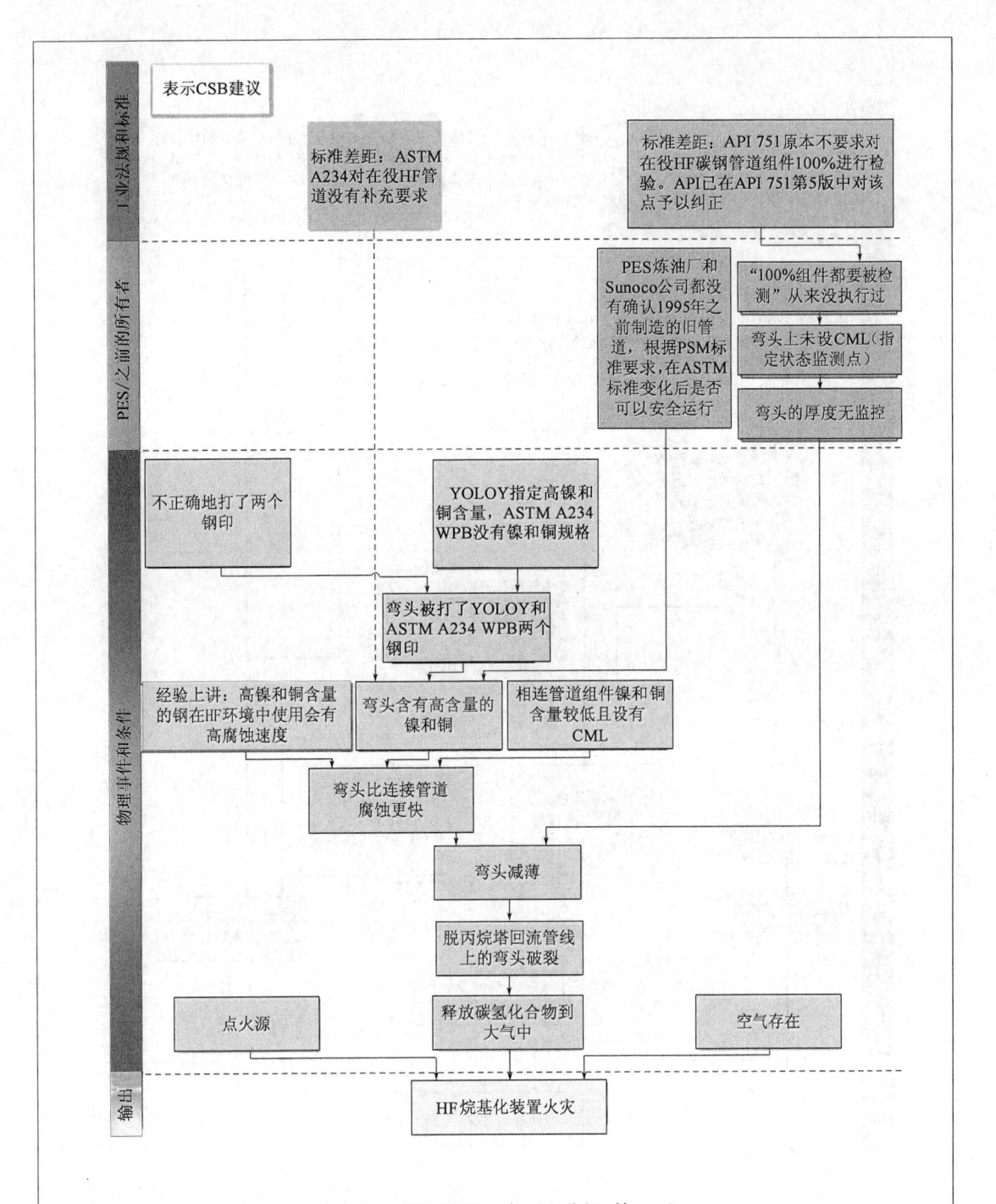

图 11.17　报告附图根本原因分析(第 1 页)

### 2.1.1　高镍铜含量钢的氢氟酸腐蚀速度更快

……(略) 然而,行业研究发现,钢中高含量的铜、镍或铬[文献称之为"残留元素(RE)"]会加速暴露于氢氟酸中碳钢的腐蚀速度。这些研究发现,在高 RE 钢上形成的氟化铁膜的保护性不如在低 RE 钢上形成的膜,这可能导致高 RE 钢的腐蚀速度更快[23-26]。

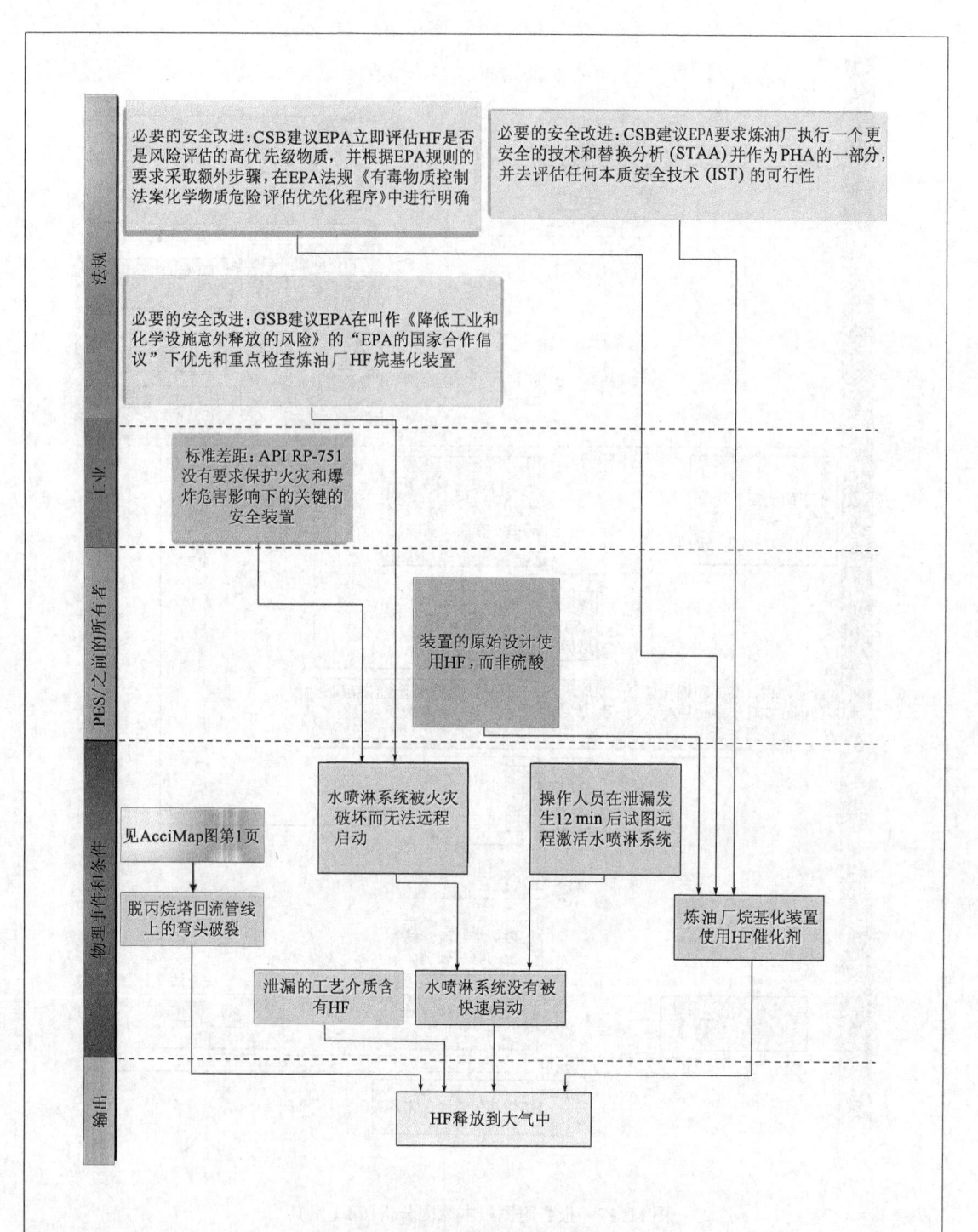

图 11.18  报告附图根本原因分析(第 2 页)

　　如表 11.3 所示,事故后测试发现,破裂的弯头镍和铜含量远远超过了 2003 年 NACE 技术论文建议的成分含量限制。而相邻的管道组件确实符合这些建议的限制,并且并未减薄。相对于破裂弯头的管道位置如图 11.20 所示。破裂弯头和相邻管道的化学成分和壁厚见表 11.3,壁厚测量值是基于多个测量值的平均值。

图 11.19　报告附图根本原因分析(第 3 页)

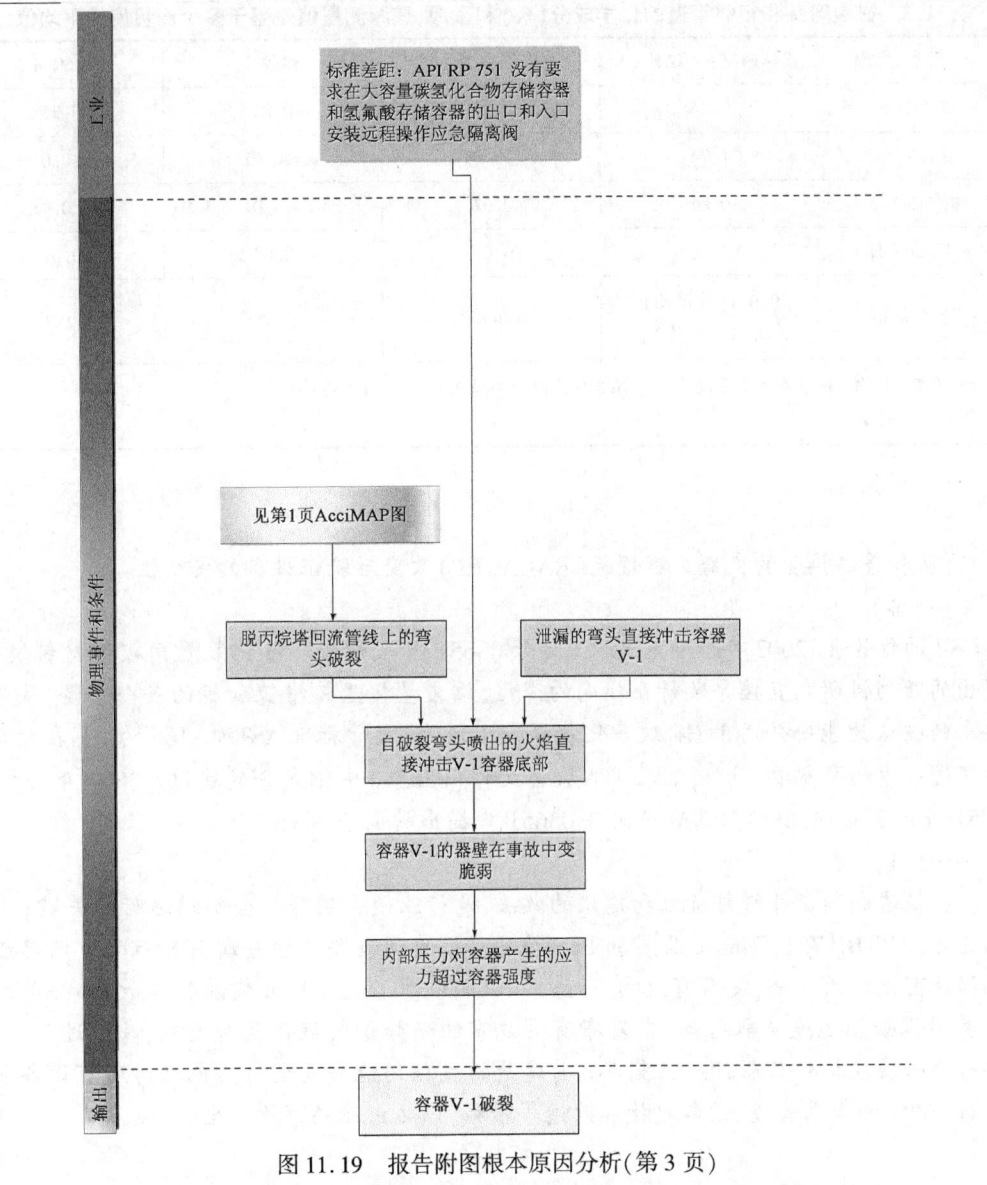

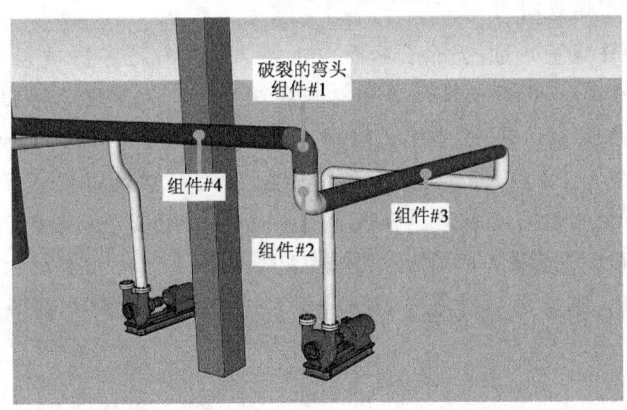

图 11.20　本报告中讨论的四个管道组件位置示意模型(图片来源:CSB)

表 11.3 破裂弯头和相邻管道的化学成分(%)和壁厚,壁厚测量值是基于多个测量值的平均值

| 元素 | 损坏的弯头(组件1) | 组件2 | 组件3 | 组件4 |
| --- | --- | --- | --- | --- |
| 碳(C) | 0.14 | 0.24 | 0.25 | 0.25 |
| 镍(Ni) | 1.74 | ≤0.01 | ≤0.01 | ≤0.01 |
| 铜(Cu) | 0.84 | 0.02 | <0.01 | <0.01 |
| 铜+镍(Cu+Ni) | 2.58 | 0.03 | 0.02 | 0.02 |
| 平均壁厚/in | 0.011(最薄处)<br>0.113(平均) | 0.306① | 0.307② | 0.287② |

①组件1(弯头破裂)和组件2是管道弯头。报告的厚度是折弯外半径上的平均厚度。
②沿管道圆周测量。

……(略)

## 2.2 公认和普遍接受的良好工程规范(RAGAGEP)改变后验证设备的安全性

……(略)

CSB 的结论是,2003 年 NACE 论文(编号 03651)《氢氟酸烷基化装置用碳钢材料规范》中提出的开创性研究直接导致行业指南的变化,该文量化了钢中镍和铜的安全含量,符合量化要求的被认为能安全用于 HF 烷基化装置。2004 年,直管标准 ASTM A106 为 HF 在役管道提供了进一步的补充要求[31],纳入了 NACE 文件(03651)中钢成分的建议。2007 年,对 API RP 751 进行了修订,以纳入 NACE 文件 03651 中提出的调查结果。

……(略)

……报告新知识并修订标准和建议的做法,是行业……确保安全继续运行的关键。CSB 的结论是,API RP 751,Sunoco 公司和 PES 炼油厂没有通过要求检查所有碳钢管道回路组件来确保现有设施的安全,没有有效响应行业知识的进步。为了防止灾难性事故,各公司和行业贸易团体必须迅速采取行动,在发布有关危害的新知识时确保及时更新,改进过程安全。这些行动必须包括确保在新知识发布之前建造的设施仍能安全运行。包括对所有设备和管道进行 100% 的全面检查、设备更换和改造等措施,以防止泄漏事故发生。

## 2.3 远程控制的紧急隔离阀

事故发生后,CSB 调查人员分析了容器 V-1 碎片,以确定容器破裂的原因。调查观察到 V-1 片段的底部减薄。根据容器 V-1 钢材减薄情况,可以合理地得出结论,破裂的弯头产生的喷射火焰冲击 V-1 的底部。大火削弱了钢材,导致钢材拉伸减薄,直到容器破裂。火焰能够长时间冲击 V-1 的底部,因为在泵 P-14A/B 的入口处都设置了紧急隔离阀,而泵的出口、泵与 T-6 和 T-7 之间没有紧急隔离阀。CSB 的结论是:如果在 PES HF 烷基化装置中安装了紧急隔离阀,就可以远程控制并自动隔离与失效弯头相邻的大量碳氢化合物,使泄漏持续时间最小化,随后的爆炸也可以防止。CSB 就此问题向美国石油协会(API)提出建议。

……(略)

## 2.4 HF烷基化装置安全设施的可靠性

PES炼厂HF烷基化装置配备了水喷淋稀释系统。该系统是HF释放时的关键安全保护措施,因为它旨在通过蒸汽抑制来减少空气中的HF,以防止其离开现场。在事故中,这一关键保护措施遭到破坏。……(略)

如下所述,已经发生了多起事故或险些未遂事故,这些事故已经或可能从工业设施(包括炼油厂HF烷基化装置)中释放HF。

### 2.4.1.1 值得注意的HF事故、未遂事故和事件

在过去的30年中,发生了几起HF事故和未遂事故,以及多个行业努力研究和减轻HF释放到大气中的影响。下面按时间顺序讨论一些值得注意的HF事件、未遂事故和事件。……(略)

### 2.4.2 HF缓解保护措施和改进需求

……(略)在该事故期间,PES炼油厂工人迅速启动了快速酸倒空系统(RAD),该系统可从事故装置中快速排空HF,并有助于防止灾难性的HF释放。然而,同样需要重点强调的是,水喷淋稀释系统在事故中受损而无法远程激活,一名PES员工在泄漏40分钟后才手动激活该系统。这表明,"主动"防护措施(或需要人员或技术触发其激活安全措施)在涉及火灾或爆炸的重大事故中有可能失效。在涉及火灾和爆炸的事故中,运行HF烷基化装置的炼油厂需要提高主动防护装置的可用性和可靠性。

……(略)

## 2.5 本质更安全的设计

截至本报告发布之日,在目前运营的155家美国炼油厂中,有46家HF烷基化装置在运行。HF是一种剧毒化学品,释放时会产生蒸气云,是EPA风险管理计划(RMP)监管的八种最危险的化学品之一。……(略)

除了本质上更安全的设计外,设施还可以通过在选择安全措施时使用控制层次结构来创建更安全的流程。控制层次结构是安全保护措施从最有效到最无效的排序(图11.21)。每个控件类别都在边栏中定义。使用硫酸催化剂或其他新的烷基化技术(其中一些将在本节后面讨论)可以防止在未来炼油厂烷基化装置发生安全壳丢失事件、火灾和爆炸时,人类在场外接触有毒化学品。用危险性较小的化学品代替剧毒化学品是一种"本质上更安全的设计"方法。

| 本质安全设计 | 主动安全措施 | 被动安全措施 | 程序性措施(管理控制) |
|---|---|---|---|
| 最有效 → | | | → 最无效 |

图11.21 控制层次结构:将保护措施从最有效到最无效进行排序
(图片来源:CSB,改编自CCPS Inferly Safe Chemical Process—A Life Cycle Approach)
[本书注:该处报告原文存在错误(排序是被动安全措施比主动安全措施有效),本书已修正]

……(略)

### 11.3.6 结论/调查结果(安全问题和事故原因)

事故调查报告的调查结果是大多数读者最为关心的内容,主要包括:

(1)根据证据和原因分析提炼和总结的事故调查主要发现的安全问题。安全问题包括新发现的事故原因、应该提出的安全建议、原来没有认识到的知识、系统被忽略的缺陷等。这些安全问题原本没有考虑到,或者被忽略了,但是通过事故调查发现了这些安全问题的重要性。

(2)总结造成事故发生的直接原因、间接触发原因和根本原因,特别要明确管理系统方面的根本原因。

(3)关于事故的定性(是责任事故或非责任事故)和处罚建议。如本书1.3节强调的:我国政府层级事故调查针对责任事故一定会追究人员责任,而对于企业层级事故调查,除非员工恶意违章,不建议将责任归为员工,而忽略深层根本原因。

案例11.6摘录了《PES炼油厂氢氟酸烷基化装置的火灾和爆炸》调查报告中"结论"中的部分内容,可以看出CSB在撰写调查结论时具有如下特点:

(1)调查结论是对证据原因分析的进一步总结、提炼和说明。

(2)调查结论按照PSM安全管理要素或事故概括性原因进行分类,每项调查结论都应作为一个单独的项目列出,以便将所讨论的特定主题与其他安全问题充分、明确地分开。

(3)被发现的安全问题如果已经在调查报告的证据和原因分析中提及和说明,一般可以不再重复,但是CSB发布的该报告还是对安全问题进行了提炼和罗列。CSB调查报告的这种写作方式是出于不同读者的阅读需要可能存在差异,只需要阅读对应部分也可以快速获取想要的整体事故信息,而不用从头全文通读。例如该报告"执行摘要""事故分析""结论""建议"四个部分单独阅读也可以大概知道事故调查核心内容,但是有的读者可能会认为报告不够简练。

**案例11.6**

CSB《PES炼油厂氢氟酸烷基化装置的火灾和爆炸》调查报告正文相关"结论"部分摘录:

3 结论

   3.1 调查结果

   设备完好性调查结果

PES炼油厂事故管道弯头因广泛的HF腐蚀而破裂,从而减小了其壁厚。该弯头中镍和铜的含量较高,导致弯头比管道回路中的其他组件腐蚀得更快。

1.破裂弯头的金相成分不符合NACE文件03651建议的组分含量限制,该文件后来被ASTM作为补充要求采用,并由API RP 751推荐。如果该事故弯头符合组分含量建议,弯头就不会以明显快于相邻管道组件的速度腐蚀,并且可能不会因过度减薄而失效。

   ……(略)

在API RP 751中增加新要求:炼油厂应开发特别重点检验程序,以检验HF烷基化腐蚀区中的所有碳钢管道组件和焊缝,以确定加速腐蚀的区域,应有助于防止由于钢中存在大量铜和镍而加剧腐蚀,进而导致管道组件未来发生失效。

*在更改 RAGAGEP 后验证设备的安全性*

2003 年 NACE 论文 03651《氢氟酸烷基化装置碳钢材料规范》中提出的开创性研究直接导致了行业指南的变化,量化了钢中镍和铜的安全含量,这样钢材方可以安全地用于 HF 烷基化装置。但 API RP 751、Sunoco 公司和 PES 炼油厂却未要求检查所有碳钢管道回路组件来确保现有设施的安全,反映了他们不能有效地吸收行业新知识。

*远程操作紧急隔离阀的发现*

根据 V-1 容器钢的减薄,可以合理地得出结论,破裂弯头发出的喷射火焰冲击了 V-1 的底部。大火削弱了钢材强度,导致钢材拉伸减薄,直到容器破裂。

如果在 PES HF 烷基化装置中安装了紧急隔离阀,以远程和自动方式激活后隔离与失效弯头相邻的大量碳氢化合物源,释放的持续时间本可以最小化,随后的爆炸本可以防止。

*保障 HF 烷基化装置的可靠性*

API RP 751 第 5 版《氢氟酸烷基化装置的安全操作》包含与以下方面相关的差距:(1)保护控制系统和备用电源系统免受火灾和爆炸危险,以及(2)使用远程操作的紧急隔离阀隔离和阻止大型烃类容器和所有大量 HF 存储泄漏后释放的能力。

16. 为了帮助防止今后发生类似 PES 炼厂事故,即控制和备用系统因火灾而无法运行,大型碳氢化合物容器又无法隔离,API RP 751 应更新,增加关于这些问题的新安全要求。

17. 为了帮助确保新的 API RP 751 安全要求和建议在全国范围内得到有效实施,EPA 应强调根据其名为"降低工业和化学设施意外释放风险"的国家合规倡议,系统检查炼油厂 HF 烷基化装置,以帮助减少炼油厂 HF 烷基化装置发生化学事故的可能性以及由此产生的灾难性后果。

*本质上更安全的设计发现*

18. 正在开发研究的新技术可更安全地替代 HF 和硫酸烷基化,包括复合离子液体催化剂烷基化技术、固体酸催化剂烷基化技术以及雪佛龙公司开发的新型离子液体酸催化剂烷基化技术,该技术目前正在雪佛龙公司的盐湖城炼油厂以商业规模运营。

19. 继续开发和使用替代烷基化技术可防止炼油厂烷基化装置今后释放有毒的 HF。

20. 目前没有联邦监管要求的炼油厂,应分析和实施本质上更安全的设计策略,以降低严重意外释放的风险。

21. EPA 应要求炼油厂进行更安全的技术和替代品分析(STAA),作为其过程危害分析(PHA)的一部分,并评估所确定的任何本质安全技术(IST)的实用性。

22. EPA 应启动氢氟酸的优先顺序,如果氢氟酸被确定为高优先级物质,则根据《有毒物质控制法》的要求,对氢氟酸进行风险评估,并实施任何已确定的纠正措施。

3.2 原因

CSB 确定事故原因是钢管组件(弯头)的镍和铜含量过高,该组件因 HF 腐蚀,并且比镍和铜含量较低的相邻管道组件减薄得更快。丙烷和有毒的氢氟酸从破裂的管道弯头释放到大气中。

导致这一事故的原因是,2003 年虽然有了"量化钢材中的镍和铜安全含量"的新知识,如果满足该含量要求可以使含镍和铜的管道在 HF 烷基化装置中安全地使用,但是美国石油协会(API)、Sunoco 公司和 PES 炼油厂并没有要求检查所有现役碳钢管道回路组件的镍和铜含量和厚度测试。

> 造成事故严重性升高是由于缺乏可远程操作的紧急隔离阀来隔离大量碳氢化合物,以及事故导致了水喷淋稀释系统损坏,限制了PES炼油厂在事故期间抑制释放HF的能力。

### 11.3.7 建议

本书第10章已详细介绍了"好建议"的属性。事故调查组有责任制定并提交好建议,调查报告才可能对安全生产有实际促进作用。管理层有责任响应调查报告提出的整改建议,确定整改目标、日期和责任分配计划,通过落实行动后关闭建议。调查报告建议部分在撰写时可以考虑如下注意事项:

(1) 事件/事故调查建议在报告中应单独列出一个章节,以突出事故调查建议的重要性。

(2) 调查报告中的建议应详细讨论最重要的或最主要的调查结果和建议,以突出其重要性。通常情况下,很多机构要求限制最多五项内容作为主要的调查建议。

在调查过程中,调查组也不可避免地发现一些感兴趣的小问题,这些次要建议可在表格中具体提及,并与更重要的建议一起提交,CCPS给出了一种可参考的示例,如表11.4所示。除了应具有"好建议"属性外,对于每一个发现,可将根本原因和次要原因促成原因罗列在一起。

(3) 每条建议应单独编号,以便于建议交流和后续跟踪落实。

(4) 还应说明为确保建议的行动得到实施,需要采取哪些后续措施。

**表11.4 次要的、具体的调查结果、原因和建议示例**

| 发现 | 原因 | 建议 |
| --- | --- | --- |
| 1. 滤筒端盖被高压气流吹掉,击中了操作员的头部 | 根本原因:端盖上用于固定连接的螺纹磨损严重,不能承载施加的气压。<br>次要原因:在发生螺纹滑牙失效时没有辅助固定设施。<br>促成原因:操作员关闭了泄压阀门,并用压缩空气对系统加压 | 1.1 向所有其他设施发出安全公告,要求检查类似滤筒上的螺纹设计。<br>1.2 向所有其他设施发布安全公告,以提高对液化石油气吹扫可能发生超压或物体打击危害的认识。<br>1.3 工程部应调研端盖安装辅助固定设施的可行性 |
| 2. 吹扫操作在注射系统的设计压力额定值内进行。然而,滤筒和端盖的机械条件(磨损的螺纹)不足以容纳施加的气压 | 根本原因:没有针对滤筒的正式检查和维护计划。<br>次要原因:端盖螺栓的螺纹过度磨损,而且螺帽内侧螺纹腐蚀明显。<br>促成原因:螺栓下部螺纹上满是污垢,使螺帽可能无法拧紧或出现滑丝 | 2.1 应为喷射泵过滤筒制定维护和检查程序。<br>2.2 还应为其他关键设备制定维护和检查计划,特别是带压设备 |
| 3. 类似的滤筒端盖脱落事件至少发生过一次,但没有人员受伤。之前脱落事件发生后似乎并没有采取任何行动 | 根本原因:没有有效的系统来记录所有未遂事故。<br>次要原因:事件未报告给高级管理层。<br>促成原因:据报道,端盖仅在空中移开6~8in,没有造成人员伤害 | 3.1 工厂应构建有效的事件/事故调查系统,以确保报告和跟进调查所有未遂事故 |

案例11.7为CSB《PES炼油厂氢氟酸烷基化装置的火灾和爆炸》调查报告正文"建议"部分。可以看出该报告除了满足编号化、突出主要建议等要求外,还具有以下特点:

(1) 与我国常见的政府层面事故调查不同,CSB事故调查报告基本没有事故性质划分和人员责任追究建议内容,仅对分析出的多重原因提出对应的整改建议。这里面有两国法律和文化等的巨大差异,但我们也需要思考是否发生事故一定追究现场人员或监督管理人员的责任?对他们进行惩罚产生的威慑效应有多大作用?安全工作如何改进才能更有效?

(2)注重从根本原因上解决问题,提出的建议能实现事故预防效果的最大化,比如要求政府和行业主管部门、协会等出台相关标准、法律法规,这样类似事故都可以有效预防。对于企业层级事故,可思考如何从全企业(集团)角度从根原因上解决安全问题。

(3)提出的建议非常明确,具有可操作性。由于建议是在严谨的事故原因分析基础上提出的,建议修改相关具体标准条款,每5年针对该事故风险点的复核PHA等都是可解决关键安全问题、可执行的建议,没有出现"加强安全责任意识、严格管理"这类没明确具体根本原因、又无法量化评估及效果考核的建议。

---

**案例11.7**

CSB《PES炼油厂氢氟酸烷基化装置的火灾和爆炸》调查报告正文相关"建议"部分:

4 建议

为了防止未来的化学事故,并推动化学品安全改革以保护人类和环境,CSB提出以下安全建议:

4.1 美国环境保护署(EPA)

2019-04-I-PA-R1

制定一项计划,优先考虑并强调对炼油厂HF烷基化装置的检查,例如根据EPA发布的国家合规倡议"降低工业和化学设施意外释放的风险",作为该倡议计划的一部分,验证HF烷基化装置是否符合API RP 751《氢氟酸烷基化装置的安全操作》,包括但不限于实施特别重点的检验计划,以检查所有单个碳钢管道组件和焊缝,以确定加速腐蚀区域;保护关键安全设施和相关控制系统组件(包括但不限于控制系统以及主电源和备用电源的电缆和布线),免受火灾和爆炸危险,包括辐射热和炸飞碎片(根据建议2019-04-I-PA-R4);以及在所有含氢氟酸容器的入口和出口以及符合规定阈值数量的含烃容器的入口和出口上安装可远程控制的紧急隔离阀(根据建议2019-04-I-PA-R4)。

2019-04-I-PA-R2

修订40 C.F.R第68部分(EPA风险管理计划),要求拟新建HF烷基化装置的炼油厂和已有该类型装置的炼油厂进行更安全技术和替代品分析(STAA),并评估已确定的任何本质安全技术(IST)的实用性。要求每5年进行一次评估,作为初始PHA和复核PHA的一部分。

2019-04-I-PA-R3

根据EPA法规《有毒物质控制法》中对化学品进行优先级风险评估的相关要求,启动优先级评估程序,以明确氢氟酸是否是风险评估的高优先级物质。如果确定它是高优先级物质,请对氢氟酸开展风险评估,以确定它是否有对健康或环境造成不合理伤害的风险。如果确定对健康或环境造成不合理的伤害风险,请在消除或显著减轻风险的必要范围内对氢氟酸安全应用提出要求,例如通过使用控制层次结构等方法进行风险控制。

4.2 美国石油学会

2019-04-I-PA-R4

更新API RP 751《氢氟酸烷基化装置的安全操作》,需满足以下要求:

保护关键防护措施和相关控制系统组件,包括但不限于控制系统以及主电源和备用电源的电缆和电线,免受火灾和爆炸危险,包括被辐射热和炸飞碎片波及;

在含氢氟酸容器和符合规定阈值数量的含烃容器的入口和出口处可安装远程控制操作的紧急隔离阀。

4.3 美国材料与试验协会(ASTM):

2019-04-I-PA-R5

修订标准 ASTM A234,以纳入 HF 装置中在役管道补充安全要求,如补充 ASTM A106(版本 19a)S9.1~S9.7 条款中相关 HF 安全要求。

### 11.3.8 非促成原因

事故调查报告有时需要说明有哪些经过分析,但发现与事故并不相关的人为和基于系统的因素,以表示事故调查组已经考虑到了其他可能造成事故的因素,避免读者认为调查组没有考虑或没有调查一些可能原因。例如,人们通常将事故原因关注点集中在人员能力问题上,但是如果这并不是事故或事件中的一个因素,则应说明。

例如:CSB《PES 炼油厂氢氟酸烷基化装置的火灾和爆炸》调查报告中,如果要求 PES 现场人员和管理人员具备这样的能力:"能对弯头镍和铜的安全含量、HF 容器出入口未设置远程控制切断阀、水喷淋系统的保护失效问题提早发现和预防,能在 V-1 容器泄漏后对烃化合物及时堵漏和扑救",显然这些都超出了他们的正常职责和能力范围,因此 PES 炼油厂 HF 烷基化装置现场人员和管理人员的能力并非事故的促成原因。

### 11.3.9 重启标准

本书 10.4.3 节已经说明如何制定重启标准及其必要性。事故调查组如果对重新开始生产运营施加了条件或限制,则应将这些项目纳入报告中,说明事故发生设置重启限制的依据以及取消限制的条件和原因。

### 11.3.10 总结经验教训

有的企业管理层和安全管理人员常常认为发生事故的其他企业或装置和自己的情况不一样,自己的运气不会像事故企业那样差,甚至简单地认为发生事故的原因在自己这里不会存在,但是忽略了在同一企业或组织,或同一地区或国家可能仍存在一些共性的根本原因问题没有解决,事故仍可能再现!并且随着时间进行,企业或组织会因为新的安全问题或工作重点出现,逐渐遗忘原来高度重视的安全问题,原安全问题的管控开始松懈或放弃,正如过程安全专家 Trevor Kletz 在《组织没有记忆》(Organizations Have No Memory)中说:"组织没有记忆。只有人有记忆。需要积极主动和持续努力,才能不会再吸取一遍(事故)教训。"

通过事故调查活动获得的经验教训非常宝贵,经验教训有时作为事故调查报告的单独一个章节,有时以事故简报(类似事故新闻稿)形式出现。

对于政府层级事故调查,宏观管理和微观技术相关的经验教训发布都很重要。例如涉及具体技术、设备的事故经验教训可能对于辖区内有其他相似情况的企业和组织仍有较大的参考价值,及时发布经验教训有助于预防技术原因事故。同时,政府层级事故调查也需要提及宏观的经验教训,比如:开展隐患排查工作不彻底、风险分析形式化等问题导致事故发生的惨痛教训,这类安全问题是很多不同类型企业的通病,通过发布事故经验教训提醒各企业和组织落实高质量安全管理的重要性。

对于企业层级的事故调查,如果企业有多个下属单位则事故调查报告读者群体的信息需求也可能存在较大差异,有时有必要发布多个版本的事故经验教训供交流分享,比如:

(1)直接在经历事故的下属单位工作人员和承包商,或同一母公司(集团)内其他类似设施甚至其他公司的工作人员如果可能面临相同的危害,都需要知道发生了什么,为什么,以及要做出哪些直接的具体改变。这时需要详细说明事故发生的直接原因、促成原因和根本原因。公司也应有一个事故调查管理系统下的信息沟通制度或渠道,对事故经验教训进行分享,否则这些人员很可能仍不知情,并且可能再发生类似的事故。

(2)其他单位的人员和承包商可能不会受到相同的具体危害,因此可能需要相对笼统介绍事故所吸取的经验教训。正式的书面报告代表了信息数量和质量之间的权衡。外发函件中所载的资料应足够笼统,以确保某一事件不被视为孤立现象,但又应足够具体,以确保资料不被视为过于模糊或过于笼统而没有用处。

案例11.8为CSB《PES炼油厂氢氟酸烷基化装置的火灾和爆炸》调查报告正文"工业的主要教训"部分。可以看出该报告具有以下特点:

(1)事故调查报告的"经验教训"不同于"整改建议"。对比案例11.7、案例11.8可知,CSB针对PES炼油厂爆炸事故给出的5条经验教训都是给相关工业、企业的,因为工业企业作为发生事故的当事方,有预防事故的主体安全责任,必须通过事故学习了解原本没有认知或轻视的安全问题,积极应对。而关于整改建议,CSB则认为基于事故根本原因,要解决类似事故再次发生必须让美国环保署(EPA)、石油学会(API)、美国材料与试验协会(ASTM)修改相关标准,提出相关安全要求才能让企业形成新的法规要求和普遍性认识,EPA、API、ASTM这些组织、协会有帮助解决安全问题的义务,却没有承担事故的责任。

(2)"经验教训"通常是对看起来未明显违反既有法规和标准、未采用更先进技术,但还是发生了事故的警报和提醒,呼吁人们应重视的一些认知或积极采取一些行动。如案例11.8中,企业使用高铜和镍含量的管道弯头(没有认识到其危险性)、没有对事故弯头设置腐蚀检测点(执行面上不可能定期检测所有弯头)、没有对远程控制系统进行火灾、爆炸防护(没有要求标准)等,看起来或许并不明显违反既有标准和法规,企业自身没有能力认识到问题的严重性或疏忽了某项工作细节,但是通过事故却反映出新认知的重要性。

**案例11.8**

CSB《PES炼油厂氢氟酸烷基化装置的火灾和爆炸》调查报告正文相关"工业的主要教训"部分摘录:

5 给工业的5个关键经验教训

为了防止未来的化学事故,并为了推动化学品安全改革以保护人类和环境,CSB敦促各公司审查以下关键教训:

(1)已知常用于HF烷基化装置的碳钢材料易受HF腐蚀,钢中高含量的铜、镍或铬[文献称之为"残留元素"(RE)],会导致接触HF介质的碳钢腐蚀速度加快。为了识别具有高残留原始成分且腐蚀速度快于其他组件的管道组件,各炼油厂必须制定一个特别重要的检测程序:按API RP 751要求,检查已识别的HF烷基化腐蚀区中的所有单一碳钢管道组件和焊缝,以识别加速腐蚀的区域。初步检查后,每个管道回路的指定状态监测点(CML)应包括壁厚较薄或腐蚀速度较高的组件。

（2）为了防止灾难性事故，各公司和行业贸易团体必须迅速采取行动，当新发布了与自身有关的新危害知识（本书注：可能为新标准、法规、论文、研究报告等形式）时应及时吸收利用，以确保过程安全。这些行动必须包括确保在新知识发布之前建造的设施仍然可以安全运行。为确保安全，应对所有设备和管道进行100%的检查，及时更换设备或进行各种变更以及防止泄漏事故发生。

（3）为便于及时阻止HF烷基化装置中的烃类和HF释放，炼油厂应在大容量烃类容器的入口和出口以及氢氟酸烷基化装置中所有含氢氟酸的容器上安装可远程控制的紧急隔离阀。通过使用远程控制的紧急隔离阀快速阻止碳氢化合物和HF的释放，可以帮助防止更大的灾难性连锁事故，例如设备爆炸破裂产生的飞行碎片导致HF大量释放到场外社区。

（4）"主动"保护措施——或需要人员或技术触发而激活的安全措施——在涉及火灾和爆炸的重大事故中有可能失效。如果HF烷基化装置内的关键保护措施失效，则可能会释放出剧毒的HF。因此，HF烷基化装置必须配备保护措施，以防止或减轻涉及HF释放导致火灾或爆炸的灾难性事故。炼油厂应保护关键的保护措施和相关控制系统组件（包括但不限于控制系统以及主电源和备用电源的电缆和电线），免受火灾和爆炸影响而失效（包括辐射热和炸飞碎片）。

（5）开发可能更安全的HF和硫酸烷基化替代品的技术，包括复合离子液体催化剂烷基化技术，固体酸催化剂烷基化技术，以及雪佛龙公司开发的新型离子液体酸催化剂烷基化技术，该技术目前正在雪佛龙公司盐湖城炼油厂以商业规模运营。继续开发和使用替代烷基化技术可以防止未来从炼油厂烷基化装置释放有毒的HF。炼油厂应定期评估各种新兴替代技术，以期用于其烷基化装置。

## 11.3.11 附件或附录

一些细节或篇幅较大的资料不适合放在事故调查报告的正文当中，为使报告看起来结构清晰和简洁，常常将一些材料放在事故调查报告的附件或附录中。典型的事故调查报告附件或附录可能包括：

（1）用于描述事故对象基本情况的信息资料。如：流程图（装置工艺流程简图，事故段的管道及仪表流程图）、事发对象信息资料图表、事故现场关键照片、说明事故地点的地图、卫星照片、事发装置的危险化学品安全技术说明书（MSDS）等。

（2）调查工作基本信息。如：调查范围和目标，所用调查方法和方法的说明，包括团队成员名单、参考书目、术语表和缩略语、参考材料的完整清单等。

（3）获取的关键证据信息。如：详细的设备损坏信息、事故相关时段的操作、交班等日志表、关键证据的分析测试报告结论页、详细伤害信息、证人访谈的相关摘录、计算机打印输出、事发相关人员的工作许可证副本、视频证据的下载或浏览地址等。

（4）根原因分析过程和内容。如果根原因分析较复杂，可以将根原因分析过程资料放在附录供读者查阅核实。

正式书面事件/事故报告的附件内容，因事故情况而有很大差异，比如CSB《PES炼油厂氢氟酸烷基化装置的火灾和爆炸》调查报告将事故时间线、根原因分析图（AcciMap图）、事故周围地区的人口统计信息放在了附录之中，金相报告等一些细节调查信息提供了下载网址供读者查阅。

提供调查证据信息和附件信息是事故调查组对调查工作自信和负责任的体现。提供附件的目的是让读者能获得支撑调查报告内容的必要信息，增强对报告科学性、客观性的认同。同时，附件信息对以后可能跟进的后续调查人员或分析人员非常有用，也能为其他同类企业或研究人员深入学习类似事故提供完备的资料。

事故调查组的所有成员应在报告定稿和发布之前，对报告附件放置的内容进行审查并达成共识，例如：

（1）根据事故调查报告的使用目的，需要由管理层决定是否发布网络报告及允许下载和共享附件。通常政府层级事故调查报告应供所有人免费下载阅读。如企业没有对社会共享调查报告的义务，则企业层级事故调查报告通常会限制下载的 IP 地址和限制阅读用户。

（2）由于需要尊重医生和患者的保密性，正式事故报告附录中通常会省略医疗证据。出于隐私原因，受伤者和其他参与者的姓名也经常被省略。如果制度规定或政府层面调查要求必须实名，则最好讨论是否有消除隐私、消除非必要纠纷的替代方案。

（3）一般正式的事故调查可能需要签署最终报告，表示个人认可团队共识，与团队签名名单一块放在附件或附录中。

## 11.4 评估事故调查报告质量

事故调查组应审查正式书面报告的调查和最终草案，以确保达到预期结果。事故调查报告质量检查表（示例）如表 11.5 所示。报告应进行技术审查，以确保清晰和准确，如适用法律审查。

表 11.5 事故调查报告质量检查表（示例）

| 事故调查报告质量检查表 |
|---|
| ☐ 确定了预期读者/用户的技术能力和水平 |
| ☐ 确定了报告的目的 |
| ☐ 规定了调查范围 |
| ☐ 简介/摘要不超过一页（或两页） |
| ☐ 简介/摘要回答了发生的事情、原因和一般建议 |
| ☐ 背景：描述过程、调查范围 |
| ☐ 叙述：清楚地描述了发生的事情 |
| ☐ 根本原因：确定了多种根本原因 |
| ☐ 建议：描述了后续的具体行动 |
| ☐ 其他：必要的图表、展示、信息 |
| ☐ 原因分析与证据信息对应 |
| ☐ 报告内容是调查组成员一致同意的 |
| ☐ 高度怀疑，且无法排除又没有确切证据的原因定为可能原因 |

为了提高正式书面事故报告的质量，事故调查组在完成调查报告初稿后，要对调查报告进行质量审核和细节修改，通常遵循的质量审核原则有：

（1）避免使用特定的术语或行话，如必须使用，应在术语首次出现时进行解释或说明备注，因为预期的报告读者可能无法理解这些术语、行话。一个判断原则就是：有技术头脑的外行也能理解报告。

（2）为了提高可读性和理解度，尽量减少缩写和缩略语的使用。如果必须使用，则应在首次出现时进行解释说明,在新的章节出现时重新备注说明。

(3)调查报告应先确定预期读者的专业方向和技术能力水平,然后在报告内容详细程度和深度上与该水平保持一致。例如:假设读者对化工过程安全有一定的基础知识。

(4)在陈述事实和调查结果时,避免与结论矛盾冲突或无法对应,结论的获取过程应符合逻辑,结论依托的证据信息来源应可信、可靠。

(5)确保调查期间使用的参考材料清单完好性。后续调查人员或分析人员再次审查报告时应能够证实调查组得出的结论是可信的。

(6)在系统分析后,确定调查组应确定了多个系统相关根本原因。报告列举的根本原因不应局限于事故参与者或目击者的意见或判断,还应有其他类型证据的支持和呼应。

(7)如果事故是某种具体设备特有的,那么对该设备的识别和说明就特别重要。其他企业或装置中的读者可能拥有相同的设备,但却不知道其危害。

(8)在起草报告时避免刻意淡化人因因素,应认为事故所关联的所有事实都有相关性。当人员遇到能力局限或错误情况时,自然会犹豫、批评或抱怨;当过度疲劳时,人们自然会想休息。例如:调查报告并没有提及过度加班造成人员疲劳,那么就不会改变不合理的加班制度。如果忽略这些人因因素,错误还可能会重复。

(9)只发布正式版本的报告。有时,调查组可能会发布与最终版本不同的初稿副本,如果不仔细处理会导致不必要和本可避免的混乱。初稿报告应显著标明为"初稿",例如考虑在每个页面的页脚或页眉上标记"初稿(非最终报告),可能会发生变化"等。

(10)调查工作开始后可立即开始撰写报告,但应将报告摘要的撰写推迟到报告主体起草完毕之后。

总之,事故调查报告是传递和记录调查工作的工具,是评判事故调查能否起到预防类似事故发生的作用的考评依据,直接反映了事故调查组的调查能力水平素质和专业精神。

## 11.5 持续改进事故调查系统

企业或组织构建"事件/事故调查系统"的目的是通过调查活动找到事故发生的根本原因,然后交流分享调查结果,根据建议采取改进措施,以便不再发生相同的事故、类似的事故或具有相关根本原因的事故。而企业初始建立的事故调查系统,往往存在各种缺陷和效能问题,要想达到有效预防事故的目的,就需要不断改进,提升调查能力、应对不断发展变化的情况。

持续改进(Continual Improvement)是多个重要的安全管理体系都推荐的管理要素,例如OHSAS 18001、ISO 9000 和 14000、API PUBL 9100 等都对管理系统持续改进提出了类似的要求。每个事件/事故调查活动都可以作为改进事故调查系统的机会。调查组成员和管理层的其他成员应不断审视事故调查系统,提出改进意见,以确保当前的调查工作是全面的,并力图能使下一次调查更加成功。这些改进意见涉及监管合规性、调查质量、建议质量和后续行动以及潜在的优化方法等。

应评估事故调查过程的每个阶段(例如,调查启动、规划、团队组成、方法、收集和保存证据、根原因分析、提出建议等环节),并应在适当的情况下提出更改建议,并观察和获取调查成果的评价(包括正面和负面的评价)供将来使用。

彻底的调查包含几个关键要素。尽管在整个调查过程中可能会使用各种工具和技术，但结果必须首先发现导致或允许事件发生的根本问题。完成此操作后，可以提出适当的纠正建议。

由于企业、组织的管理是不断动态变化的，长期保证事故调查管理系统能不断改进需要投入必要的精力。因此管理层必须认真努力，确保事故调查系统能一直保持调查事故的根本原因、解决安全问题的基本功能。为此，有必要定期审查和更新整个流程和管理系统、各个组成部分以及调查结果的相关性。对于事故调查和撰写的报告，只需列出调查中应解决的关键要素并根据这些标准评价实际绩效，即可轻松完成此操作。表 11.6 是一个示例评价表，企业和组织应该定期审视自己的调查系统，使其能持续改进，发挥事故调查系统的积极作用。

**表 11.6　事故调查关键要素评判清单（示例）**

| 调查关键要素查询确认 | 是 | 否 |
| --- | --- | --- |
| 1. 是否有报告和调查过程安全事件的书面程序或协议 | | |
| 2. 调查组组长是否接受过领导调查和使用适当调查工具的培训（合格） | | |
| 3. 调查组组长是否独立于被调查的问题，以至于对该人的客观性没有疑问 | | |
| 4. 调查组成员是否具备必要的技能，或在需要时随时向调查组提供服务 | | |
| 5. 事故调查成员都能满足下列要求？<br>(1) 至少一名了解相关过程的人员；<br>(2) 如果事件涉及承包商的工作，则为合同雇员；<br>(3) 具有适当知识和经验的任何其他人，需要彻底调查和分析事件 | | |
| 6. 每次调查都能在合理可能的情况下尽快开始，在事故发生后 48h 内开始 | | |
| 7. 投入精力调查和发现原因，包括收集、记录和整理数据 | | |
| 8. 是否正确应用了适当的调查技术 | | |
| 9. 调查是否绕过直接原因或较明显原因，却发现了促成原因 | | |
| 10. 证据的收集和保存是否恰当，有证据登记管理的监管链 | | |
| 11. 调查是否涉及所有原因的所有方面 | | |
| 12. 是否确定了根本原因 | | |
| 13. 是否发现了管理体系缺陷 | | |
| 14. 可以使用哪些其他资源、技术或工具使下一次调查更好？下面讨论 | | |
| 15. 是否为每项调查工作填写了评价和改进表格 | | |
| 16. 这次最新调查中是否有任何与事故调查报告或文件有关的法规问题、管理制度问题需要在下一次重大事故调查之前解决 | | |
| 17. 是否需要改变任何内部沟通方式 | | |
| 18. 是否需要更改任何调查团队培训或团队执行程序 | | |
| 19. 是否会采取任何不同的措施来降低或消除诉讼风险 | | |
| 20. 调查结束有书面报告，报告是否都包括了：<br>(1) 事故发生日期；<br>(2) 调查开始日期；<br>(3) 事故描述；<br>(4) 导致事故的原因；<br>(5) 调查产生的建议 | | |
| 21. 与所有与调查结果相关的、受影响一线管理层和人员一起审查报告 | | |

续表

| 调查关键要素查询确认 | 是 | 否 |
| --- | --- | --- |
| 22.调查系统能对调查报告的整改建议进行跟踪和落实 | | |
| 23.调查报告的建议满足要求？<br>(1)建议是否解决了事故根本原因；<br>(2)调查报告提出的建议是否都可行；<br>(3)建议是否真的会通过降低发生概率或减轻后果来降低风险 | | |
| 24.是否有跟踪每项建议的系统，包括：<br>(1)指派一人负责完成每项建议；<br>(2)每项建议的预计完成日期；<br>(3)定期状况检查和报告；<br>(4)记录每项建议的最后决议 | | |

讨论：

## 思考题

(1)什么情况下，事故调查组才有必要发布中期报告？

(2)假定你正领导一个事故调查团队。当上级部门规定了事故调查必须在某个时间段内完成，而事故调查的证据收集、分析和原因分析工作较复杂不可能完成时，你该如何处理？

(3)当事故调查报告不能展现支持调查结论的证据、分析方法或过程，而仅直接给出事故原因、结论和建议等会带来哪些问题？

(4)事故调查报告中，事故调查结论(指出安全问题和事故原因)和事故建议的关系是什么？如何衔接？

(5)如何评估事故调查报告质量，并持续改进企业或组织事故调查管理系统？

# 附录1 事故调查准备快速检查表

附表1.1所列清单旨在快速提醒事故调查人员在接到调查任务后,一些关键的准备注意事项。每起事故都是独一无二的,具有独特的要求。给出的事故调查准备快速检查清单,可帮助调查人员应对大多数事故调查。

附表1.1 事故调查准备清单

| 名称 | 检查项目 | 备注 |
| --- | --- | --- |
| 摄影器材 | 数码相机(防爆)和充电及数据线 | |
| | 摄像机云台(防爆)和充电及数据线 | |
| | 有拍照摄像功能的遥控无人机及充电线 | |
| 测量工具 | 激光测距仪 | |
| | 钢卷尺(5m) | |
| | 皮尺(30m) | |
| | 内部卡钳 | |
| | 外部卡钳 | |
| | 红外测温枪(或其他有必要的非接触测温工具,如红外摄像仪) | |
| 文具用品 | 录音笔(数据线) | |
| | 笔记本电脑(电源线、鼠标) | |
| | 纸质笔记本 | |
| | 钢笔和铅笔 | |
| | 剪贴板 | |
| 软件工具 | 电脑安装Word、Excel、Visio等基本软件 | |
| | AutoCAD、PDF、CAJViewer、视频播放等各种软件 | |
| | 谷歌卫星地图(测距、卫星地图等功能) | |
| | 基本的技术模拟工具或能远程登录服务器,如Fluent,FLACS,ANASYS,EFFECT,DNV SAFETY等 | |
| | 专门的HAZOP/FMEA/JSA软件工具 | |
| | MATLAB、ORIGION等计算或绘图软件工具 | |

续表

| 名称 | 检查项目 | 备注 |
| --- | --- | --- |
| 证据标记辅助工具 | 油漆笔 | |
| | 润滑笔 | |
| | 激光笔 | |
| | 带塑料或金属捆扎带的标签 | |
| | 橙色标记胶带 | |
| | 证据标签贴纸 | |
| 证据收集辅助工具 | 塑料自封袋 | |
| | 镊子 | |
| | 钳子 | |
| | 样品瓶 | |
| 个人防护装备 | 安全帽 | |
| | 护目镜 | |
| | 防砸防穿刺劳保鞋 | |
| | 阻燃抗静电工作服 | |
| | 蘸胶手套 | |
| | 警示背心 | |
| | 听力保护耳机 | |
| | 防毒或防尘面具(如有必要) | |
| 其他 | 手机(及充电器) | |
| | 电路测试仪 | |
| | 多用途工具(钳子、刀、螺丝刀等) | |
| | 磁铁 | |
| | 胶带 | |
| | 小袖珍镜 | |
| | 便笺 | |
| | 事故调查方法、证据勘察相关书籍 | |
| | 便笺 | |
| | 黏性标志 | |
| | 高流明可调焦距手电筒 | |
| | 放大镜 | |
| | 路障胶带 | |
| 操作提醒 | 控制事故是第一要务。在事故指挥部扑灭火灾、疏散受伤人员、完成人数统计并控制泄漏/停止释放之前,控制事故是第一要务 | |
| | 保护现场。尽快保护事发现场不受干扰。通过操作、维护和应急响应人员沟通协同工作,以确保现场不受干扰。建立限制和控制进入该区域的制度 | |

续表

| 名称 | 检查项目 | 备注 |
|---|---|---|
| 操作提醒 | 对时间敏感的证据是高度优先事项。收集可能随时间推移而恶化的证据应是高度优先事项。<br>(1)许多电子系统记录来自运营单位的数据,有可能在指定的时间段(通常为24h或更短)后删除该数据。<br>(2)有些证据,如发生烧焦后炭化、表面破裂或挥发性化学品泄漏,可能会因天气条件(雨、风或阳光)而退化。 | |
| | 确定调查组的角色和期望。需要尽早明确角色和期望,以免产生误解。<br>(1)事故调查组是否有责任或义务与其他政府主管部门、行业相关协会等外部机构联系;<br>(2)当地管理部门或公司管理层对调查组中期报告、最终报告完成的期望时间,以及希望装置或设备重新启动的期望时间;<br>(3)有哪些资源可利用,哪些资源不能利用 | |
| | 证人访谈要及时进行。记忆会随着时间的流逝而淡化,并受到其他目击者言论的影响 | |
| | 访谈技巧很重要。<br>(1)有准备、有计划地访谈。不要随意做访谈。<br>(2)在私人舒适的环境中一次只采访一个人。只使用一两个访调人员。<br>(3)让受访人放心。一种方法是询问在事故发生前有关活动的问题。<br>(4)对受访者的情绪状态变化保持敏感。<br>(5)不要发表意见。<br>(6)不要引导受访者。提出问题,让受访者用自己的话描述事件。问题应该是中立的、公正的和非引导性的。<br>(7)不要打断受访者。<br>(8)使用平面图以更好地了解:<br>①受访者的位置;<br>②受访者看到的其他人和活动的位置;<br>③受访者的动作。<br>(9)询问受访者在事故发生之前、期间和之后看到、听到、感受到和闻到什么。<br>(10)询问事故的时间/顺序,以帮助制定事故时间线。<br>(11)在采访结束时,询问有关事故原因的意见,或者受访者是否有任何尚未涵盖的内容要补充 | |
| | 尽早收集有关工艺过程的信息。调查组需要有关过程的信息。有时可以在等待进入设备进行物理检查和数据收集前收集有关工艺过程的信息,包括:<br>(1)平面布置图;<br>(2)过程描述资料;<br>(3)管道和仪表流程图(P&ID);<br>(4)有关区域化学品的信息 | |
| | 遵循既定的安全制度。事故调查组成员应以身作则,严格遵守事故现场安全制度 | |
| | 最初的工作集中在"发生了什么"上。确定根本原因对于防止事件再次发生很重要,但调查组的最初重点是明确"发生了什么" | |
| | 调查组团队成员的能力至关重要。一项重大调查需要优秀的人来代表每个需要的学科。也经常需要由承包商或专家顾问来获得特殊专业知识 | |
| | 事故调查组团队组成满足基本要求。至少有一名了解所涉过程的人员,如果事故涉及承包商的作业,则应包括一名承包商专业人员,以及其他具有适当知识和经验的人员,以彻底调查和分析事故 | |

— 265 —

续表

| 名称 | 检查项目 | 备注 |
|---|---|---|
| 操作提醒 | 拍摄现场。要拍摄整体视图和特定项目。<br>(1) 确定静态拍照是否足够，是否有必要拍摄视频。<br>(2) 被视为证据的物品的发现位置、方向和状况，应通过照片进行取证。<br>(3) 如果拍摄了多张照片，则每张照片的名称、位置、方向和日期等信息十分必要，应尽快完成照片整理和信息标注 | |
| | 开发时间线。对几乎每起重大事故的调查都需要制定时间线来描述事故发生前、中和后的事件顺序 | |

# 附录2 事故调查常用表格

## 附录2.1 事故调查启动审批表

附表2.1 事故调查启动审批表

| 事故级别： | 事故时间： | 地点： |
|---|---|---|
| 事故单位： | 事故单位负责人： | |
| 调查主管单位：安全环保部 | 调查启动联络人： | |

事件/事故发生基本情况：


拟抽调下列人员，作为本事件/事故调查组成员，请予以审核批准，并给予时间和劳务上的支持

| 姓名 | 专业/岗位 | 调查组角色 | 备注 |
|---|---|---|---|
|  |  |  |  |
|  |  |  |  |
|  |  |  |  |
|  |  |  |  |

事故调查主管部门意见：


分公司主管领导意见：


集团公司主管领导意见：


备注：

# 附录 2.2　证人访谈计划表

附表 2.2　证人访谈计划表

| 姓名 | 职务/岗位 | 电话 | 邮箱/微信/钉钉 | 访谈必要性说明<br>（当事/现场/熟悉/目击） | 访谈优先级<br>（ABCD 依次降低） |
|------|---------|------|--------------|------------------------------|--------------------------|
|  |  |  |  |  |  |
|  |  |  |  |  |  |
|  |  |  |  |  |  |
|  |  |  |  |  |  |
|  |  |  |  |  |  |
|  |  |  |  |  |  |
|  |  |  |  |  |  |
|  |  |  |  |  |  |
|  |  |  |  |  |  |
|  |  |  |  |  |  |
|  |  |  |  |  |  |
|  |  |  |  |  |  |
|  |  |  |  |  |  |

## 附录2.3 证人访谈记录表

**附表2.3 证人访谈记录表**

| 受访人姓名：<br>职　　务： | 访调员： | 时间：<br>地点： |
|---|---|---|
| | | |

初始问题(开放式提问)：


跟踪问题(漏斗式提问)：


受访人员观察结果：


备注：


## 附录2.4 证据调用申请表

　　尊敬的××部门,因事故调查需要,现需要收集以下证据和数据,贵部门的配合和支持对查清事故原因、避免类似事故再次发生非常重要!

附表2.4  ××事故调查证据收集、调用申请表

| 序号 | 申请信息说明 | 发送方式(邮箱/钉钉/U盘) | 调查组联系人及电话 |
|---|---|---|---|
| 1 | | | |
| 2 | | | |
| 3 | | | |
| 4 | | | |
| 5 | | | |
| 6 | | | |
| 7 | | | |

# 附录2.5　证据收集卡

(1)事件卡(绿):

附表2.5　事故调查事件卡(示例)

证据收集卡

| 调查人 | | 发生地点 | |
|---|---|---|---|
| 编号 | | 信息来源 | |
| 事件开始时间 | | 位置 | |

事件或状态的简短描述

(注意:以陈述的语气,简要描述事实,此时不要添加个人判断)

| 其他说明 | |
|---|---|

(2)事故卡(红):

附表2.6 事故调查事故卡(示例)

证据收集卡

| 调查人 | | 发生地点 | |
|---|---|---|---|
| 编号 | | 信息来源 | |
| 事件开始时间 | | 位置 | |

事件或状态的简短描述

(注意:以陈述的语气,简要描述事实,此时不要添加个人判断)

| 其他说明 | |
|---|---|

(3)事件状态条件卡(蓝):

附表2.7 事故调查事件状态卡(示例)

证据收集卡

| 调查人 | | 发生地点 | |
|---|---|---|---|
| 编号 | | 信息来源 | |
| 事件开始时间 | | 位置 | |

事件或状态的简短描述

(注意:以陈述的语气,简要描述事实,此时不要添加个人判断)

| 其他说明 | |
|---|---|

(4)猜测事件卡(灰):

**附表2.8　事故调查猜测事件卡(示例)**

| 证据收集卡 ||||
|---|---|---|---|
| 调查人 | | 发生地点 | |
| 编号 | | 信息来源 | |
| 事件开始时间 | | 位置 | |

事件或状态的简短描述

(注意:以陈述的语气,简要描述事实,此时不要添加个人判断)

| 其他说明 | |
|---|---|

(5)未发生的事件卡(黄):

**附表2.9　事故调查未发生的事件卡(示例)**

| 证据收集卡 ||||
|---|---|---|---|
| 调查人 | | 发生地点 | |
| 编号 | | 信息来源 | |
| 事件开始时间 | | 位置 | |

事件或状态的简短描述

(注意:以陈述的语气,简要描述事实,此时不要添加个人判断)

| 其他说明 | |
|---|---|

## 附录2.6　证据信息登记表

附表2.10　证据信息登记表

| 证据编号 | 证据类型(4P1E) | 原始获取地点及负责人 | 二次分析/测试/处理地点及负责人 | 目前状态 | 证据重要度排序（ABCD依次降低） |
|---|---|---|---|---|---|
|  |  |  |  |  |  |
|  |  |  |  |  |  |
|  |  |  |  |  |  |
|  |  |  |  |  |  |
|  |  |  |  |  |  |
|  |  |  |  |  |  |
|  |  |  |  |  |  |

# 附录2.7 事故调查初步整改建议反馈表

附表2.11 事故调查初步整改建议反馈表

| 建议编号 | 建议内容 | 主要牵头部门 | 牵头部门主管意见 | 配合部门 | 配合部门主管意见（联合签署） |
|---|---|---|---|---|---|
|  |  |  |  |  |  |
|  |  |  |  |  |  |
|  |  |  |  |  |  |
|  |  |  |  |  |  |
|  |  |  |  |  |  |
|  |  |  |  |  |  |
|  |  |  |  |  |  |

事故调查主管部门主管意见：

# 附录3　无法确定确切原因的调查示例

## Q市B区X路"10·2"液化石油气爆燃事故调查报告(初稿)

2022年10月2日17时16分,Q市B区X路10号4号楼705户家中发生液化石油气泄漏爆炸燃烧事故。事故造成1人受伤,室内厨房、卧室及周围相邻房屋设施、财物部分损毁。

事故发生后,区城管局邀请区应急局、区市场监督管理局、街道办事处、辖区派出所、燃气专家、B区应急救援大队有关人员组成事故调查组,进行了事故调查,事故调查按照"科学严谨、依法依规、实事求是、注重实效"的原则,聘请燃气、消防、应急行业专家组成专家组,专家组听取了事故调查组对本起事故情况的介绍,通过先期勘验、调查取证、技术鉴定,查明了事故发生的经过、原因,认定了事故性质,并针对事故暴露出的突出问题,提出了事故防范措施和建议,有关情况报告如下。

### 一、基本情况

2022年10月2日17时16分,Q市B区X路10号4号楼705户家中发生液化石油气泄漏爆炸燃烧事故,火灾发生后,Q市B区消防救援支队水上大队立即出动消防车进行了救援。

事故造成女房主曹某1人受伤,室内大部分物品被爆炸冲击波及燃烧损毁,厨房在阳台位置,窗体被炸飞,墙体被击穿,局部坍塌,因燃爆威力大,卧室墙体及屋顶楼板被炸裂,周围邻居门窗及房屋设施部分损毁。

事故现场有YSP35.5L液化气钢瓶1只,环日牌,钢印号A040440(2015.04—2023.04),有明显的过火焚烧痕迹,钢瓶上角阀手轮已烧熔,护罩内残留部分熔化物;钢瓶角阀出口方向未在护罩口中心位置,有明显的右旋角度;用户家中灶具、连接软管、调压器事发后均未找到。

### 二、事故调查分析

事故时间线见附表3.1。

附表3.1　事故时间线

| 时间 | 事件 |
| --- | --- |
| 2022年9月29日6时17分 | 用户电话液化气罐送气工要求换气 |
| 2022年9月29日7时30分 | 送气工在莱州路液化气T公司危化品专用车领取气瓶 |
| 2022年9月29日8时 | 送气工送钢瓶至当事人位于Q市B区X路10号4号楼705家中,并安装实瓶替换空瓶 |
| 2022年10月2日10时 | 704/604邻居都听见705事发住户家里断断续续有"咕咚,咕咚"重物敲打声音(但705住户否认,说女事主因病不能干活) |
| 2022年10月2日中午 | 705户女房主发现有煤气泄漏味,口述"检查阀门是关闭的,并计划让送气工雨后来看看情况",灶没有熄火保护功能 |

续表

| 时间 | 事件 |
|---|---|
| 2022年10月2日17时16分 | 705户发生爆炸起火,当事人跑出房间到楼道内呼救,邻居报警 |
| 2022年10月2日17时23分 | 消防、救援到达处理灭火,并将邻居704被困女生解救,705受伤女住户送医 |
| 2022年10月2日20时30分 | 灭火处置完毕,救援人员基本撤离 |

（一）人证访谈

事故调查访调员对事发住户邻居进行了情况了解,包括爆炸时间、爆炸发生前后情况描述,另外多名邻居反映听见有物体敲击的声音,怀疑是事发705住户敲击气瓶。

访调员前往医院对伤者进行了单独访谈,伤者叙述了事情经过,同时对敲击气瓶进行了否认。由于人证证词不一致,包括当事人所述信息仅能参考,不能直接作为确认事实的证据。

（二）现场勘查分析

事故现场未发现其他可燃爆物质,通过现场勘查和相关人员调查笔录分析,该事故可确定为一起液化石油气钢瓶燃气泄漏遇点火源发生的爆燃事故。事故损毁情况如附图3.1、附图3.2所示。

附图3.1 事发住户外墙

附图3.2 事发住户户内情况

— 276 —

(三)液化气瓶泄漏可能直接原因分析

液化气瓶泄漏可能直接原因事故树见附图3.3。

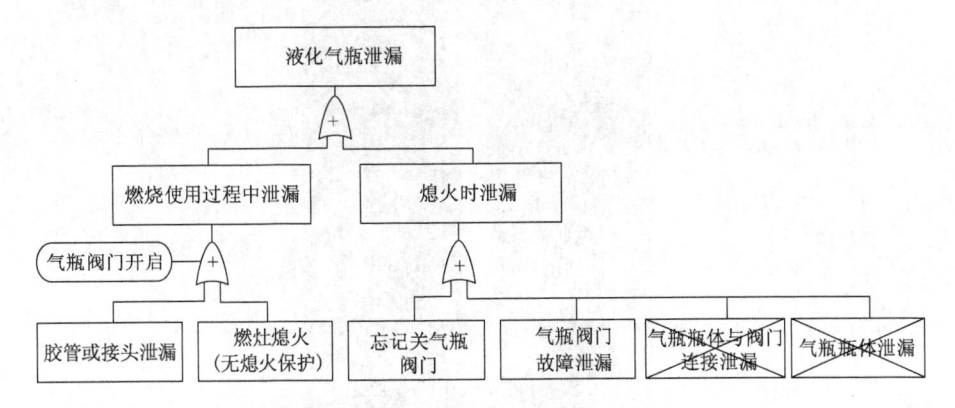

附图3.3 液化气瓶泄漏可能直接原因事故树

(1)气瓶阀门损坏,导致液化气泄漏。一般角阀的常见故障:

①角阀关闭不严。主要是由于活门部件上密封垫失效造成的。但有时活门与阀口之间夹有异物,也会使角阀关闭不严。

②角阀阀杆漏气。由于阀杆密封为动密封,"O"形密封圈容易磨损和变形,造成密封不严,导致阀杆漏气。

③由于平时使用不当造成螺纹滑扣,钢瓶内的高压液化石油气将阀杆、压母和手轮顶离角阀体,造成漏气。

安装后三天内未发现泄漏和气味,事发当天闻到泄漏气味,说明当时安装完成时无明显泄漏(液化气T公司内部问询送气工表示其使用肥皂水进行了测漏,无泄漏现象,在询问房主过程中也确认了上述检测情况)。

附图3.4 事故气瓶阀门附近情况

如附图3.4、附图3.5所示,现场勘验测试阀芯阀杆没有明显变形,可以正常回位,密封件金属卡套可以关闭到正常位置,但是密封的元件已经被高温熔化,无法确认是否有密封失效问题。但也不能排除密封不严导致的长时间、小流量泄漏扩散的时间累积效应与爆炸可能性,特别是液化气在地面积聚,味道不易察觉。

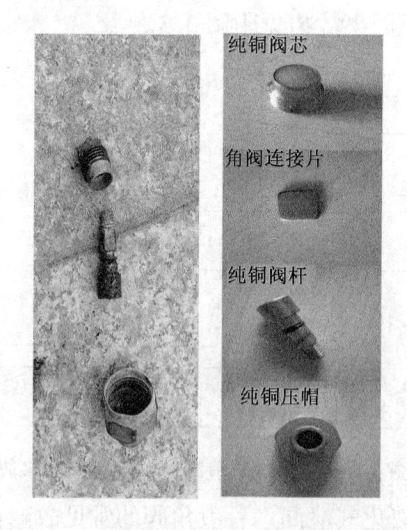

附图3.5 事故阀杆阀芯元件与正常元件

如附图3.6所示,通过阳台气瓶存放位置过火痕迹,气瓶瓶体过火痕迹判断发生了气瓶阀门接口燃烧。角阀出口明显有右旋角度。

附图3.6 事故气瓶过火痕迹分析和类似火焰形态

(2)胶管破裂、脱落,此时阀门打开,导致液化气泄漏。

一般的原因有胶管两端未打卡子或卡子松动,胶管超期使用、老化龟裂,使用易腐蚀、老化的劣质胶管,疏于防范使胶管被老鼠咬坏、尖锐物体刮坏等。

事发705住户胶管已经烧毁消失(附图3.7为从事发邻居家抢救出的类似胶管),无法获取实物证据,经了解软管两端有管卡。

(3)燃灶熄火,导致液化气泄漏。此时,阀门打开使用液化气,燃灶上锅内液体溢出导致火焰熄灭,或炉灶风门故障等,使燃灶熄火。液化气泄漏至室内环境。事发705住户燃灶没有熄火保护功能。一般烹煮食物的过程中都要有人看火,因为蒸煮容易发生沸汤,若是处理不及时,很可能造成事故的发生。事发住户女主人当时不在厨房(如果人在厨房,爆炸不可能生存)。

(4)调压器与角阀连接不牢或调压器密封件老化失效,也易造成液化气泄漏。

(5)忘关阀门。缺乏关阀意识,用气完毕后未能及时关闭角阀,导致液化气泄漏。

附图3.7　从704(邻居家)抢救出来的液化气瓶和减压阀及黄色软管

根据现场过火严重程度及事后钢瓶的状态,可判定起火前钢瓶角阀处于开启状态。

### 三、事故原因

综合以上情况,专家组认真讨论分析各种可能出现的情况,认为形成本次事故的可能原因是:当事人中午闻到液化气味时已发生液化气泄漏,虽然其口述"检查阀门是关闭的,并计划让送气工雨后来看看情况",很可能将阀门开到最大(另一种可能是当事人曾过度拧手轮以致阀根处漏气,当事人拍照并计划找送气工来看,可能是角阀偏向等原因),虽然用户家开着窗,但因为液化石油气特性为比空气密度大,爆炸下限低,最小着火能量小,比空气密度大1.5~2.5倍,易向低洼地方流动聚集;爆炸浓度1.5%~9.5%;爆炸速度快(达到2000~3000m/s),冲击波威力大,破坏性强。持续泄漏的液化石油气在厨房、卧室等地面积聚、扩散,遇点火源(电器启动或者衣服摩擦产生火花等)发生爆燃,爆炸冲击波损毁阳台、卧室墙体及屋顶楼板,进而引发火灾,造成周围邻居门窗及房屋设施不同程度受损。

事故反映出的安全问题包括:(1)居民安全用气的知识和能力不足。(2)属地管理部门和服务企业对居民的液化气瓶和燃气使用安全检查和管理存在盲区和不足,包括居民的燃气泄漏报警和切断等安全措施不足;老式胶管没能及时督促淘汰和更换;气瓶的日常安全配送、安全使用和质量维护管理信息不全等。

### 四、事故防范措施及建议

(1)建议有关单位、有关部门、燃气经营企业、小区物业等对广大用户进一步加强燃气使用安全宣传,包括:发现和怀疑泄漏后的自测、处置和联系资源方式;提高居民遵守安全用气意识和能力。

(2)对全区域内个人改造厨房原因使用液化气瓶的居民进行专门的安全检查和告知,对于有明显安全隐患、不符合安全要求的住户要及时登记整改。推广安装符合相关技术规范要求的适合液化气燃气的泄漏报警器及联动切断等安全装置;淘汰旧式胶管,更换安全等级更高的不锈钢软管,提升安全用气水平。

(3)强化液化气公司日常灌装、配送、安装和测漏全过程登记信息管理和质量核查监督工作。

(4)利用网格化管理违规使用瓶装液化气的行为,居民用户限制液化气瓶数量[不得超过2瓶(15kg规格)],并整治住宅小区私拉乱接管道燃气行为。

# 参考文献

[1] Center for Chemical Process Safety(CCPS). Guidelines for Vapor Cloud Explosion, Pressure Vessel Burst, BLEVE, and Flash Fire Hazards[M]. 2nd ed. New York: American Institute of Chemical Engineers and John Wiley & Sons, Inc, 2010.

[2] Chemical Engineering Progress Group. Guidelines for Investigating Chemical Process Incidents[J]. Chemical Engineering Progress, 2004, 100(9): 37-37.

[3] Kletz T. What Went Wrong—Case Histories of Process Plant Disasters[M]. Butterworth Heinemann, 1999.

[4] 国务院法制办公室. 生产安全事故报告和调查处理条例[M]. 北京:中国法制出版社, 2007.

[5] 粟镇宇. 工艺安全管理与事故预防[M]. 北京:中国石化出版社, 2007.

[6] 徐伟东. 事故调查与根源分析技术[M]. 广州: 广东科技出版社, 2006.

[7] 吴超. 安全科学原理[M]. 北京: 机械工业出版社, 2018.

[8] 傅贵. 安全管理学:事故预防的行为控制方法[M]. 北京: 科学出版社, 2013.

[9] 代海军. 我国生产安全事故调查处理制度的不足及其改进:论《生产安全事故报告和调查处理条例》的修改[J]. 安全, 2022, 43(05): 1-11.

[10] 包冬冬. 事故调查:跳出"问责"走向"问题":访中国安全生产科学研究院原院长刘铁民[J]. 劳动保护, 2021(2):22-25.

[11] Anonymous. Chemical Process Safety: Fundamentals with Applications[J]. Chemical Engineering Progress, 2019, 115(8): 68.

[12] 蒋军成. 事故调查与分析技术[M]. 2版. 北京:化学工业出版社, 2009.

[13] 孙斌, 任建定, 蒋卓强. 事故调查理论与方法应用[M]. 北京:中国人民公安大学出版社, 2013.

[14] 贾若飞, 李梁, 秦承鹏. 某1000MW 超超临界机组汽轮机 IN783 螺栓断裂失效分析[J]. 汽轮机技术, 2019, 6(1): 78-80.

[15] 李阳. 火灾调查员[M]. 北京: 中国人事出版社, 2020.

[16] ParraC . Standard (RCA) (IEC 62740:2015)/RCA: Root cause analysis, 2015.

[17] Horowitz D . Chemical Safety and Hazard Investigation Board[J]. Federal Register, 2012.

[18] US Chemical Safety and Hazard Investigation Board. Investigation Report(NO. 2005-04-I-TX): Refinery Explosion and Fire (15 Killed, 180 Injured): BP, Texas City, Texas[R]. 2005.

[19] US Chemical Safety and Hazard Investigation Board. Investigation Report(No. 2019-04-I-PA): Fire and Explosions at Philadelphia Energy Solutions Refinery Hydrofluoric Acid Alkylation Unit[R]. October 11, 2022.

[20] Nolan D P. Handbook of Fire and Explosion Protection Engineering Principles[J]. Elsevier, 2014.

[21] 张玲, 陈国华. 国外安全生产事故独立调查机制的启示[J]. 中国安全生产科学技术, 2009, 5(1): 84-89.